U0801417

核电厂运行人员通用技能培训教材

中核核电运行管理有限公司　组织编写

中国原子能出版社

图书在版编目（CIP）数据

核电厂运行人员通用技能培训教材 / 中核核电运行管理有限公司组织编写. —北京：中国原子能出版社，2020.11（2024.7 重印）

ISBN 978-7-5221-0954-1

Ⅰ. ①核… Ⅱ. ①中… Ⅲ. ①核电厂-运行-技术培训-教材 Ⅳ. ①TM623.7

中国版本图书馆 CIP 数据核字（2020）第 192089 号

核电厂运行人员通用技能培训教材

出版发行 中国原子能出版社（北京市海淀区阜成路 43 号 100048）
责任编辑 刘东鹏
装帧设计 赵 杰
责任校对 冯莲凤
责任印制 赵 明
印　　刷 中煤（北京）印务有限公司
经　　销 全国新华书店
开　　本 787 mm×1092 mm 1/16
印　　张 23.625
字　　数 590 千字
版　　次 2020 年 11 月第 1 版 2024 年 7 月第 2 次印刷
书　　号 ISBN 978-7-5221-0954-1 **定 价 182.00 元**

网址：http://www.aep.com.cn **E-mail：atomep123@126.com**
发行电话：010-88828678
版权所有 侵权必究

核电厂运行人员通用技能培训教材

编审委员会

主　任　邹正宇

副主任　朱晓斌　刘崇都　吴炳泉　董军成

委　员　王孔钊　王晓波　方幼君　卢才华
叶丹萌　朱　磊　孙国忠　李厚文
吴小海　吴明亮　邹俊磊　张世敏
周瑞东　郑建华　费志松　徐宏明
盛建华　韩光辉　蒲晓彬　樊鹏飞

编　者　王　波　王瑞军　冯　薇　朱昌荣
闫　明　孙　坚　李继华　杨琪震
肖建华　吴宏峰　何仁义　沈文龙
宋文涛　张红兵　张彦义　陈　昊
范仕海　林　洋　岳新晖　俞之农
贾小强　覃恩高

审　者　方幼君　卢才华　肖　炜　吴小海
吴明亮　宋家玉　胥　强　黄思兰
黄　鹄　梅炳云　盛建华　傅大虎
樊鹏飞

出版前言

为保障入职核反应堆运行新员工获得应对正常工况和紧急情况所需的基本工作技能和技术水平，中核核电运行管理有限公司运行领域各处室和综合培训处在完成运行通用技能培训科目编制和教学实施工作的基础上，继续推动了《运行通用技能培训教材合订本》的出版工作。

《运行通用技能培训教材合订本》中所有科目于 2015 年编制完成。2016 年开始面向运行领域新员工在入厂培训后进行教学实施，并纳入中核核电运行管理有限公司各运行处室的岗位培训清单。《运行通用技能培训教材合订本》的所属科目在运行领域的新员工技能培训工作中起到了"提高运行技能水平、保障机组安全生产"的作用。为了更好发挥运行通用技能培训教材的作用，配合核电厂运行领域工作的顺利有序开展，便于培训部门有效地组织培训，正确引导学员通过培训、学习，提高自身素质和能力，中核核电运行管理有限公司综合培训处组织印刷出版《运行通用技能培训教材》。

《运行通用技能培训教材》内容紧扣运行领域新入职员工所迫切需要掌握的基本运行相关技能；通过对核电厂共性通用运行设备知识学习和基本操作技能演练，从而达到可以对核电厂涉及各专业、工种的设备进行辨识；通过对核电厂共性运行设备基本操作演练，正确认识岗位上运行设备的基本操作方法，进而具备核电厂现场值班员对现场设备巡检的基本能力。

《运行通用技能培训教材》合订本是针对核反应堆运行现场值班员职业活动的领域，内容涉及压水堆、重水堆核电厂具有共性和普遍性的相关知识和技能。

《运行通用技能培训教材》合订本包含 12 个部分。其中第一部分 安全用电、第二部分 电气绝缘安全工器具由岳新晖负责编写，第三部分 运行识图由孙坚负责编写，第四部分 运行人员行为规范由范仕海、冯薇、覃恩高、何仁义负责编写，第五部分 常用电工仪表由肖建华负责编写，第六部分 阀门类设备由范仕海负责编写，第七部分 泵类设备由张红兵负责编写，第八部分 风机类设备由闫明负责编写，第九部分 低压电气设备由张彦义负责编写，第十部分 中压电气设备由宋文涛负责编写，第十一部分 固态充电器、逆变器由朱昌荣负责编写，第十二部分 高处作业安全由林洋负责编写。各内容均涵盖核电厂工艺系统中涉及运行管辖的共性化设备基本操作技能。《运行通用技能培训教材》基本操作技能培训及考核内容针对入职新员工必须具备的巡检技能，以符合实际运行值班员岗位基本要求。

《运行通用技能培训教材》合订本的编制出版，凝聚着编、审、校、排、印及组织管理人员的大量辛勤劳动和心血，同时得到了相关部门的大力支持和热情帮助，在此表示深深地谢意！

《运行通用技能培训教材》合订本中如有不妥之处，恳请批评指正。

中核核电运行管理有限公司

目　　录

第一部分　安全用电

第二部分　电气绝缘安全工器具

第三部分　运行识图

第四部分　运行人员行为规范

第五部分　常用电工仪表

第六部分 阀门类设备

第七部分 泵类设备

第八部分 风机类设备

第九部分 低压电气设备

第十部分 中压电气设备

第十一部分　固态充电器、逆变器

第十二部分 高处作业安全

第一部分　安全用电

第一章　总　则

1.1　总则

1. 电力生产必须坚持“安全第一、预防为主、综合治理”的方针。新建、改建、扩建工程的安全设施必须与主体工程同时设计、同时施工、同时投入生产和使用。

2. 电力生产必须建立健全各级人员安全生产责任制。按照“管生产必须管安全”的原则。做到在计划、布置、检查、总结、考核安全工作。

3. 从事电力建设项目的工程设计、施工、安装、监理、调试，以及电力生产的运行、检修和试验的各级人员，应掌握国家相关的电业安全规程的全部或有关部分。

4. 各级领导人员不应发出违反安全规定的命令。工作人员接到违反安全规定的命令，应拒绝执行。任何工作人员除自己严格执行电业安全规程外，有责任督促周围的人员遵守电业安全规程。任何工作人员发现有违反电业安全规程的情况，并足以危及人身和设备安全时，应立即制止。

1.2　运行操作管理的总体要求

1. 风险控制贯穿于所有的运行操作过程，运行人员在进行任何运行操作前都应该对所进行的操作进行风险分析，对操作中可能出现的风险进行预想，并制定相应的预防措施、方案；操作中要注意监视相关的运行参数，确认变化趋势符合预期；操作完成后要对系统参数、状态进行确认，确保操作的正确性。

2. 任何已有相应生产技术文件规范的运行操作在执行时必须使用对应生产技术文件，特殊情况当值长/班长或操作者本人认为该操作需要生产技术文件指导而缺乏相应文件时，可由授权人员填写操作票并经批准后执行。

3. 对需要填写操作票的运行操作必须填写操作票。

4. 对所有的重要操作(除了事故情况下采取缓解事故的紧急措施)必须使用经过批准的合适的书面文件(包括规程、操作票、细则、方案、运行指令等)。

5. 所有运行操作必须由经过培训，考试合格并经过授权的人员执行。

6. 对所有运行操作的每一个步骤,运行人员都要进行自检。

7. 对需要实施操作监护的运行操作要按照规定实施操作监护,以确保操作的正确性。

8. 运行操作要按照规定召开工前会,与主控室相关工作的工前会,主控须派人参加;按要求做好工前会记录;工前会后,参会人员需及时将会议精神以碰头会的形式传达给各自岗位的其他人员。

9. 对于所有的运行操作,运行人员都要采取保守决策的态度,避免仓促的决定和行动。

10. 当运行人员对所进行的操作感觉不确定或发现执行文件错误或发现现场情况存在偏差的时候应停止操作,并立即汇报主控室操纵员或者值长,由主控室操纵员或者值长决定是继续操作还是停止操作。

11. 在执行运行操作时,如果系统出现未预期的异常时,操作人员需立即采取缓解事故的措施并立即汇报主控室操纵员或者值长,由主控室操纵员或者值长决定是继续操作还是停止操作,如果情况紧急,值长有权降功率、停堆或者安注,以确保核安全、人员安全和设备安全,并将电厂置于"可知的安全状态"。

12. 所有运行操作中命令传递、参数及系统状态确认等沟通环节必须使用三向交流。

13. 涉及多个岗位的运行操作由主控室统一协调指挥。

14. 所有运行人员必须明确各自的责任和操作范围,不允许执行指定范围之外的操作。

1.3 作业人员的基本条件

1. 具有执行安全规章制度的态度;

2. 经专业医师鉴定,无妨碍电气工作的病症(体格检查每两年至少一次);

3. 具备必要的电气专业知识和安全生产技能,且按其工作岗位和工作性质,熟悉《电力安全工作规程(热力和机械部分)》的相关内容,并经考试合格。

4. 掌握必要的现场应急逃生和应急救援知识,学会紧急救护法,特别要学会触电急救。

1.4 电气工作人员安全教育和培训的基本要求

1. 必须经安全生产教育和培训,岗位安全生产技能培训,考试合格后方可上岗。

2. 对《电业安全规程》应每年考试一次。调整工作岗位及中断电气工作连续三个月及以上者,必须重新学习本规程,并经考试合格后,方能重新上岗工作。

3. 新参加和临时参加电气工作的人员(含管理人员、实习人员、外来人员等),必须经过安全知识教育培训并考试合格后,方可在专人监护下进入现场参加指定的工作,不得单独工作。

4. 外来电气从业人员,应学习熟悉电业安全规程,并经考试合格,方可参加工作。工作前,本单位有关人员应对其进行安全技术交底。

参加带电作业人员,应经专门培训,并经考试合格、领导批准后,方可参加工作。

1.5 电气设备

分为高压和电压两种。

低压:用于配电的交流系统中 1 000 V及以下的电压等级。

高压:通常指超过低压的电压等级。

所谓运用中的电气设备,系指全部带有电压或一部分带有电压及一经操作即带有电压的电气设备。

第二章　现场工作安全要求

进入工作现场有如下安全要求。

1. 进入生产现场(办公室、控制室、保护室、值班室和检修班组除外),必须正确佩戴合格的安全帽。工作人员工作期间,必须佩戴齐全并正确使用劳动防护用品。

2. 工作服不应有可能被转动的设备绞住的部分;工作时必须穿着工作服,衣服和袖口必须扣好;禁止戴围巾。进入现场禁止穿用尼龙、化纤或棉、化纤混纺的衣料制作的衣服,以防遇火燃烧加重烧伤程度。工作人员进入生产现场禁止穿裙子、短裤、拖鞋、凉鞋、高跟鞋。辫子、长发必须盘在帽内。从事接触高温物体的工作时,应戴手套和穿专用的防护工作服。

3. 电气设备无论仪表指示有无电压,凡未经验电、放电,均应视为带电设备。禁止未采取防触电措施就进行与电气有关的工作。

4. 所有电气设备的金属外壳均应有良好的接地装置,工作中不准将接地装置断开(拆除)。

5. 生产场所必须设有明显的逃生路线标识。工作人员应熟悉作业环境、存在的危险有害因素、预防控制措施及事故应急处置措施。

6. 工作场所应照明充足。在操作盘、重要仪表、主要楼梯、通道等地点还必须设有事故照明。

7. 在高度不足 2.5 m 的作业场所使用手提照明灯、行灯或危险环境的局部照明和使用携带式电动工具等,应采用 36 V 及以下安全电压。在金属容器内、特别潮湿或周围均是金属导体的作业场所,使用手提照明灯或行灯,应采用 12 V 安全电压。

8. 在室外变电站和高压室内搬动梯子、管子等长物,必须两人放倒搬运,并与带电部分保持不小于表 2-1 所示的安全距离。

在升压站(变电站)的带电区域内或近带电线路等处,禁止使用金属梯子。

9. 凡在离坠落高度基准面 2 m 及以上的地点进行的工作,都应视作高处作业。高处作业有关规定按照《电业安全工作规程(热力和机械部分)》执行。登高工器具应定期检验。

在带电区域作业,登高时应从指定的停电间隔上下,并设置“从此上下”标志牌。使用高空车、升降平台等应与带电设备保持不小于表 2-2 的安全距离,同时应做好防止触电坠落的安全措施。

表 2-1　设备不停电的安全距离

电压等级/kV	安全距离/m
10 及以下(13.8)	0.70
20～35	1.00
60～110	1.50
220	3.00
330	4.00

续表

电压等级/kV	安全距离/m
500	5.00
750	7.20
1 000	8.70
±50 及以下	1.50
±500	6.00
±660	8.40
±800	9.30

注:1. 表中未列电压等级按高一档电压等级安全距离。

2. 13.8 kV 执行 10 kV 的距离。

3. 750 kV 数据按海拔 2 000 m 校正,其他等级数据按海拔 1 000 m 校正。

表 2-2 高处作业活动范围与危险电压带电体的距离

危险电压带电体的电压等级/kV	≤10	35	63～110	220	330	500
距离/m	1.7	2.0	2.5	4.0	5.0	6.0

10. 作业现场的环境条件、安全设施、作业机具和安全工器具等应符合国家或行业标准规定的要求。电气工具和用具应由专人保管,定期进行检验。严禁将不合格的电气工具和用具带到工作现场。

11. 遇有电气设备着火时,应立即将有关设备的电源切断,然后进行灭火。同时立即报告。严禁使用能导电的灭火剂进行灭火。对注油设备应使用泡沫灭火器或干燥的砂子等灭火。旋转电机发生火灾时,禁止使用干粉灭火器和干砂直接灭火。

控制室内应配备合格的正压式空气呼吸器,按规定使用,并定期进行试验,使其经常处于良好状态。

12. 在带电设备周围严禁使用钢卷尺、皮卷尺和线尺(夹有金属丝者)进行测量工作。

13. 在电容器组上或进入其围栏内工作时,应将电容器逐个多次放电并接地后,方可进行。

14. 雷电时,禁止在室外变电站或室内的架空引入线上进行检修和试验。

15. 遇有五级以上大风时,严禁在同杆塔多回线路中进行部分线路停电检修工作。不得在带电杆塔上刷油漆、除鸟窝,紧杆塔螺丝,检查架空地线(不包括绝缘架空地线),查看金具、绝缘子工作。

16. 室外变、配、输电区域不准有轻型建筑物、广告牌、横幅等,以防被大风刮至高压设备上。

17. 检修电源箱的支路开关都应加装剩余电流动作保护器(漏电保护器),并应定期检查和试验。连接电动机械及电动工具的电气回路应单独装设开关或插座,并装设剩余电流动作电流保护器,检修电源箱金属外壳应可靠接地。

18. 经常有人工作的场所及施工车辆上宜配备急救箱,存放急救用品,并指定专人检查、补充或更换。

19. 生产场所盖板(格栅)、栏杆、楼梯、平台等需临时变更(拆除或移动)时,应办理安全设施移动审批手续,并应设置牢靠的安全补偿设施(硬质围栏)。工作结束时恢复,必要时履行验收手续。

第三章　高压设备工作的安全规定

3.1　高压设备工作的一般规定

1. 运行人员必须熟悉电气设备及系统。单独值班人员或运行值班负责人还应有实际工作经验。

2. 高压设备符合下列条件者，可由单人值班或单人操作：

(1) 室内高压设备必须设有隔离遮拦，遮拦的高度在 1.7 m 以上，安装牢固并加锁。

(2) 室内高压断路器(开关)的操动机构(操作机构)用墙或金属板与该断路器(开关)隔离或装有远方操动机构者。

3. 无论高压设备是否带电，工作人员不得单独移开或越过遮拦进行工作；若有必要移开遮拦时，必须有监护人在场，并符合表 2-1 的安全距离。

4. 室内母线分段部分、母线交叉部分及部分停电检修易误碰的设备应设有明显标志的永久性隔离挡板(护网)。

5. 运行中的高压设备其中性点接地系统的中性点应视作带电设备。

3.2　高压设备的巡视要求

1. 经单位公布的允许单独巡视高压设备的人员，巡视高压设备时，不得进行其他工作，不得移开或越过遮拦。

2. 恶劣天气下需要巡视室外高压设备时，应遵守下列的一般规定：

(1) 雷雨天气应穿绝缘靴，严禁打伞，且不得靠近避雷器和避雷针。

(2) 雷、雨、雪、雾(霾)天气，不得靠近支柱式绝缘子设备。

(3) 大风沙尘天气，应注意躲避高空落物并佩戴防护用具。

(4) 大雪冰冻天气，应远离高压线，防止落冰或断线伤人。

(5) 大风时巡线，应注意导线舞动情况，沿线路上风侧前进，以免触及断落的导线。

(6) 火灾、地震、台风、洪水等灾害发生时，如要对设备进行巡视时，应得到设备运行管理有关领导批准，巡视人员应与派出部门之间保持通讯联系。

3. 高压设备发生接地时，室内不得接近故障点 4 m 以内，室外不得接近故障点 8 m 以内，进入上述范围的人员必须穿绝缘靴，接触设备的外壳和构架时应戴绝缘手套。

4. 巡视配电装置进出配电室时，必须随手将门锁好。

5. 配电室门应向外开启，必须能够在无钥匙的情况下从内部打开。相邻配电室室内的连通门应选用双向自由门，且不应上锁。

6. 配电室的钥匙至少应有 3 把，由运行值班人员负责保管，按值移交。一把专供紧急时使用，一把专供运行值班人员使用，其他可以借给许可单独巡视配电设备人员和工作负责人使用，但必须登记签名，当日交回。

3.3 倒闸操作要求

1. 电气设备的倒闸操作包括：

(1) 电力线路的停、送电操作。

(2) 电力变压器的停、送电操作。

(3) 发电机启动、并列、解列操作。

(4) 电网的合环与解环。

(5) 进出线接线方式的改变。

(6) 中性点接地方式的改变。

(7) 继电保护和自动装置使用状态的改变。

(8) 接地刀闸(接地线)的拉、合(安装与拆除)。

2. 倒闸操作必须根据值班调度员或运行值班负责人的指令，受令人复诵无误后执行。

3. 停电拉闸操作必须按照断路器(开关)—负荷侧隔离开关(刀闸)—电源侧隔离开关(刀闸)的顺序依次操作，送电合闸操作应按与上述相反的顺序进行。严禁带负荷拉合隔离开关(刀闸)。

严禁“约时”停电和送电，严禁“约时”挂、拆接地线和严禁“约时”开始或结束工作。

高压电气设备均应加装防误闭锁装置，特殊情况下经单位主管生产的领导(总工程师)批准，可加机械锁。闭锁装置的解锁用具(包括钥匙)应妥善保管，按规定使用。机械锁应一把钥匙开一把锁，钥匙应编号并妥善保管。采用计算机监控系统时，远方、就地操作均应具备电气闭锁功能。

防误闭锁装置不准随意退出运行，停用防误闭锁装置时，应经单位主管生产的领导(总工程师)批准，短时间退出防误闭锁装置时，需经值长批准，并应按程序尽快投入运行。防误闭锁装置的投停均应做好记录。

4. 倒闸操作必须由两名熟悉设备的人员执行，其中一人监护。

重要和复杂的倒闸操作，由熟练的值班员操作，值班负责人或值长监护。

5. 就地操作断路器(开关)和隔离开关(刀闸)时，操作人员应做好事故预想，选择合适的位置进行；远方操作时，现场人员应与被操作设备保持安全距离。

采用电动机构拉合隔离开关(刀闸)后，应停用隔离开关(刀闸)控制电源和合闸电源。

6. 在倒闸操作中，若发现误拉刀闸，严禁将此刀闸立即合入；若误合刀闸，严禁立即将此刀闸拉开；只有将此回路的开关断开后，才可重新操作刀闸。

7. 手车断路器拖出仓外后，应观察隔离挡板是否可靠封闭。封闭式组合电器引出电缆备用孔或母线的终端备用孔应用专用器具封闭。

8. 保护及自动装置的投退或改变定值，应按照调度规程和现场实际规定执行。

9. 用绝缘棒拉合隔离开关(刀闸)或经传动机构拉合断路器(开关)和隔离开关(刀闸)，均应戴绝缘手套。雨雪天操作室外高压设备时，绝缘棒应有防雨罩，还应穿绝缘靴。接地网电阻不符合要求的，晴天也应穿绝缘靴。

雷电天气时，禁止进行倒闸操作。

10. 装设高压熔断器(保险),应戴防护眼镜和绝缘手套,必要时使用绝缘夹钳,并站在绝缘垫或绝缘台上。

11. 断路器(开关)遮断容量应满足电网要求,如遮断容量不够,必须将操作机构用墙或金属板与该断路器(开关)隔开,重合闸装置必须停用。

12. 电气设备停电后,即使是事故停电,在未拉开有关设备隔离开关(刀闸)和做好安全措施以前,不得触及设备或进入遮拦,以防突然来电。

13. 发生人身触电时,为解救触电人,可以不经许可即行断开有关设备的电源,但事后必须立即报告。

3.4 高压设备上工作

在运用中的高压设备上工作,分为三类:

1. 全部停电的工作,系指室内高压设备全部停电(包括架空线路与电缆引入线在内),通至邻接高压室的门全部闭锁,以及室外高压设备全部停电(包括架空线路与电缆引入线在内)。

2. 部分停电的工作,系指高压设备部分停电,或室内虽全部停电而通至邻接高压室的门并未全部闭锁。

3. 停电工作系指:工作本身不需要停电和没有偶然触及导电部分的危险者;许可在带电设备外壳上或导电部分上进行的工作。

在高压设备上工作,应至少由两人进行,并完成保证安全的组织措施和技术措施。

第四章　保证安全的组织措施

4.1　在电气设备上工作保证安全的组织措施

1. 工作票制度
2. 工作许可制度
3. 工作监护制度
4. 工作间断、转移和终结制度

4.1.1　工作票制度

在电气设备上工作，应执行工作票制度，各单位每年应对工作票签发人、工作负责人、工作许可人进行培训，经考试合格后，以正式文件公布有资格担任工作票签发人、工作负责人、工作许可人的人员名单。

一张工作票中，工作票签发人、工作负责人和工作许可人三者不得互相兼任。

用计算机生成或打印的工作票应使用统一的票面格式，由工作票签发人审核无误，手工或电子签名后方可执行。

工作票一份应保存在工作地点，由工作负责人收执；另一份由工作许可人收执，按值移交。

4.1.2　工作许可制度

工作许可人应由运行值班负责人（运行班长、副班长）担任，有能力正确执行、检查安全措施的独立值班人员亦可担任。但只能担任本岗位管辖范围内的设备、系统检修的工作许可人，并经专门考试合格。

工作负责人应由在业务技术和组织能力上均能胜任工作任务，并能保证工作安全和质量的人员担任。

工作许可人在完成现场的安全措施后，还应完成下列许可工作，工作班方可开始工作。

会同工作负责人到现场再次检查所做的安全措施，对具体的设备指明实际的隔离措施，验明检修设备确无电压。对工作负责人指明带电设备的位置和注意事项。与工作负责人在工作票上分别确认、签名。

工作负责人、工作许可人任何一方不得擅自变更安全措施，值班人员不得变更有关检修设备的运行、接线方式。若有特殊情况需要变更时应先停止工作，并取得双方同意。必要时重新布置安全措施、重新办理工作票。工作人员不得擅自扩大工作内容。确需扩大工作任务时，若新增工作任务的检修期限在工作票批准限内，且不需要变更或增加安全措施的，应经工作票签发人同意，由工作负责人通过工作许可人许可，按照要求在工作票上增填工作地点和工作内容后，方可扩大工作内容。

新增工作任务的检修期限超出工作票批准期限或需要变更、增加安全措施的,必须签发新的工作票,并履行工作许可手续。

4.1.3 工作监护制度

正确安全地组织工作,对工作人员给予必要指导,工作前对工作班成员交代工作任务及本工作的危险点、安全措施和注意事项,并对其负责。

督促所有工作班成员在工作票相应栏内确认签名;结合实际对工作班成员进行安全思想教育。督促、监护工作班成员遵守本规程。

检查工作票所列安全措施、注意事项是否正确完备,会同工作许可人检查所有安全措施的执行情况,是否达到全过程安全检修工作条件,是否符合现场实际。确认工作班成员精神状态是否良好,工作班成员变更是否合适。

工作班成员:工作开工前,熟悉工作任务及工作的危险点、安全措施和注意事项,学习后在工作票相应栏内确认签名,执行现场安全措施,监督工作班其他成员遵守本规程、执行现场安全措施并正确使用安全工器具和劳动防护用品。

完成工作许可手续后,工作负责人(监护人)应向工作班人员交代工作内容、成员分工、现场安全措施、带电部位和其他注意事项。进行危险点告知,并履行确认手续,工作班方可开工。

所有工作人员(包括工作负责人),不许单独留在高压室内和室外变电站高压设备区内。若工作需要(如测量极性、回路导通试验等),且现场设备具体情况允许时,可以准许工作班中有实际经验的一人或几人同时在它室进行工作,但工作负责人应在事前对其详细交代有关安全注意事项。

工作负责人(监护人)在全部停电时,可以参加工作班工作。在部分停电时,只有在安全措施可靠,人员集中在一个工作地点,不致误碰导电部分的情况下,方可参加工作。工作负责人(监护人)必须始终在现场,对工作班成员的安全认真监护,及时纠正不安全行为。

工作期间,工作负责人若因故必须离开工作地点时,应指定能胜任的人员临时代替,离开前应将工作现场交代清楚,并告知工作班成员。原工作负责人返回工作地点时,也应履行同样的交接手续。

若工作负责人需要长时间离开现场,应由原工作票签发人变更新工作负责人,履行变更手续,两个工作负责人应做好必要的交接。

4.1.4 工作间断、转移和终结制度

1. 工作间断时,工作班人员应从工作现场撤出,所有安全措施保持不动,工作票仍由工作负责人留存。每日收工,应清扫工作地点。次日复工时,应得到工作许可人的许可,且工作负责人必须事前重新检查安全措施是否符合工作票的要求后,方可工作。若无工作负责人或监护人带领,工作人员不得进入工作地点。

2. 在未办理工作票终结手续以前,运行值班人员不准将检修设备合闸送电。

在工作间断期间,若有紧急需要,值班员可在工作票未交回的情况下合闸送电,但应先通知工作负责人或电气部门负责人,在得到工作班全班人员已经离开工作地点、可以送电的确切答复后方可执行,并应采取下列措施。

(1) 拆除临时遮挡、接地线和标志牌,恢复常设遮挡,设置"止步 高压危险!"的标志牌。

(2) 必须在所有通路派专人守候,以便告诉工作班人员"设备已经合闸送电,不得继续工作",守候人员在工作票未交回以前,不得离开守候地点。

3. 检修工作结束前,设备若需送电试运,应遵守下列一般规定。

(1) 应履行设备试运申请手续,工作负责人提出试运理由及要求。

(2) 全体工作人员撤离工作地点。

(3) 将该系统的所有工作票收回,拆除临时遮拦、接地线、安全警示标志牌和检修自理的安全措施,恢复常设遮拦。

(4) 工作负责人和运行值班人员应进行全面检查,确认符合送电条件后,由运行值班人员进行送电试运。

(5) 试运后尚需继续工作时,应重新布置安全措施,并履行工作许可手续。

(6) 如试运后需要改变原工作票安全措施范围时,应重新签发新的工作票。

4. 在同一电气连接部分用同一工作票依次在几个工作地点转移工作时,全部安全措施由运行值班人员在开工前一次做完,不需再办理转移手续,但工作负责人在转移工作地点时,应向工作人员交代带电范围、安全措施和注意事项。

(1) 全部工作完毕后,工作班应清扫、整理现场。工作负责人应事先检查,待全体工作人员撤离工作地点后,再向运行值班人员交代所修项目、发现及解决的问题、试验结果、遗留问题和能否投运等,并与运行值班人员共同检查设备状况,有无遗留物件,是否清洁等,然后在工作票上填明工作终结时间,经双方签名后,工作票方告终结。

(2) 只有在同一停电系统的所有工作票结束,拆除所有接地线、临时遮拦和标志牌,恢复常设遮拦,并得到值班调度员或值班负责人的许可命令后,方可合闸送电。

(3) 已结束的工作票,保存期应为六个月。

4.2 操作票制度

电气操作除以下几项任务外,其他必须填用操作票。

1. 事故处理。

2. 拉合断路器(开关)的单一操作。

3. 拉开单一的接地开关(接地刀闸)或拆除全厂(站)仅有的一组接地线。

4. 下列项目必须填入操作票内:

(1) 应拉合的断路器(开关)、隔离开关(刀闸)、接地开关(接地刀闸)。

(2) 登塔检查拉合后的断路器(开关)、隔离开关(刀闸)、接地开关(接地刀闸)。

(3) 验电,装设接地线,检查接地线是否拆除。

(4) 安装或拆除控制回路或电压互感器回路的熔断器。

(5) 切换保护回路和安全自动装置。

(6) 检验是否确无电压等。

(7) 进行倒负荷或解、并列操作前后,检查相关断路器(开关)、隔离开关(刀闸)的位置及负荷分配情况。

5. 电气设备应具有明显的标志,包括命名、编号、设备相色等。

6. 在进行操作任务的实际操作前,应先在模拟图(板)上进行核对性模拟预演,无误后,再进行设备操作。

7. 实际操作中一份操作票应由一组人员操作,监护人手中只能有一份操作票。操作人和监护人面向被操作设备的名称编号牌,在操作中,操作人手持执行文件,阅读操作步骤;操作人手指设备或者触摸要操作的设备,大声说出:要操作哪项设备(编码)、对其进行何种操作;监护人核对操作人的口诵指令及指向的设备与程序的规定一致后,回答"对,请执行",操作人方可操作。监护人在操作人完成操作并确认无误后,再进行下一步的操作。在每步操作开始时在该步骤所留空白处画"O",步骤执行完成后在"O"上补划一横杠,画成 ϴ"。机组并列、解列、重要辅机设备启停等操作均应在"操作时间"栏内详细记录操作时间。

8. 操作过程中应按照操作危险点、安全措施和注意事项的顺序执行。严禁操作项目与检查项一并打 ϴ",严禁并项、倒项、越项、添项操作。

9. 操作中发生疑问时,应立即停止操作并向值班负责人或值班调度报告,解决问题后方可继续操作,不得擅自更改操作票,不得随意解除闭锁装置。

10. 操作中不得换人,操作人、监护人不得做与操作无关的事情。严禁监护人未下令操作人就动手操作。

11. 监护人就自始至终认真监护,不得离开操作现场或进行其他工作。严禁监护人动手操作。

12. 检查电气设备操作后的位置时,应以设备实际位置为准,无法看到实际位置时,可通过设备机械位置指示、电气指示、仪表及各种遥测、遥信信号的变化,至少应有两个及以上指示已同时发生对应变化,方可确认该设备已操作到位。

13. 同一份操作票的所有内容原则上应在当班时间内全部完成,因故未能全部完成时,经批准人同意,可以在某一安全、稳定状态中断操作票的执行,在操作票和值班日志上做详细明确说明,接班者接班后须重新填写操作票(可以只填剩余部分,但仍需执行审批程序)继续操作,完成本项操作任务后,将前后两份操作票合订在一起,如操作票执行过程中无法找到可中断执行的状态,则操作票必须继续执行,不得中断。

14. 操作全部完成后,立即向批准人汇报,在结束时间栏内填上准确时间,并在操作票加盖"已执行"印章。

15. 操作票因填写错误或操作终止、取消,须加盖"作废"印章。

第五章　保证安全的技术措施

5.1　在电气设备上工作保证安全的技术措施

1. 停电。

2. 验电。

3. 装设接地线或合上接地开关(接地刀闸)。

4. 设置安全警示标示牌和装设遮拦。

上述措施由运行值班人员或有权执行操作的人员执行。

1. 工作地点必须停电的设备如下：

(1) 检修的设备。

(2) 与工作人员在进行工作中正常活动范围的距离小于表 5-1 规定的设备。

(3) 在 35 kV 及以下的设备上进行工作,上述安全距离虽大于表 5-1 规定,但小于表 2-1 的规定,同时又无安全遮拦措施的设备。

(4) 带电部分在工作人员后面、两侧或上下,且无可靠安全措施的设备。

表 5-1　工作人员工作中正常活动范围与带电设备的安全距离

电压等级/kV	安全距离/m
10 及以下(13.8)	0.35
20～35	0.60
66～110	1.50
220	3.00
330	4.00
500	5.00
750	8.00

注:表 5-1 中未列电压按高一档电压等级的安全距离。

2. 将检修设备停电,必须把各方面的电源完全断开(任何运用中的星形接线设备的中性点,必须视为带电设备)。禁止在只经断路器(开关)断开电源的设备上工作。必须拉开隔离开关(刀闸),移动式断路器(开关)应拉至检修位置,使各方面至少有一个明显的断开点。与停电设备有关的变压器和电压互感器,必须将设备各侧断开,防止向停电检修设备反送电。

3. 断开断路器(开关)和隔离开关(刀闸)的操作能源。隔离开关(刀闸)操作机构必须可靠闭锁(锁住)。

5.2 验电

1. 验电时，必须用电压等级合适而且合格的验电器，在检修设备进出线各侧各相分别验电。验电前，应先在有电设备上进行试验，确证验电器良好。如果在木杆、木梯或木架构上验电，不接地线不能指示者，可在验电器上接地线，但必须经运行值班负责人许可。

2. 高压验电必须戴绝缘手套。验电器的伸缩式绝缘棒长度必须拉足，验电时手应握在手柄处不得超过护环，人体与被验电设备的距离应符合表 2-1 的安全距离要求。雨雪天气时不得进行室外直接验电。

3. 在恶劣气象条件时，对户外设备无法进行直接验电的设备，可以进行间接验电。即检查隔离开关(刀闸)的机械指示位置、电气指示、仪表及带电指示装置指示的变化进行综合判断。330 kV 及以上的电气设备可采用间接验电方法进行。

4. 表示设备断开、允许进入间隔的信号和经常接入的电压表等，如果指示有电，则禁止在该设备上工作。

5.3 装设接地线

1. 当验明设备确已无电压后，应立即将检修设备接地并三相短路。电缆及电容器接地前应逐相充分放电，星形接地电容器的中性点应接地，串联电容器及整组电容器脱离的电容器应逐个放电，装在绝缘支架上的电容器外壳亦应放电。

2. 对于可能送电至停电设备的各方面或停电设备可能产生感应电压的，均应装设接地线或合上接地开关(接地刀闸)，所装接地线与带电部分应考虑接地线摆动时仍符合安全距离的规定。

3. 因平行或临近带电设备导致检修设备可能产生感电时，应加装接地线或使用个人保安线。

4. 检修母线时，应根据母线的长短和有无感应电压等实际情况确定地线或接地开关(接地刀闸)数量。检修长度在 10 m 及以下的母线，可以只装设一组接地线或合一组接地开关(接地刀闸)。在门型架构的线路侧进行停电检修，如工作地点与所装接地线(接地开关)的距离小于 10 m，工作地点虽在接地线外侧，也可不另装接地线或合接地开关(接地刀闸)。

5. 检修部分若分为几个在电气上不相连接的部分，如分段母线以隔离开关(刀闸)或断路器(开关)隔开分成几段，则各段应分别验电接地短路。接地线(接地开关)与检修部分之间不得连有断路器(开关)或熔断器(保险)。降压变电站全部停电时，应将各个可能来电侧的部分接地短路，其余部分不必每段都装设接地线或接地开关(接地刀闸)。

6. 在室内配电装置上，接地线应装在该装置导电部分的规定地点，这些部位的油漆应刮去，并设置接地端标志。所有配电装置的适当地点，均应设有接地网的接头。接地电阻必须合格。

7. 装、拆接地线或拉、合接地开关(接地刀闸)必须由两人进行。人体不应碰触未接地的导线。

8. 装设接地线必须先接接地端，后接导体端，且必须接触良好。拆接地线的顺序与此相反。装、拆接地线均应使用绝缘棒和戴绝缘手套。拉合接地开关(接地刀闸)后,必须对实际位置进行确认。成套接地线应由有透明护套的多股软铜线和专用夹组成,其截面应符合短路电流的要求,但不得小于 25 mm^2。接地线在每次装设以前应经过详细检查。无断股、绞线松股、夹具断裂松动、护套破损等缺陷,损坏的接地线应及时修理或更换。禁止使用不符合规定的导线作接地或短路之用。

9. 接地线必须使用专用的线夹固定在导体上,严禁用缠绕的方法进行接地或短路。

10. 接地线采用三相短路式接地线,若使用分相式接地线时,应设置三相合一的接地端。

11. 高压回路上的工作(如测量母线和电缆的绝缘电阻,检查断路器(开关)触头是否同时接触),需要拆除全部或部分接地线后方能进行工作者,如:

(1) 拆除一相接地线。

(2) 拆除接地线,保留短路线。

(3) 将接地线全部拆除或拉开接地开关(接地刀闸)。

上述工作必须征得运行值班人员的许可(根据调度员命令装设的接地线或合上的接地开关(接地刀闸),必须征得值班调度员的许可),方可进行。工作完毕后应立即恢复。

12. 每组接地线均应编号,并存放在固定地点。存放位置亦应编号,接地线号码与存放位置号码必须一致。

13. 装、拆接地线或拉、合接地开关(接地刀闸),应做好记录,交接班时应交代清楚。

5.4 设置标志牌和装设遮拦

1. 在一经合闸即可送电到工作地点的断路器(开关)和隔离开关(刀闸)的操作把手上,均应设置"禁止合闸,有人工作"的安全警示牌。

如果线路上有人工作,应在线路断路器(开关)和隔离开关(刀闸)操作把手上设置"禁止合闸　线路有人工作"安全警示标志牌,安全警示标志牌的设置和拆除应按调度员的命令执行。

在计算机显示屏上操作的隔离开关操作处,应设置"禁止合闸,有人工作!"或"禁止合闸,线路有人工作!"的安全警示牌。

2. 部分停电的工作,安全距离小于表 2-1 规定距离以内的未停电设备应装设临时遮拦。临时遮拦与带电部分的距离,不得小于表 5-1 的规定数值。临时遮拦可用干燥木材、橡胶或其他坚韧绝缘材料制成,装设应牢固,并设置"止步　高压危险"安全警示标志牌。

35 kV 及以下设备的临时遮拦,如因工作特殊需要,可用绝缘隔板与带电部分直接接触。但此种隔板必须具有高度的绝缘性能。

3. 在室内高压设备上工作,应在工作地点两旁间隔和对面间隔的遮拦上和禁止通行的过道上设置"止步　高压危险"安全警示标志牌,并在相邻带电间隔屏前后设置运行标志。

4. 高压开关柜内手车断路器拉出后,隔离带电部位的挡板封闭后禁止开启。对封闭挡板进行活动试验需要开启时,工作人员与带电部位的距离不得小于表 5-1 的规定。

5. 在室外地面高压设备上工作,应在工作地点四周装设围栏,围栏上设置适当数量的"止步　高压危险"安全警示标志牌,安全警示标志牌必须朝向遮拦里面。遮拦出入口要围至临近道路旁边，并高有“从此进出！”安全警示标志牌。

若室外只有个别地点设备带电，可在其四周装设全封闭遮拦，遮拦上设置数量朝向外面的“止步，高压危险！”安全警示标志牌。

6. 在工作地点设置“在此工作”的安全警示标志牌。

7. 在室外架构上工作，应在工作地点邻近带电部分的横梁上，设置“止步　高压危险”的标志牌。此项标志牌在运行值班人员的监护下，由工作人员设置。在工作人员上下用的铁架和梯子上应设置“从此上下”标志牌。在邻近其他可能误登的带电架构上，应设置“禁止攀登　高压危险”标志牌。

8. 严禁工作人员在工作中移动或拆除遮拦、接地线和标志牌。

9. 装设的临时遮拦、设置的标志牌应牢固。

第六章　线路作业时发电厂的安全措施

线路的停送电均应按照值班调度员或有关单位书面指定的人员的命令执行。严禁约时停、送电。停电时,必须先将该线路可能来电的所有断路器(开关)、线路隔离开关(刀闸)、母线隔离开关(刀闸)全部拉开,小车开关应拉至试验或检修位置,并断开断路器(开关)、隔离开关(刀闸)的操作能源。用验电器验明确无电压后,在线路上所有可能来电的各端装接地线或合上接地刀闸,线路隔离开关(刀闸)操作把手上设置“禁止合闸,线路有人工作!”的标示牌。

(1) 电网调度线路作业

电网调度线路作业时,运行值班负责人应将调度提供的线路停电检修工作内容及发电厂内安全措施的执行和拆除情况记入值班日志。

(2) 企业内部调度线路作业时

企业内部调度线路作业时,运行值班负责人必须将停电检修的工作班组数目、工作负责人姓名、工作地点和工作任务记入值班日志。

工作结束时,运行值班负责人应得到工作负责人的工作已完成报告,确认所有工作班组均已完成,接地线已拆除,工作人员已全部撤离线路,并与值班日志核对无误后,方可下令拆除发电厂内的安全措施,向线路送电。

第七章 绝缘安全工器具

绝缘安全工器具使用安全要求如下：

1. 绝缘安全工器具应有设备铭牌和产品许可证、出厂试验合格证、产品鉴定合格证以及使用说明书、特种劳动防护用品安全标志，并定期进行试验。

禁止使用不合格的绝缘安全工器具。不合格的绝缘安全工器具应报废，并应销毁。

使用绝缘安全工器具的工作人员必须经过培训，了解其结构和性能，熟练掌握使用方法。

使用前必须进行外观检查，合格后方可使用。使用中发现异常现象，应立即停止使用。

2. 使用绝缘手套前应先检查有无漏气、发黏、老化、裂纹等现象，对其绝缘性能发生疑问时，应进行试验，合格后方可使用。使用时应将上衣袖口套入手套筒口内。

绝缘手套应妥善保管，宜放置在木手上。

3. 绝缘杆表面不应有连续性的磨损痕迹，不应潮湿，不得有油污。末端杆及首端杆堵头不应破损。必须按电压等级选用有效绝缘长度的绝缘杆。

使用绝缘杆前应先擦拭干净，使用时应戴绝缘手套，手握在护环下侧握柄部分，人体与带电设备必须保持足够的安全距离。

4. 绝缘靴不应有外伤、潮湿和污物。穿绝缘靴时应防止机械操作，避免接触高温、油和酸、碱等腐蚀性物质。

5. 绝缘隔板和绝缘罩应完整，表面洁净、端面无分层或开裂。

绝缘隔板只允许在 35 kV 及以下电压的电气设备上使用。用于 10 kV 电压等级时，厚度应不小于 3 mm；用于 35 kV 电压等级时，厚度应不小于 4 mm。

现场带电安放绝缘隔板或绝缘罩时，应戴绝缘手套。绝缘隔板的放置和使用中应防止脱落，必要时可用绝缘绳索将其固定。

绝缘胶垫应完好，无割裂、破损、厚度减薄现象。使用绝缘垫过程中应保持干燥、清洁，禁止与酸、碱及油类物质接触。

第八章　事故案例

案例 1　2EAS126VR 解除隔离时未正常送电

1. 事件概述

2014 年 9 月 18 日，运行当班值早班在 KIT 中发现：2EAS055EC(2EAS126VR 设备可用性)显示 2EAS126VR(PTR 水箱至安喷系统化学试剂添加箱 001BA 隔离阀)不可用，联系现场检查 2EAS126VR 电源 2LLC223JA，发现该电源未送电。经调查，2EAS126VR 阀最近因为 2EAS125VR(安全喷淋系统化学试剂添加箱 001BA 出口隔离阀)检修隔离过，9 月 15 日刚解除隔离。解除隔离要求送电。现场人员在执行解除阀门隔离时，只身一人操作，只取了牌锁，未对该阀门进行送电。

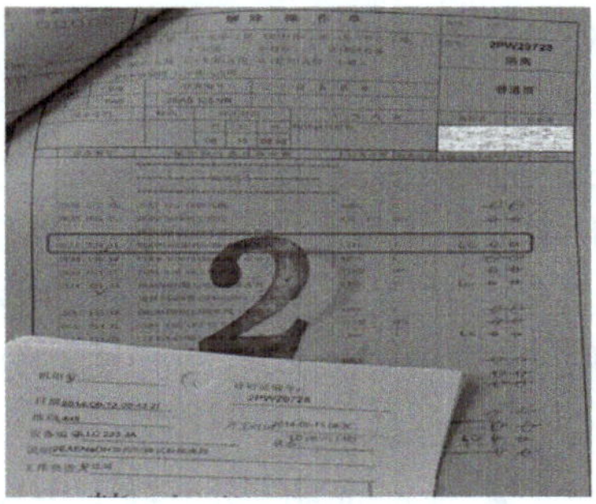

2. 经验教训

◆ 执行隔离操作时，必须严格按照操作流程和步骤来操作并记录。

◆ 运行操作必须严格使用防人因失误工具，执行隔离票操作时，必须有人监护。

◆ 在进行操作活动前，发现不满足管理要求的情况，应停止操作，寻求帮助。任何情况下都不能突破防人因屏障。

案例 2　走错机组，汽轮机甩负荷后手动停机

安全是核电厂的生命线

1. 事件概述

2008 年 7 月 25 日，某核电厂 2 号机组进行小修期间，计划对 2 号机组定冷水系统疏水时，现操走错机组，打开了 1 号机组定冷水疏水阀，定冷水箱低水位触发了 1 号机甩负荷，并最终导致手动停机。

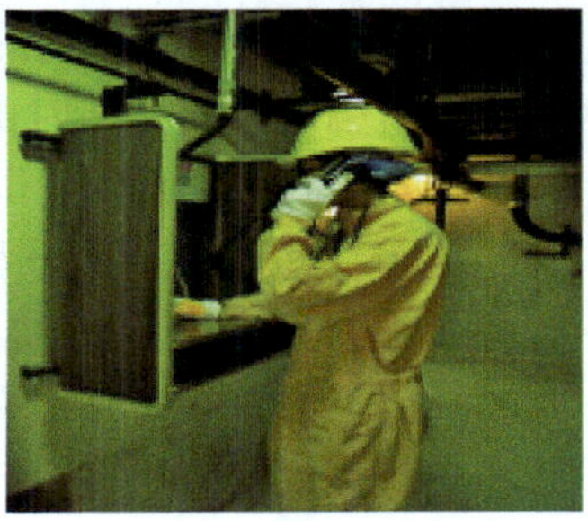

◆ 主控室就定冷系统疏水三次打电话给现操，值长的急躁情绪使现操感受到巨大压力，并觉得自己应尽快完成该项工作。

◆ 工作控制区一片忙乱，现操准备对应六张工作票的操作任务时，不时被其他相关人员打断。

◆ 在所有的讨论中，不论是值长还是主控室操纵员，大家都未提及 2 号机组。

2. 经验教训

◆ 值长没有意识到该操作虽对2号机无风险，但对于运行中的1号机是有风险的，值长应注意对运行机组的保运。

◆ 现场工作人员在工作任务多的情况下，尤其要注意防人因失误工具的使用，使用自检确定工作对象，对有疑问的地方，停止工作并及时沟通清楚再做。

案例3 起励电源开关未投导致起励失败

1. 事件概述

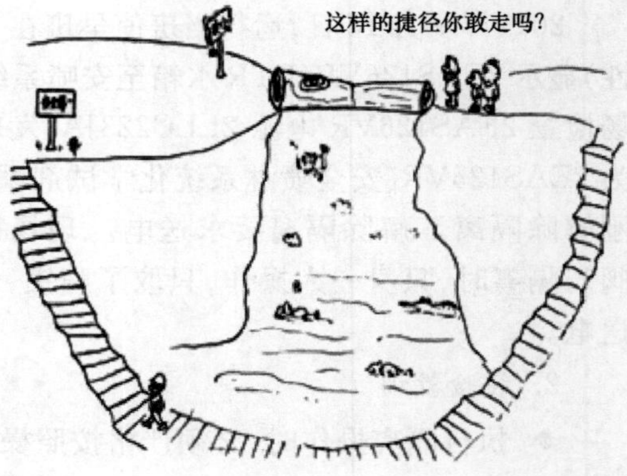

2014年6月21日，某厂1号机组小修后启动，两名运行人员根据规程执行励磁系统由冷备用改为热备用的操作。在执行到步骤"确认起励电源开关合闸状态"时，发现规程下一步检查励磁系统就地控制屏相关指示灯亮的步骤满足规程要求，便根据自己的理解认为起励电源开关应该是合上的，于是未到开关室确认开关实际状态，并将此步骤标识完成后继续执行规程。当天中班并网前，在投运发电机励磁时起励失败，最终检查发现启励开关在分闸状态。

2. 经验教训

● 实践证明，知识型失误概率达二分之一，而程序型失误概率为百分之一，按照规程操作可以减少由于人员知识经验和技能不足导致的人因失误。

● "图省事、走捷径"是人性的弱点之一，也是安全生产的大忌，我们唯有养成一丝不苟的工作习惯方能最大限度的减少安全事故的发生。

案例4 安措执行顺序不当导致RCW应急补水逻辑触发

1. 事件概述

2011年12月18日，某厂1号机组大修期间。运行人员执行建立再循环冷却水系统安全阀标定的安措时发现安措隔离点阀门有内漏现象。为此需要将安措隔离范围扩大。此时隔离范围内的设备已差不多疏水排空。在执行重新编制的安措票时由于阀门在不同的厂房，由两组不同的人员执行此项操作，A组人员执行第1～5步操作，B组人员执行其余的步骤。B组人员执行操作时，没有与A组人员确认，就直接从安措的第6步开始执行，而此时A组人员尚未完成相关隔离阀的关闭操作。导致再循环冷却水系统的水进入已疏水排空的设备，再循环冷却水系统失压,应急补水逻辑触发。

2. 经验教训

● 当一项操作由不同的人在不同的地点共同来完成时,应在工前会上指定专人对整个操作过程进行指挥、协调,并建立有效的沟通。

● 操作票或规程中的步骤顺序有些有逻辑关系,应严格按照顺序执行。

案例 5 带电误合 2LGD5 开关母线侧接地刀闸

1. 事件概述

2004 年 11 月 24 日,电厂 1 号机组处于满功率运行状态。为配合执行外围厂房变压器的改造工作,当班隔离经理接到对共用 6.6 kV 母线 B 列进行停电倒负荷到共用 66 kV 母线 A 列的任务。在确认主控室执行完 B 列共用母线停电操作单内容后,隔离经理带领两名现操到达电气厂房,准备断开 B 列 6 kV/380 V 变压器配电柜电源,并对共用母线 B 列进行断电。由于隔离经理在电气操作票未完成的情况下做的隔离票,隔离操作顺序也没有考虑到正确的电气操作顺序,没有按先停电再合地刀的操作顺序进行隔离,导致现场操作人员根据工作票要求在未断电情况下,直接合上 B 列共用 66 kV 母线侧接地地刀,共用母线 B 列接地,导致瞬间过流保护动作跳闸。

2. 经验教训

◆ 隔离经理在电气操作票未完成的情况下做了隔离票,而且隔离票中的隔离操作顺序也是没有考虑到正确的电气操作顺序,没有按先停电再合地刀的操作顺序进行隔离。

◆ 合地刀前没有进行验电,没有按照电气停运的一般要求进行运行隔离操作。

◆ 地刀防误操作的设计上存在不足,不满足电气设备一般安全要求“五防”规定。

◆ 运行人员电气技能培训欠缺,运行人员电气运行操作技能存在薄弱环节。

案例 6 误断循泵房 1 号电源开关

1. 事件概述

2008 年 11 月 26 日晚,某核电厂电气值班员执行“拆除临时变更次氯酸钠段改造施工及负荷用临时电源”安措隔离单,当执行到“断开循泵房 1 号电源(380 V 次氯酸钠段备用电源)”时,值班员看到 380 V 次氯酸钠段备用电源开关名称上贴了一张纸片,写的是“380 V 次氯酸钠段临时电源箱”,误将“循泵房 1 号电源开关”断开,使循泵房 1 号电源段下属负荷全部失电。

事件原因:循泵房开关柜改造后开关柜原标牌被临时标牌覆盖,隔离指令上写的是老标牌名称,现场值班员发现该问题时未提出质疑，断错相似名称的开关。

2. 经验教训

(1) 即使对于不常见的单一操作，也应在图纸上明确标识操作范围与边界；

(2) 工作中要贯穿“STAR”原则，出现疑问应立即中止操作，及时汇报；

(3) 严格贯彻操作监护制度，执行两人的操作时，禁止一人单独操作。

案例 7 超出工作范围造成误入间隔事件

1. 事件概述

某电厂大修期间，隔离办接到工作负责人反馈：需检修的直流母线绝缘监察装置带电，要求运行核实安措。经核实，工作负责人反馈的带电母线绝缘监察装置位于主控 10 号、11 号屏，已经超出工单所要求的范围，实际已误入间隔。隔离经理立即叫停，未造成人员及设备伤害。后经了解，工作负责人根据维修规程的要求进行该项工作，而该规程是一份通用规程，并未针对该工单将不适用的部分剔除。

操作我时认清我，切莫着急先动手！

2. 经验教训

(1) 工作文件应针对实际工作做适应性修改，尽量减少通用工作文件的使用。

(2) 工作中发现与要求的状态不一致时应当立即停止工作，找出原因后方可继续执行操作。

(3) 对核电厂所有工作人员强调防人因失误工具的重要性，通过宣传、培训等手段提高人因工具的使用技能，促进养成良好的行为习惯。

案例 8 1 号机组 A 列应急柴油机误启动

1. 事件概述

2003 年 8 月 8 日，1 号主控运行值进行 PT1RPA013(用 RPA604CC-安注第 4 组 T3 试验选择开关进行安全注入逻辑试验)，现场人员到达柴油机厂房配合试验，根据规程现场操作部分执行第一步操作，把 1LHP013CC-安注试验选择开关放在“L.TEST”位置，并汇报主控；负责试验的主控操纵员在广播通知现场人员准备试验后，负责该试验的主控操纵员将 1RPA604CC 转到“试验”位置，A 列柴油机组(1LHP-6.0 kV 交流应急供电系统 A 系列)启动。事后调查，在试验过程中，主控操纵员和现场运行人员沟通不够，在试验动作时，由于没有将 1 号

机组 A 列柴油机的 1LHP013CC 放在“SI.TEST”位置，导致该应急柴油机真实误启动。

2. 经验教训

◆ 信息传递失误，现场传递给主控应急柴油机已经放在试验位置，但没有说明是什么试验位置，主控对该信息也没有认真核对，导致接受错误的信息。

◆ 运行人员未严格按照规程步骤向主控汇报工作内容，导致主控操纵员产生错误的理解。

◆ 主控与现场信息交流渠道应明确，禁止使用广播进行任务下达信息交流。

◆ 主控及现场运行人员缺乏严谨的工作作风，没有按防人因工具要求严格使用三向交流沟通。

案例 9 运行人员被困常规岛七氟丙烷设备间

1. 事件概述

2013 年 7 月，某核电厂运行现场人员进入常规岛 0 m 层固定式气体灭火系统设备间进行例行巡检。在检查完房间内的设备完好且参数正常后，准备离开房间时发现房门无法开启。由于该房间内没有安装固定电话，被困人员不断地敲门试图引起路人的注意，但均失败了。所幸运行人员巡检时带有手机利用手机微弱的信号与主控联系找人来解救，8 分钟后人才被解救出来。由于该房间内的气味十分刺鼻，而且没有正常通风，在被困的很短时间内人就感觉到头晕胸闷。

2. 经验教训

(1) 外出操作、巡检及返回，应告知同岗位人员、班长、主控，去向明确；

(2) 日常巡检注意楼梯、脚下、头顶、进入房间查看警示标识，风险提示；

(3) 梳理只有单个进出口房间在房间内应装设固定电话机，并在门口安装安全提醒标示；

(4) 举一反三梳理没有通风、密闭、有窒息风险房间，张贴警示标识，定期测量环境氧和氢等气体含量，确保现场人员工作环境安全。

案例 10 断开错误的开关导致 48 V 直流盘台失电

1. 事件概述

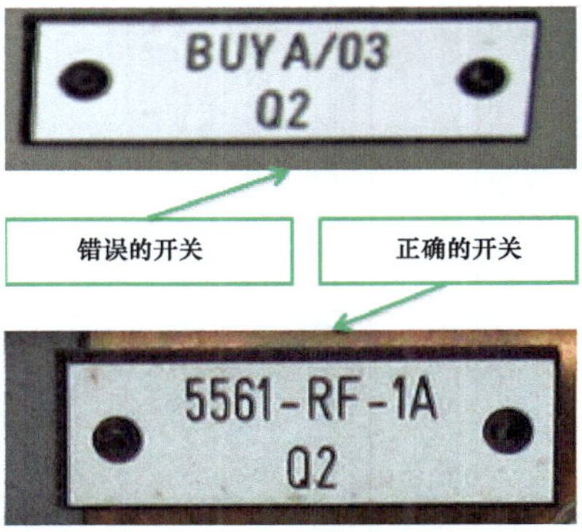

2014 年 4 月 20 日，某厂 2 号机组大修期间，运行人员按计划停运 48 V 直流 A 通道整流器。操作过程中，运行人员在整流器盘柜中未找到整流器的直流输出开关，于是根据记忆，打开相邻的 48 V 直流 A 通道母线盘柜，找到了一个编号相似的开关，虽然对开关编号与规程上不一致也产生了疑问，但操作人和监护人商量后认为这两个盘柜内没有其它类似编号的开关了，只可能是这个开关，于是按照规程要求断开了此开关，导致一个 48 V 直流配

电盘台失电，从而使得主控室控制计算机自检程序失效而停运，触发阶跃降功率信号。

2. 经验教训

● 在执行程序过程中产疑惑，应该停止操作，直到所有的问题都弄清楚，必要时修改规程后再继续操作。

● 监护是由两个人在同一时间和地点以各自的视角来进行独立的检查、确认和判断，而后再进行沟通达成一致，避免陷入“群体思维”陷阱。

第九章 习 题

9.1 填空题(每空2分)

1. 为了切实保证职工在生产中的安全和健康、电力系统、发供配电设备的安全运行,结合电力生产多年来的实践经验,制定本规程。各单位的________和________工作人员,必须严格执行本规程。

答案:领导干部;电气

2. 安全生产,人人有责。各级领导必须以身作则,要充分发动群众,依靠群众;要发挥________机关和群众性的________的作用,严格监督本规程的执行。

答案:安全监察;安全组织

3. 电气工作人员对本规程应________考试一次。因故间断电气工作连续________以上者,必须重新温习本规程,并经考试合格后,方能恢复工作。

答案:每年;三个月

4. 巡线人员发现导线断落地面或悬吊空中,应设法防止行人________断线地点________米以内,并迅速报告领导,________。

答案:靠近 8;等候处理

5. 值班人员必须________电气设备。单独值班人员或________人还应有实际工作经验。

答案:熟悉;值班负责人

6. 高压设备发生接地时,室内不得接近故障点________以内,室外不得接近故障________以内。进入上述范围人员必须穿绝缘靴,接触设备的外壳和架构时,应戴________手套。

答案:4 m;8 m;绝缘

7. 倒闸操作必须根据值班________或运行值班负责人的指令,受令人复诵无误后执行。发布命令应准确、清晰、使用规范的________和设备________,即设备名称和编号。

答案:调度员;操作术语;双重名称

8. 每张操作票只能填写________操作任务。

答案:一个

9. 高压电气设备都应安装完善的防误操作________装置。防误闭锁装置不得随意退出运行,停用防误闭锁装置应经本单位总工程师批准;短时间退出防误闭锁装置时,应经变电站站长或发电厂________批准,并应按程序尽快投入。

答案:闭锁;当班值长

10. 少数特殊情况下经上级主管部门批准,可加机械锁,机械锁要一把钥匙开________锁,钥匙要________并妥善保管,方便作用。

答案:一把;编号

11. 操作票内应写明:应__________的设备[断路器(开关)、隔离开关(刀闸),接地刀闸等],验电,拆装接地线,安装或拆除控制回路或电压互感器回路的熔断器,__________保护回路和自动化装置及__________是否确无电压。

答案:拉合;切换;检验

12. 操作票应用钢笔或圆珠笔逐行填写,用计算机开出的操作票应与手写格式一致;操作票票面应__________整洁,不得任意__________。

答案:清楚;涂改

13. 开始操作前,应先在模拟图(或微机防误装置、微机监控装置)上进行__________模拟预演,无误后,再进行__________。操作前应__________设备名称、编号和位置,操作中应认真执行__________制。

答案:核对性;设备操作;核对;监护复诵

14. __________,严禁进行倒闸操作和更换熔丝工作。

答案:雷电时

15. 监护操作时,操作人在操作过程中不得有任何未经监护人__________的操作行为。

答案:同意

16. 电气设备停电后,即使是事故停电,在未拉开有关隔离开关(刀闸)和做好安全措施以前,不得触及设备或进入__________,以防突然来电。

答案:遮拦

17. 在运用中的高压设备上工作,分为三类:一、__________停电的工作,系指室内高压设备全部停电(包括架空线路与电缆引入线在内),通至邻接高压室的门全部闭锁,以及室外高压设备全部停电(包括架空线路与电缆引入线在内)。二、__________停电的工作,系指高压设备部分停电,或室内虽全部停电,而通至邻接高压室的门并未全部闭锁。三、__________工作,系指工作本身不需要停电并且没有偶然触及导电部分的危险及许可在带电设备外壳上或导电部分上进行的工作。

答案:全部;部分;不停电

18. 在高压设备上工作,必须遵守下列各项:一、填用__________或口头、电话命令;二、至少应有__________在一起工作;三、完成保证工作人员安全的__________措施和技术措施。

答案:工作票;两人;组织

19. 口头或__________命令,必须清楚正确,值班员应将发令人、负责人及工作任务详细记入操作记录簿中,并向发令人复诵核对一遍。

答案:电话

20. 测量人员必须了解仪表的性能,使用方法,正确接线,熟悉测量的__________。

答案:安全措施

21. 低压回路停电的安全措施:一、将检修设备的__________电源断开取下熔断器,在刀闸操作把手上挂"禁止合闸,有人工作!"的标示牌。二、工作前必须__________。三、根据需要采取其他安全措施。

答案:各方面;验电

22. 现场工作开始前，应查对已做的安全措施是否符合要求，运行设备与检修设备是否明确__________，还应看清设备__________，严防__________位置。

答案：分开；名称；走错

23. 夜间进行测量工作，应有足够的__________。

答案：照明

24. 在带电的_______互感器二次回路上工作时，应严禁将电流互感器二次侧_______。

答案：电流；开路

25. 因试验需要断开设备接头时，拆前应做好__________，接后应进行__________。

答案：标记；检查

26. 电话传达时，三方必须认真__________，清楚明确，并__________核对__________。

答案：记录；复诵；无误

27. 新人员不得__________巡线。偏僻山区和夜间巡线必须由__________进行。

答案：一人单独；两人

28. 对造成严重事故者，应按情节轻重，给予__________或__________处分。

答案：行政；刑事

29. 事故紧急处理不填工作票，但应履行__________，做好安全措施。

答案：许可手续

30. 单人巡线时，禁止__________电杆和铁塔。夜间巡线应沿线路__________进行；大风巡线应沿线路__________前进，以免万一触及断落的导线。事故巡线应始终认为__________。

答案：攀登；外侧；上风侧；线路带电

9.2 选择题(每题 2 分)

1. 高压设备发生接地时，室内不得接近故障点 4 m 以内，室外不得接近故障点(　　)。进入上述范围人员必须穿绝缘靴，接触设备的外壳和架构时，应戴绝缘手套。

A. 6 m 以内　　B. 10 m 以内　　C. 8 m 以内

答案：C

2. 巡视配电装置，进出(　　)，必须随手将门锁好。

A. 高压室　　B. 设备区　　C. 维修间

答案：A

3. 高压室的钥匙至少应有三把，由配电值班人员负责保管，按值移交。一把专供紧急时使用，一把专供值班员使用，其他可以借给许可单独巡视高压设备的人员和工作负责人使用，但必须(　　)，当日交回。

A. 及时归还　　B. 登记签名　　C. 妥善保管

答案：B

4. 装卸高压熔断器(保险)，(　　)，必要时使用绝缘夹钳，并站在绝缘垫或绝缘台上。

A. 应使用绝缘工具　　B. 应戴护目眼镜和绝缘手套

C. 应穿用绝缘靴

答案:B

5. 电气设备分为高压和低压两种:高压电气设备对地电压在(　　);低压电气设备,对地电压在(　　)。

A. 1 000 V及以上;1 000 V以下　　B. 250 V;250 V以下

答案:A

6. 倒闸操作必须由两人执行,其中一人对设备较为熟悉者做监护。单人值班的变电所倒闸操作可由一人执行。特别重要和复杂的倒闸操作,由(　　)操作,值班负责人或值长监护。

A. 熟练的值班员　B. 正值班工　C. 付值班工

答案:A

7. 断路器(开关)遮断容量应满足电网要求。如遮断容量不够,必须将操作机构用墙或金属板与该断路器(开关)隔开,并设远方控制,重合闸装置(　　)。

A. 可继续使用　B. 必须停用　C. 没有要求

答案:B

8. 在高压设备上工作,必须遵守下列各项:

一、填用工作票或口头、电话命令;二、(　　);三、完成保证工作人员安全的组织措施和技术措施。

A. 不用两人在一起工作　B. 至少应有两人在一起工作

C. 必须有两人在一起工作

答案:B

9. 口头或电话命令,必须清楚正确,值班员应将(　　)详细记入操作记录簿中,并向发令人复诵核对一遍。

A. 发令人、负责人　B. 负责人及工作任务

C. 发令人、负责人及工作任务

答案:C

10. 线路停电检修,值班调度员必须在发电厂、变电站将线路可能受电的各方面都拉闸停电,并(　　)后,将工作班、组数目,工作负责人的姓名,工作地点和工作任务记入记录簿内,才能发出(　　)的命令。

A. 挂好接地线　许可工作　B. 做好安措　许可工作

答案:A

11. 在工作中遇(　　)或其他任何情况威胁到工作人员的安全时,工作负责人或监护人可根据情况,临时停止工作。

A. 雷、雨、大风　B. 天气变化

答案:A

12. 值班员如发现工作人员违反安全规程或任何危及工作人员安全的情况,应向工作负责人提出改正意见,必要时可(　　)工作,并立即报告上级。

A. 暂时停止　B. 停止　C. 严禁

答案:A

13. 电动机及起动装置的外壳均应接地。禁止在运转中的电动机的(　　)上进行工作。

A. 起动装置　　　　B. 外壳　　　　C. 接地线

答案:C

14. (　　)工作人员在工作中移动或拆除遮拦、接地线和标示牌。

A. 严禁　　　　B. 允许　　　　C. 同意

答案:A

15. 断开断路器(开关)和隔离开关(刀闸)的(　　)。隔离开关(刀闸)操作把手必须锁住。

A. 操作　　　　B. 操作能源　　　　C. 工作

答案:B

16. 表示设备断开和允许进入间隔的信号、经常接入的电压表等,(　　)作为设备无电压的根据。但如果指示有电,则禁止在该设备上工作。

A. 可以　　　　B. 不得　　　　C. 必须

答案:B

17. 当验明设备确已无电压后,应立即将检修设备接地并三相短路。这是保护工作人员在工作地点防止突然来电的可靠安全措施,同时设备断开部分的(　　),亦可因接地而放尽。

A. 电荷　　　　B. 剩余电荷　　　　C. 感应电荷

答案:B

18. 检修部分若分为几个在电气上不相连接的部分「如分段母线以隔离开关或断路器隔开分成几段;则各段应分别验电接地短路。接地线与检修部分之间不得连有(　　)。降压变电所全部停电时,应将各个可能来电侧的部分接地短路,其余部分不必每段都装设接地线。

A. 隔离开关　　　　B. 断路器或熔断器　　C. 断路器和熔断器

答案:B

19. 在室内配电装置上,接地线应装在该装置导电部分的规定地点,这些地点的油漆应刮去,并划下黑色记号。所有配电装置的适当地点,均应设有(　　)的接头。接地电阻必须合格。

A. 接地　　　　B. 接地线　　　　C. 接地网

答案:C

20. 电气工作人员必须具备下列条件:

一、经医师鉴定,无妨碍工作的病症(体格检查约两年一次)。二、具备必要的电气知识,且按其职务和工作性质,熟悉《电业安全工作规程》(发电厂和变电所电气部分、电力线路部分、热力和机械部分)的有关部分,并经考试合格。三、学会紧急(　　)。

A. 外伤救治　　　　B. 骨伤救治　　　　C. 触电急救

答案:C

21. 电气工作人员对本规程应每年考试一次。因故间断电气工作连续(　　)以上者,必须重新温习本规程,并经考试合格后,方能恢复工作。参加带电作业人员,应经专门培训,并经考试合格、领导批准后,方能参加工作。新参加电气工作的人员,实习人员和临时参加劳动的人员(干部、临时工等)。

A. 三个月　　B. 六个月　　C. 九个月

答案:A

22. 任何工作人员发现有违反本规程,应(　　),经纠正后才能恢复作业。

A. 立即制止　　B. 进行劝阻　　C. 报告领导

答案:A

23. 装设接地线必须由两人进行。若为单人值班,(　　)使用接地刀闸接地,或使用绝缘棒合接地刀闸。

A. 只允许　　B. 必须　　C. 可以

答案:A

24. 装设接地线必须先接接地端,后接导体端,且必须接触良好。拆接地线的顺序与此相反。装、拆接地线均应使用(　　)。

A. 绝缘棒和穿绝缘靴　　B. 绝缘棒和戴绝缘手套

C. 戴绝缘手套和穿绝缘靴

答案:B

25. 每组接地线均应编号,并存放在固定地点。存放位置亦应编号,接地线号码与存放位置号码(　　)。

A. 可以不同　　B. 必须一致　　C. 分别编号

答案:B

26. 装、拆接地线,应做好记录,交接班时(　　)。

A. 进行交接　　B. 交代清楚　　C. 查阅签字

答案:B

27. 在一经合闸即可送电到工作地点的断路器(开关)和隔离开关(刀闸)的操作把手上,均应悬挂"禁止合闸,有人工作!"的标示牌。如果线路上有人工作,应在线路断路器(开关)和隔离开关(刀闸)操作把手上悬挂"禁止合闸,线路有人工作!"的标示牌,标示牌的悬挂和拆除,应按

A. 工作票的要求　　B. 当时正值的命令

C. 调度员的命令

答案:C

28. 在室内高压设备上工作,应在工作地点(　　)间隔和对面间隔的遮拦上和禁止通行的过道上悬挂"止步,高压危险!"的标示牌。

A. 附近　　B. 两旁　　C. 周围

答案:B

29. 线路的停送电均应按照值班调度员或有关单位书面指定的人员的命令执行。严禁约时停、送电。停电时,必须先将该线路可能来电的所有(　　)全部拉开,用验电器验明确无电压后,在所有线路上可能来电的各端装接地线,线路隔离开关操作把手上挂"禁止合闸,线路有人工作!"的标

A. 断路器　　B. 断路器、母线侧刀闸、线路侧刀闸

C. 断路器、线路侧刀闸、母线侧刀闸

答案:C

30. (　　)人员在现场工作过程中,凡遇到异常情况(如直流系统接地等)或断路器(开关)跳闸时,不论与本身工作是否有关,应立即停止工作,保持现状,待查明原因。

A. 高压试验　　B. 检修　　C. 继电保护

答案:C

31. 所有电流互感器和电压互感器的二次绕组应有永久性的、可靠的(　　)。

A. 工作接地　　B. 保护接地　　C. 人工接地

答案:B

32. 试验现场应装设遮拦或围栏,向外悬挂"止步,高压危险!"的标志牌,并派人看守。被试设备两端不在同一地点时,另一端还应(　　)。

A. 装设遮拦或围栏　　B. 悬挂标志牌

C. 派人看守

答案:C

33. 变更结线或试验结束时,应首先断开试验电源,放电,并将升压设备的高压部分放电、(　　)。

A. 对地放电　　B. 短路接地　　C. 降压短路

答案:B

34. 连接电流回路的导线截面,应适合所测电流数值。连接电压回路的导线截面不得小于(　　)。

A. 1 mm^2　　B. 1.5 mm^2　　C. 2 mm^2

答案:B

35. 倒闸操作应使用(　　)。倒闸操作人员应根据值班调度员的操作命令填写(　　)。

A. 口头命令;记录　　B. 倒闸操作票;倒闸操作票

答案:B

36. 使用摇表测量高压设备绝缘,应由(　　)担任。

A. 一人　　B. 两人　　C. 三人

答案:B

37. 使用摇表测量高压设备__________,应由__________人担任。

答案:绝缘;两

38. 在屋外变电所和高压室内搬动梯子、管子等长物,应两人__________搬运,并与带电部分保持__________的安全距离。

答案:放倒;足够

9.3 问答题(每题 10 分)

1. 什么叫运用中的电气设备?

答案:全部带有电压或一部分带有电压及一经操作即带有电压的电气设备。

2. 装设接地线的数量应如何规定的?

答案:检修 10 m 及以下的母线,可以只装设一组接地线。在门型架构的线路侧进行停电检修,如工作地点与所装接地线的距离小于 10 m,工作地点虽在接地线外侧,也可不另装接地线。

3. 对工作地点的照明如何要求？

答案：应有充足的照明。

4. 使用绝缘工具应作哪些检查，并注意什么？

答案：使用工具前，应仔细检查其是否损坏、变形、失灵。并使用 2 500 V 绝缘摇表或绝缘检测仪进行分段绝缘检测(电极宽 2 cm，极间宽 2 cm)，阻值应不低于 700 MΩ。应戴清洁、干燥的手套，并应防止绝缘工具在使用中脏污和受潮。

5. 认真遵守本规程和违反本规程如何处理？

答案：对认真遵守本规程者，应给予表扬和奖励；对违反本规程者，应认真分析，加强教育，分别情况，严肃处理。对造成严重事故者，应按情节轻重，给予行政或刑事处分。

6. 进行线路作业前，应做好哪些停电措施？

答案：(1) 断开发电厂、变电所线路断路器和隔离开关；(2) 断开需要工作班操作的线路各端断路器、隔离开关和熔断器；(3) 断开危及该线路停电作业，且不能采取安全措施的交叉跨越、平行和同杆线路的断路器和隔离开关；(4) 断开有可能返回低压电源的断路器和隔离开关。

第二部分　电气绝缘安全工器具

第一章　操作准备

1.1　原理描述

1.1.1　常用电气绝缘安全工器具的种类

常用电气绝缘安全工器具的种类：低压验电器、高压验电器、绝缘拉杆、绝缘手套、绝缘鞋、绝缘垫、携带型接地线等。

1.1.2　低压验电器的使用

1. 低压验电器是用来检验对地电压在 250 V 及以下的低压电气设备的。它主要由工作触头、降压电阻、氖泡、弹簧等部件组成(图 1-1)。它是利用电流通过验电笔、人体、大地形成回路，其漏电电流使氖泡起辉发光而工作的。只要带电体与大地之间电位差超过一定数值(36 V 以下)，验电笔就会发出辉光，低于这个数值，就不发光，从而来判断低压电气设备是否带有电压。

2. 在使用前，首先应检查一下验电笔的完好性，四大组成部分是否缺少，氖泡是否损坏，然后在有电的地方验证一下，只有确认验电笔完好后，才可进行验电。在使用时，一定要手握笔帽端金属挂钩或尾部螺丝，笔尖金属探头接触带电设备，湿手不要去验电，不要用手接触笔尖金属探头(图 1-2)。

3. 低压验电要养成良好的习惯：首先要选好验电点，注意与带电部位保持安全距离，验电者调整好自己的姿态，用笔尖缓慢接触验电点。注意不要身体前倾，另一只手最好背在背后，不许接触设备外壳或者柜门等。切忌迅速地划过带电设备，也不要将笔杆前端导体从侧面搭在验电点上，以防引起设备短路。接触设备不需要太用力，以防侧滑引发事故。

4. 电压等级应相符，不能高压低压互相代用。若用低压验电笔测试高压设备，容易触电。

验电时应从正面验电，高度不足时应使用绝缘平台。

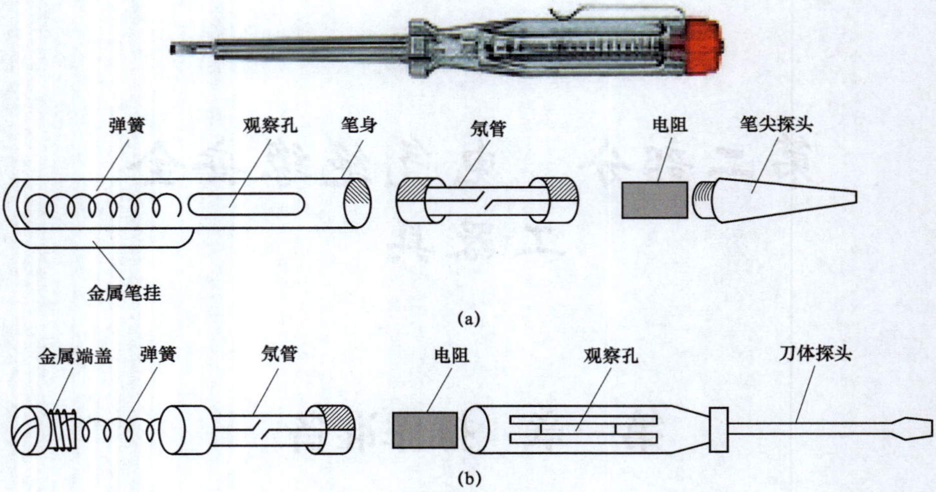

图 1-1 低压验电器组成

(a) 钢笔式；(b) 螺丝刀式

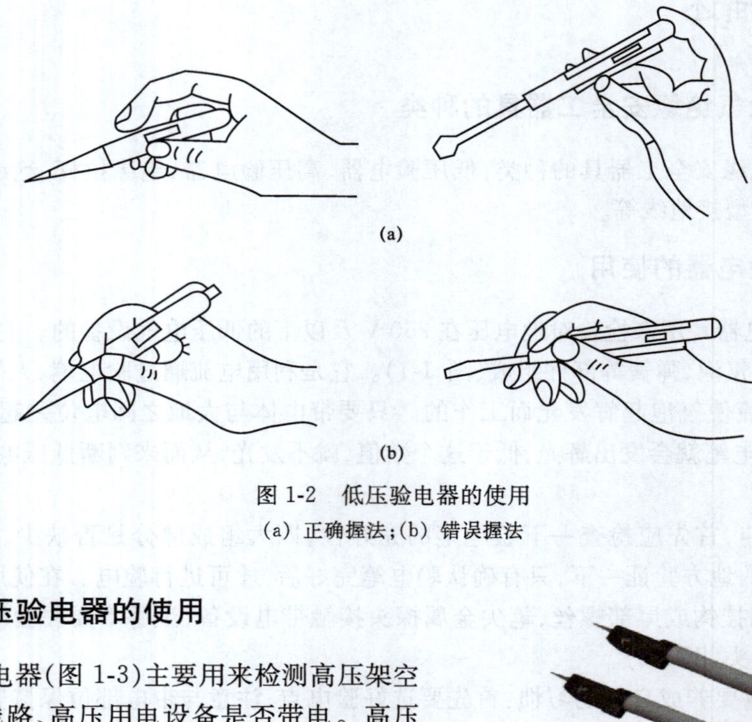

图 1-2 低压验电器的使用

(a) 正确握法；(b) 错误握法

1.1.3 高压验电器的使用

高压验电器(图 1-3)主要用来检测高压架空线路、电缆线路、高压用电设备是否带电。高压验电器的主要类型有发光型高压验电器、声光型高压验电器、高压电磁感应旋转验电器。以下声光式高压验电器为例进行讲解。

1. 广泛使用的棒状伸缩型高压验电器。棒状伸缩型高压验电器是根据国内电业部门要求，在吸取国内外各验电器优点基础上研制的“声光

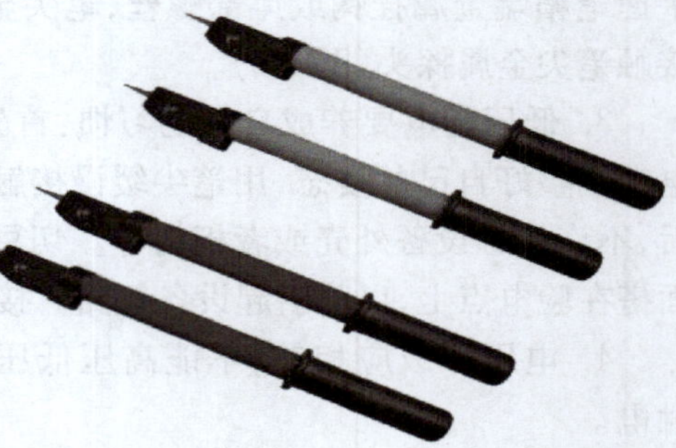

图 1-3 高压验电器

双重显示"型验电器,它具有以下优点:验电灵敏性高。不受阳光、噪声影响,白天黑夜户内户外均可使用;抗干扰性强,内设过压保护,温度自动补偿,具备全电路自检功能;内设电子自动开关,电路采用集成电路屏蔽,保证在高电压、强电场下集成电路安全可靠地工作;产品报警时的警告声音简单明了,避免了工作人员的误操作,保障了人身安全;验电器外壳为ABS工程塑料,伸缩操作杆由环氧树脂玻璃钢管制造;产品结构一体,使用存放方便。

2. 高压验电器适用于 220~500 V、6 kV、10 kV、35 kV、110 kV、220 kV、500 kV 交流输配电线路和设备的验电,无论是白天或夜晚、室内变电所站或室外架空线上,是电力系统和工矿企业电气部门必备的安全用具。

3. 高压验电器使用

使用验电器时必须注意其额定电压和被检验电气设备的电压等级相适应,否则可能会危及验电操作人员的人身安全或造成误判断。验电时操作人员应戴绝缘手套,手握在罩护环以下的握手部位(图 1-4),先在有电设备上进行检验,检验时应渐渐将验电器移近带电设备至发光或发声时止,以确认验电器性能完好,有自检系统的验电器应先揿动自检钮确认验电器完好,然后再在需要进行验电的设备上检测,检测时也应渐渐将验电器移近待测设备,直至触及设备导电部位,此过程若一直无声、光指示,则可判定该设备不带电,反之,如在移近过程中突然发光或发声,即认为该设备带电,即可停止移近,结束验电。另外,风车型验电器只适用于户内或户外良好天气下使用,凡雨、雪等环境条件下,禁止使用。

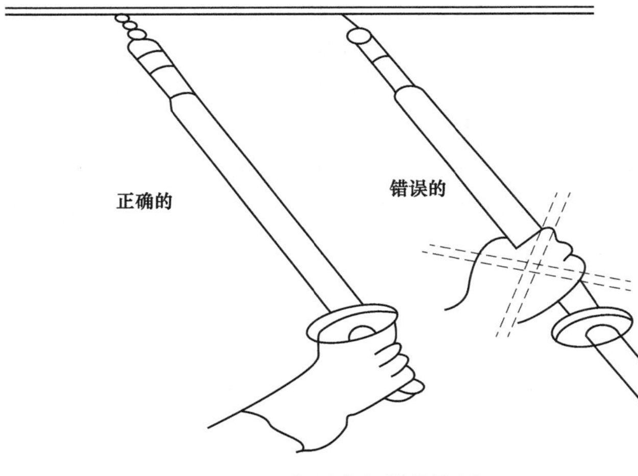

图 1-4 高压验电器的使用

(1) 用高压验电器进行测试时,必须戴上符合要求的绝缘手套;不可一个人单独测试,身旁必须有人监护;测试时,要防止发生相间或对地短路事故;人体与带电体应保持足够的安全距离,10 kV 高压的安全距离为 0.7 m 以上。室外使用时,天气必须良好,雨、雪、雾及湿度较大的天气中不宜使用普通绝缘杆的类型,以防发生危险。

(2) 使用前,要按所测设备(线路)的电压等级将绝缘棒拉伸至规定长度,选用合适型号的指示器和绝缘棒,并对指示器进行检查,投入使用的高压验电器必须是经电气试验合格的。

(3) 对回转式高压验电器,使用前应把检验过的指示器旋接在绝缘棒上固定,并用绸布将其表面擦拭干净,然后转动至所需角度,以便使用时观察方便。

(4) 对电容式高压验电器,绝缘棒上标有红线,红线以上部分表示内有电容元件,且属带电部分,该部分要按《电业安全工作规程》的要求与临近导体或接地体保持必要的安全距离。

(5) 使用时,应特别注意手握部位不得超过护环,如图 1-4 所示。

(6) 用回转式高压验电器时,指示器的金属触头应逐渐靠近被测设备(或导线),一旦指示器叶片开始正常回转,则说明该设备有电,应随即离开被测设备。叶片不能长期回转,以保证验电器的使用寿命。当电缆或电容上存在残余电荷电压时,指示器叶片会短时缓慢转几圈,而后自行停转,因此它可以准确鉴别设备是否停电。

(7) 对线路的验电应逐相进行,对联络用的断路器或隔离开关或其他检修设备验电时,应在其进出线两侧各相分别验电。对同杆塔架设的多层电力线路进行验电时,先验低压、后验高压,先验下层、后验上层。

(8) 在电容器组上验电应待其放电完毕后再进行。

(9) 每次使用完毕,在收缩绝缘棒及取下回转指示器放入包装袋之前,应将表面尘埃擦拭干净,并存放在干燥通风的地方,以免受潮。回转指示器应妥善保管,不得强烈振动或冲击,也不准擅自调整拆装。

(10) 为保证使用安全,验电器应每半年进行一次预防性电气试验。

1.1.4 绝缘手套的使用

带电作业用高压绝缘手套(图 1-5)是个体防护装备中绝缘防护的重要组成部分。随着电力工业的发展,带电作业技术的推广,对带电作业用高压绝缘手套使用安全性提出了更加严格的要求,绝缘手套穿戴的意图是避免触电损伤首要是人体经过电流构成,因而绝缘体的防护功能的好坏首要看在必定的电压下所经过的走漏电流的巨细,若是走漏电流是在安全电流数值规模之内是安全的,否则是不安全的。若是施加必定的电压,虽然没有构成击穿,但走漏电流过大易构成人体损伤。

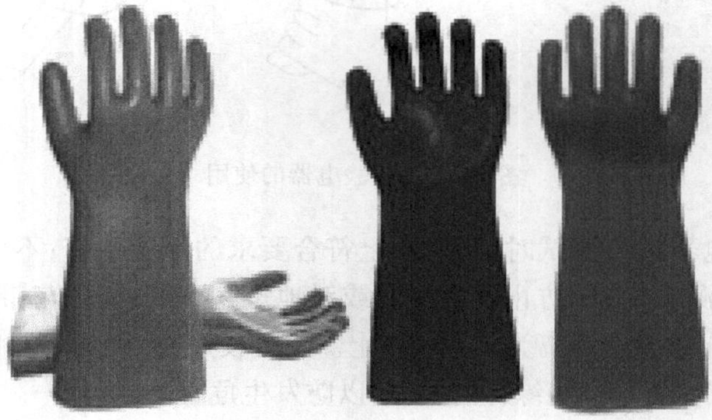

图 1-5 绝缘手套

(1) 用户购进手套后,如发现在运输、储存过程中遭雨淋、受潮湿发生霉变,或有其他异常变化,应到法定检测机构进行电性能复核试验。

(2) 在使用前必须进行充气检验,发现有任何破损则不能使用。

(3) 作业时,应将衣袖口套入筒口内,以防发生意外。

(4) 使用后,应将内外污物擦洗干净,待干燥后,撒上滑石粉放置平整(不能折叠存放),以防受压受损,且勿放于地上。

(5) 应储存在干燥通风室温−15 ℃～+30 ℃相对湿度 50%～80%的库房中,远离热源,离开地面和墙壁 20 cm 以上。避免受酸、碱、油等腐蚀品物质的影响,不要露天放置避免阳光直射,勿放于地上。

(6) 使用 6 个月必须进行预防型试验。

1.1.5 绝缘鞋(靴)的使用

绝缘鞋(靴)(图 1-6)使用注意事项:

(1) 应根据作业场所电压高低正确选用绝缘鞋,低压绝缘鞋禁止在高压电气设备上作为安全辅助用具使用,高压绝缘鞋(靴)可以作为高压和低压电气设备上辅助安全用具使用。但不论是穿低压或高压绝缘鞋(靴),均不得直接用手接触电气设备。

(2) 布面绝缘鞋只能在干燥环境下使用,避免布面潮湿。

(3) 绝缘鞋(靴)的使用不可有破损。

(4) 穿用绝缘靴时,应将裤管套入靴筒内。穿用绝缘鞋时,裤管不宜长及鞋底外沿条高度,更不能长及地面,保持布帮干燥。

图 1-6 绝缘靴

(5) 非耐酸碱油的橡胶底,不可与酸碱油类物质接触,并应防止尖锐物刺伤。低压绝缘鞋若底花纹磨光,露出内部颜色时则不能作为绝缘鞋使用。

(6) 在使用绝缘鞋(靴)时,应查验鞋上是否有绝缘永久标记,如红色闪电符号,鞋底有耐电压多少伏等表示;鞋内有否合格证,安全鉴定证,生产许可证编号等。

1.1.6 绝缘垫的使用

绝缘胶垫又称为绝缘毯、绝缘垫、绝缘橡胶板、绝缘胶板、绝缘橡胶垫、绝缘地胶、绝缘胶皮、绝缘垫片等,具有较大体积电阻率和耐电击穿的胶垫。绝缘胶垫(图 1-7)主要用在配电房、配电所,用于配电设施地面的铺设,起到一个绝缘的效果。

绝缘胶垫上下表面应不存在有害的不规则性。绝缘胶垫有害的不规则性是指下列特征之一,即破坏均匀性、损坏表面光滑轮廓的缺陷,如小孔、裂缝、局部隆起、切口、夹杂导电异物、折缝、凹凸波纹及铸造标志等。

(1) 按照电压等级可分 5 kV、10 kV、15 kV、20 kV、25 kV、30 kV、35 kV;

(2) 按颜色可分为:黑色绝缘胶垫,红色绝缘胶垫,绿色绝缘胶垫,黑绿复合绝缘胶垫;

(3) 按厚度可分为:2 mm、3 mm、4 mm、5 mm、6 mm、8 mm、10 mm、12 mm;

(4) 按宽度可分为:1 m、1.2 m、1.5 m。

图 1-7　绝缘垫

1.1.7　绝缘拉杆

1. 令克棒：又称拉闸杆、绝缘棒、绝缘拉杆。由工作头、绝缘杆和握柄三部分构成(图 1-8)。它供在闭合或拉开高压隔离开关，装拆携带式接地线，以及进行测量和试验时使用。

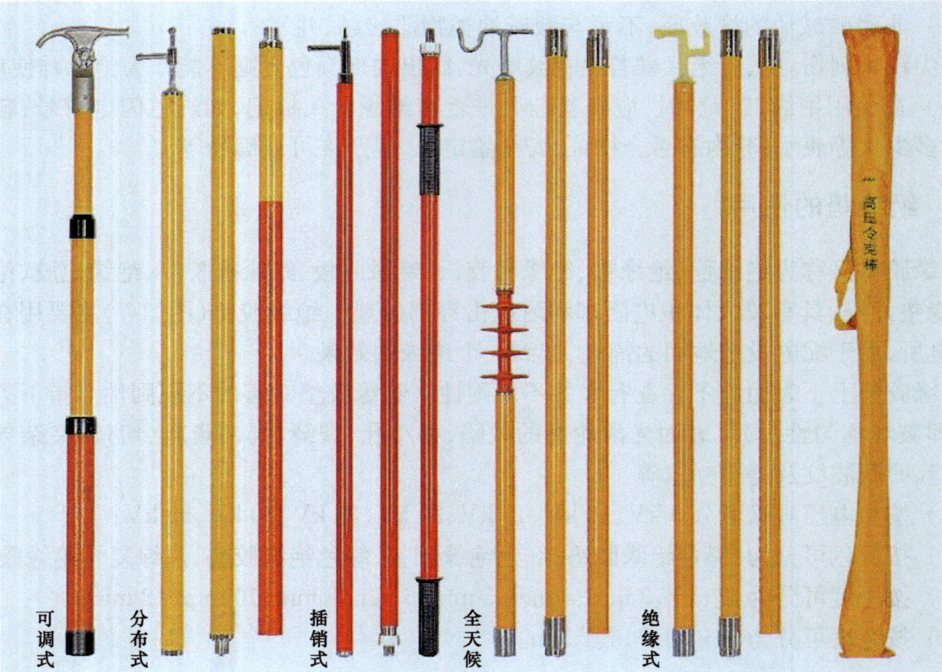

图 1-8　绝缘拉杆

2. 高压拉闸杆按照组合形式可以分为两种，一种是接口式拉闸杆，一种是伸缩式拉闸杆。接口式的相对来说比较耐用，伸缩式的相对来说操作比较方便。根据使用环境可分为两种：一种是普通拉闸杆，另一种是防雨式拉闸杆。按材质分为：玻璃布拉闸杆、酚醛树脂拉闸杆，环氧树脂拉闸杆等。

3. 它主要用于用于短时间对带电设备进行操作的绝缘工具，如接通或断开高压隔离开关、跌落熔丝具，装拆携带式接地线，以及进行测量和试验时使用。

1.1.8　便携式接地线

如图 1-9 所示。

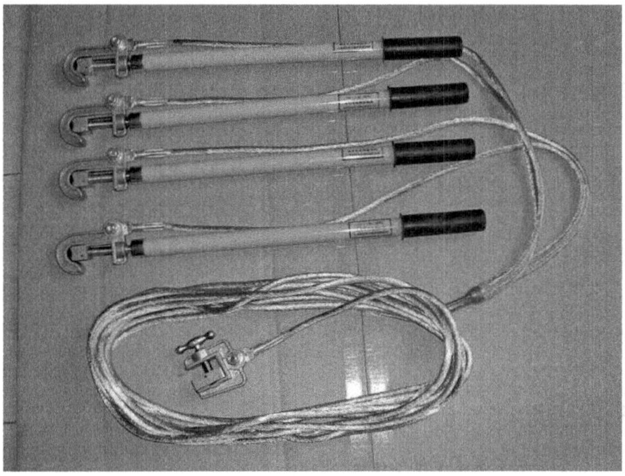

图 1-9　便携式接地线

1. 接地线就是接在电气设备外壳等部位及时地将因各种原因产生的不安全的电荷或者漏电电流导出的线路。

（1）高压接地线作用：高压接地线是用于线路和变电施工，为防止临近带电体产生静电感应触电或误合闸时保证安全之用。

（2）高压接地线结构：携带型高压接地线由绝缘操作杆、导线夹、短路线、接地线、接地端子、汇流夹、接地夹。接地夹是采用优质铝合金压铸成形；操作棒采用环氧树脂彩色管，绝缘性能好，强度高、重量轻、色彩鲜明、外表光滑；接地软铜线采用多股优质软铜线绞合而成，并外覆柔软、耐高温的透明绝缘护层，可以防止使用中对接地铜线的磨损，铜线达到疲劳度测试需求，确保作业人员在操作中的安全。

（3）接地线规格：按部颁规定，接地线必须是 25 mm^2 以上裸铜软线制成。

（4）高压接地线按照使用环境可以分为：室内母排型接地线和室外线路型接地线。

（5）高压接地线按照电压等级可分为：10 kV 接地线，35 kV 高压接地线，110 kV 接地线，220 kV 高压接地线，500 kV 高压接地线。

2. 使用携带型短路接地线前，应先验电确认已停电，在设备上确认无电压后进行。先将接地线夹连接在接地网或扁铁件上，然后用接地操作棒分别将导线端线类拧紧在设备导线上。拆除短路接地线时，顺序正好与上述相反。

装设的短路接地线，它和带电设备的距离，考虑到接地线摆的影响，其安全距离应不小于《电力安全工作规程》新规定的数值。

严禁不用线夹而用缠绕的方法进行接地短路。

携带型短路接地线应妥善保管。每次使用前，均应仔细检查其是否完好，软铜线无裸露，螺母不松脱，否则不得使用。携带型短路接地线检验周期为每五年一次，检验项目同出厂检验。

1.2 文件准备

无。

1.3 工器具准备

无。

1.4 模拟体准备

低压验电器、高压验电器、绝缘拉杆、绝缘手套、绝缘鞋、绝缘垫、携带型接地线。

1.5 辐射防护准备

培训模拟体无辐射风险。

1.6 工业安全准备

按照工业安全规定执行，所有人员穿戴劳动保护用品。具体的工业安全准备需根据现场环境而确定，但基本的工业安全需要准备。所有人员必须佩戴安全帽、防砸鞋、工作服、手套等。检修场地使用警示带进行围栏，确保工作过程中无非工作人员进入。

1.7 配合人员准备

无。

1.8 场地准备

培训教室。

第二章　操作实施

2.1 操作实施 1　绝缘用具穿戴

见表 2-1。

表 2-1　绝缘用具穿戴

序号	操作步骤	操作要求	工器具	测评标准	备注
1	绝缘手套	检查有效期	绝缘手套	模拟体检查	
2		进行充气检验			
3		将衣袖口套入筒口内			
4	绝缘(鞋)靴	根据作业场所电压高低正确选用绝缘鞋	绝缘(鞋)靴	模拟体检查	
5		在使用绝缘鞋(靴)时,应查验鞋上是否有绝缘永久标记,如红色闪电符号,鞋底有耐电压多少伏等表示;鞋内有否合格证,安全鉴定证,生产许可证编号等			
6		绝缘鞋(靴)的使用不可有破损			
7		穿用绝缘靴时,应将裤管套入靴筒内。穿用绝缘鞋时,裤管不宜长及鞋底外沿条高度,更不能长及地面,保持布帮干燥			

2.2 操作实施 2　绝缘工器具的使用

见表 2-2。

表 2-2　绝缘工器具的使用

序号	操作步骤	操作要求	工器具	测评标准	备注
1	绝缘拉杆	检查有效期	绝缘手套	模拟体检查	
2		外观检查			
3		工具组装,模拟使用			
4	高压验电器	根据作业场所电压高低正确选用验电器	高压验电器	模拟体检查	
5		外观检查、有效期检查			
6	高压验电器	模拟体使用	高压验电器	模拟体使用规范	

续表

序号	操作步骤	操作要求	工器具	测评标准	备注
7	低压验电器	根据作业场所电压高低正确选用验电器	低压验电器	模拟体检查	
8		外观检查			
9		模拟体使用		模拟体使用规范	
10	便携式接地线	外观检查、有效期检查	便携式接地线	模拟体检查	
11		模拟体使用		模拟体使用规范	

2.3 实施中需要特别注意的几个关键点

1. 绝缘手套在使用前必须进行充气检验,发现有任何破损则不能使用。作业时,应将衣袖口套入筒口内。

2. 在使用绝缘鞋(靴)时,应查验鞋上是否有绝缘永久标记,如红色闪电符号,鞋底有耐电压多少伏等表示;鞋内有否合格证,安全鉴定证,生产许可证编号等。

绝缘鞋(靴)的使用不可有破损。

穿用绝缘靴时,应将裤管套入靴筒内。穿用绝缘鞋时,裤管不宜长及鞋底外沿条高度,更不能长及地面,保持布帮干燥。

3. 使用携带型短路接地线前,应先验电确认已停电,在设备上确认无电压后进行。先将接地线夹连接在接地网或扁铁件上,然后用接地操作棒分别将导线端线类拧紧在设备导线上。拆除短路接地线时,顺序正好与上述相反。

严禁不用线夹而用缠绕的方法进行接地短路。

携带型短路接地线应妥善保管。每次使用前,均应仔细检查其是否完好,软铜线无裸露,螺母不松脱,否则不得使用。

第三章 故障检查和处理

常见故障现象和判断方法检查和处理见表3-1。

表3-1 常见故障现象和判断方法检查和处理

序号	故障现象	判断方法	故障原因分析	故障排除方法
1	携带型短路接地线，软铜线裸露	目视检查	外部绝缘套管老化、破损	更换新绝缘套管，并通过耐压试验，合格
2	绝缘手套破损	目视、充气检查耐压试验	绝缘老化、被硬物扎伤、划伤等	更换新检验合格的绝缘手套
3	绝缘鞋(靴)	目视、耐压试验	绝缘老化、被硬物扎伤、划伤等	更换新检验合格的绝缘鞋(靴)
4	低压验电器氖泡不亮	验电	氖泡失效	更换新氖泡，并通过验电验证
5	高压验电器失效	验电、耐压试验	高压验电器失效	更换新的校验合格的高压验电器

第四章 操作结束

4.1 总结培训过程

熟悉电气绝缘安全工器具的使用，要求正确、规范。

4.2 评判

学员对电气绝缘安全工器具的使用进行阐述，并说明其中的关键点以及注意事项。教员对学员的陈述简要记录，根据阐述评判学员的掌握情况。教员指出学员阐述过程中的错误以及需要注意的事项，并且依据评判表，对学员的学习情况做出整体评判。

4.3 清理现场

工作结束后，做到工完料尽场地清。工具整理并与工具清单进行对比，确保工具无缺失，并检查工具的可用性，记录损坏情况并汇报。对清理工作过程中的耗材，进行分类处理，放置到对应的塑料袋中。清理现场的塑料布，橡胶板，必要时用白布清理现场。

第五章　经验反馈

5.1　事件案例

事故经过:1997 年 12 月 17 日,1 号机组正在大修,2 号机组按调度命令已停运备用。检修人员要对 6 kVⅡ段母线进行清扫和预试。当班的电气班长下令 6 kVⅡ段母线停电做安全措施,副班长率电工到现场(6 kVⅡ段母线室)依照操作票顺序一项项进行操作,当进行到第 22 项验电时,随着一声巨响,正在运行的行车起吊的物件骤然停留在半空中。与此同时,集控室失去照明,大修中的 1 号机施工电源中断。此时 6 kVⅡ段母线室有烟往外冒,安监、生技负责人迅速赶往出事现场处理烧伤人员,并由安监科长戴上防毒面具进入浓烟滚滚的 6 kVⅡ段母线室进行现场查看,发现一支验电笔,其他无异,而且 6 kVⅡ段母线外观与绝缘情况正常。

验电会造成停电的原因:安监与生技有关人员首先检查开关柜,经测量,三相触头、相与相之间的距离为 13.5 cm;然后取来新验电笔(高压回转 GHY-10 型)作测量与绝缘检查,发现验电笔的金属测点至绝缘杆的顶部(外套铜制护环套)长度达 17 cm,旋转指示器耐压 1.4 kV 就被击穿;再看损坏的验电笔,经对照分析,操作者手握验电笔进行测量时,不慎将其金属杆和指示器旋转了 90°,因其大于开关静触头相间距离,造成 A 与 B,或 B 与 C 相间短路导致失去厂用电,人员烧伤。

事后,总结出 4 个教训:一是 GHY-10 kV 这种验电笔不适合在 6 kV 母线处测量。要用的话,验电笔必须采取可靠措施,即对指示器下部金属部分作绝缘处理;二是现场要有足够的照明亮度;三是操作时要严肃认真,一丝不苟,一定要看清楚操作对象的位置,严格履行操作票制度,穿绝缘靴,戴绝缘手套,如视力不好则必须戴眼镜方可操作;四是淘汰老产品,使用新一代的验电笔,使操作更安全。

5.2　事件案例

事故经过:某施工单位 630 kVA 变压器台所属低压电用户反映,所用电源有缺相现象,需查清变压器输出是否缺相。随后杨某接到电话要求其检查变压器输出是否缺相后上现场处理,杨到达现场后进行检查,将高压电缆误认为低压电缆,用低压验电笔测试电缆是否有电,验电时因安全距离不够引起高压弧光放电,电流从右手食指末端流入,左手掌心流出,造成右手食指末端、左手掌心电流轻度灼伤。杨严重违章作业,违反电气安全确认制度,在未确认现场电气设施运行状态及参数的情况下进行作业,将高压电缆误主观认为低压电缆并进行带电测试是事故直接原因。

高压验电器又称为高压测电器,如图 3-3 所示。10 kV 高压验电器由金属钩、氖管、氖管窗、紧固螺钉、护环和握柄组成。使用时用手握住护环,金属钩钩住带电体,有电时氖管发光。

5.3 事件案例

某年 5 月 28 日中午,某厂运行监护人高某、操作人贾某准备测量 380 V 电动机绝缘电阻,测量前需先验电,监护人高某在电源开关柜用验电笔验电时,验电笔不亮(设备确已停电)。二人怀疑验电笔有问题,为了确认验电笔好坏,二人到另一带电的开关柜进行验证。操作人贾某站在侧面用手电筒照亮,监护人高某验电,当验电笔伸向开关柜内时,验电笔金属部分与柜体接触,对地短路放电,弧光灼伤二人。

原因及暴露问题:

1. 监护人严重违章直接操作;
2. 严重违章,扩大验电范围,擅自在其他开关柜验电;
3. 验电方式不当,验电笔金属部分与柜体接触。

5.4 事件案例

2004 年 8 月,某电厂变压器出线突然停电,巡线检查发现是 34 号杆上的跌落式保险烧坏,于是安排检修人员更换。工作负责人认为这是一个抢修工作,就未办理工作票,只是电话通知变压站人员断开开关并挂好接地线。在变压器站人员完成安全措施后,工作负责人通知另外一名检修人员可以蹬杆更换保险。但是,该名检修人员错误的蹬上了带电的 35 号杆,在更换保险之前也未验电,导致该名检修人员触电身亡。

原因分析:

1. 工作票制度不健全,检修作业没有办理工作票;
2. 工作人员安全意识淡薄,未采取验电、装接地线等安全措施便进行作业;
3. 自检和操作监护没有到位,走错间隔,在带电设备上开展检修工作。

经验教训:

1. 线路的停送电均应按照值班调度员或有关单位书面指定人员的命令执行。严禁约时停、送电。

2. 停电时,必须将该线路可能来电的所有断路器、线路侧刀闸拉开,在操作把手上挂“禁止合闸,有人工作!”的警示牌。

3. 电气设备检修,开工前必须进行验电。

5.5 事件案例

室内开关站发生死亡事故

在大修期间,一名工作人员在室内 275 kV 开关站内工作时触电死亡。由于造成了人员死亡,此次事件作为严重事件。

原因:事件原因是对高压电气作业的控制和监督力度不足。

2018 年 12 月 18 日下午 15:26 左右,东海第二核电厂正在进行第 25 次大修(燃料已卸出)，一名在室内开关站工作的工人触电后倒下。下午 15:29 向消防局报警，救护车和消防车于下午 15:43 抵达电厂，该工作人员于下午 15:59 被送往附近的医院进行急救。尽管在下午 16:15 到达医院后仍在继续治疗，但该名人员还是在当天下午 17:09 被证实死亡。

东海第二核电厂有两条 275 kV 输电线路(No1 和 No2 东海 Genshiryoku 线路)和一条 154 kV 输电线路(作为厂外电源)，其通常通过 275 kV 输电线路受配电。为了检查室内开关站部件，东海第二核电站通过一条 154 kV 线路送电，而两条 275 kV 线路停用(1 号东海 Genshiryoku 线路正在送电，2 号东海 Genshiryoku 线路处于停用状态)。当时，2 号东海 Genshiryoku 线路通过工作接地工具接地，该接地工具与室外套管附近的导线连接，以防止在 2 号东海 Genshiryoku 线路部件检查过程中接地开关断开造成触电。

据推测，受害人因为接触接地工具而触电，该名工作人员取下工作接地线时，2 号东海 Genshiryoku 线路受正在送电的 1 号东海 Genshiryoku 线路的感应向接地工具施加电压。在准备检查时，考虑到邻近 2 号东海 Genshiryoku 线路的 1 号东海 Genshiryoku 线路(输送电)的感应电压，将 2 号东海 Genshiryoku 线路置于停用状态，并通过室内配电盘中的主接地工具接地，以便对地放电。

当天，检查工作在室内配电盘中进行。2 号东海 Genshiryoku 线路与设置在远离检查现场的室外某处的工作接地工具连接，以便断开干扰室内配电盘中部件检查的主接地工具。根据对其他工作人员的调查结果，推测受害人在检查工作期间出于某种原因而移至工作接地工具的位置，并在试图断开工作接地工具时因感应电压触电。因为受害人在工前会中指示其他工作人员不要触摸或断开室内配电盘外部的工作接地工具，所以认为该受害人对接地有充分的认识和了解。

其断开工作接地工具的原因仍然不明。

第六章　习　题

6.1　填空题

1. 绝缘杆、绝缘靴、验电器、绝缘手套电气试验周期分别是多长时间________、________、________、________。

答案：1 年；半年；半年；半年

2. 验电时，必须用电压等级________而且________的验电器。在检修设备的进出线两侧分别验电。

答案：合适；合格

3. 验电前，应先在________的设备上进行试验，已确认验电器良好。

答案：有电

4. 当验明确无电压后，应立即将检修设备________，装设接地线必须________进行。

答案：接地并三相短路；两人

5. 接地线应用________，其截面应符合短路电流的要求，但不得小于________

答案：多股软裸铜线；25 mm^2

6. 装拆接电线的导线端时，要对________保持足够的安全距离，防止触电。

答案：带电部分

7. 装卸高压熔断器，应戴________和绝缘手套，必要时要使用绝缘夹钳，并站在________或绝缘台上。

答案：护目眼镜；绝缘垫

8. 低压验电器是用来检验电压________在及以下的电气设备和线路是否有电的专用工具。

答案：500 V

9. 高压设备发生接地故障时，室内不得接近故障点________m 以内，室外不得接近故障点__m 以内。进入上述范围的人员必须穿绝缘鞋，接触设备的外壳和架构时，应戴________手套。

答案：4；8；绝缘

10. 用高压验电器进行测试时，必须戴上符合要求的________；不可单独________测试。

答案：绝缘手套；一个人

6.2　单选题

1. 对联络用的断路器或隔离开关或其他检修设备验电时，应在其进出线两侧各相分别验电。对同杆塔架设的多层电力线路(B)。

A. 先验高压、后验低压,先验下层、后验上层

B. 先验低压、后验高压,先验下层、后验上层

C. 先验低压、后验高压,先验上层、后验下层

2. 用高压验电器进行测试时,必须戴上符合要求的绝缘手套;不可一个人单独测试,身旁必须有人监护;测试时,要防止发生相间或对地短路事故;人体与带电体应保持足够的安全距离,10 kV 高压的安全距离为(A)m 以上。室外使用时,天气必须良好,雨、雪、雾及湿度较大的天气中不宜使用普通绝缘杆的类型,以防发生危险。

A. 0.7　　B. 0.8;　　C. 0.6

3. 绝缘手套在使用前必须进行充气检验,发现有任何破损则不能使用。一双绝缘手套的其中一只不合格时,(C)。

A. 更换不合格的一只　　B. 可继续操作

C. 这双手套一起更换,且安全检验合格的

4. 发生人身触电时,为解救触电人,可以不经许可即行断开有关设备的(A),但事后必须立即报告。

A. 电源　　B. 断路器　　C. 隔离开关

5. 任何工作人员如发现有违反本规程,并足以危及人身和设备安全者,应(A)。

A. 立即制止　　B. 进行劝阻　　C. 报告领导

6. 在使用绝缘鞋(靴)时,应查验鞋上是否有(B),如红色闪电符号,鞋底有耐电压多少伏等表示。

A. 合格证　　B. 绝缘永久标记　　C. 安全鉴定证

7. 使用携带型短路接地线前,应先验电确认已停电,在设备上确认无电压后进行。先将接地线夹连接在__________上,然后用接地操作棒分别将(B)。拆除短路接地线时,顺序正好与上述相反。

A. 导线端线类拧紧在设备导线上,接地网或扁铁件

B. 接地网或扁铁件、导线端线类拧紧在设备导线上

C. A、B 两个顺序均可

8. (C)不用线夹而用缠绕的方法进行接地短路。

A. 允许　　B. 同意　　C. 严禁

9. (C)工作人员在工作中移动或拆除遮拦、接地线和标志牌。

A. 允许　　B. 同意　　C. 严禁

10. 装、拆接地线或拉、合接地开关(接地刀闸),应做好记录,交接班时(B)。

A. 进行交接　　B. 交代清楚　　C. 查阅签字

6.3 判断题

1. 低压绝缘鞋若底花纹磨光,露出内部颜色时则不能作为绝缘鞋使用。 (√)

2. 电气运行作业中不论是穿低压或高压绝缘鞋(靴),可以直接用手接触电气设备。 (×)

3. 应根据作业场所电压高低正确选用绝缘鞋,低压绝缘鞋禁止在高压电气设备上作为安全辅助用具使用,高压绝缘鞋(靴)可以作为高压和低压电气设备上辅助安全用具使用。(√)

4. 绝缘手套使用6个月必须进行预防型试验。(√)

5. 为保证使用安全,验电器应每1年进行一次预防性电气试验。(×)

6. 布面绝缘鞋只能在干燥环境下使用,避免布面潮湿。(√)

7. 每组接地线均应编号,并存放在固定地点。存放位置亦应编号,接地线号码与存放位置号码必须一致。(√)

8. 停电更换熔断器(保险)后,恢复操作时,应穿绝缘鞋和防护眼镜。(×)

9. 使用绝缘安全工器具的工作人员必须经过培训,了解其结构和性能,熟练掌握使用方法。(√)

10. 绝缘杆表面不应有连续性的磨损痕迹,不应潮湿,不得有油污。末端杆及首端杆堵头不应破损。必须按电压等级选用有效绝缘长度的绝缘杆。(√)

6.4 简单题

1. 绝缘手套使用注意事项有哪些?

(1) 用户购进手套后,如发现在运输、储存过程中遭雨淋、受潮湿发生霉变,或有其他异常变化,应到法定检测机构进行电性能复核试验。

(2) 在使用前必须进行充气检验,发现有任何破损则不能使用。

(3) 作业时,应将衣袖口套入筒口内,以防发生意外。

(4) 使用后,应将内外污物擦洗干净,待干燥后,撒上滑石粉放置平整,以防受压受损,且勿放于地上。

(5) 应储存在干燥通风室温-15~+30 ℃相对湿度 50%~80%的库房中,远离热源,离开地面和墙壁 20 cm 以上。避免受酸、碱、油等腐蚀品物质的影响,不要露天放置避免阳光直射,勿放于地上。

(6) 使用6个月必须进行预防型试验。

2. 绝缘鞋(靴)使用注意事项有哪些?

(1) 应根据作业场所电压高低正确选用绝缘鞋,低压绝缘鞋禁止在高压电气设备上作为安全辅助用具使用,高压绝缘鞋(靴)可以作为高压和低压电气设备上辅助安全用具使用。但不论是穿低压或高压绝缘鞋(靴),均不得直接用手接触电气设备。

(2) 布面绝缘鞋只能在干燥环境下使用,避免布面潮湿。

(3) 绝缘鞋(靴)的使用不可有破损。

(4) 穿用绝缘靴时,应将裤管套入靴筒内。穿用绝缘鞋时,裤管不宜长及鞋底外沿条高度,更不能长及地面,保持布帮干燥。

(5) 非耐酸碱油的橡胶底,不可与酸碱油类物物质接触,并应防止尖锐物刺伤。低压绝缘鞋若底花纹磨光,露出内部颜色时则不能作为绝缘鞋使用。

(6) 在使用绝缘鞋(靴)时,应查验鞋上是否有绝缘永久标记,如红色闪电符号,鞋底有耐电压多少伏等表示;鞋内有否合格证,安全鉴定证,生产许可证编号等。

3. 便携式接地线使用注意事项有哪些?

使用携带型短路接地线前,应先验电确认已停电,在设备上确认无电压后进行。先将接地线夹连接在接地网或扁铁件上,然后用接地操作棒分别将导线端线类拧紧在设备导线上。拆除短路接地线时,顺序正好与上述相反。

装设的短路接地线,它和带电设备的距离,考虑到接地线摆的影响,其安全距离应不小于《电力安全工作规程》新规定的数值。

严禁不用线夹而用缠绕的方法进行接地短路。

携带型短路接地线应妥善保管。每次使用前均应仔细检查其是否完好,软铜线无裸露,螺母不松脱,否则不得使用。

携带型短路接地线检验周期为每五年一次,检验项目同出厂检验。

4. 绝缘杆使用注意事项有哪些?

(1) 绝缘杆表面不应有连续性的磨损痕迹,不应潮湿,不得有油污。末端杆及首端杆堵头不应破损。必须按电压等级选用有效绝缘长度的绝缘杆。

(2) 使用绝缘杆前应先擦拭干净,使用时应戴绝缘手套,手握在护环下侧握柄部分,人体与带电设备必须保持足够的安全距离

6.5 实操题

实操题 1

鉴定点:便携式接地线的操作

试题 1:便携式接地线的操作

1. 准备要求

考场准备:

(1) 试题名称:便携式接地线的操作

(2) 本题分值:100

(3) 考核时间:20 min

(4) 考核形式:实操

(5) 设备设施准备:

序号	名称	规格	单位	数量	备注
1	模拟体		台	1	教学用模拟体一台
2	便携式接地线		套	1	工具

考生准备:

(1) 试题名称:便携式接地线的操作

(2) 本题分值:100

(3) 考核时间:20 min

(4) 考核形式:实操

(5) 工具及其他准备:防护手套,个人防护用品

2. 考核要求

(1) 本题分值:100

(2) 考核时间:20 min

(3) 考核形式:实操

(4) 具体考核要求:根据便携式接地线的操作,熟悉其关键点,操作步骤正确

(5) 否定项说明:无

3. 配分与评分标准

序号	考核内容	考核要点	配分	评分标准	扣分	得分
1	便携式接地线的操作前准备	确定便携式接地线的操作前的准备工作是否充分	20	1. 未按电压等级选用接地线扣 10 分 2. 未检查接地线是否完好扣 10 分		
2	便携式接地线的操作(装设)	便携式接地线的操作步骤	30	1. 接地线操作步骤错误,扣 20 分 2. 接地线未加紧、紧固牢靠,扣 10 分		
3	便携式接地线的操作(拆除)	便携式接地线的操作步骤	30	1. 接地线操作步骤错误,扣 20 分 2. 接地线拆卸过程中,未拿稳滑落,扣 10 分		
4	便携式接地线的操作结束	便携式接地线的操作步骤	20	整理、检查、清洁接地线,不规范,每个动作扣 5 分		
否定项:便携式接地线的操作(装设)开始前,未进行验电。						

评分人: 年 月 日　　　　核分人: 年 月 日

实操题 2

鉴定点:绝缘手套、绝缘鞋(靴)正确使用

试题 1:绝缘手套、绝缘鞋(靴)正确使用

1. 准备要求

考场准备:

(1) 试题名称:绝缘手套、绝缘鞋(靴)正确使用

(2) 本题分值:55

(3) 考核时间:20 min

(4) 考核形式:实操

(5) 设备设施准备:

序号	名称	规格	单位	数量	备注
1	模拟体		台	1	教学用模拟体一台
2	绝缘手套、绝缘鞋(靴)		套	1	工具

考生准备:

(1) 试题名称:绝缘手套、绝缘鞋(靴)正确使用

(2) 本题分值:55

(3) 考核时间:20 min
(4) 考核形式:实操
(5) 工具及其他准备:防护手套,个人防护用品
2. 考核要求
(1) 本题分值:55
(2) 考核时间:20 min
(3) 考核形式:实操
(4) 具体考核要求:根据绝缘手套、绝缘鞋(靴)正确使用,熟悉其关键点,操作步骤正确
(5) 否定项说明:无
3. 配分与评分标准

序号	考核内容	考核要点	配分	评分标准	扣分	得分
1	绝缘手套、绝缘鞋(靴)正确使用准备	确定绝缘手套、绝缘鞋(靴)正确使用前的准备工作是否充分	20	未检查绝缘手套、绝缘鞋(靴)是否完好各扣 10 分		
2	绝缘手套、绝缘鞋(靴)操作(穿戴)	绝缘手套、绝缘鞋(靴)(穿戴)的操作步骤	20	绝缘手套、绝缘鞋(靴)袖口未塞进手套、裤腿口未塞进鞋内,各扣 10 分		
3	绝缘手套、绝缘鞋(靴)操作结束	绝缘手套、绝缘鞋(靴)操作步骤	15	整理、检查、清洁接地线,每个动作扣 5 分		
否定项:未按电压等级选用绝缘手套、绝缘鞋(靴)。						

评分人: 年 月 日 核分人: 年 月 日

实操题 3

鉴定点:高低压验电笔正确使用

试题 1:高低压验电笔正确使用

1. 准备要求
考场准备:
(1) 试题名称:高低压验电笔正确使用
(2) 本题分值:55
(3) 考核时间:20 min
(4) 考核形式:实操
(5) 设备设施准备:

序号	名称	规格	单位	数量	备注
1	模拟体		台	1	教学用模拟体一台
2	高低压验电笔		套	1	工具

考生准备:
(1) 试题名称:高低压验电笔正确使用

(2) 本题分值:55

(3) 考核时间:20 min

(4) 考核形式:实操

(5) 工具及其他准备:防护手套,个人防护用品

2. 考核要求

(1) 本题分值:55

(2) 考核时间:20 min

(3) 考核形式:实操

(4) 具体考核要求:根据高低压验电笔正确使用,熟悉其关键点,操作步骤正确

(5) 否定项说明:无

3. 配分与评分标准

序号	考核内容	考核要点	配分	评分标准	扣分	得分
1	高低压验电笔正确使用准备	高低压验电笔正确使用前的准备工作是否充分	20	未检查高低压验电笔是否完好(外观检查、有效期检查)各扣10分		
2	高低压验电笔操作	高低压验电笔的操作步骤	20	高低压验电笔使用操作不正确,各扣10分		
3	高低压验电笔操作结束	高低压验电笔操作步骤	15	整理、检查、清洁高低压验电笔,每个动作扣5分		

否定项:未按电压等级选用高低压验电笔。

评分人:　　年　月　日　　　　核分人:　　年　月　日

第三部分　运行识图

第一章　工艺流程图基本常识

1.1　系统工艺流程图

系统工艺流程图是对核电厂各系统设备以及设备之间的相互关系作出说明的图纸，借助统一规定的图形符号和文字代号，用图示的方法把工艺系统所需的设备、仪表、管道、阀门及主要管件，按其各自的功能，为满足工艺要求和安全要求而组合起来的技术文件，以起到描述工艺装置的结构和功能的作用。查阅系统工艺流程图是运行人员从事运行工作的基本技能。下面对工艺系统流程图相关知识作简要介绍。

1.2　系统工艺流程图的构成

系统流程图显示构成系统流体回路的不同机械设备（转动设备、热交换器、阀门、容器和其他装置等）和管道、孔板等，以及与其他系统的连接、系统边界等。一张工艺系统流程图通常可以分为：图例、标题栏、坐标框、图纸正文。

1.2.1　图例

在整个图册前面有本册图册的图例，表达本册图册中工艺流程图各个组成单元即符号代表设备或管件符号表达具体设备含义（**注意：由于秦山核电基地中核核电运行管理有限公司各分厂机组设计部门分属不同，所以运行专业新员工上岗后使用的工艺流程图中图例以所在运行部门发布的运行流程图相关文件为准**）。

1.2.2　工艺流程图的坐标框

框有标注的坐标，即：垂直方向用大写英文字母标记，水平方向用阿拉伯数字标记，设备位置或相互参考点使用坐标点定位（如 A-4）；（方家山常规岛工艺系统流程图采用如上坐标；而核岛工艺系统流程图有所区别——垂直方向用阿拉伯数字标记，水平方向用大写英文字母标记）。

1.2.3　标题栏

通常位于图纸右下角，表达该图纸的编写相关信息，如图册编号及名称、图纸名称、修订说明、重要设备参数、编写人员、校对人员、审核批准人员等内容。

1.2.4 图纸正文

表达电站某个系统流程的全部内容,包含本系统所有设备在流程图中的位置、系统管线的流向、仪表与设备的关系等。

1.3 工艺系统流程图的各种图例

各种图例是工艺系统流程图的构成基础,掌握了图例才能识读工艺系统流程图。后面章节以国内某核电厂为例,阐述阀门、管件、管线、仪表等在流程图中的表述方式,便于了解流程图中各图例的含义及在系统运行流程中所起的作用。学习时可依据各具体电厂的流程图有关规定进行。

1.4 工艺系统设备代码

系统/设备代码,是各个系统/设备的标识,也是规程编写、运行流程图基本组成单元。各个电厂系统代码有其具体规定,在掌握各个系统知识前,必须了解其系统代码。系统学习时应以各个电厂系统代码相关内容进行学习。下面分别以秦山压水堆 600 MW 机组和重水堆 720 MW 机组为例进行简单介绍。

1.4.1 压水堆 600 MW 机组

(1) 系统/设备代码

压水堆 600 MW 机组系统/设备代码利用九位字母与数字的组合对设备进行描述,使得每个设备都有唯一的编号。其中利用三个字母表示系统代号,利用两个字母(有些是三个)标识设备名称。

表达方式为:

D	E_1	E_2	E_3	F	F	F	G_1	G_2

其中:D 代表机组号,E_1、E_2、E_3 表示工艺系统,E_1 代表了该系统的属性,E_2、E_3 表示具体的系统。例如:A—给水(AHP 高加给水加热系统);E—安全壳(安全壳喷淋系统);L—电气(LGA 常规岛 6.0 kV 配电系统)。FFF 代表设备的编号,用三个数字表示。

G_1、G_2 表示设备类型,例如:BA—箱,罐;PO—泵;VV—蒸汽阀门;TO—按钮等。但是它们也是有规律可循的,如:G_1、G_2 表示阀门时,G_1 用 V 表示,G_2 表示流过阀门的流体的类别。

A—空气;B—硼酸;C—循环海水;D—除盐水;E—生水;

F—燃料油;G—二氧化碳;H—其他油;J—废气;K—废气;

L—凝结水或给水;N—冷却水;P—一回路冷却剂;Q—有机液体;R—化学试剂;

S—固体废物;T—饮用水;V—蒸汽;X—氩气;Y—氢气;Z—氮气。

举例：1RRA013VP 表示 1 号机组余热排出系统 RRA 第 13 号阀门，此阀门流过一回路冷却剂。

G_1、G_2 表示测量及控制设备时，G_1 用特定字母表示设备的功能类别，对应关系如下：M—经传感器，L—就地，Y—测试，S—开关信息量；G_2 表示测量值的类型，对应关系汇总如下：

A—中子通量；C—速度；D—流量；E—音量；F—频率；

G—分析；H—时间；I—电流；J—防火；K—限值；

M—位移；N—液位；P—压力；R—阻抗；S—放射性；

T—温度；U—电压；V—振动；W—有功；X—机械杂项；

Y—电气杂项；Z—物理杂项。

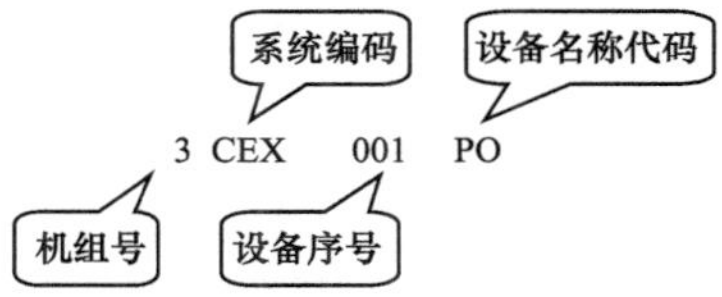

图 1-1　设备标识示例

例如：图 1-1 中，机组号/设备所在外围厂房位置——3、4、5、8；系统编码——简称三字经（见三字经列表）；设备名称代码——设备类型说明，即两字码。

图 1-2 所示为设备标识现场图。

R 开始的表示一回路相关系统

图 1-2　设备标识现场示意图

A 开始的表示二回路给水相关系统

G 开始的表示汽轮发电机组（Turbine/Gnerator）相关系统

L 开始的表示电气相关系统，第二个字母表示电压等级（见后面介绍）

D 开始的表示照明、通风、吊车等系统

E 开始的表示反应堆里的通风相关系统

J 开始的表示消防相关系统

（2）电气设备编码

见图 1-3。

现场示意图如图 1-4 所示。

（3）仪控二字码的识读

电厂设计中以两个字母的组合表示一类设备，有如下规律。

传感器的二字码：其中第一个字母表示传感器的类别（读取方式），第二个字母表示传感器所测量的物理量。

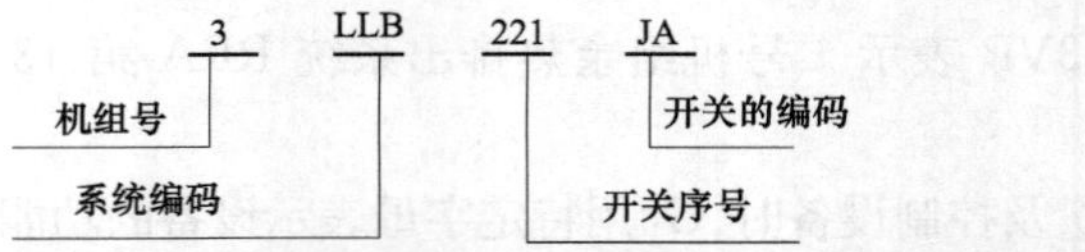

LG*	6.0 kV 电源	LH*	6.0 kV 应急电源
LK*	380 V 低压交流电源	LL*	380 V 应急低压交流电源
LA*	220 V 直流电源	LB*	110 V 直流电源
LC*	48 V 直流电源	LM*	220 V 电源
LN*	220 V 不间断电源		

图 1-3　电气设备编码及常用电压等级

图 1-4　中低压设备编码现场示意图

传感器的类别：

L：就地测量设备，如 LD（就地流量测量）；

M：模拟传感测量设备，如 MQ（无功测量）；

Q：计数器，如 QC（转速计）；

S：逻辑（通断）传感器设备，如 SP（压力测量通断信号）；

Y：试验测量设备，如 YN（液位测试）。

物理量：

A—中子通量；	C—速度；	D—流量；	E—音量；	F—频率；
G—分析；	H—时间；	I—电流；	J—防火；	K—限值；
M—位移；	N—液位；	P—压力；	R—阻抗；	S—放射性；
T—温度；	U—电压；	V—振动；	W—有功；	X—机械

有些二字码有多种意思，注意使用的场合。

1.4.2 重水堆 720 MW 机组

(1) 系统/设备代码

1) 设备编码包括机组号、BSI 编码(基本主题索引编码)、设备类型和序号,例如:

1-	3331-	PCV-	5
机组号	BSI	设备类型	序号

2) 当一张运行流程图中大多数的设备和仪表使用相同的 BSI(如 3331)时,设备编码中共同的部分可以省略,但需在“备注栏”中加入一条注释,如:“除非有其他标识,所有的工艺设备前均加 1-3331,仪表前均加 1-63331”。

3) 燃料操作系统有些例外,它的某些仪表设备的编号和工艺设备的 BSI 编号相同(四位数字)。

(2) 电气设备代码

运行流程图中所涉及的所有 400 VAC 及 400 VAC 以上的设备电源须以以下清单的形式标示在运行流程图上,以方便使用。

设备电源		
设备	电源	间隔
3331-PM01	5323-BUE	09
3331-PM02	5323-BUF	09

(3) 仪表标识

1) 仪表一般用一个分为上下两半的圆圈来表示:下半部分专门用来表示在就地仪表上或现场盘上的动作或示值,上半部分专门用来表示在主控室内相应的动作或示值。如果仅就地仪表,其标注圆圈不必分为两部分;

2) 仪表的设备编码标识在仪表圆圈的外面,仪表需要执行的功能符号标识在仪表圆圈内。

3) 仪表的设备编码规则如下:

1-	63211-	TT-	5
机组号	BSI 编码	设备类型	序列号

1.5 图纸编号的辨识及代码

H_1	H_2	I	J_1	J_2	K_1	K_2	K_3	L_1	L_2	L_3	M	M	M	M	N	N	O	O	P

其中：H_1、H_2—代表核电工程名称，秦山二期用 PQ 表示，P 代表压水堆，Q 代表秦山。I—代表机组号，分别用 1,2,3,4,8,0,9,X 表示；X 含义是不属于任何机组或四套机组均可用。

J_1、J_2—用 17 表示为系统设计。

K_1、K_2K_3—代表系统，用三个字母表示，见 E_1、E_2、E_3 的解释说明。

L_1、L_2、L_3—表示图纸的分类，一般用 500～599 表示流程图，600～699 表示测量控制图。

MMMM—表示图纸的生产单位，如 BINE 为核二院。

NN—表示文件的主要作用：

01—代表工程控制及协调	02—代表行政管理规定
03—代表概念设计	04—代表质量控制和质量保证
41—代表合同	42—代表土建工程(设计与施工)
43—代表电站布置	44—代表设备
45 代表电站与系统的功能设计及运行	

OO—代表文件类别：

GN—代表函件	DS—代表技术要求
SS—代表现场工程	DD—代表设计与图纸
DS—代表施工安装图纸	PT—代表时间计划
ST—代表现场工程计划	PR—代表进度计划
MD—代表其他	P—代表图纸次序。

图纸位置识别

Q R R R S S S T T T U

其中：Q 代表机组号；

RRR 代表系统名称；SSS 代表相关的信息，如阀门号，设备号等，通常省去此信息；TTT 代表图纸号，第一个 T 用 F 表示，第二个，三个 T 用数字表示，通常会省去一个 T。如 F2 表示到相应系统的第二张图纸，F50 表示到第 50 张图纸。

UU 代表图纸的坐标，第一个 U 用字母，第二个 U 用数字表示。如 A7，B4。

1.6 各工艺系统流程图之间的关系

一个系统是由多个环节所构成，鉴于单张流程图的图纸容量有限以及为了尽量将系统流程描述的完整、详尽，一个系统的流程图可能由多张图纸所构成。而一本完整的运行图册是由多个独立系统的流程图所构成，某个系统与其他系统间必然存在着接口关系，通过流程图可以描述清楚这种各系统间及单个系统各环节间的接口关系。

当一根管线延伸到另一系统流程图上时，在两张图上对应的管端都做有标记，标记包含下列内容：

(1) 接口系统流程图的编号；

(2) 在接口流程图上的相应接口所在的坐标数字；

(3) 有些对接口管线进行功能说明，或者列出接口管线编号；

(4) 流体的流向，即箭头的走向。

压水堆机组工艺流程举例如下：

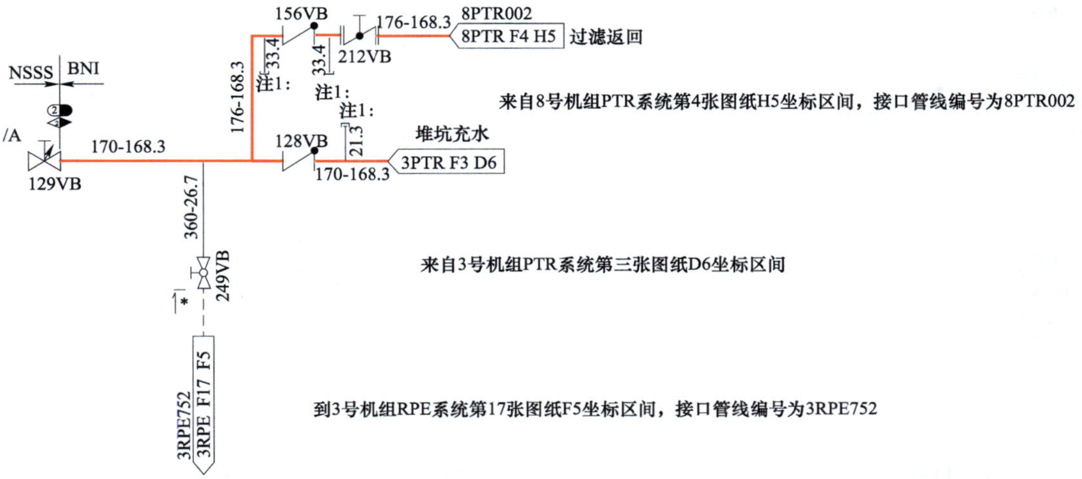

图 1-5　秦二厂工艺流程图纸接口示例

重水堆机组运行流程图内、运行流程图间一个系统/设备与其他系统/设备的连接情况，具体说明如下：

同一运行流程图上的相互参照接点，使用以下符号：

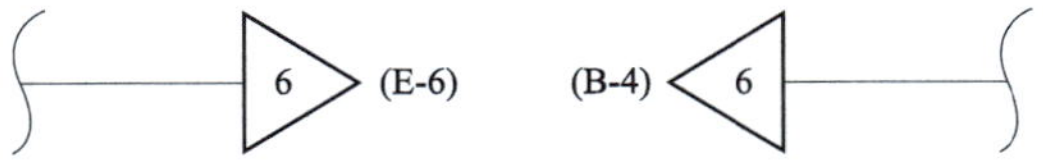

左边的符号用于坐标 B—4，右边的符号用于坐标 E—6。符号里的“6”表示这两个符号是同一接口。坐标号尽可能标注在箭头符号的末端。

有直接连接的不同运行流程图之间的相互参照，使用以下符号：

右边的符号出现在 9801-71650-1-1-OF-A1 上，左边的符号出现 9801-34110-1-1-OF-A1 上。在同一张运行流程图上编号相同的菱形不允许重复。

对同一设备中的不同流体，不属于本运行流程图 BSI 的管道，必须画到第一个隔离点，且只能用细虚线表示，如：至乏燃料池热交换器的厂用原水，用以下符号：

菱形符号以外的连结必须画到第一个隔离点，并且要用细虚线表示。但 RCW 系统用户部分的图纸，用户端只需标明接口的图纸编号和相应的接口坐标，不需画出明确的菱形符号接口，RCW 系统图纸上要画出用户，并标明设备编号。

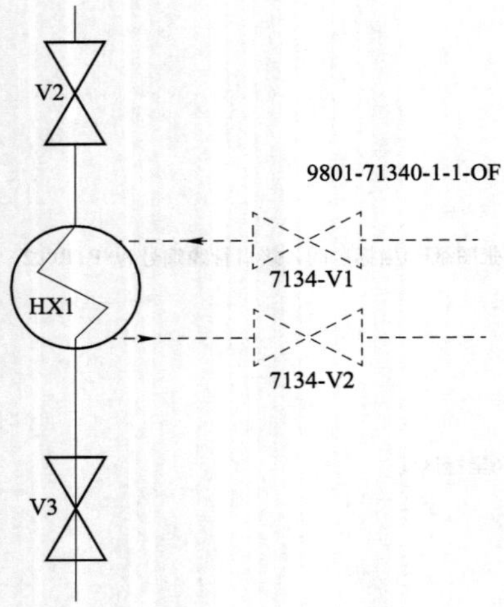

乏燃料池冷却系统：
9801-34410-1-1-OF

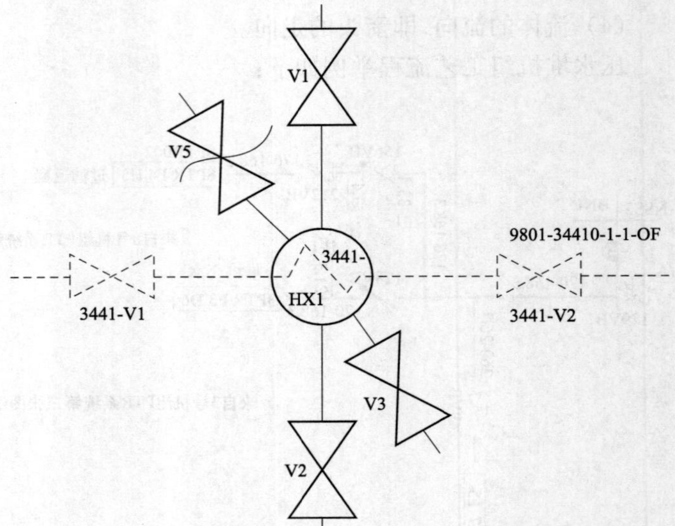

RCW 再循环冷却水系统：
9801-71340-1-1-OF

第二章　机械设备在工艺流程图上的辨识

秦山地区共有四种不同装机容量的 9 台核电机组，分别是 300 MW 压水堆机组 1 台、600 MW 压水堆机组 4 台、720 MW 重水堆机组 2 台和 1 000 MW 压水堆机组 2 台；工艺流程图图例由于设计部门的制图符号设计存在差异性，故在阅图时，应结合所在工作机组的系统工艺流程图符号进行解读。下面分别列举 600 MW 压水堆机组和 720 MW 重水堆机组的工艺流程图图例进行介绍。

2.1　阀门类

核电机组电厂阀门种类繁多，按照阀门的操作方式可以分为手动、涡轮动、气动、电动、液动、电磁动、电液动等；按照阀门类型可以分为：闸阀、截止阀、节流阀、柱塞阀、球阀、蝶阀、隔膜阀、旋塞阀、止回阀、安全阀、疏水阀及其他特种阀等（注意：阀门图形符号中间未被黑色填充一般表示正常情况下为开启状态；阀门中间被黑色填充一般表示正常情况下为关闭状态。实际视图时应结合所在机组的实际情况对系统工艺流程图中的阀门状态进行辨识）。

2.1.1　闸阀

作为截止介质使用，在全开时整个流道直通，此时介质运行的压力损失最小。闸阀（表 2-1）一般情况下只供全开、全关各类管路和设备上的介质运行之用，不允许作调节阀使用。

表 2-1　闸阀常见图形符号

阀门状态图形符号	图形符号含义
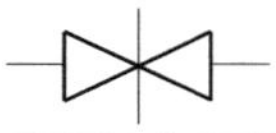	此类图形符号为手动类截止阀
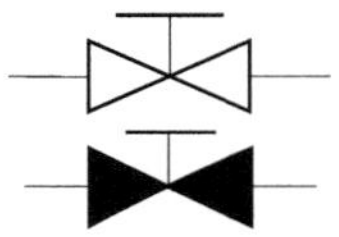	
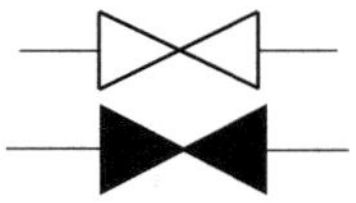	
	可控制开启关闭的气动式截止阀

2.1.2 截止阀

截止阀，也叫截门、球心阀、停止阀、切断阀，是使用最为广泛的一种阀门。它所以广受欢迎，是由于开闭过程中，密封面之间摩擦力小，比较耐用；开启高度不大；制造容易，维修方便；不仅适用于中低压，而且适用于高压、超高压。它的作用主要是切断，也可粗略调节流量，但不能当节流阀使用(表 2-2)。手动截止阀剖面图及现场图见图 2-1、图 2-2。

表 2-2 截止阀常见图形符号

阀门状态图形符号	图形符号含义
	此类图形符号为手动类截止阀。

	可控制开启关闭的气动式截止阀

	可控制开启关闭的电动式截止阀
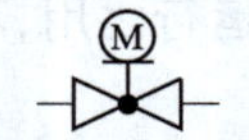	

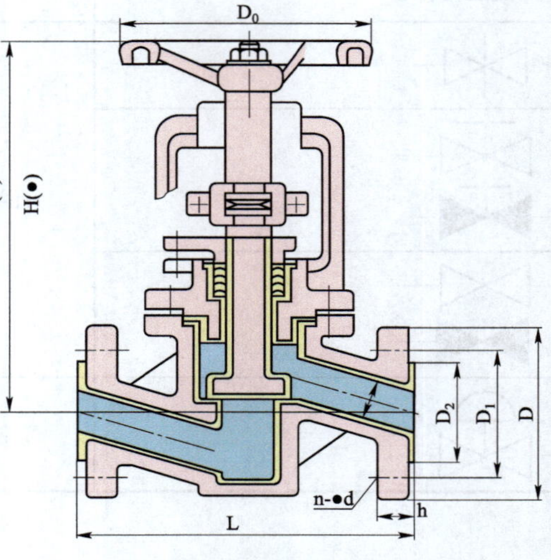

图 2-1 手动截止阀剖面图

图 2-2　秦山某机组齿轮传动手动截止阀

DRESSER 公司生产的气动控制阀，密封方式为波纹管密封，对管道公称直径 2 英寸，设计温度 104 ℃，设计压力 15.17 MPa，阀门为失效开。阀体为截止阀，执行机构为典型的带有侧装操作手轮的精小型正作用式气动薄膜执行机构(图 2-3)。

图 2-3　DRESSER 公司生产的气动控制阀

2.1.3　球阀

球阀是靠旋转阀芯来使阀门畅通或闭塞；它与旋塞阀相比，开关轻便，相对体积小，所以可以做成很大通径的阀门。球阀密封可靠，结构简单，维修方便，密封面与球面常在闭合状态，不易被介质冲蚀。

常见图形符号见表 2-3。球阀剖面图及现场图见图 2-4、图 2-5。

表 2-3　球阀常见图形符号

阀门状态图形符号	图形符号含义
	手动球阀(开启)

续表

阀门状态图形符号	图形符号含义
	手动球阀(关闭)
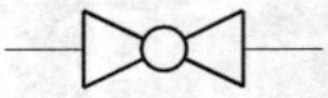	手动球阀(开启)
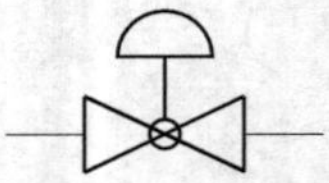	可控制开启关闭的气动式球阀

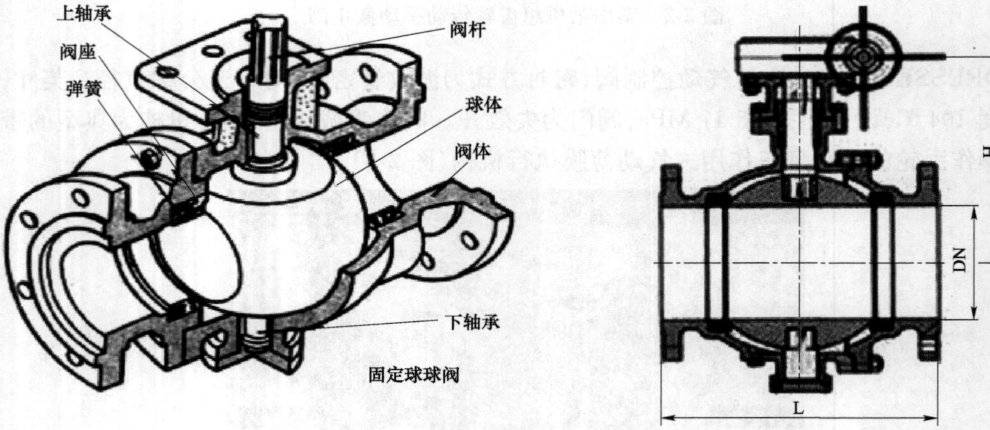

图 2-4　球阀剖面图

图 2-5　秦山某机组气动浮动式球阀

2.1.4　隔膜阀

隔膜阀(表 2-4)的结构形式,与一般阀门很不相同,它是依靠柔软的橡胶膜或塑料膜来控制流体运动的。隔膜阀的优点是:1）流体阻力小;2）能使用于含硬质悬浮物的介质;3)由于介质只跟阀体和隔膜接触,所以无需填料函,不存在填料函泄漏问题,对阀杆部分无腐蚀的可能;4）容易对阀体衬里,只要对衬里材料和隔膜进行恰当的选择,便可适应广泛的腐蚀介质。

表 2-4　隔膜阀常见图形符号

阀门状态图形符号	图形符号含义
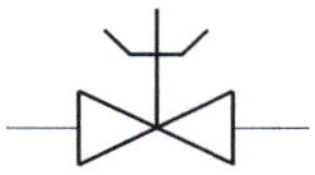	此类图形符号为手动类隔膜阀。

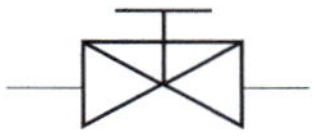	
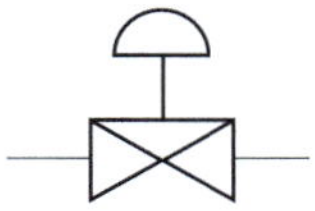	可控制开启关闭的气动式球阀

隔膜阀剖面图见图 2-6,现场图见图 2-7。

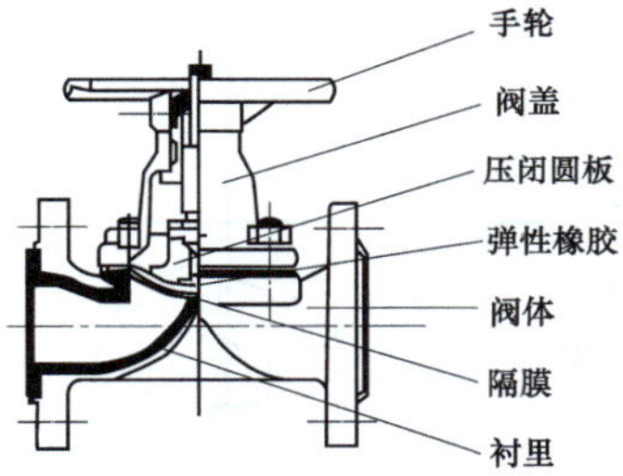

图 2-6　隔膜阀剖面图

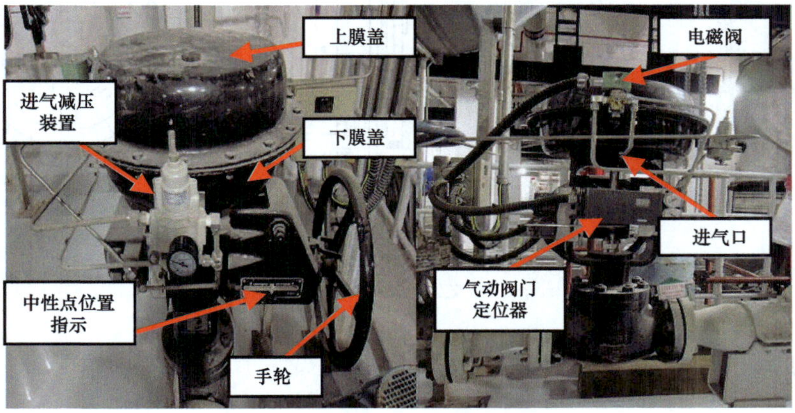

图 2-7　屋脊式隔膜阀

2.1.5 蝶阀

蝶阀,也叫蝴蝶阀(表 2-5),顾名思义,它的关键性部件好似蝴蝶逆风自由回旋。这种阀门具有轻巧的特点,比其他阀门要节省许多材料,结构简单,开闭迅速(只需旋转 90°);切断和节流都能应用,流体阻力小,操作省劲。蝶阀实体及剖面图见图 2-8,图 2-9 为 FISHER 公司生产的气动控制阀。

表 2-5 蝶阀常见图形符号

阀门状态图形符号	图形符号含义
	此类图形符号为手动类蝶阀
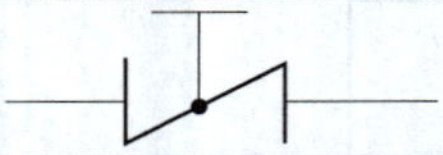	
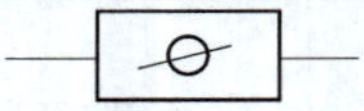 	
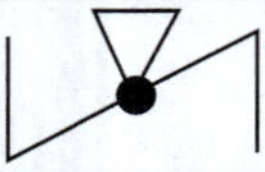	
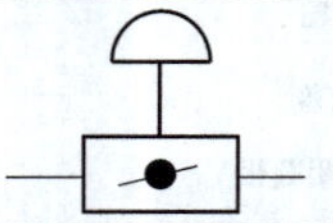	可控制开启关闭的气动式蝶阀

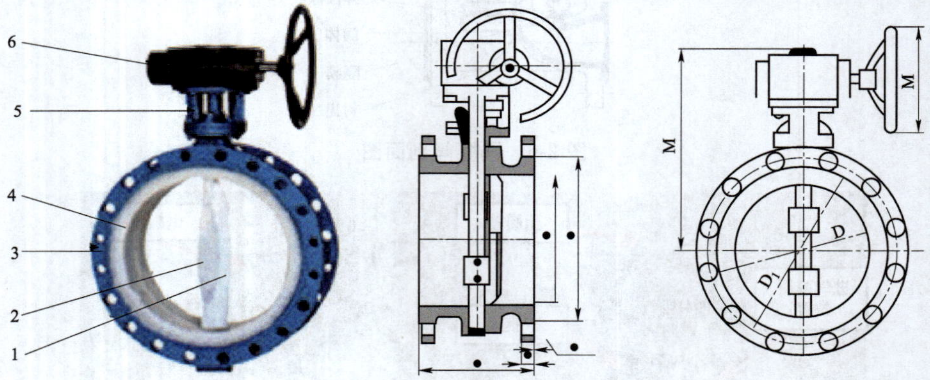

图 2-8 蝶阀实体及剖面图

1—蝶板密封面(Disc seal);2—蝶板(Disc);3—阀体(Body);
4—阀座(Seat ring);5—支架(Yoke);6—驱动装置(Actuator)。

2.1.6 电动阀

由于出于系统设计及建设成本等多方原因,不同的阀体会根据需要搭配上不同的动力驱动装置,在电厂系统中,电动头,也就是常说的电机驱动搭配不同阀体的情况也很常见(图 2-10~图 2-12)。

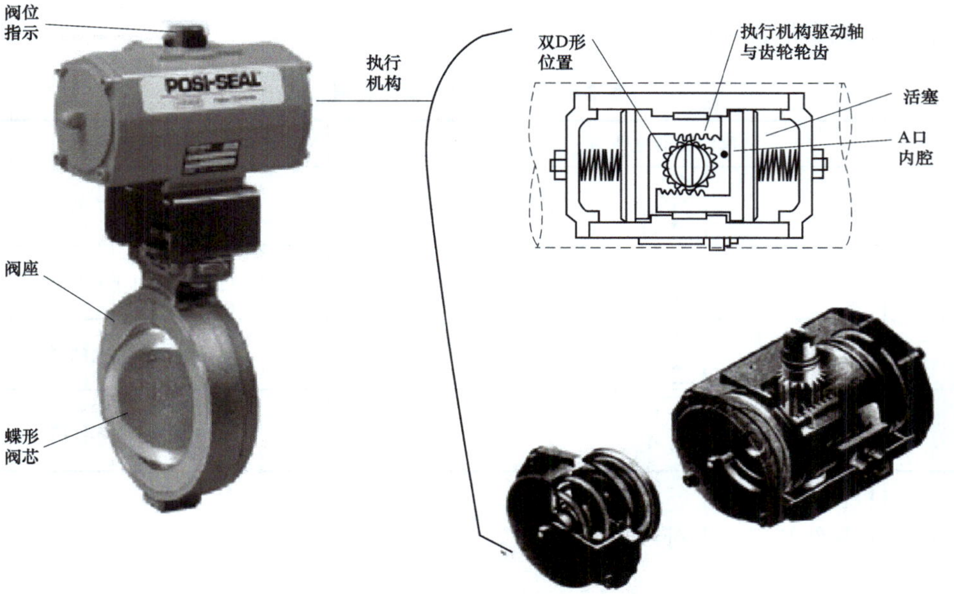

图 2-9　FISHER 公司生产的气动控制阀，阀体为蝶阀

图 2-10　Limitorque L120-190 类型的轴加进口电动阀

图 2-11　配置智能操作面板的常州施耐德阀门

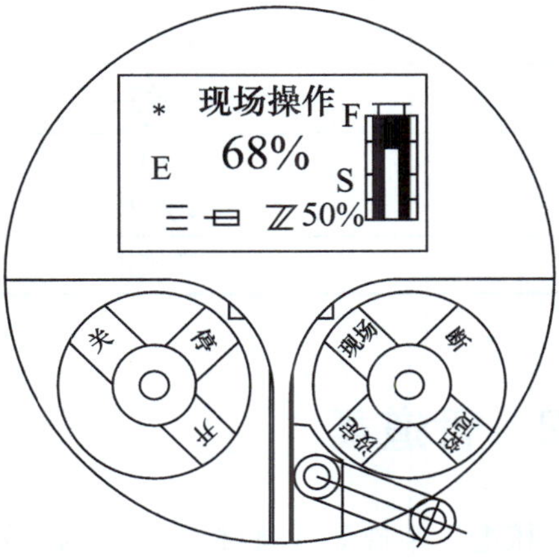

图 2-12　智能操作面板

电动阀常见图形符号见表 2-6。

表 2-6 电动阀常见图形符号

阀门图形符号	图形符号含义
	电动机驱动开关的球阀
	电动机驱动开关的闸阀
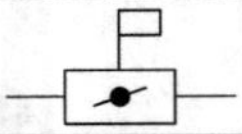	电动机驱动开关的蝶门
	电动机驱动开关的阀门

电厂常见其他阀门图形符号见表 2-7。

表 2-7 电厂常见其他图形符号

阀门图形符号	图形符号含义
阀门图形符号 	止回阀(逆止阀)
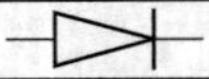	
	减压阀
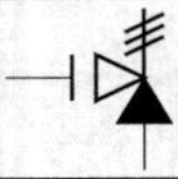	安全阀

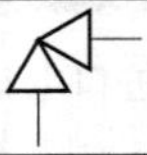	角阀
	三通阀
	四通阀
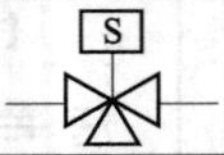 S	电磁三通阀
	带法兰的阀门

2.2 管道类

核电厂常规岛管道材料一般与机械工业选材要求相同,二回路管道多以碳钢管道为主;核岛一回路管道长期在高温高压下工作,多采用奥氏体不锈钢。电厂一旦安装设备管道结束后，将会被漆上油漆；管道外部的不同颜色，除有保护管道的作用，还会用于管道内不同工质的区分，便于工作人员进行辨识；对于高温工质管道，外部将会被包以保温隔热材料，一方面仿制工质热量的损失，另一方面起到保护并避免人员烫伤的作用；其保温层外部也会以不同颜色或记号标识该道属于电厂的哪个系统（注意：秦山地区各电厂管道识各不相同，详细情况请参考岗位培训教材相关内容）。

下面将以秦二厂管道标识为进行简单介绍，图示见图 2-13、图 2-14。

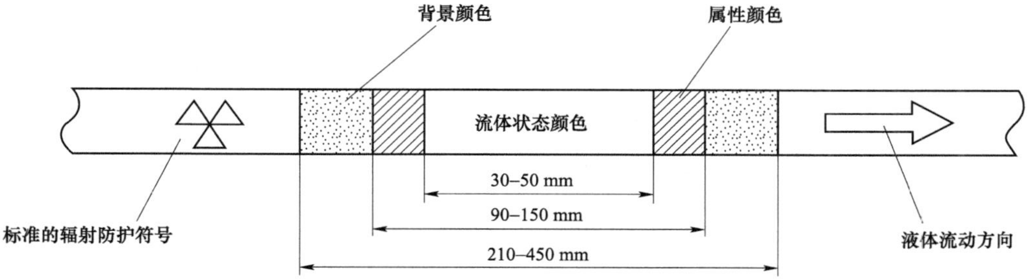

图 2-13　管道颜色标识

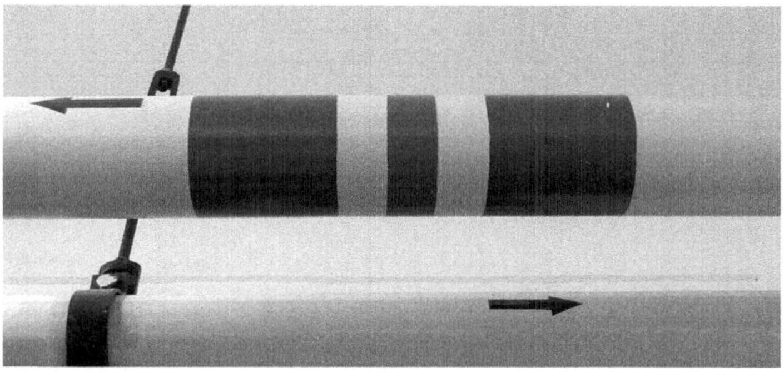

图 2-14　管道颜色标识示例

背景颜色——管道中流体类型的标识（水、蒸汽、空气等）。

属性颜色——管道中流体自然属性的标识（如水是除盐水、日常用水还是生水等）。

状态颜色——管道中流体状态（热、冷、液体、气体等）。

标准的辐射防护符号——表明管道中流体是辐射的。

流体流向——表示这管道中流体的流向，用黑箭头标识，若管道为黑色的，则将箭头标识为白色。

背景颜色和属性颜色：

黄绿色——水

玫瑰色——除盐水

淡灰色——日常用水

黑色——生水、海水

深红橙色——消防水

深黄色——硼水

银灰色——蒸汽。

2.2.1 电厂常见管道相关图形符号

见表 2-8。

表 2-8 电厂常见管道相关图形符号

图形符号	图形符号含义
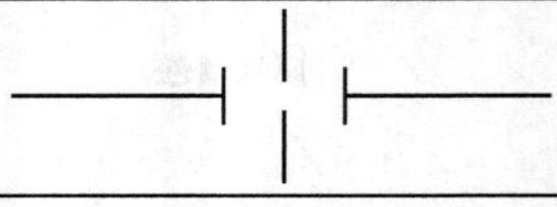 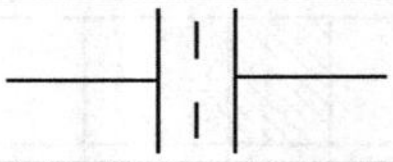	节流孔板
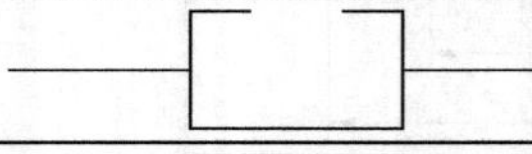	取样站
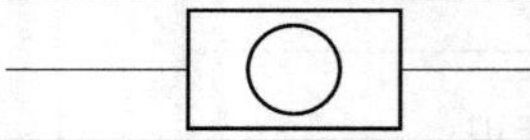	窥视镜
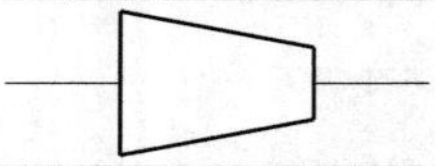	管径变窄
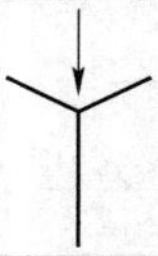	漏斗
	就地取样
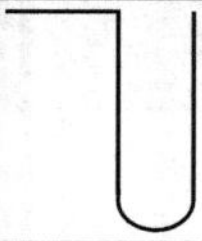	U 型封堵
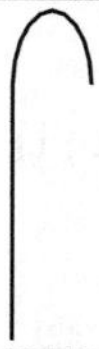	排气管
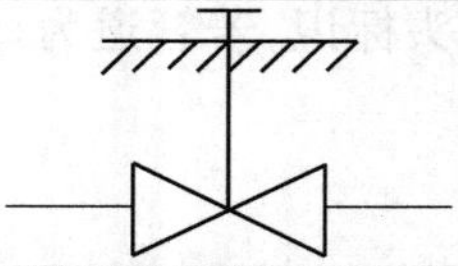	穿墙阀门
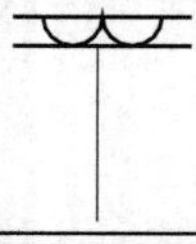	爆破盘
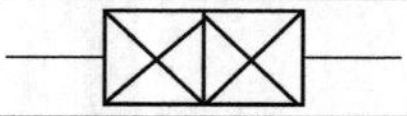	快速接头
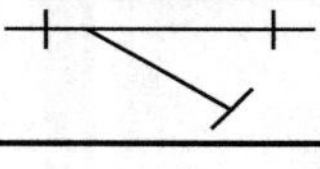	Y 型管道过滤器

续表

图形符号	图形符号含义
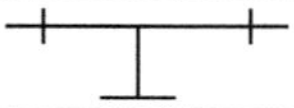	T 型管道过滤器
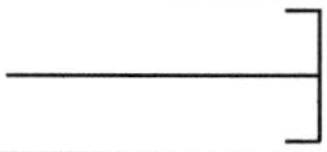	封堵的管子
	盲板法兰
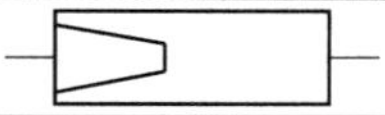	管道滤网
	软管
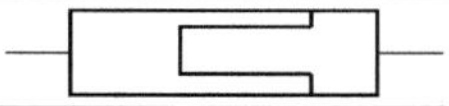	快联接头
	泄露收集观察箱
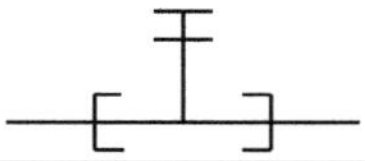	冰塞
	气瓶
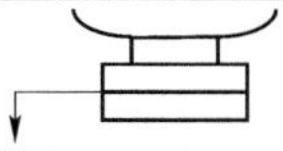	密封垫处泄露收集
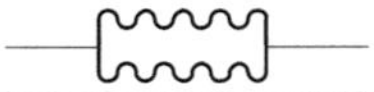	膨胀节
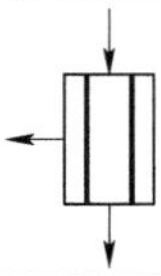	筒形管道粗滤器
	就地疏水

2.2.2　特殊符号

安全壳贯穿件如图 2-15 所示。

其中小旗子上写有贯穿件的编号，标识该管道穿过安全壳的 404 号贯穿件。404 表示标高为“4”（8.5 m）的一个贯穿件，第一个数字跟标高对应，后两个数字表示贯穿件的号码。小三角旗上的+8.125 表示管道中心的标高为+8.125 m。

安全等级分界线如图 2-16 所示。

保温层与硼加热如图 2-17 所示。

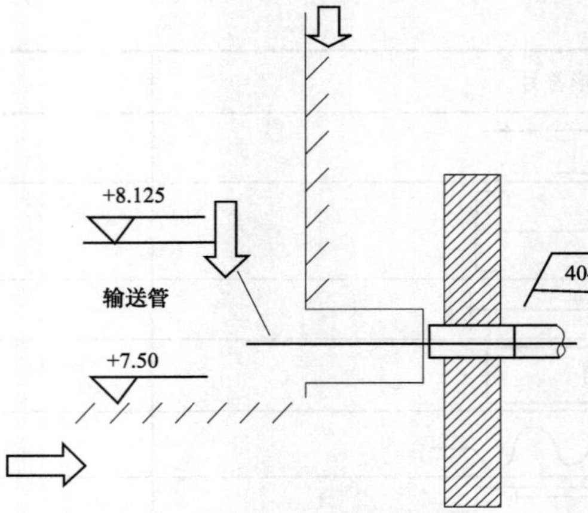

图 2-15 贯穿件标识

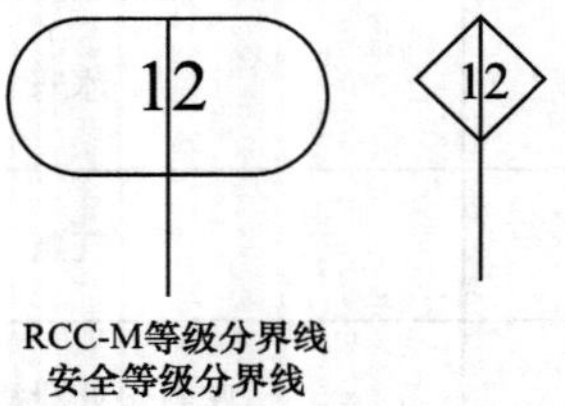

图 2-16 安全等级分界线

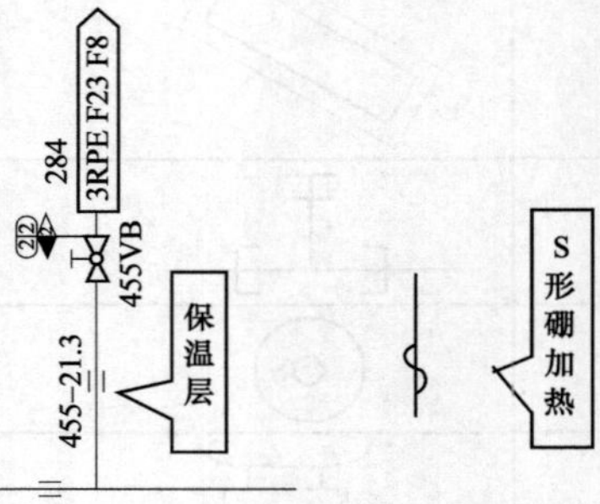

图 2-17 保温与硼伴热

2.3 容器类

核电厂核岛和常规岛各系统中有各种容器设备;一回路的稳压器、泄压箱、升级塔、压缩空气供气箱、泄漏收集箱、废液暂存箱等。二回路中的补水箱、供水箱、回收箱等。图 2-18 为常见容器的结构图。

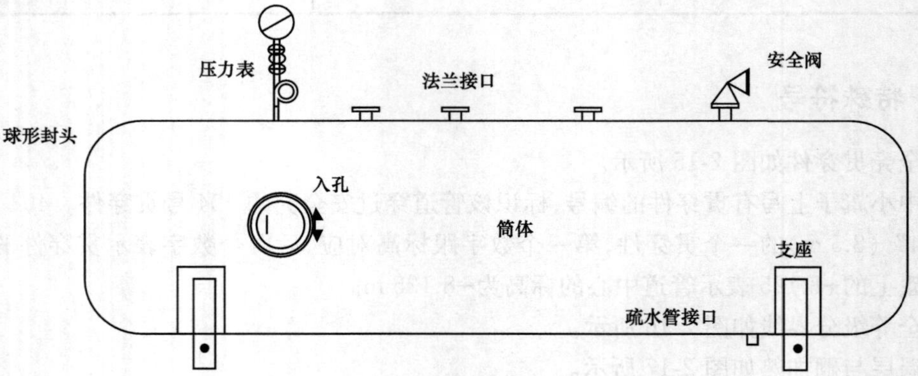

图 2-18 常见容器结构图

容器常见图例见表 2-9。

表 2-9　容器常见图例

图形符号	图形符号含义
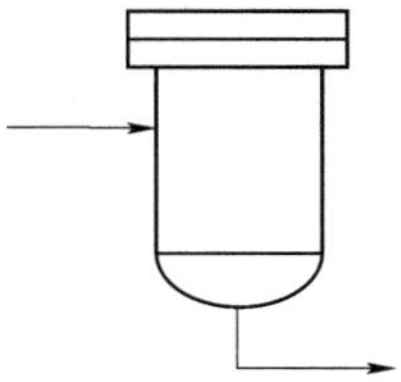	过滤筒
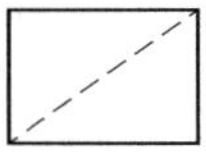	过滤器的另一种表示符号
	过滤器
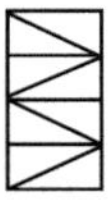	过滤器
	过滤器
	容器
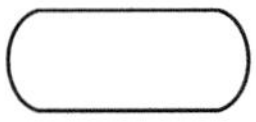	罐
	封闭箱
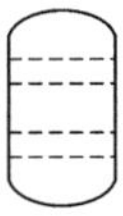	多层塔
	澄清池
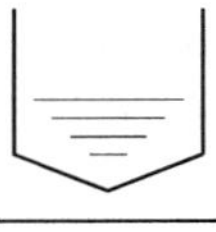	水池
	敞口箱

2.4 热交换器

把一种介质的热量传递给另一种介质的设备称为热交换器。热交换器作为生产工艺过程不可缺少的单元设备广泛用于核电厂的各个系统,数量众多,型号各异。如常规岛的给水加热器、低压加热器等,核岛的蒸汽发生器等。常见几种不同结构的热交换器如图 2-19 所示。

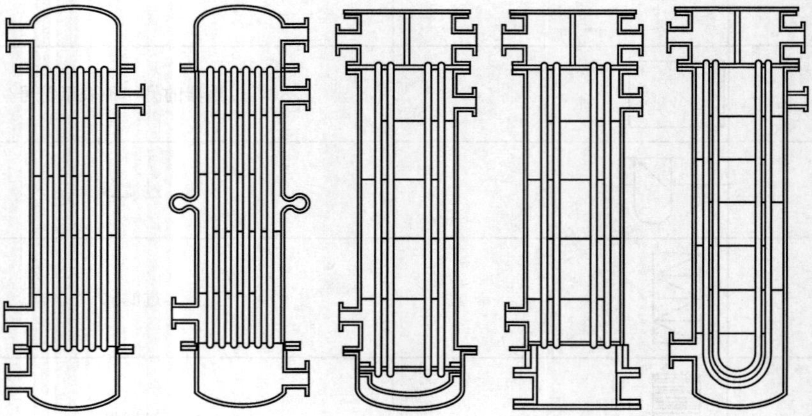

图 2-19　常见几种不同结构的热交换器
(a) 固定管板式;(b) 带补偿器的固定式;
(c) 浮头式;(d) 为填函式;(e) U 型管式

常见热交换器图例见表 2-10。

表 2-10　常见热交换器图例

图形符号	图形符号含义
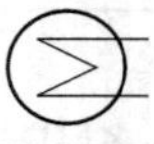	热交换器
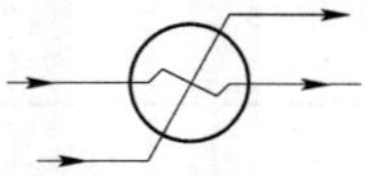	壳管式热交换器
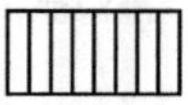	板式热交换器
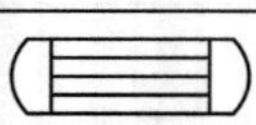	带管束的箱体
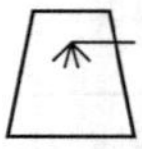	冷却塔
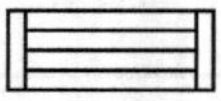	冷凝器

2.5 转动机械及其他设备

核电厂系统的运行离不开转机械设备，在核电厂系统的运行生产过程中占有相当重要的位置；液体和气体在系统中的输送离不开各种型号的泵、压缩机和风机等机械转动设备。如反应堆冷却剂回路的主泵、上充泵、常规岛的主给水泵、凝结水泵等。常见离心泵见图 2-20。

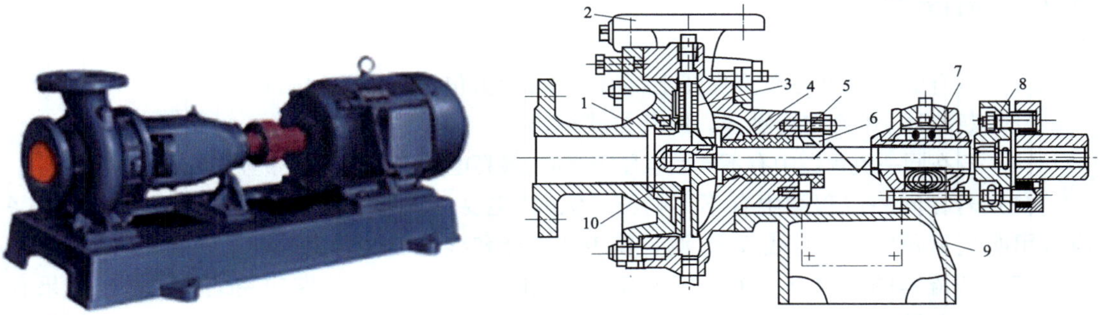

图 2-20　常见离心泵的外形及内部结构

电厂系统常见机械设备图形符号见表 2-11。

表 2-11　电厂系统常见机械设备图形符号

图形符号	图形符号含义
	加热器
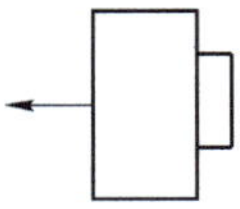	
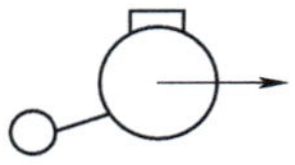	带电机的压缩机
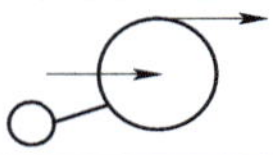	带电机的离心泵
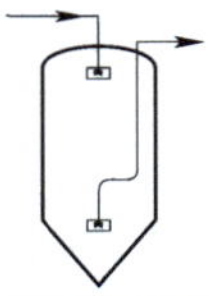	离子交换器

第三章　电气设备在工艺流程图上的辨识

3.1　阅图常识

(1) 所有的电气设备在流程图上都有标识,标识包括相应的编码;

(2) 断路器、开关和接触器以断开方式标出;

(3) 若在同一流程图中有不同的电压等级时,最高电压等级部分应布置在流程图的最上端;

(4) 若在同一流程图中有不同电压等级时,主要母线和来自较高电压等级的单馈线路应该用明显不同粗细的直线表示,测量仪表变送器和继电器仪表变送器连线统一用细线;

(5) 若流程图中只有一个电压等级,母线和其上一级供电线路应用细线表示。如果有从一个电源向另一个电源倒送电的情况,则要求对所有连接线有足够详细的描写,以便说明导致人员伤害和设备(例如:电压互感器)危害的可能性;

(6) 所有的配电母线标有以下信息:

1) 电压;

2) 编码;

3) 母线的字母代号;

4) 额定电流(安培)。

(7) 发电机、电动机和低压开关标有以下信息:

1) 额定功率(kW);

2) 编码;

3) 低压开关的位置。

(8) 变压器标有以下信息:

1) 额定负载(kVA);

2) 额定电压;

3) 接线方式(星形或三角形)。

3.2　电气一次图

一次设备是指直接生产、输送和分配电能的高电压,大电流设备,又称为主设备,包括发电机、变压器、断路器、隔离开关、电力电缆、母线、输电线、电抗器、避雷器、高压熔断器、电流互感器、电压互感器等。由一次设备连接在一起构成的电路,称为一次接线或主接线。通过查看电气一次主接线图,可以了解到电厂发电、送电、配电的方式。看图的顺序可按电能输送的路径进行,即为电源一开关一变压器一开关一母线这个顺序。

电厂的一次主接线图,按照上面介绍的看图顺序,分两种工况。第一种是发电机功率运行时的工况:发电机作为电源,电能经过发电机出口断路器(开关),一部分通过主变(变压器)抬高电压,再经过断路器(开关)至母线输送给外电网。另一部分通过高压厂变(变压器)降低电压,再经断路器(开关)供机组厂用负荷使用。第二种是发电机停运后的工况,发电机出口状态在分闸位置,外电网(电源)电能经母线或直接经断路器,再通过主变和高压厂变的两次降低电压,再经断路器(开关)供机组厂用负荷使用。

在此基础上更要通过查看图纸,找到电气一次回路上供电设备的电源隔离点和电气一次回路上的接地点位置,这对于运行的操作顺序和维修工作的安全措施是十分重要的。在电气主接线图中各分支回路(发电机、变压器、母线、输电线),都装设有断路器、隔离开关、接地开关。断路器的任务是:在正常工作情况下可靠地接通或断开电路,在系统发生故障时迅速切除故障部分,以保证非故障部分的正常运行。隔离开关、接地开关的任务是:通过隔离开关在设备检修时可靠的将设备与带电部分隔离,通过接地开关将检修设备可靠的接地,以保证工作人员的安全。

另外电气一次图上还有电压互感器和电流互感器,其作用是为电气一次回路的保护、监视装置提供电压、电流量。

3.3 二次图简介

电能的生产、输送和分配,需要大量的电气设备,这些设备经各种接线相连接,构成复杂的电力系统。在发电厂和变电所中,通常将电气接线分为一次接线和二次接线,其中的电气设备也分为一次设备和二次设备。

二次设备是指对一次设备进行监察、控制、测量、调整和保护的低压设备,又称为辅助设备,包括测量仪表、控制和信号器具、继电保护装置、自动远动装置、操作电源、控制电缆及熔断器等。由二次设备互相连接构成的电路称为二次接线,又称为二次回路。

3.4 看电气二次图的基本方法

二次接线图的最大特点是其设备、元件的动作严格按照设计的先后顺序进行,其逻辑性很强,所以读图时按照一定的规律进行,便会显得条理清楚,易读易记。

看图的基本方法可以归纳为如下六句话:先一次,后二次;先交流,后直流;先电源,后接线;先线圈,后触点;先上后下,先左后右。简单的说就是六先六后。

所谓“先一次,后二次”,就是当图中有一次接线和二次接线同时存在时,应先看一次部分,弄清楚是什么设备和工作性质,再看对一次部分起监控作用的二次部分,具体起什么监控作用。

所谓“先交流,后直流”,就是当图中有交流和直流两种回路同时存在时,应先看交流回路,再看流回路。因交流回路一般由电流互感器和电压互感器的二次绕组引出,直接反映一次接线的运行状况;而直流回路则是对交流回路各参数的变化所产生的反应(监控和保护作用)。

所谓“先电源,后接线”,就是不论在交流回路还是直流回路中,二次设备的动作都是由电源驱动的,所以在看图时,应先找到电源,再由此顺回路接线往后看:交流沿闭合回路依次分析设备的动作;直流从正电源沿接线找到负电源,并分析各设备的动作。

所谓“先线圈,后触点”,就是先找到继电器或装置的线圈,再找到其相应的触点。因为只有线圈通电,其相应的触点才会动作;由触点的通断引起回路的变化,进一步分析整个回路的过程。

所谓“先上后下”和“先左后右”,可理解为:一次接线的母线在上而负荷在下;直流回路正电源在上,负电源在下,驱动触点在上,被启动的线圈在下。而二次图的功能模块是从左向右分布的,一般高电压区域在左,低电压区域在右;功能模块在左,信号模块在右。

3.5 电气流程图常见图形符号

电气流程图中的图形符号遵循电气设备行业的标准规则;由于秦山地区电厂电气系统设计部门的差异性,必然在本文部分图例存在一定的差异性。下面的图例(表 3-1)选择秦山三个电厂电气系统具有共性的电气设备图形符号进行表述。使得完成本课程的学员可以掌握阅读流程图的基本技能。

表 3-1 电气流程图常见图形符号

图形符号	图形符号含义
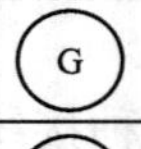	发电机
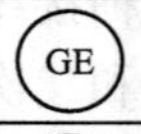	柴油发电机
	发电机
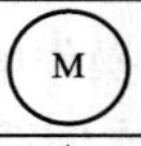	电机
	双绕组变压器
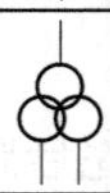	三绕组变压器
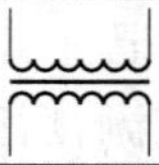	变压器
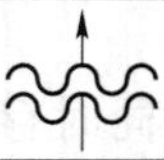	双绕组电力变压器
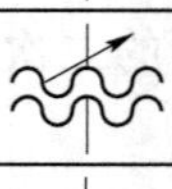	带负荷分接头的电力变压器
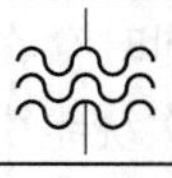	双绕组三角连接电力变压器
	母线
	避雷器
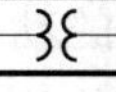	PT

续表

图形符号	图形符号含义
	CT
	电容器
	热动脱扣口
	磁动脱扣口
	隔离插头
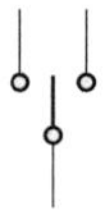	双头闸刀
	熔断式开关
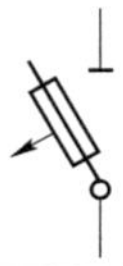	跌落式熔断器
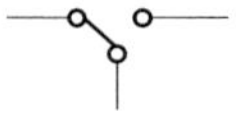	3 位开关
	HV 断路器
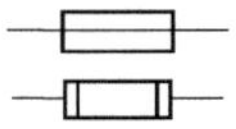	熔丝
	电容器
	蓄电池(组)
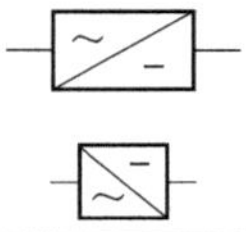	整流器
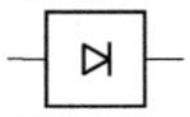	整流设备
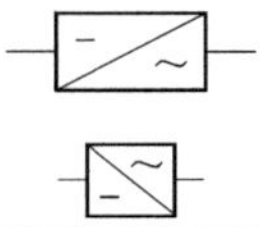	逆变器
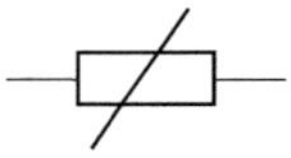	线性电阻器
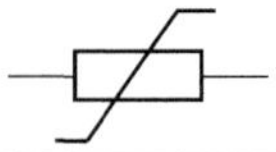	非线性电阻器

续表

图形符号	图形符号含义
	接地
	接地刀闸
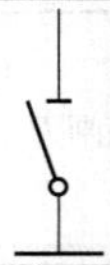	接地刀闸
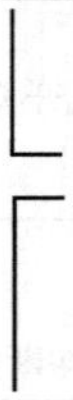	接触器的主触头
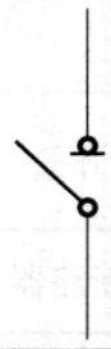	负荷开关
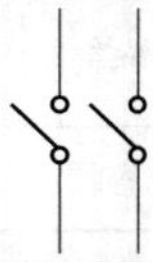	隔离开关

第四章　仪表设备在工艺流程图上的辨识

4.1　核电厂仪表

核电厂常用仪表通常包括传感器、变送器、指示器、记录仪、限位开关、状态指示灯、继电设备等，对于数字化仪表，还包括计算机显示终端等。

为了简化流程图(仪表原理图)使得工艺过程环路更易于理解。图纸上的仪表均按标准符号标出其位置及不同的功能(图 4-1)。下面所述采用基于 ISA(美国仪表协会)图例符号的惯例。

一个仪表(测量系统)是传感器、信号处理环节和显示装置的有机组合。

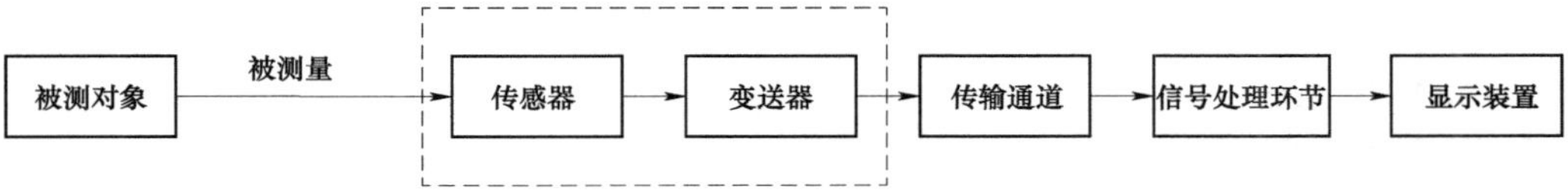

图 4-1　方框图

传感器是感受被测量的大小，并输出对应的可用信号的期间或装置。变送器将传感器输出的信号转变成便于传输和处理的信号。传输通道是将测量系统各环节之间的信号连接起来用于传输数据。信号处理环节将传感器输出的信号进行处理和变换。娴熟装置将测量的信息变成人的感官能接受的形式，已完成监视、控制或分析的目的。

4.2　仪表图形符号

仪表在图纸上，一般用一个分为上下两半的圆圈来表示：下半部分专门用来表示在就地仪表上或现场盘上的动作或示值，上半部分专门用来表示在主控室内相应的动作或示值。如果仅就地仪表，其标注圆圈不必分为两部分。见图 4-2。

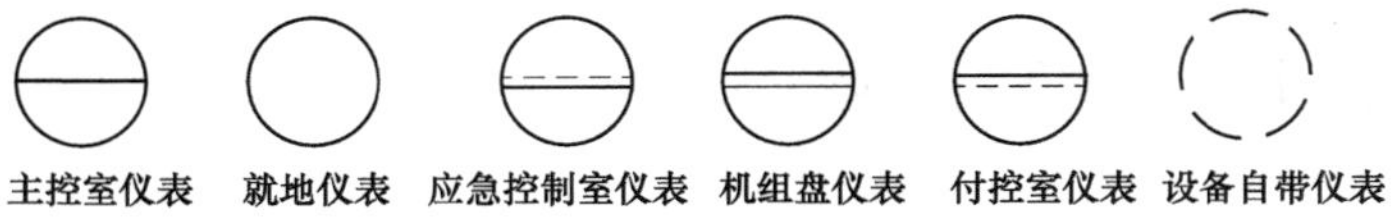

图 4-2　仪表图形符号

仪表的设备编码标识在仪表圆圈的外面，仪表需要执行的功能符号标识在仪表圆圈内。不论在现场读表或者是在查阅工艺图纸时，除关注系统图纸上的工艺参数之外，还需要着重关注仪表的校验日期、测量范围、上下限、误差、精度和量程等性能参数。

4.3 线型符号

连接不同种类的仪表的传输线路符号见图 4-3。

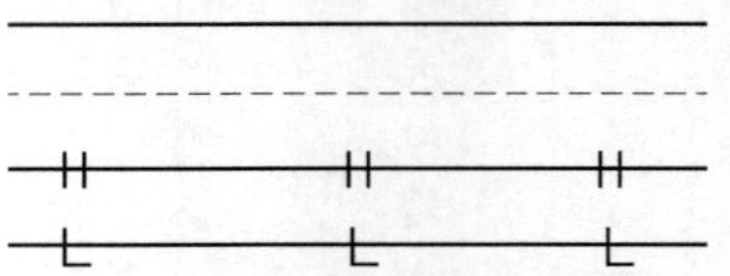

图 4-3 不同种类的线型符号

4.4 仪表字母代码

仪表通过在圆圈中插入字母代码(2 或 3 个字母)来识别。此字母代码表示仪表类型及功能。一般来说测量的过程参数代码的第一个字母来表示,例如:

F=FLOW 流量

L=LEVEL 液位

P=PRESSURE 压力

T=TEMPERATURE 温度

代码中的第二个字母表示仪表的功能,例如:

FI=FLOW INDICATOR 流量指示

FC=FLOW CONTROLLER 流量控制

LA=LEVEL ALARM 液位报警

LR=LEVEL RECORDER 液位记录仪

PT=PRESSURE TRANSMITTER 压力变送器

TE=TEMPERATURE ELEMENT 温度测量元件

某些情况下,仪表具有两种用途并且其功能必须更清楚地指明时,应适用第三个字母

FIC=FLOW INDICATOR CONTROLLER 流量指示控制仪

LAH=LEVEL ALARM HIGH 高液位报警

LAL=LEVEL ALARM LOW 低液位报警

4.5 常用仪表识别代码及举例

见表 4-1。

表 4-1 常用仪表识别代码

字母	首位字母	后续字母		
	被测变量	读出功能	输出功能	调节器
A	电流	报警		平均值
C			控制	触点

续表

字母	首位字母	后续字母		
	被测变量	读出功能	输出功能	调节器
E		原件		
F	流量			
G		测量尺寸		
H	手动			高值
I		指示		
L	液位			
M		电动		中值
P	压力			
R	中子通量	记录	继电器	
S		螺线管	开关	
T	温度		变送	
V				阀门
W		阱		
X			变换器	
Y			计算机	
Z	位置			

一个液位测量环路包括：液位变送器、液位指示器、液位控制器、液位记录仪、高液位报警、低液位报警。液位变送器直接与水箱连接，其余仪表由液位变送器驱动用来监测和指示水箱内的液位。假定传送信号为电信号，则用 ISA 符号表示其流程如图 4-4 所示。

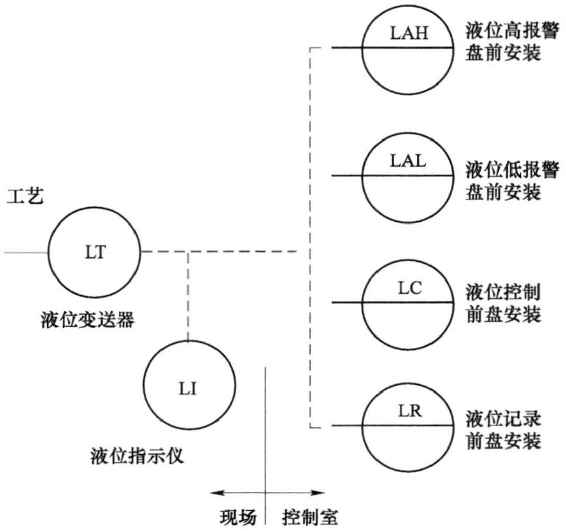

图 4-4 液位测量环路示意图

又如图 4-5 主泵电机就地测量仪表流程图所示，可知在主泵电机上装有就地电流表、温度计、润滑油油压表、手开关、转速表、润滑油液位计和振动测量元件等。

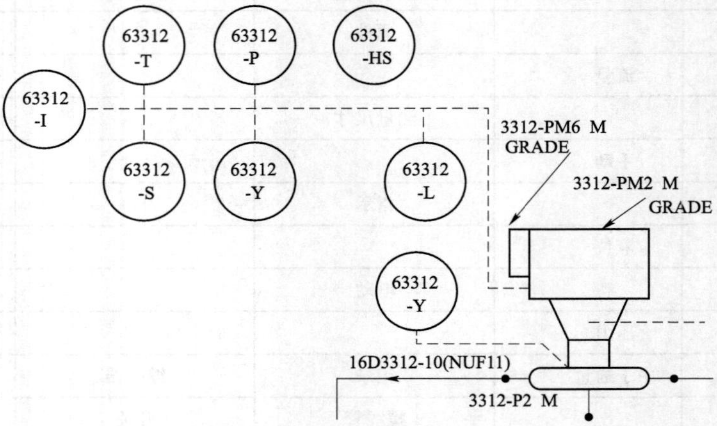

图 4-5　主泵电机就地测量仪表流程图

4.6 仪控逻辑图常见符号

见表 4-2。

表 4-2　仪控逻辑图常见符号

图例符号	图例符号含义
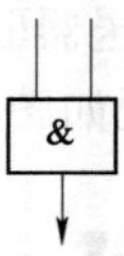	与门(AND)，输入全为 1 时，输出才为 1
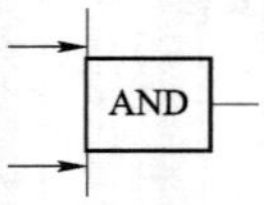	与门(AND)，输入全为 1 时，输出才为 1
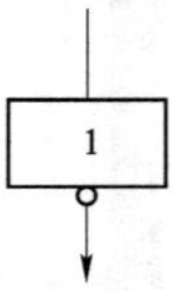	非门(NOT)，输入为 0 时，输出为 1
	非门(NOT)，输入为 0 时，输出为 1
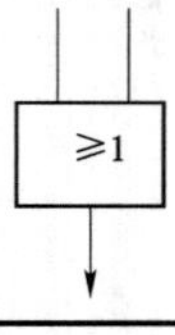	或门(OR)，只要有一个输入为 1，输出就为 1

续表

图例符号	图例符号含义
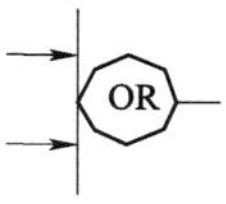	或门(OR),只要有一个输入为1,输出就为1
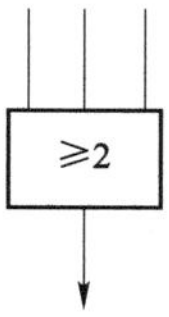	符合门,为1的输入信号数量大于等于框中所示数值时,输出才为1
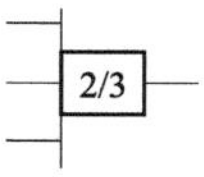	符合门,3个信号中有两个为1,输出才为1
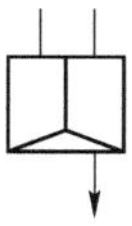	通断记忆门:左边输入端为置1端,右边为复0端。由单稳继电器加自保持回路组成,具有双稳继电器功能,输出取决于最后的激励信号,失电为零
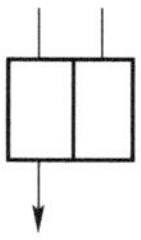	永久记忆门:逻辑与通断记忆门相同,也称双稳继电器,内有双线圈,靠机械作用维持 set 或 reset 位置,其状态与线圈最后一次通电状态对应,失电后保留输出
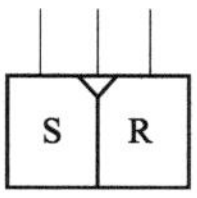	可判定式永久记忆门:当中间信号不触发时与永久记忆门相同,当中间信号触发时,R与S输入信号调换(见柴油机燃油输送泵逻辑)
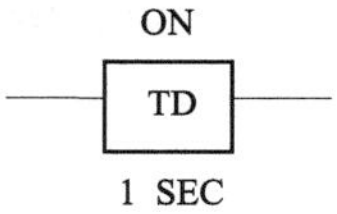	输入变为1并延迟一秒后,输出变为1
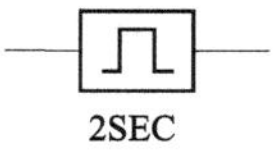	当输入为1后,输出变为1并保持2秒
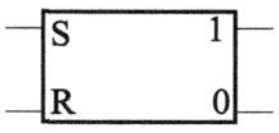	当S输入为1时,右边1对应的接口出1,当R输入为1时,右边1对应的接口输出为0;0对应的接口输出与之相反
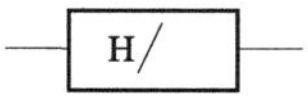	当输入高于定值时,输出为1
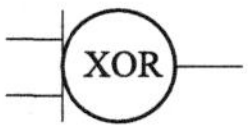	或非门,对输入信号或后再非
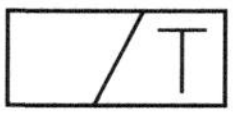	当输入信号低于定值时,输出为1

第五章　核电厂工艺流程图简介

5.1　核电厂简介

压水堆核电厂(PWR)的组成如图 5-1 所示。(以 600 MW 压水堆机组为例)

压水堆核电厂通常可以分为三大部分：

1）反应堆及其相关的一回路主辅系统和设备部分以及所在的建筑物，称核岛(NI)；

2）汽轮发电机组及其相关的二回路系统和设备部分以及所在的建筑物，包括循环水系统及其建筑物，又称常规岛(CI)；

3）外围辅助系统(BOP 系统)。

核岛系统中的反应堆、一回路主系统和设备以及余热排出系统安置在安全壳内，核岛系统的其余部分的大部分设备安装在安全壳外的核辅助厂房内。

5.2　反应堆及其相关一回路系统

主要由以下几部分组成：

1）反应堆及一回路主系统和设备(压力容器、主管道、反应堆冷却剂泵、蒸汽发生器、稳压器及卸压箱等)(RCP)；

2）一回路主要辅助系统：如化学和容积控制系统(RCV)、余热排出系统(RRA)、硼和水补给系统(REA)、反应堆换料水池和乏燃料水池冷却及处理系统(PTR)、设备冷却水系统(RRI)、安全厂用水系统(SEC)、核岛氮气分配系统(RAZ)；

3）专设安全设施系统：安全注入系统(RIS)、安全壳喷淋系统(EAS)、安全壳隔离系统(EIE)辅助给水系统(ASG)；

4）通风系统：如安全壳换气通风系统(EBA)、大气监测系统(ETY)等；

5）三废系统：如废液处理系统(TEU)、硼回收系统(TEP)等；

6）核岛电气系统；

7）其他系统。

核电厂每一个工艺系统都有相对应的工艺流程图，工艺流程简单的最少一张，复杂的系统则有数张或数十张不等；同一系统工艺流程图体现系统主工艺流程的编号多以“F1”，其余作为该工艺附属分系统的图纸按其在工艺中的作用或系统设计的原则依次编号；其查阅系统主工艺和其附属系统连接关系的方法在本部分第一章节内已有详细介绍。

正式发布的系统工艺流程图在学习时，应该首先结合该系统的功能及在电厂生产系统中的作用，梳理该系统的主要工艺流程；辨识系统的简单工艺图，便于将电厂数百个系统的完整记忆。图 5-2 为 RCP 简图清晰明了的表述了 RCP 系统各设备之间的关系及主要工艺走向。

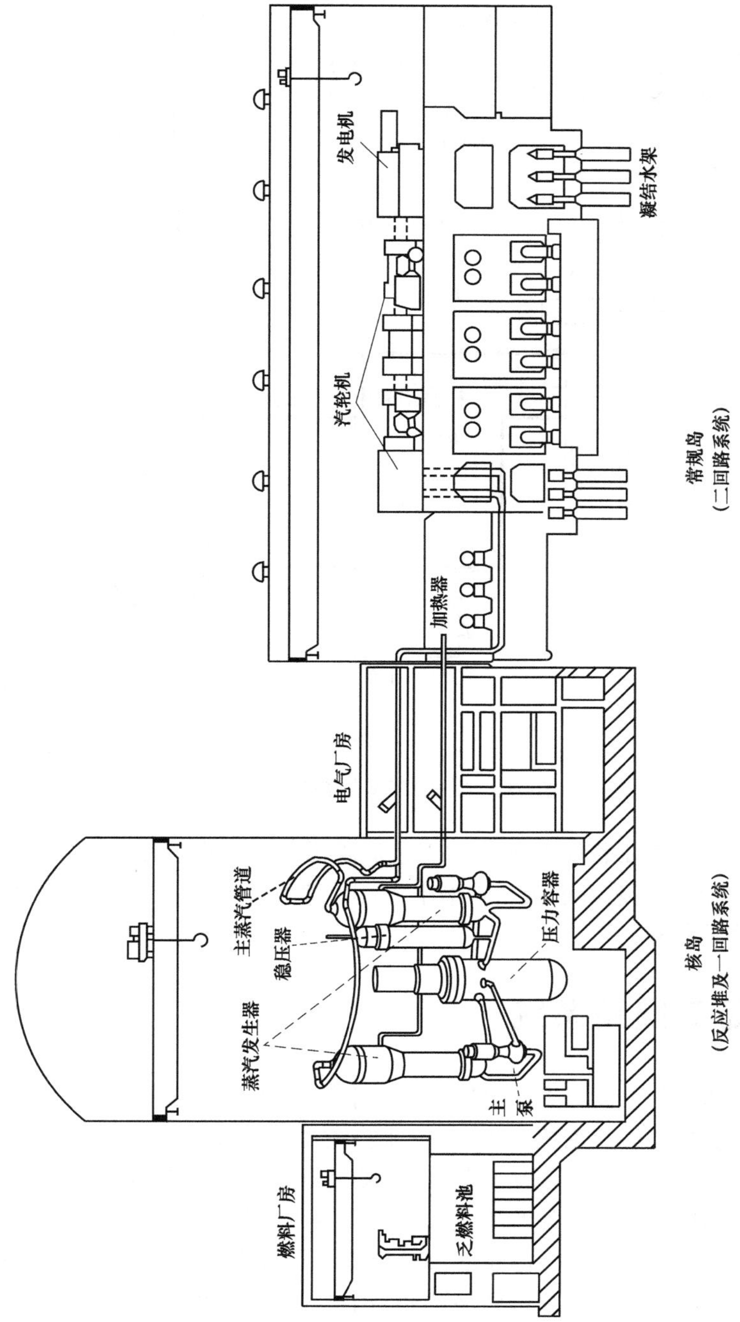

图 5-1　压水堆核电厂组成

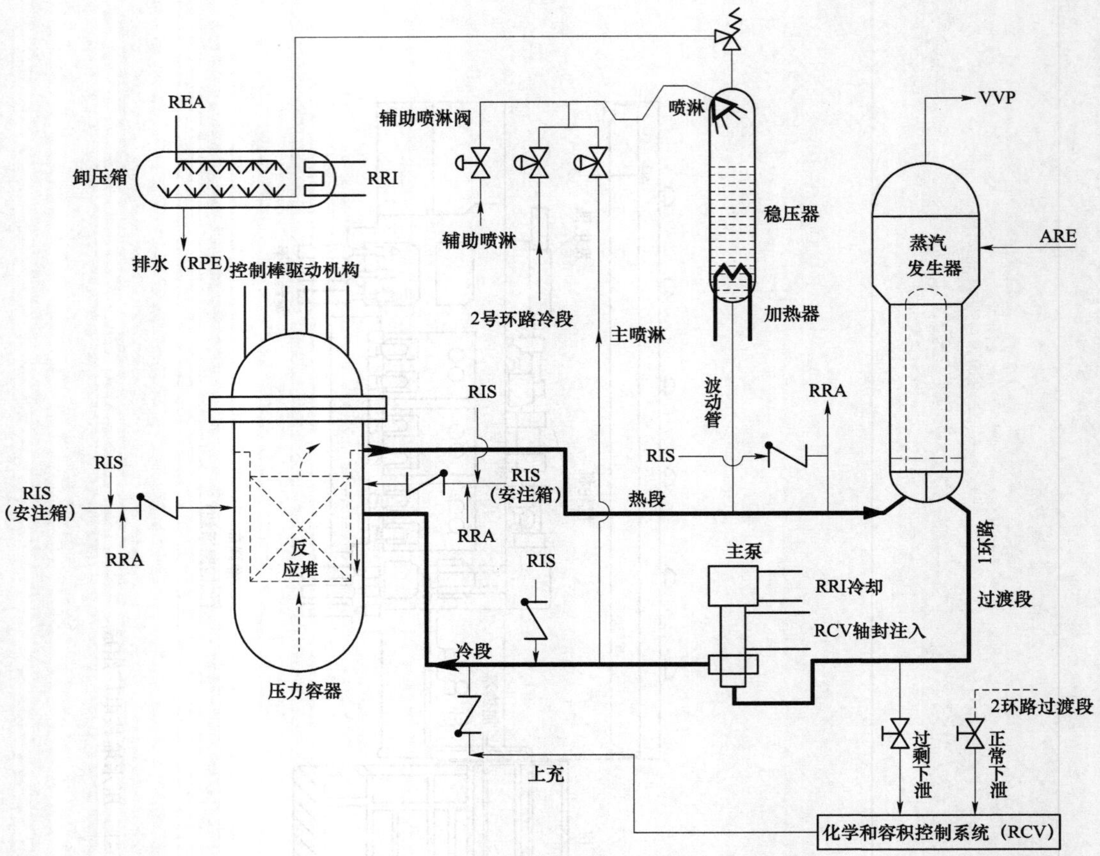

图 5-2　压水堆 RCP 系统工艺简图

但在运行人员正常工作时所使用的工艺流程图必须是电厂正式发布的，有编校审批相关信息、有时效的正式工艺流程图。本书中将在后续附件中编入二厂压水堆电厂 RCP 系统主流程图以供学习参考。

5.3 常规岛二回路系统

常规岛包括那些与常规火力发电厂相似的系统及设备，主要有：

1）蒸汽系统：如主蒸汽系统（VVP）、汽水分离再热系统（GSS）等；

2）给水系统：如凝结水系统（CEX）、给水除氧器系统（ADG）等；

3）汽轮机及其辅助系统：如汽轮机润滑、顶轴和盘车系统（GGR）等；

如要理清二回路工艺流程，在此不得不提到二回路的热工流程工艺简图；通过对二回路热工流程图的学习，对于梳理二回路的蒸汽、凝结水、主给水之间的关系，记忆二回路的工艺流程有极大的帮助。各个电厂的二回路热工流程图大致一致，仅运行参数因机组的设备不同而存在一定的差异。下面的图 5-3 为秦二厂二回路热工流程工艺简图，以供学习参考。

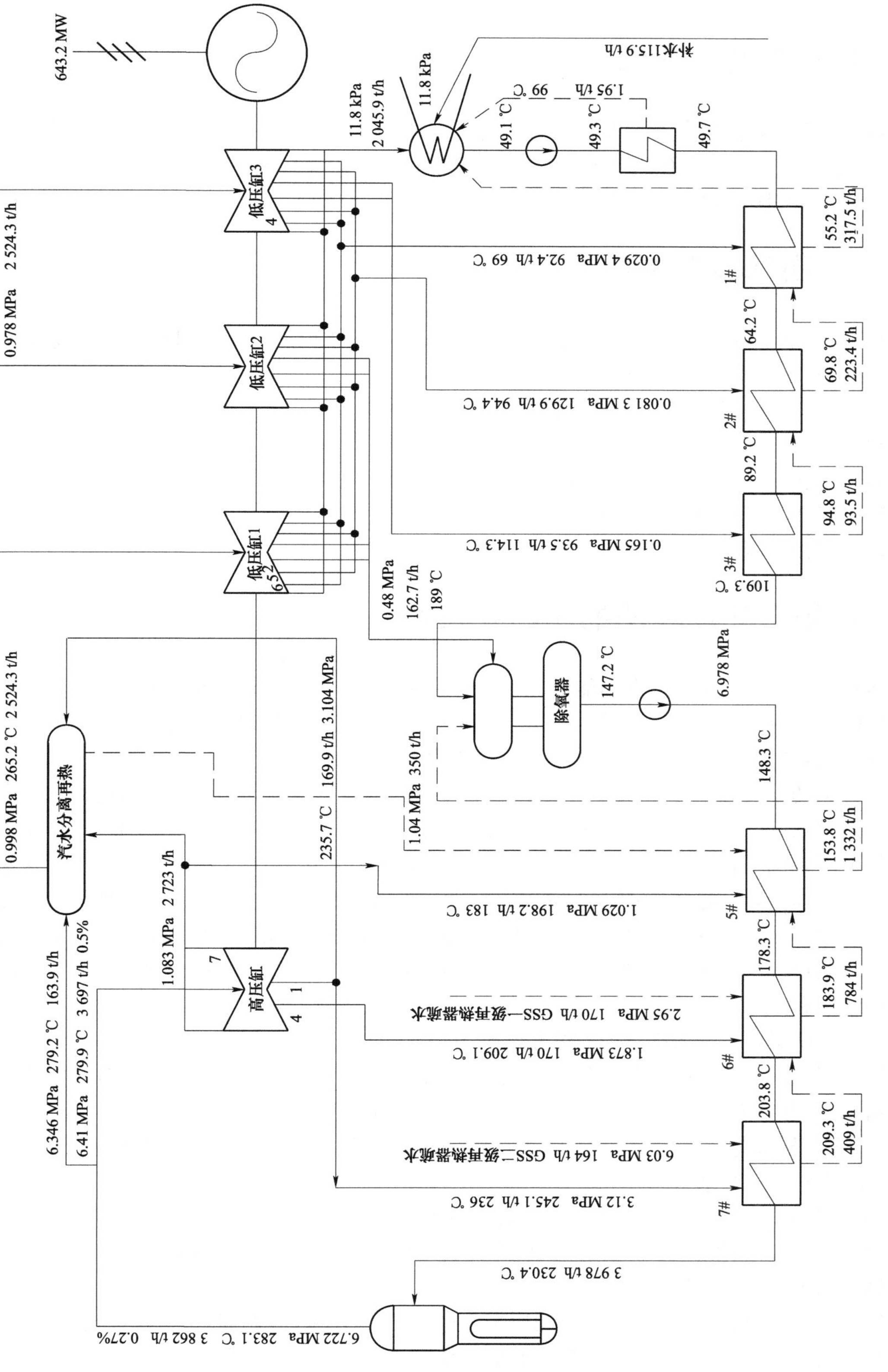

图 5-3 压水堆电厂二回路热力工艺简图

5.4 电气系统流程图

电气部分是电厂的一个重要组成部分，它主要包括以下系统及设备：发电机及其辅助系统，如发电机定子冷却水系统(GST)、发电机励磁和电压调节系统(GEX)等；厂内外电源系统，如 LGA、LGB、LLA、LNA 等。

5.5 外围(BOP)系统

1）原水供给系统、除盐水生产系统(SDA)、核岛除盐水生产系统(SED)、常规岛除盐水生产系统(SER)等；

2）氮气储存与分配系统(SGZ)；

3）氢气生产系统(SHY)；

4）空气生产系统(SAP、SAT、SAR)；

5）循环水处理系统(CTE)；

6）辅助锅炉系统(XCA)等。

5.6 系统工艺流程图的学习和使用

运行人员学习系统流程图不能依靠死记硬背，更不能马虎对待；查阅系统工艺流程图务必关注图纸的版次是否是最新版本。要与所在机组的系统理论知识相结合、融会贯通，才能更好的掌握电厂系统工艺，做好运行岗位的各项操作任务及试验。对于运行人员来言，并不是每个在岗的运行人员都有机会参与过电厂的调试，即使调试期间参与调试的运行人员也不可能熟悉电厂所有系统的每一个管道的走向、每一个阀门在厂房内的具体位置，更不能全部了解电厂系统所有后期的设计变更。所以，在电厂的正常运行期间的在岗运行人员，除了熟悉系统的理论知识之外，还需密切关注系统相关的系统变更；新员工到岗后尽快学习系统工艺流程图，利用一切可以利用的机会和条件，熟悉系统设备在现场的具体位置。这对后期在岗顺利执行运行操作任务，尤其是进入放射性区域避免接受过多放射性剂量，保护自身的安全和健康有着重大的意义。

学习及使用系统工艺流程图的注意事项：

1）在使用任何一张系统工艺流程图前，必须确认该图纸的有效性(有完整有效的编校审批信息，盖有相关印章)；严禁使用过期图纸用于现场作业。

2）未经授权进入现场前，规划自己的系统知识学习计划；系统工艺流程图的学习应该与系统理论学习相互结合。

3）每张系统图相对应的系统设备功能及其运行重要参数，应该熟练掌握。

4）利用去现场培训、操作协助、试验配合及一切授权可以现场学习的机会，认真核对和辨识系统图纸所对应的设备。

5）对于因为各种客观条件暂时无法进入区域的设备，及时向熟悉该区域的员工请教；待到有可以进入该区域的机会时，再次进入确认。

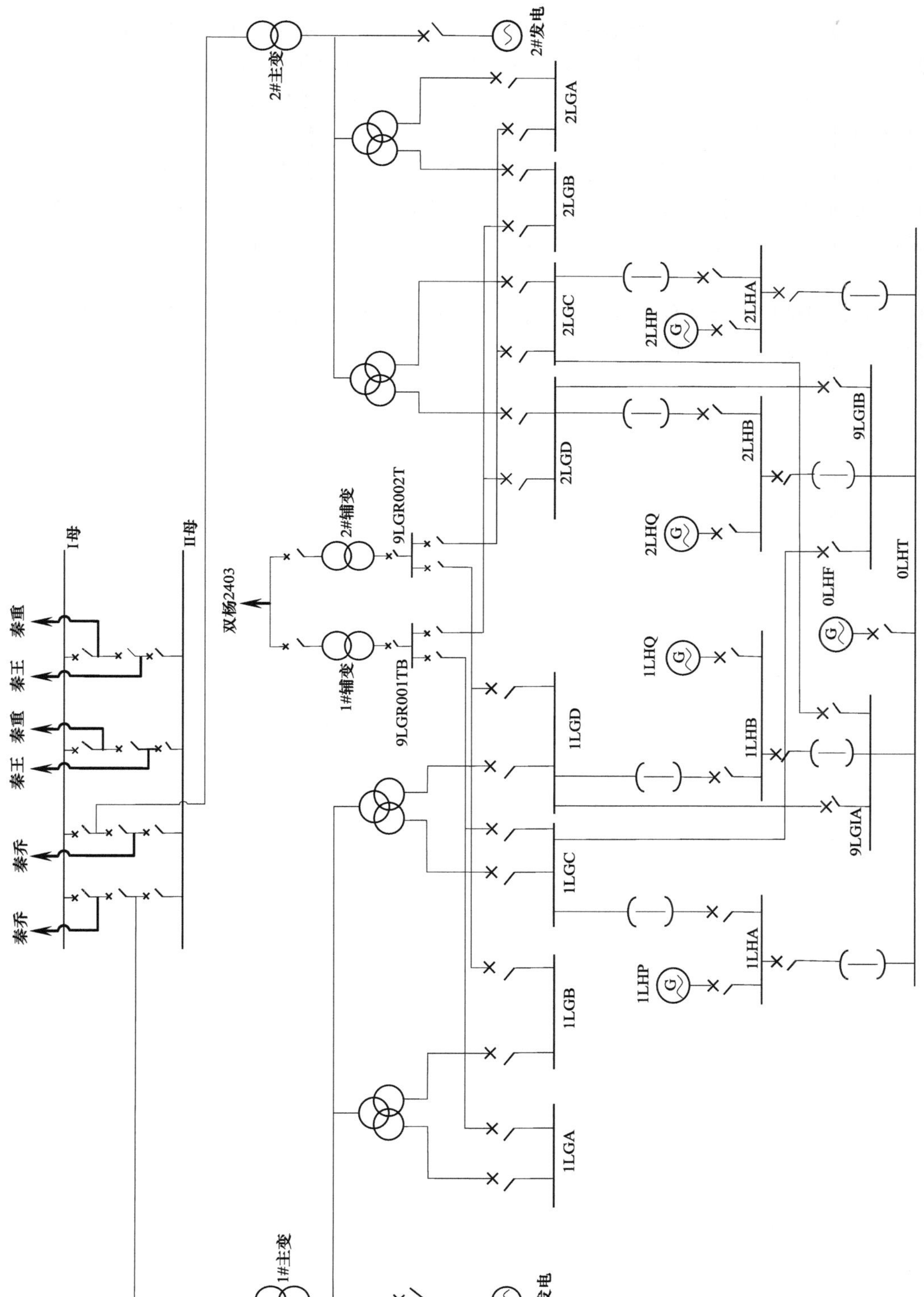

图 5-4　电气系统结线简图(1/2号机组)

6）工艺流程图中大多数系统设备集中在厂房某个区域或房间内，也有少许设备安装在难以操作的空间；这些设备的查找，除按照系统工艺流程图的该设备的前后设备的定位进行查找，还可以向曾经操作过该设备的员工咨询，以便快速定位设备的位置。

7）携带图纸进入防异物区域时，图纸应当置于工作包内，避免图纸掉落。

8）运行人员应在现场作业时，应注意工业安全；避免边查阅图纸，边在厂房内行走。

9）将图纸带入放射性区域学习或操作使用完毕后，在离开放射性区域时建议将图纸放置到废物收集桶或废物垃圾箱内；不要将有可能沾有放射性污染的图纸带回非放射性区域，造成二次污染。

10）废弃图纸应该用文件粉碎机销毁，而不是随意遗弃现场或抛入生活垃圾箱；更加严禁作为废纸卖给废品回收人员。

第六章 习 题

6.1 填空题

1. 系统流程图显示构成系统流体回路的不同__________和管道、孔板等，以及与其他系统的__________、系统边界等。一张工艺系统流程图通常可以分为：图例、__________、坐标框、__________。

答案：机械设备；连接；标题栏；图纸正文

2. 通常位于图纸右下角，表达该图纸的编写相关信息，如__________、图纸名称、修订说明、__________、__________、__________、__________等内容。

答案：图册编号及名称；重要设备参数；编写人员；校对人员；审核批准人员

3. 压水堆 600 MW 机组系统/设备代码利用__________字母与数字的组合对设备进行描述，使得每个设备都有__________编号。

答案：九位；唯一的

4. 完整的运行图册是由__________的流程图所构成，某个系统与其他系统间必然存在着__________，通过流程图可以描述清楚这种各系统间及单个系统各环节间的__________。

答案：多个独立系统；接口关系；接口关系

5. 所有的电气设备在流程图上都有标识，标识包括相应的__________。

答案：BSI 编码(基本主题索引编码)

6. 通过查看电气一次主接线图，可以了解到__________、__________、__________。看图的顺序可按__________进行，即为__________这个顺序。

答案：电厂发电；送电；配电的方式；电能输送的路径；电源—开关—变压器—开关—母线

7. 看图的基本方法可以归纳为如下六句话：__________；__________；__________；__________；__________。

答案：先一次，后二次；先交流，后直流；先电源，后接线；先线圈，后触点；先上后下，先左后右

6.2 简答题

1. 电厂的一次主接线图，按照上面介绍的看图顺序，分哪两种工况？

答：第一种是发电机功率运行时的工况：发电机作为电源，电能经过发电机出口断路器(开关)，一部分通过主变(变压器)抬高电压，再经过断路器(开关)至母线输送给外电网。另一部分通过高压厂变(变压器)降低电压，再经断路器(开关)供机组厂用负荷使用。

第二种是发电机停运后的工况，发电机出口状态在分闸位置，外电网(电源)电能经母线

或直接经断路器,再通过主变和高压厂变的两次降低电压,再经断路器(开关)供机组厂用负荷使用。

2. 简单解释压水堆 600 MW 机组系统设备代码 D E_1 E_2 E_3 F FF G_1 G_2 含义?

答:D 代表机组号,E_1、E_2、E_3 表示工艺系统,E_1 代表了该系统的属性,E_2、E_3 表示具体的系统。

3. 当一根管线延伸到另一系统流程图上时,在两张图上对应的管端都做有标记,简述标记包含的内容有哪些?

答:接口系统流程图的编号;在接口流程图上的相应接口所在的坐标数字;有些对接口管线进行功能说明,或者列出接口管线编号;流体的流向,即箭头的走向。

6.3 绘图题

请绘出本教材中电厂一次主接线图,详情请见教材相关内容。

6.4 实操题

鉴定点:根据提供的技能培训教学专用系统工艺流程图图纸在技能培训室查找和辨识相关设备及状态

试题 1:查找和辨识系统设备及状态

1. 准备要求

考场准备:

(1) 试题名称:查找和辨识系统设备及状态

(2) 本题分值:80

(3) 考核时间:20 min

(4) 考核形式:实操

(5) 设备设施准备:

序号	名称	规格	单位	数量	备注
1	运行技能培训室		间	1	教学用模拟运行教学系统 2 套
2	运行巡检相关工具		套	1	手电 1 个、听音棒 1 根、测温仪、技能教学专用记录纸、技能培训室运行教学系统图纸 2 张

考生准备:

(1) 试题名称:查找和辨识系统设备及状态

(2) 本题分值:80

(3) 考核时间:20 min

(4) 考核形式:实操

(5) 工具及其他准备:安全帽、工作服、防砸鞋、笔

2. 考核要求

(1) 本题分值:80

(2) 考核时间:20 min

(3) 考核形式:实操

(4) 具体考核要求:根据提供的技能培训教学专用系统工艺流程图图纸在技能培训室查找和辨识相关设备及状态

(5) 否定项说明:查找设备错误;成绩记录不合格

3. 配分与评分标准

序号	考核内容	考核要点	配分	评分标准	扣分	得分
1	接受查询设备信息并记录	在技能培训教学专用记录纸上记录查询设备信息; 逐一记录查询信息要求,复诵指令; 等下令人明确回答可以执行后再继续执行后续行动	20	1. 记录查询要求不完整扣 10 分。 2. 没有复诵查询信息扣 5 分。 3. 没有等待下令可以执行即离开扣 5 分		
2	查找考核要求设备	确认设备标牌并核对设备信息,有自检	20	1. 没有找到或找错设备,成绩记录为不合格。 2. 没有自检扣 10 分		
3	记录查询设备状态信息	逐一核对考核查询设备状态要求	20	1. 记录信息时有遗漏扣 10 分。 2. 遗漏要求查询设备扣 10 分		
4	汇报查询相关设备信息结果	要求查询信息完整无遗漏。有自检动作	20	1. 汇报信息不完整扣 10 分。 2. 没有自检动作扣 10 分		

否定项:没有找到设备;查询设备信息错误。

评分人:　　年　月　日　　　　　　　　　　　　核分人:　　年　月　日

第四部分 运行人员行为规范

第一章 运行人员行为规范概述

1.1 运行行为规范的定义

运行行为规范是指运行人员在电厂从事运行活动中必须要做到的或必须在行为中体现的管理规定和要求。运行行为规范作为运行人员的行为准则，明确了运行人员在日常巡检、操作、值班等运行活动中的行为，促使运行人员的运行行为能满足电厂的管理期望，保证电厂安全、可靠和稳定运行。

公司为明确对运行人员的运行行为期望，制定了运行人员行为准则，发布多份相应的管理文件，这些文件包括《人员行为规范管理》《运行巡检》《运行操作》《运行值班管理》《运行人员行为规范》等。本教材是以公司的管理文件为依据进行编写的。

1.2 运行行为规范的总体要求

(1) 在巡检或执行操作任务过程中，严格遵守工业安全规定，并做好工业安全防护措施，如穿戴安全帽、安全鞋等；

(2) 在进入辐射控制区巡检或执行操作时，严格遵守辐射防护和辐射控制的相关规定，穿戴必要辐射防护用品，佩带并开通电子剂量计；

(3) 电气设备巡检和操作时，必须严格遵守电业安规的相关规定，以确保人员和设备安全；

(4) 巡检时需要按照巡检记录表、巡检计划编制要求的频度进行巡检；

(5) 巡检时发现异常要及时汇报，并根据要求进行处理；

(6) 在巡检或执行操作任务过程中，要时刻关注人员及设备的安全。当发现人员的不安全行为时，要及时制止，发现不安全因素时，要及时汇报处理；

(7) 在非巡检区域发现任何可疑情况，同样有责任执行报告和记录制度；

(8) 巡检时严禁擅自启停、开关有关设备及阀门，不准乱动运行中的任何设备，不得进行与巡检无关的工作；

(9) 严格遵守操作授权和设备调度管辖制度，严禁超出授权和管辖范围擅自操作；

(10) 在执行任何一项操作时都必须根据具体的操作任务正确的选择和使用防人因失误工具。

第二章　运行人员巡检及操作行为规范要求

2.1　运行巡检行为规范要求

2.1.1　巡检准备

现场巡检必须是由熟悉现场系统、设备情况，经培训合格取得该岗位巡检授权的现场运行人员完成。

巡检人员需要按照巡检记录表、巡检计划编制要求的频度进行巡检。在系统、设备带缺陷运行，如小泄漏，只采取了临时补救措施、有向异常发展的趋势等特殊情况下，巡检人员应根据主控室操纵员或值长的要求增加巡检频率。非临时性巡检必须按巡检计划要求在当班期间的要求时段内完成。

2.1.2　巡检关注的项目

(1) 控制室盘台、各种仪控/电气/保护机柜状态正常，电站计算机参数、趋势正常，无异常报警；

(2) 系统设备运行、备用状态正常，相关仪表、控制正常，指示完好，无异常报警；

(3) 水、汽、油、压空无泄漏，无辐射异常或报警；

(4) 设备油位，油质正常，无乳化；

(5) 监测仪表、仪器、记录仪工作正常；

(6) 各种台、盘、框的指示灯正常，灯泡无不亮缺失，无盖板松动和固定螺栓掉失；

(7) 所有设备的标识牌正确，无不清楚和掉失；各种临时挂牌(缺陷、安措隔离、临时变更等)按要求挂好；

(8) 管道的紧固件、支撑件、保温材料等正常，无不安全因素；

(9) 容器液位、压力和温度指示正常；

(10) 电缆、控制/信号线、接头、护套管走向整齐、连接正确；

(11) 电机/发电机、转动设备的声音、振动、温度正常，没有异常的气味，电气设备附近没有电弧；

(12) 疏水口/坑无堵塞，盖板、滤网无掉失，疏水畅通；

(13) 灭火设备齐全完好，周围没有障碍物，检查厂房内有无火情，就地区域火灾报警装置运行正常，防火门处于关闭状态；

(14) 检查设备维护、维修、试验等人员的活动符合工业安全和有关程序；

(15) 通道上没有障碍物，地面上没有油和其他使人滑倒的物质，栏杆和栅栏在适当的地方；

(16) 区域、工艺房间/工具房间照明、通风正常，无不亮、缺灯泡、开关盖掉失、线头外露等现象；

(17) 区域、工具房间、设备、操作台/盘/框等卫生清洁。

2.1.3 巡检结果的处理

(1) 巡检时发现的参数偏离、设备缺陷、异常或故障，应及时汇报、发工作申请；

(2) 采用适当手段确认：参数校核、测振、测温、技术支援等，组织人员分析起因、发展及后果；

(3) 采取适当措施干预：汇报、加强监视、参数调整、设备停运、隔离、抢修、事故预想等，限制其发展；

(4) 将巡检仪的巡检记录和录入的参数传输巡检管理系统数据库。

2.1.4 巡检要求

(1) 巡检人员应着装规范，配备专用巡检包，佩戴必要的安全用具，如：安全帽、绝缘鞋、手电、耳塞、手套等，必要时要带好测振仪、测温仪等，以保证巡检质量和个人安全；

(2) 巡检时注意工业安全，不得随意拆除安全措施，禁止移开或跨越遮栏、孔洞。注意防范烫伤、碰撞、砸伤、滑跌、坠落，窒息、触电、辐射伤害等可能危害；

(3) 各岗位运行人员必须按照规定的巡检时间、巡检点、巡检内容仔细巡检，密切监视电站运行参数和设备工作状态，调动一切感官识别变化，确保电站系统和设备正常运行，做好巡检记录；

(4) 巡检时严禁擅自启停、开关有关设备及阀门，不准乱动运行中的任何设备，不得进行与巡检无关的工作；

(5) 对有防异物要求的设施和区域巡检时，应检查设备开口处已经做好了防异物措施，关注可能导致异物进入系统的隐患；

(6) 如发生台风、暴雨等自然灾害，在保证人员安全情况下，应加强巡检，并关闭所管辖各生产厂房、配电室、值班室门窗；

(7) 各岗位运行人员每次巡检前，应查阅电子日志、缺陷后再开始巡检。对操作过的设备、新投运的设备、有隐患的设备、带缺陷运行的设备进行重点检查，保证巡检质量；

(8) 巡检仪使用过程出现异常，应及时汇报值长联系更换(没有备用巡检仪使用纸质巡检记录表)。就地岗位因故未能按时巡检(如紧急事件处理、机组启停操作等重大操作活动)，必须经值长许可；

(9) 巡检电气设备时，必须遵守有关安全规定，以确保安全：

1) 巡检时与带电设备保持规定的安全距离；

2) 雷雨天气，一般不进行室外巡视，需要巡视高压设备时，应穿绝缘靴，不应使用伞具，不应靠近避雷针和避雷器；

3) 高压设备发生接地时，室内不得接近故障点 4 米以内，室外不得接近故障点 8 米以内。进入上述范围人员均应穿绝缘靴，接触设备的外壳和架构时，还应戴绝缘手套；

4) 巡检配电装置，进出高压室，必须随手关门；

5) 巡检高压设备时，禁止同时进行其他工作，禁止移开或越过遮栏；

(10) 熟悉厂房设备分布，特别是放射源的分布，在巡检时按规定的路线执行；

（11）发现危险（包括放射性、火灾、介质的泄漏、非带电区域的带电、潜在飞射物产生、存在的不恰当安措、灼伤或烫伤介质的喷放、易爆或窒息气体扩散等）后，立即向当班值长汇报，并建立标志，限制进入该区域以保护其他工作人员，同时尽可能在不影响电厂安全和生产的前提下采取简单的措施抑制危险的扩大，优先执行值长和操纵员的口头指令，但必须以个人安全为先；

（12）巡检人员在非负责区域发现任何可疑情况，同样有责任执行报告和记录制度。

2.2 运行操作行为规范要求

2.2.1 运行操作的总体要求

（1）风险控制要贯穿于所有的运行操作过程；

1）操作前，应该对所进行的操作进行风险分析，对操作中可能出现的风险进行预想，并制定相应的预防措施、方案；

2）操作中，要注意监视相关的运行参数，确认变化趋势符合预期；

3）操作完成后，要对系统参数、状态进行确认，确保操作的正确性。

（2）严格遵守操作授权和设备调度管辖制度，严禁超出授权和管辖范围擅自操作。在开始操作前，所有运行人员必须明确各自的责任和操作范围，不允许执行指定范围之外的操作；

（3）运行人员在执行任何一项操作时都必须根据具体的操作任务正确的选择和使用各种防人因失误工具；

（4）任何时候，操作人都对操作的正确性负责，对于需要监护/验证步骤，监护/验证人也同时对操作执行/最终状态的正确性负责；

（5）监护/验证人必须具备和操作人相同或更高级别的操作授权，监护人/验证人有权终止操作人的任何不安全行为、不正确的操作方法；

（6）所有运行操作（除了事故情况下采取缓解事故的紧急措施或三步以下的简单操作以外）都必须使用经过批准最新版合适的运行操作书面文件。如果没有合适的书面文件，则应由合格的人员编写临时操作票并经过校核批准后执行；

（7）所有运行操作必须由经过培训，考试合格并经过授权的人员执行；

（8）执行过程中要求每执行完一步操作，在操作步骤尾（或前）标记确认后，方可执行下一步操作；

（9）在操作前发现运行规程内该项操作步骤存在错误，或与现场情况存在偏差，值长和主控室操纵员讨论临时修改运行规程，并由值长在临时修改后的运行规程上签名批准后执行。同时对错误的运行规程通过状态报告或文件修改单等方式提出运行规程修改建议；

（10）如果在操作过程中，发现运行规程存在错误，或与现场情况存在偏差，操作人员应立刻停止操作，将系统置于安全状态，并汇报主控。经值长和主控室操纵员的讨论，临时修改运行规程并由值长签字批准后，主控室操纵员再下令操作；

（11）操作过程中得不到预期响应时的处理原则：

1）操作过程中，如果由于误操作出现非预期的响应时，应当在第一时间内向主控室操纵员汇报，根据操纵员的指示将设备或者系统置于安全状态，后续的操作必须根据已批准的

有效程序或编写临时操作票并得到下令人授权(可通过录音电话)后才能执行;

2) 在执行运行操作时,如果设备故障或系统出现未预期的异常时,操作人员需立即采取规程步骤已明确或工前会中议定的缓解事故的措施并立即汇报主控室操纵员或者值长,由主控室操纵员或者值长决定是继续操作还是停止操作。

(12) 如果操作人、监护人在操作实施过程中遇到问题而无法形成统一意见,应暂停操作,向下令人汇报,根据下令人的指令处理;

(13) 涉及多个岗位的运行操作由主控室统一协调指挥。

2.2.2 操作准备

操作任务单及运行操作执行文件的使用原则

(1) 以下情形下,必须同时使用操作任务单和运行操作执行文件的操作:

1) 任何具有已正式批准发布的运行规程的操作;

2) 任何使用临时操作票实施的操作;

3) 安措/隔离的实施。

(2) 可以仅使用操作任务单,而不需要准备运行操作执行文件的操作:

1) 三步以下的操作;

2) 值长认为没有必要准备临时操作票的操作。

(3) 以口令操作形式下达的各项操作任务(事故处理、简单操作等),可以不使用操作任务单。

(4) 操作任务单的组成及使用要求:

1) 系统编码和系统名称:对于单一系统的操作,应写明系统的系统编码和系统名称。对于多个系统的复合操作,应写全所有系统的系统编码;“系统名称”可不填,但应用斜线划掉。

2) 任务描述(含目的、内容等信息):在“操作目的”栏简要描述操作的目的和内容,在此栏内禁止写任何操作步骤。

3) 执行文件

① 运行规程:填写运行手册使用的章节名称和页数,并将程序复印件作为附件;

② 临时操作票:运行人员编写临时操作票,并作为附件;

③ 安措/隔离票:安措票编号和页数,并将安措票作为附件;

④ 一步或两步操作:在操作任务单中直接编写操作步骤,并经过校核签字后可以授权操作。

4) 工器具:如果操作中需使用工具,则填写工器具名称。

5) 任务介绍

任务介绍栏包含以下要素:

① 操作流程/原理

由工作组成员讨论并明确本次操作的主要流程和基本原理,对运行执行文件应理解透彻,避免人员机械的执行规程。

② 配合人员

指为完成本次操作所需要的其他专业配合人员,确定后将人员姓名和联系方式写在本栏目的空白处。

③ 多项任务的先后关系及可能存在的冲突

当操作人需要按照一定的操作顺序进行多项操作时，必须在工前会上明确各项任务之间的逻辑关系和流程接口，分析各项任务之间是否存在可能的冲突，避免多项任务执行造成人因失误。

④ 人员职责、联络方式

明确工作组成员的联络方式、工作接口以及各自承担的职责。

⑤ 运行文件中的关键步骤、风险、应对措施已进行了分析和明确，相应的步骤前已加盖印章

对运行文件中的关键步骤应在工前会上识别，并对所存在的风险、应对措施进行分析，明确技术防范措施和相应的防人因工具。在相应的步骤前盖章，如“监护”章。

针对具体的操作步骤，在工前会上必须明确使用何种防人因失误工具，如监护、独立验证等。并在这些步骤的序号处加盖相应的印章（规程中已固化相应防人因失误工具使用要求的步骤除外）。

对于整份操作程序都需要进行监护/验证的程序（如电气操作、安措/隔离操作等）在操作任务单的“操作目的”栏内或规程首页的操作任务描述上盖章。

⑥ 管理介入要求及联系人

确认本项操作是否存在管理介入要求，如核安全处进行见证等，需要明确相应的联系人并记录联络方式。

所有项目逐一讨论分析并明确后在相应的选择框内标记，不适用项目保留空白。

6）风险分析

风险包括工业安全风险和人因失误陷阱分析，风险分析由组织讨论。

① 工业安全风险

包括辐射、触电等工业安全风险，由工作组成员进行分析讨论后明确具体的风险类型，并在适用项目标记并明确应对措施，不适用项目保留空白。

工业安全风险应对措施：指为防范该风险所具体所要采用的措施，如：使用安全带、佩戴护目镜等，该措施必须做到明确、具体、可执行。

② 人因失误陷阱

人因失误陷阱包括环境因素和人员因素两方面，其中环境因素包括（在适用项目标记并明确应对措施，不适用项目保留空白）：

a. 易混淆的设备布置或设备名称：设备布置和命名上相近或相似，容易使人操作到错误的设备。

b. 不良的工作环境：指工作区域温度偏高、噪音较大等不良因素，人在此工作环境中更容易出现疲倦、注意力不集中、烦躁等不良的身心状态，从而更容易导致人因失误的发生。

c. 系统状态偏离正常配置：指由于设备缺陷、特殊运行方式等原因导致系统状态偏离了正常配置，这种偏离未在运行文件中体现从而更容易导致人因失误的发生。

人因失误陷阱的人员因素包括：操作人员的授权满足要求、人员具备足够经验以胜任本项操作以及人员精神状态是否良好。

7）可能出现的异常情况及应对措施

对操作中的异常状况进行分析并明确相关的干预限值和应对措施，如上充泵正常切换，

备用泵启动后现场振动持续上升，应立即停运该泵。

8）运行经验

① 对相关的运行经验进行回顾和讨论。

② 防人因失误工具的使用标识管理。

2.2.3 操作任务的执行

（1）操作人和监护人必须独立审查操作任务单及所附操作程序的正确性和完整性，然后才能在操作任务单上签名以表明操作任务已经完全理解。如果只执行所附程序的部分内容，应在不执行的操作步骤的执行记录栏内写上"N/A"并由值长签字批准(规程内已明确根据条件判断不需要执行的步骤除外)。

（2）下令人确认当前运行工况和操作任务单内容正确、操作人和监护人资格和授权符合要求，且确认操作人和监护人已完成操作前的准备并签字后，方可在操作任务单上签字下令，下令人一般为主控室操纵员。

（3）操作人和监护人在操作开始后必须在操作任务单上填写操作开始时间。

（4）对于在工前会上明确的执行前需下令人再次许可方能执行的操作步骤，操作人、监护人必须在操作前向下令人汇报，得到明确授权后方可继续执行。

（5）在操作过程中因出现意外情况导致操作任务中断后，继续执行时，需从执行文件的第一步重新开始执行。

（6）操作人、监护人应根据实际情况将操作的进展情况及时汇报发令人。

（7）由不同地点共同配合执行的程序记录要求

对于同一程序，需要多个地点操作人员共同配合执行的，必须由操作任务下令人指定操作任务总体负责人和配合人员，一般由主控室统一协调指挥。

根据程序体系不同，针对不同地点共同配合执行的程序记录方法可采用以下任一种方法：

1）按任务岗位已编排好操作内容并明确了相关联络要求的程序，根据程序中的配合要求执行各岗位的操作程序，在操作执行完成后将所有的操作程序合成一本完整的程序记录；

2）对于没有按任务岗位编排好的规程，在执行任务时，操作任务总体负责人手中持有的操作程序为主程序，其他配合人员手中持有的操作程序为副程序，主程序必须包括所有副程序的所有操作内容和步骤。对于不同地点共同配合执行的副程序，可以在工前会上识别并用彩笔仅标识出需要执行的步骤，操作时只执行这些步骤和进行标识，副程序中不需要执行的步骤可以不标"N/A"。操作任务总体负责人对程序执行顺序的正确性和完整性负责。配合人员在每次完成总体负责人下令的操作步骤后，必须及时将操作执行情况汇报操作总体负责人。总体负责人根据主程序核对相应操作步骤，确认已正确完成后，在主程序上对应步骤前(或后)标记确认，方可执行下一步操作。

3）对于多个现场岗位配合操作只使用一份经下令的操作程序的情况，参照操作移交的要求，某操作岗位人员在已完成的最后一项操作步骤处签名并注明日期和时间后，移交给下一操作岗位人员继续执行。

2.2.4 操作移交

（1）如果当值未能完成操作任务的全部操作，必须经主控室操纵员和当班值长许可，在相关系统、设备处于安全稳定状态时方可中断操作任务的执行，进行操作移交。

（2）操作移交时必须在已完成的最后一项操作步骤处签名并注明日期和时间。

（3）移交的操作内容、移交时系统的状态及已执行的最后操作步骤序号等详细信息必须在值班日志中注明。

（4）接班值长、主控室操纵员或现场班长/主值班员必须根据具体操作任务指派合格的操作人、监护人确认并下令签名后继续执行。

（5）如操作任务执行过程中无法找到可中断执行的状态，则操作任务必须继续执行，不得中断，接班值应派合格人员在现场先协助进行操作，待完全熟悉后方可进行单项任务交接，主控室操纵员下令继续执行。

2.2.5　操作任务的提交

（1）全部操作结束后，必须进行复查，确认无误后填写操作结束时间。

（2）操作任务的完成包括：

1）操作程序执行完毕；

2）工器具放回原来位置；

3）组织和实施过程中的优化建议已分享；

4）规程/工器具优化建议已提出；

5）需要进行知识、技能和行为培训的事项已提出。

（3）已执行完毕的操作任务单和操作记录交还给下令人。

2.2.6　操作任务的作废

操作人或监护人在执行操作前或操作过程中发现系统状态或设备状态与规程要求不符，应立即停止操作，汇报下令人，并将系统置于安全状态。该操作文件交还给下令人加盖“作废”印章作废。

2.2.7　口令操作指令

（1）口令操作指令适用范围

1）在异常、事故等工况下的紧急操作可以直接使用口头指令，操作完成后必须在日志中进行记录。

2）进行某项单一的监视任务，如监视变压器温度、监视泵轴承的甩水情况等。

3）进行某项单一的确认任务，如检查泵出口电动阀电源开关的状态等。

4）对 400 V 及以下交流负荷开关由于热跳后的复位操作。

5）没有操作程序或操作简单的取样操作，如重水堆辐射控制区地坑系统的取样。

6）就地报警盘台报警确认和复位。

（2）口令操作管理规定

1）一次只能对一台设备的操作进行口头指令；

2）必须说明完整的设备编码及名称和操作的最终状态；

3）在收到口头指令时，受令者必须将口头命令手写在纸上，受令者必须复述完整的设备编码及名称和结束状态，以便让下令者确保指令被正确地理解，否则发令者需逐条逐句加以解释；

4) 下令者在确认受令者理解正确并给予最后口头认可后，方可下令开始执行该项操作；

5) 口头命令只允许通过录音电话下达，下令人和受令人必须有一方使用录音电话。非录音电话之间只能用于情况交流。

2.2.8 电气倒闸操作实施规范

(1) 电气倒闸操作基本要求

1) 严禁“约时”停电和送电，严禁“约时”挂、拆接地线，严禁“约时”开始或结束工作；

2) 在发生人身触电事故时，为了解救触电人，可以不经过许可，自行断开有关设备电源，但事后必须立刻汇报；

3) 倒闸操作必须由两人执行，对设备熟悉者作为监护人，特别重要和复杂的倒闸操作应由熟练的值班员操作，班长/主值班员或值长/副值长负责监护；

4) 操作过程中不准擅自更改操作票，不准随意解除闭锁装置进行工作；

5) 雷电时禁止进行室外倒闸操作。

(2) 倒闸操作必须严格执行的技术原则

1) 停电拉闸操作必须按照断路器→负荷侧隔离开关→母线侧隔离开关的顺序依次操作。送电合闸操作应按上述相反的顺序进行，严防带负荷拉合刀闸；

2) 用绝缘棒拉合隔离开关或经传动机构拉合隔离开关和断路器，均应戴绝缘手套；

3) 雨天操作室外高压设备时，绝缘棒应有防雨罩，应穿绝缘靴；

4) 验电时必须用电压等级合适而且合格的验电器，各相分别验电，验电前，应在有电设备上进行试验，确认验电器良好，高压验电必须戴绝缘手套；

5) 变压器停送电顺序：停电时，应先断开负荷侧开关，再断开电源侧开关，最后再拉开各侧刀闸，送电操作顺序与停电时相反；

6) 在倒闸操作中，若发现误拉刀闸，严禁将此刀闸立即合上，若误合刀闸，严禁立即将此刀闸拉开，只有将此回路的开关断开后，才可重新操作刀闸；

7) 装设接地线可使断开电源的设备残余电荷由接地线泄入大地，是防止工作地点突然来电时保护工作人员安全的可靠措施；

8) 装拆接地线必须由两人进行，装设时，应戴绝缘手套，先装接地一端，后装设备导体端，拆除时，顺序相反，并记录装设地点和编号。

(3) 防误操作装置管理和操作规定

1) 防止电气误操作的装置由下列装置共同实现：微机防误装置、电气闭锁、机械联锁、机械锁、带电显示装置等；

2) 防止电气误操作系统必须实现“五防”功能：

① 防止误分、误合开关；

② 防止带负荷拉、合闸刀；

③ 防止带电挂接地线(或合接地闸刀)；

④ 防止带地线合闸(或未拉开接地闸刀)；

⑤ 防止误入带电设备间隔。

3) 防止电气误操作的装置正常情况下严禁解锁操作；

4）防止电气误操作的装置发生异常时，应立即停止操作，及时报告，在查明原因后，确认操作无误，经值长同意后，方可进行解锁操作，并作好记录；

5）防止电气误操作的装置确因故障处理和检修工作需要，必须解锁时，需经值长同意，做好相应的安全措施，并在专人监护下进行操作；

6）在危及人身、电网、重要设备安全且确需解锁的紧急情况下，可以对断路器进行解锁操作，但事后应做好记录并汇报；

7）运行人员应熟悉防止误操作管理规定和实施细则，熟悉防止电气误操作装置的原理、性能、结构，掌握操作方法；

8）装有“五防”功能的高、中压设备，严禁自行解除闭锁操作，操作中遇到“五防”闭锁功能失灵，需解锁操作时，必须经当班值长批准，加强监护/验证，做好相应的安全措施，并在交接班日志上做详细记录；

9）对装有闭锁装置的 220 kV、500 kV 开关及闸刀，操作中遇到操控失灵(属于控制回路故障)，需要解除闭锁，必须经当班值长批准，并在交接班日志做好记录；

10）对 11.6 kV/6.3 kV/400 V 开关，正常操作中出现开关拒分时，在原因不明又未经当值值长的许可，严禁进行就地机械手动分闸操作；在开关合不上时，严禁就地机械合闸，紧急情况下必须获得值长批准。

第三章　防人因失误工具使用要求

3.1 防人因失误工具的概念

3.1.1 人因管理的理念

INSAG 通过对核电厂所发生的问题和事件进行统计和原因分析发现“核电厂发生的任何问题在某种程度上都来源于人为错误。”——INSAG-4《安全文化》。

这一结果反映了工作人员在核电厂中的活动对核电厂安全的影响,工作人员的失误会给核电厂带来风险。为什么人会出错?这是由于人的固有局限性所导致的,人在认知、思维、行为等多方面存在着种种特性,这些特性使得人总是难以百分之百安全地完成任务。正因为如此,所以人因管理对核电厂重要性可想而知,人因管理的基本理念是:

1) 人是会犯错误的,尤其是在复杂环境中工作的人,即便是最出色的人也会犯错误;

2) 导致犯错误的条件是可以预计、控制和预防的;

3) 每个人都希望将自己的工作做好;

4) 个人的行为受组织内管理流程和价值观的影响;

5) 人员要达到高水平绩效,很大程度上依赖于领导层、同事和下级的鼓励和支持;

6) 事件可以通过了解其发生的原因以及利用以往事件的经验教训加以避免。

人因管理的基本理念是整个人因管理理论体系建立的基础和前提,也是开展人因管理工作的基石。通过学习、了解人因管理的基本理念,接受并认同这些理念,会更好地理解防人因失误工具,并主动应用。

3.1.2 运行操作防人因失误工具

防人因失误工具是帮助工作人员在工作中减少人因失误的行为方式、工作方式或思考方式。使用防人因失误工具的前提是了解和接受这样的思维和行为方式。同时应该认识到,这需要改变或修整你的思考习惯、行为习惯甚至语言习惯。

运行操作防人因失误工具为十一项,分别是自检、三向交流、质疑的态度、不确定时暂停、遵守/使用规程、他检、监护、独立验证、工前会、工后会、2 分钟检查。这十一项防人因失误工具可以分为“基本工具”和“选用工具”两类,其中“基本工具”包括自检、三向交流、质疑的态度/不确定时暂停、遵守/使用规程、2 分钟检查。这些工具对任何活动都适用,与工作本身的复杂性与风险的大小不直接相关。坚持使用这些工具有助于运行人员养成良好的行为习惯从而减少失误的发生。“选用工具”包括他检、监护、独立验证、工前会和工后会。这些工具的使用要根据所执行任务的风险大小、复杂程度和执行频度而定。

“基本工具”鼓励在所有的日常工作活动中使用,不要求有书面记录。“选用工具”中的监护、独立验证应根据本指南规定的要求选用,并在操作文件中的适用步骤上有正式(程序中的永久标识)或临时的标识,验证人/监护人应在相应的步骤上签名;工前会和工后会根据本教材的规定在相应的工作开展前和结束后召开,记录通过“操作任务单”体现。

运行人员应在任务开始前识别操作任务中的关键步骤,并根据要求选择使用他检、监护或独立验证。在使用防人因失误工具时,应能观察到使用者明显的使用过程。详细的防人因失误工具的使用请见 TMT-QSGOP001《运行操作防人因失误工具培训教材》。

3.2 防人因失误工具的使用

3.2.1 自检

1. 描述

自检,又叫明星自检(STAR),是最基本的防人因失误工具之一。它是工作前和工作完成后随即进行的、有意识的一种工作实践。它要求操作人员在操作过程中有意识的采取如下步骤以避免人因失误发生:

1) 停(STOP):识别需要操作的设备;

2) 思(THINK):思考该项工作的潜在风险和预期结果;

3) 行(ACT):操作已经正确识别的设备;

4) 审(REVIEW):检查操作后的结果,处理未预期的反应。

2. 意义

1) 在大部分情况下,自检是防止人因失误的最后一道屏障;

2) 使用自检,能将注意力集中在操作上,避免由于外界干扰导致的人因失误。

3. 使用方法

1) 停(STOP):在就是在执行操作前,把手头其余的工作都处理完成或者交给其他同事,自己把注意力集中到即将执行的操作,避免由于同时执行多项任务而使注意力分散。具体要求和操作如下:

① 工作开始前,停止手头的其他一切工作;

② 将注意力集中到当前的工作对象。

2) 思(THINK):是一个重要的行为。在真正动作设备前,执行人员要思考即将进行的操作会有什么样的风险,针对可能出现的风险做了什么样的应对准备;系统哪些参数会出现变化,这些变化的参数是否已经建立了趋势图进行监视,是否已经找到了对应的仪表;可能会出现什么报警,这些报警信息是否通知了主控室;如果设备没有按照预期动作,应该采取什么样的措施。具体要求和操作如下。

① 目前在执行什么工作,工作对象是什么,将要对其进行如何处理;

② 手中使用的规程或者参考资料或者工具等是否适用于当前的工作;

③ 工作条件是否已经具备;

④ 如此执行后的预期响应是什么,我的工作目标是什么,可能会出现什么异常状况,工作错误的可能后果是什么,应该如何避免或者应对。

3) 行(ACT):在执行人员完成操作前的思考后,接下去就是进行动作设备的操作,在自检中,称之为“行”。“行”的第一个动作是找到需要操作或者确认的设备,操作人根据规程中的描述,找到待动作的设备,需要采用“手指口述”的方式,即用手指着操作对象,大声地说出工作对象的名称和编号以及操作内容。手指向设备,可以让执行人确认设备和规程中的描述是一致的,在后续的操作中,手指不要离开待操作对象,如果一旦离开,在再次操作前,要重新执行“手指口述”的过程。“口述”是将规程中的操作要求大声的说出来,“大声”的标准是在离执行人一米之外的人能够听到你的“口述”内容。“口述”的主要目的是可以让执行人更加专注于眼前的操作,通过说出操作内容,可以防止快速浏览而遗漏了规程中的重要信息,另外,也可以让周围有经验的人听到口述内容,了解正在执行的操作和可能会产生的影响。在“手指口述”过程中,执行人的手可以模拟操作设备的动作方向,比如揿下按钮的动作、开关阀门的方向、操作手柄的旋转方向等。

在“手指口述”的动作完成后,需要有一个两秒钟的停顿,在这个时间内,执行人可以快速地在脑子里过一下操作中的要点,比如风险、操作对象正确、预期的参数变化等。

最后一步是执行操作,动作设备。比如揿下泵启动按钮、关闭 XX 阀门、短接 XX 端子等。在执行完这些操作后,设备可能开始动作,在设备动作期间,需要一直关注相关参数的变化以及设备动作情况,比如电动阀从全关到全开需要一段时间,那么执行人员在关注参数变化的同时,还要持续检查阀门的动作情况,直到阀门全开。具体要求和操作如下:

① 确认操作对象,手指口述,即:手指对象,大声地说出工作对象的名称(及编号)和操作内容;

② 停顿约两秒钟,确认内容正确;

③ 执行操作。

4) 审(REVIEW):是自检的最后一个动作,其主要目的是检查上一步骤“行” 之后,设备、系统的响应是否和预期一致。比如一台泵启动后,泵的轴承温度变化趋势、压力、流量等参数变化是否满足预期。有一些检查项目在程序中间可能有描述,但是,作为执行人,应该首先凭借自己的经验和技能检查参数变化,在确定没有异常后,再按照规程的描述去检查要求的参数变化。因为有些参数变化会比较快,比如压力、流量等参数,如果没有及时的进行检查确认,可能不能及时发现一些异常,而导致设备损坏。对于一些操作过程中可能出现的报警,也要提前做好预期和检查,如仪控的跳线操作,在跳线完成后,继电器的动作情况检查确认和预期报警信息的确认都是“审”的内容。具体要求和操作如下:

① 确认系统、设备动作结束,状态稳定;

② 核实操作结果符合预期;

③ 如果出现异常,及时进行汇报,按照预想方案进行响应。

4. 使用要求

执行每一项操作,都应该使用自检,特别是在关键步骤或者时间紧迫以及操作将改变设备实际状态时。

5. 常见问题

1) 执行操作前没有停顿;

2) 自检过程被中断后,没有重新进行自检的步骤而直接操作;

3) 不了解操作的内容和目的;

4）注意力不集中，没有手指设备标牌，或者眼睛没有注视将要操作的设备；
5）根据自己的记忆或者设备的颜色、方位来判断设备，而不是通过设备的标牌；
6）自检过程中，一心二用，同时在打电话或者做其他事；
7）当存在疑问或不确定时，继续执行操作。

3.2.2 三向交流

1. 描述

三向交流，是最基本的防人因失误工具之一。它是一种口头传递信息的方法，正确使用三向交流能有效保证信息传递的准确性。它包括如下步骤：

1）发送者发出信息；
2）接收者复诵得到的信息；
3）发送者确认接收者得到正确的信息。

2. 意义

口头交流是日常工作和生活中最常用的交流方式，和书面交流相比，口头交流的信息因理解不同、思维方式不同、文字、字母或数字发音相近、环境干扰或注意力不集中等因素导致信息传递失效的风险较高；使用三向交流工具能够有效避免因信息传递失效而导致的人因失误。

3. 使用方法

1）发送者发出信息。对于发送者，有如下要求：

① 发送者通过呼叫接收者的名字引起接收者的注意，并确认接收者已经做好接收信息的准备（比如通过眼神交流）；
② 使用电话交流时，首先要互报姓名；
③ 使用专业术语进行交流，避免使用俚语；
④ 尽量避免过长信息，或者一次传递多条信息；
⑤ 避免接收者忙碌或正在执行重要任务时传递信息。

2）接收者确认信息。对于接收者，有如下要求：

① 做好信息接收的准备，如果不具备接收信息的条件，则要求信息发送者延迟发送信息；
② 接收信息，并理解信息的内容；
③ 通过反问、重复等方式向发送者反馈接收到的信息；
④ 对于不是面对面交流或信息较长，应该准备纸笔记录。

3）发送者确认信息：

① 发送者接到接收者反馈的信息，核实信息正确后对接收者说“正确”“对的”等表示肯定的答复；
② 如果信息错误，则重新开始以上沟通流程。

4. 使用要求

三向交流是一种基本的防人因失误工具，在任何情况下均鼓励使用，交流中涉及的设备必须包含完整的中文名称或完整的设备编码，对于有容易混淆的数字或者字母的，应该用另一种方法使双方都明确所表达的内容。

1）在以下情形必须使用三向交流：

① 接收者需要采取下一步行动的(如要求对方审批文件)；

② 传递的信息是关于设备的状态变化的(如对接收者下令)；

③ 传递的信息关系到电厂、人员的安全的(如汇报现场火情)；

④ 传递的信息是关于电厂工况或者重要参数的(如向操纵员汇报报警信息)；

⑤ 传递的信息代表职责转移的(操纵员临时离开岗位,须将工作交待到另外一名授权的操纵员时)。

2）由于电厂输出线路均以数字编号,输出线路的名称描述时,使用“幺两三四五陆拐八九洞”来代替“一二三四五六七八九零”,在传递其他信息时,如果数字可能会导致混淆,也可参照执行；

3）26个英文字母中,字母B、D、E、G、J、M、N的发音易混淆。对这7个字母的发音按下表中文文字的发音读,其他19个英文字母仍按照该字母的英文发音来读。

字母	读音	字母	读音
A	A	N	恩 en
B	波 bo	O	O
C	C	P	P
D	德 de	Q	Q
E	额 e	R	R
F	F	S	S
G	哥ge	T	T
H	H	U	U
I	I	V	V
J	勾gou	W	W
K	K	X	X
L	L	Y	Y
M	大艾姆	Z	Z

5. 常见问题

1）信息交流前,没有提起接收者的注意力；

2）电话交流时,没有互报姓名；

3）在不恰当的时间进行交流,如接收者正在进行重要操作；

4）一次传递多条信息或者在同一个信息中包含多项内容或指令；

5）信息含糊不清或者没有使用专业术语,需要接收者揣摩发送者的意思；

6）接收者没有自己理解信息,只是机械的背诵得到的信息；

7）声音太小或者语速过快；

8）信息在传递过程中被衰减。

3.2.3　质疑的态度

1. 描述

质疑的态度是一种组织和个人的思维方式，其目的在于帮助工作人员对所执行的任务或所做的决策进行彻底的理解和建立足够的信心。它包括两部分：

1）“疑”，对工作任务或决策涉及的各个方面找出可能的疑问或不确定因素；

2）“质”，对于疑问和不确定因素，通过各种手段进行核实和澄清，并最终得到明确的结论。

2. 意义

1）鼓励独立的思考和判断，克服因为“群体思维”或者“相信权威”而导致的失误。比如，在执行规程时有疑问，但鉴于编写和审批者的权威而相信“规程应该是正确的”。

2）倡导考虑“最坏的情况”从而避免“侥幸心理”而导致的失误。比如，人们在开车经过岔路口时，即使看到减速信息，也不愿意相信刚好在这时会有人从路口穿出。

3）提倡人们用直接的事实证据代替假设和想象，避免因为“先入为主”而导致的失误。比如，在某个房间实施焊接工作时，出项消防系统烟雾探测器报警，人们倾向于相信是焊接烟雾导致，而非到现场核实火情。

3. 使用方法

1）提出疑问：

① 决策前和执行任务前，收集和任务相关的信息；

② 识别处信息中有矛盾的（比如信息前后不一致）、感到迷惑的（比如觉得看不懂的）、存在担心的；

③ 执行过程中，出现有警示信息时（比如有异常报警等），需要停下来。

2）澄清疑问：

① 以有效的、受控的信息作为依据；

② 使用最直接的证据（参数、现场核实等）而不是用假设作为判断条件；

③ 当疑问得不到澄清时，向专业人员寻求帮助。

4. 使用要求

在执行任务做决策前，都应随时保持质疑的态度。

5. 常见的问题

1）疑心过重，怀疑一切；

2）迷信权威，不敢质疑；

3）从众心理，不想质疑；

4）匆忙操作，没有留下时间做准备工作；

5）只接收支持自己假设的信息，而忽视不支持的信息；

6）对于别人提出的疑问，不屑一顾，打击质疑者；

7）问题没有解决，就重新开始工作；

8）采取对人不对事的态度；

9）用自己的假设来当作解决问题的依据；

10）认为简单的、常规的工作就没有风险。

3.2.4 不确定时暂停

1. 描述

不确定时暂停是指当工作人员在实施任务的过程中,遇到有疑问或自己不能确信是正确的时候,停止工作,在不确定的事项得到明确的澄清后,再继续执行任务的行动。

2. 意义

工作人员在执行任务时,如果处于疑惑或不确定的状态,出错可能性较正常状态大大增加。不确定时暂停工具可以帮助工作人员解决不确定性的问题,消除疑惑,加深对任务的理解,大大降低工作失误的可能性,减少人因失误的发生。

3. 使用方法

1) 遇到疑惑、不懂时,停止手头工作;
2) 把设备或者系统置于安全状态;
3) 独立思考或联系相关主管人员;
4) 消除疑惑后继续工作。

4. 使用要求

特殊规定:任何情况下不得带有疑虑操作。

1) 只要个人感觉疑惑或不确定时就应该暂停;
2) 工作暂停一定要保证设备或者系统处于安全状态下;
3) 在消除疑惑或不确定性之后才能继续工作。

5. 常见问题

1) 忽略相反证据或观点;
2) 不向专业人士请教;
3) 强调主观观点而忽视客观事实;
4) 过于乐观的态度,将任务视为正常或简单,坚信不会出问题;
5) 不考虑不常遇到的问题;
6) 认为拥有操作技能就能解决问题;
7) 不能根据参数或状态认识到危险;
8) 由于害怕被嘲笑或碍于面子而没有运用该工具;
9) 没有明确的工作暂停/中止标准;
10) 不了解或不完全了解工作的任务情况、安全风险、关键主要特征或参数。

3.2.5 遵守/使用规程

1. 描述

在理解程序的前提下,严格按照程序的要求执行操作。这些程序包括运行规程、综合运行规程、应急运行规程以及经编写、校核并经值长批准的操作票等。

2. 意义

1) 操作程序由富有经验的个人和集体在没有时间压力的情况下编制并通过严格的审

批且结合了使用者的经验和技能，可以减少由于人员知识经验和技能不足导致的人因失误，尤其是在时间紧迫时；

2）程序使用的过程中可以将使用过程中的心得、发现的问题进行总结和纠正，使程序更加完善。

3. 使用方法

1）程序使用前

① 确认程序是受控的版本，检查程序是否完整；

② 阅读并理解程序，对于不适用的步骤做好标记（一般用 N/A 标识），若偏离规程则必须还要获得值长或副值长签字授权；

③ 对需连续执行的多份程序，在程序的首页或封面上做好顺序标识；

④ 理解程序中的各种警示、注意事项和限制条件。

2）程序执行过程中

① 在执行程序过程中，应使用“先圈后杠∅”的标识方法，即在操作步骤前画圈定位即将进行的操作步骤，当该步骤的操作完成后，在该步骤前的圆圈中间画杠表示该步骤已执行完毕（具体见下节）；

② 除非程序中对某些特定步骤有明确说明，否则应该严格按照程序规定的顺序执行，不能跳步、漏步；

③ 如果在执行过程中发现程序错误或无法执行，应停止操作，根据程序编写的流程或采取值长授权临时修改的方式修改程序，在修改后方可继续执行；

④ 在每一步执行前，应事先理解执行后的响应和后果，即避免“盲目执行”；

⑤ 当步骤不成功或信息未能得到确认，应该暂停当前工作，将系统、设备置于安全状态并及时汇报操纵员或值长；

⑥ 如果工作被中断，重新开始执行程序时，要重新确认前提条件是否仍然适用，并从程序的第一步开始执行。

3）程序执行完毕后

① 浏览已执行完毕的程序，确认已按要求完成程序的所有内容；

② 对于执行程序过程中发现的问题，发出状态报告跟踪。

4. 使用要求

所有运行操作（除了事故情况下采取缓解事故的紧急措施或管理程序规定的其他情况）都必须按照经过编写、校核并批准的运行手册、标准操作票或临时操作票执行。

5. 常见问题

1）以为程序经过精心编写，内容完全正确，因而机械的执行程序；

2）采用了不是最新的已发布版本的程序；

3）使用规程前没有检查规程的完整性；

4）使用的不是最适合当前工作的程序；

5）工作前没有仔细阅读并理解程序；

6）执行程序时不了解关键步骤中潜在的风险；

7）使用的临时编写的程序没有经过编、校、批准；

8）程序使用者无资质；

9）对操作过于自信，认为不需要程序也能完成操作；

10）因为以前执行过该规程，再次执行时只是偶尔使用规程；

11）当规程的操作步骤中包含多个操作时，没有仔细确认每个操作都已完成；

12）因为对规程很熟悉，在执行规程时直接跳过或大概的阅读一些认为对操作任务不重要的步骤；

13）同时执行多个程序；

14）对凭记忆直接采取行动的程序不了解；

15）执行程序时跳步、漏步；

16）未经适当授权就在步骤上采用“N/A”标记；

17）对执行过程中的风险警示信息没有引起足够的重视；

18）未得到预期响应或发现程序错误时，继续执行程序；

19）对于执行程序中发现的错误，没有发状态报告跟踪。

3.2.6 程序标识

1. 描述

程序标识是指在操作规程或其他程序、文件中的步骤已经执行或不适用时的一种可识别的标识方法。

2. 意义

程序标识的目的是对操作步骤进行定位和导航，可以有效避免漏步或重复执行。尤其是在程序有判断、分支或跳转时，正确的使用程序标识避免发生漏步或没按正确的循序执行而影响机组的安全。

工作人员的注意力在规程、操作、设备、指示仪表和其他人员等地方不停的来回转移切换，程序标识在一些重要的操作过程中，是一种非常重要的防止人因失误的方法。

程序标识在避免由于跳步、重复执行或部分执行而将导致不可逆的后果时（如设备组装、系统复役等）具有重要意义。

3. 使用方法

程序标识（先圈后杠∅）中画圈表示定位、阅读和理解规程、采取行动三个过程，最后画杠表示该步骤执行完成，执行的过程是连续的。使用方法分解如下：

1）在将要执行的步骤前画圈表明：

① 将要执行操作，或

② 将要进行判断，或

③ 将有信息提示。

2）阅读和理解程序

① 执行相应的行动；

② 执行操作；

③ 进行判断；

④ 理解信息。

3）在圆圈上画杠，表明：

① 操作已执行完成；

② 已经做出判断；

③ 已经理解信息。

示例如下。

<table>
<tr><th>执行</th><th>序号</th><th>操作内容</th><th>设备位置</th></tr>
<tr><td>○</td><td>11.</td><td>将 3381-PV1 的操作手柄 63381-HS1 置于“CLOSE”位置。</td><td>MCR-PL9</td></tr>
<tr><td></td><td colspan="3">------在步骤前画圈表示接下来将执行第 11 步</td></tr>
<tr><td>○</td><td>11.</td><td>将 3381-PV1 的操作手柄 63381-HS1 笪于“CLOSE”位置。</td><td>MCR-PL9</td></tr>
<tr><td></td><td colspan="3">------阅读和理解第 11 步内容</td></tr>
<tr><td>○</td><td>11.</td><td>将 3381-PV1 的操作手柄 63381-HS1 置于“CLOSE”位置。</td><td>MCR-PL9</td></tr>
<tr><td></td><td colspan="3">------执行第 11 步的操作</td></tr>
<tr><td>∅</td><td>11.</td><td>将 3381-PV1 的操作手柄 63381-HS1 置于“CLOSE”位置。</td><td>MCR-PL9</td></tr>
<tr><td></td><td colspan="3">------在圆圈上画斜杠表示第 11 步的操作完成。</td></tr>
</table>

4. 使用要求

1）任何根据书面规程或程序进行操作，都应使用程序标识；

2）程序标识同样适用于规程中“警告、提示、注意”等步骤；

3）规程中有循环执行的操作步骤时，每次重复执行，均应在原先的标识旁边另起一列进行标识。

5. 常见问题

1）程序的步骤包括操作步骤和风险警示等多种形式，在执行规程时没有对所有的步骤做执行标识；

2）在操作步骤执行完成前即已做了程序执行完成的标识；

3）完成多步操作后一起做程序执行标识；

4）使用“同上”的标识（如“、、”）。

3.2.7　他检

1. 描述

他检是一种选用的防人因失误工具，它是指在一些特定的操作步骤执行前操作人要求另一名检查人员共同进行确认。他检的主要目的在于保证操作人的“行动”和“操作对象”的正确性。

他检和监护的不同点在于：他检关注行动和操作对象，检查人根据操作人的解释做判断；而监护不仅关注操作的执行过程，也包括对操作前的状态、配置和操作后的响应的确认，监护人根据规程做独立判断。

2. 意义

通过两个人对操作对象、操作内容正确性的双重确认，以防止操作人在操作过程中出现失误。

3. 使用方法

“他检”具体的执行方式和过程按照以下方式进行：

1) 执行人执行规程至需要“他检”的操作步骤时，执行人先按照自检的方式，找到正确的设备和需要检查的仪表，并通知检查人；

2) 检查人和执行人员进行信息沟通，比如执行人告诉检查人正在执行什么操作，会产生什么样的预期响应，前面的步骤已经全部执行完成，接下去要进行关键步骤的操作；

3) 检查人从执行人手里拿过执行文件，按照自检的方式确认正确的操作对象；

4) 检查人把执行文件交还给执行人，执行人再次按照自检的方式，确认操作对象和文件要求一致(因为在检查人执行自检时，执行人的手指离开了操作对象，所以在操作设备前，要再次自检)；

5) 执行人手指着操作对象，并询问检查人，“现在能操作 XX 设备吗？”检查人注意观察执行人手指的操作对象和模拟的动作，在确认和程序一致后，表示同意；

6) 在检查人同意操作后，执行人按照执行文件要求，执行操作；

7) 检查人在确认执行人操作完成后，检查人的“他检”动作完成；

8) 执行人按照自检的方式进行设备动作和响应检查。

4. 使用要求

他检要求检查人的操作授权不低于操作人，对于不需要他检的步骤，检查人可以不参与，也可以观察操作人的操作或者协助操作人，这些步骤执行的正确性由操作人负责；对于他检的步骤，若操作人表述正确但操作对象错误，则其执行的正确性由操作人和检查人共同承担，若操作人表述错误，则其执行的正确性由操作人承担。

他检适用于控制室(包括主控室、副控室和设备间)除已经选用了监护或独立验证之外的所有改变设备状态(改变操作手柄位置、控制器模式或设定值等)的操作步骤，在定期试验或瞬态处理时不做强制要求。

5. 常见问题

1) 检查人未完成对象和操作步骤正确性的确认，操作人就已经开始行动；

2) 检查人没有密切观察操作人的行为；

3) 由于位置等原因检查人不能发现具体设备已经发生改变；

4) 检查人认为操作人会进行自检，因而没有严格地进行自检；

5) 操作人和检查人在执行任务时无意间交换了角色；

6) 检查人执行此项任务经验不足或者检查人比操作人操作授权低；

7) 操作人要求正在执行高风险行动的人进行检查。

3.2.8 监护

1. 描述

监护是指在执行操作前、过程中及操作后，由两个人(一人是操作人，一人是监护人)在同一时间和地点进行独立的检查和确认,但在采取任何“行动”前,操作人和验证人应达成一致意见。

监护和他检的不同点在于:监护比他检更正式,监护人根据规程独立判断,不仅仅关注“行动”和“操作对象”,也包括对操作前的状态、配置和操作后的响应的确认。

监护和独立验证的不同点在于:监护用于一旦操作失误或确认不到位将会产生立即的、不可逆转的重大后果(包括停堆、停机、功率波动、安全相关的重要设备损坏、重水泄漏、安全系统降级或者人员伤害等)或影响机组稳定运行的操作,监护关注操作前的状态配置、操作过程和操作后的响应。而独立验证用于没有立即后果的场合且重点关注状态和配置。

2. 意义

对于可能产生立即的、不可逆转的重大后果(包括停堆、停机、功率波动、安全相关的重要设备损坏、重水泄漏、安全系统降级或者人员伤害等)或影响机组稳定运行的操作,通过两个人独立对操作对象、操作过程和操作后的系统响应的双重确认,避免因配置不正确、操作失误或操作后确认不及时或检查不到位而导致事件或伤害。

需要注意的是,监护往往与他检是结合使用的,特别是在执行重复性的操作时(如 SDG 调有功、慢化剂加钆等),在第一次操作时使用监护后,后续的重复调节操作可以使用他检。

3. 使用方法

1) 执行人和监护人作为工作组成员,都需要参加工前会。所以监护人不能在任务执行过程中换人,如果由于特殊原因需要更换,必须重新召开工前会。监护人授权不能低于操作人;

2) 在执行文件上需要执行监护的关键步骤上做好“监护”的标识,如果这个任务是需要全程执行监护的,那么就不需要在执行文件中做标识,直接在操作任务单或者工前会确认单上说明;

3) 操作人和监护人在操作任务单或者工前会确认单上签字;

4) 执行人执行规程至需要监护的步骤时,执行人先按照“自检”的方式,找到正确的设备和需要检查的仪表,并通知监护人;

5) 监护人从执行人拿过执行文件;

6) 监护人对执行人监护步骤前已经执行过的步骤进行独立检查确认;如果碰到操作任务需要多个地点和执行人共同完成,比如是现场配合主控室或者维修配合运行人员这样的操作,那么监护人可以通过电话询问现场操作员或者维修人员的方式来进行确认,比如 XX 程序第几步到第几步现场是否已经执行完成?如果现场操作员回答已经完成,那么监护人就完成了单独的确认。

7) 监护人执行到需要监护的步骤,并按照“自检”的方式,找到正确的设备和需要检查的仪表;比如上面的加硼操作,监护人要以自检的方式找到加硼操作手柄 63271-HS20#2;

8) 监护人将执行文件交还给执行人,并告知执行人,独立检查和确认结果,如果没有疑义,通知执行人继续下面的操作;

9) 执行人再次按照自检的方式,确认操作对象和文件要求一致;(因为在检查人执行自检时,执行人的手指离开了操作对象,所以在操作设备前,要再次自检)

10) 执行人手指着操作对象,并询问监护人,“现在能操作 XX 设备吗?”监护人注意观察执行人手指的操作对象和模拟的动作,在确认和程序一致后,表示同意;

11）在监护人同意操作后，执行人按照执行文件要求，执行操作；

12）执行人按照自检的要求，检查操作后的参数响应；

13）监护人按照自检的方式，独立检查操作后的参数响应；

14）执行人将执行文件交给监护人，监护人按照程序的描述，再次检查操作后的参数响应和程序要求一致；

15）监护人将执行文件交还给执行人；

16）执行人和监护人检查后，如果双方都没有发现异常，这个关键步骤的监护结束。特殊规定：现场经常碰到由于执行人需要双手操作设备的情况，如电气操作、设备隔离操作等，执行人无法手持执行文件，这种情况下，可以由监护人手持执行文件，进行执行步骤唱票，执行人和监护人共同确认规程步骤的正确性后，再由执行人进行操作。

除特殊规定的情况外，其他监护方式按照以上(1～16)执行。

4. 使用要求

监护由两个人在同一时间和地点进行独立的检查和确认，监护人必须具备不低于操作人操作授权，并且要有更丰富的经验和技能。对于可能产生立即的、不可逆的重大后果或影响机组稳定运行的操作，应使用监护。

5. 常见问题

1）操作人和监护人没有独立的确认操作对象和操作内容；

2）监护人尚未做好监护准备，操作人就已经开始行动；

3）监护人没有密切观察操作人的行为；

4）由于位置等原因监护人不能发现具体设备已经发生改变；

5）操作人相信监护人能发现任何问题，因而在采取行动时注意力不够集中；

6）操作人和监护人在执行任务时无意间交换了角色；

7）监护人执行此项任务经验不足或者监护人比操作人资历低；

8）操作人执行速度过快以致监护人没有机会进行干预和预防错误发生。

3.2.9　独立验证

1. 描述

独立验证是指将有合格授权的工作人员分为两组，第一组实施操作，第二组实施验证。当第一组操作实施完毕后，第二组进行独立的验证。验证者的操作授权应该不低于操作者的操作授权(注：是操作授权而非岗位授权)。

独立验证和监护的不同点在于：独立验证用于没有立即后果的场合，独立验证关注的是状态和配置是否正确，要求操作人和验证人在时间、空间、思维上保持独立。而监护用于一旦操作失误或确认不到位将会产生立即的、重大后果(包括停堆、停机、功率波动、重要设备损坏、重水泄漏、安全系统降级或者人员伤害)的场合，监护不仅关注状态配置、还关注操作过程和系统响应。

2. 意义

对于没有立即后果但是有潜在的不良影响的操作，防止操作人员在行为上和思维上的互相影响和暗示，导致人因失误，确保状态和配置的正确性。

3. 使用方法

1）在工前会上对需要进行“独立验证”的关键步骤进行标识，因为要体现时间和空间上的独立性，验证组成员不需要参加工前会；

2）执行组按照程序要求进行操作；

3）执行组向下令人报告任务完成，要求独立验证或通知验证组进行操作后的状态独立验证，并把执行文件交给验证组；在这个过程中，不要有操作信息上的交流，以保证验证的独立性；

4）验证组拿着执行文件，进行状态的验证；

5）验证结果如果和执行文件一致，那么验证组在执行文件上签字后，把执行文件重新交给执行组；

6）独立验证结束。

如果在独立验证过程中，验证组发现状态或者结果和文件要求不一致，那么验证组不能改变设备状态，而是要立即通知执行组，由执行组进行原偏差的原因调查和纠正，如果验证组直接进行纠正，由于执行组和验证组缺少信息上的交流，会带来不可预知的后果。

4. 使用要求

独立验证要求验证者和操作者必须在时间、空间和思维上保持独立；验证者的操作授权应该不低于操作者的操作授权并承担和操作人、监护人相同的责任。独立验证应该在需要验证的操作完成之后进行，用于具有潜在的重大后果和响应（包括停堆、停机、功率波动、重要设备损坏、重水泄漏、安全系统降级或者人员伤害），但是不会立即发生的操作中。

5. 常见问题

1）操作人向验证人介绍操作的对象和内容；

2）验证人和执行人在时间和空间上没有有效的分离，比如操作人和验证人同步进行操作；

3）操作人过分依赖验证人，自己没有认真操作，寄希望于如果有差错验证人肯定能发现；

4）验证人没有使用合适的程序进行验证（比如安措的验证没有使用操纵员批准的安措票）。

3.2.10　工前会

1. 描述

工前会是执行一项任务前召开的面对面的准备会，由该工作的负责人主持，所有参与该工作的人员参加，就该工作有关事项展开讨论与交流，使所有参加工作的人员清楚的理解工作任务、明确职责、识别风险、避免伤害和失误。

2. 意义

1）使参加工作的每个人更好的理解工作任务，识别风险，并明确预防风险的措施；

2）工前会上针对人因失误陷阱，明确应该使用的防人因失误工具，从而降低人因失误的发生的概率；

3）明确职责分工，减少由于职责不清导致的失误。

3. 使用方法

工作的关键步骤要用SAFER模型进行分析,SAFER模型的具体内容如下:

① Summarize(总结关键步骤):关键步骤是指规程的某一个步骤、一系列步骤或者某一项行动,一旦被执行,将产生立即的后果或者响应。

② Anticipate(预计失误环节):预计失误最容易发生的环节,包括工作本身以及由于规程、环境、身体状况、心理压力、组织分工、信息传递等容易导致人因失误的因素。

③ Foresee(预见失误后果):评估执行错误将产生的后果,以加深工作人员对风险的理解和关键步骤正确执行重要性的认识。

④ Evaluate(评估预防措施):制定预防失误的措施以及失误发生后应该采取的缓解方法,对于每一个关键步骤明确应该使用的防人因失误工具(如:明星自检、他检、监护、三向交流、严格执行规程等)。

⑤ Review(回顾运行经验):回顾内外部运行经验。

1) 工前会由工作的负责人主持,主持人应该了解工作的各方面内容,做好相应的准备工作(包括准备规程、图纸等),并选择合适的召开工前会的场所;

2) 所有和工作有关的人员都应该参与工前会,如果工作的主要人员变更,则操作前需重新召开工前会;

3) 应该根据工作的频度、复杂程度、潜在后果等对工作的风险高低进行分类,根据风险大小召开不同详细程度的工前会;

4) 工前会可分为简单工前会、标准工前会。不同的工前会要讨论的内容不尽相同。

① 简单工前会至少要包含以下内容:

a. 陈述工作的内容、目的、分工;

b. 说明该项工作涉及的安全事项;

c. 识别出该工作中存在的潜在安全风险;

d. 提醒工作中需要用到的个人防护用品(如果需要);

e. 对程序中不适用的操作步骤做好N/A的标识;

f. 明确防人因失误工具使用要求,比如明确是否需要使用操作监护或者他检等防人因失误工具。

② 标准工前会要包含以下内容:

a. 主持人介绍工作任务的总体情况:任务背景、目的、时间、内容、最终状态、涉及的规程、人员分工、机电仪配合要求;

b. 主持人组织讨论(参加工作的工作人员应在工前会之前已经阅读过该规程,并了解了规程的主要内容。):操作流程、操作范围,涉及哪些系统、设备和岗位;讨论识别规程的关键步骤、在关键步骤需要采用哪种防人因失误工具、讨论注意事项、操作要点,如有需要学习图纸;

c. 讨论明确SPV设备存在的停机停堆和机组降功率风险,并在工前会记录表中做好记录;

d. 明确 TS 的相关要求、停止工作或者采取特定行动的限值、对其他工作的影响、接口和限制要求及管理层介入程度和监督部门的监督要求;

e. 预计最容易失误的环节;讨论安全风险、各类防护及预防措施;预见失误后果,讨论应对方案；

f. 回顾运行经验；

g. 明确专业和工作组之间的联络方法；

h. 如果工作任务有顺序要求，在工前会上进行明确；

i. 对程序中不适用的操作步骤做好 N/A 的标识。

4. 使用要求

1）对于简单的，经常重复的并且没有严重后果的操作，采取简单工前会；

2）对于复杂的(需要三个及以上工作组紧密配合完成的)、不经常重复的(执行周期大于等于 3 个月的)并且有严重后果的(例如：会造成停机、停堆、引起堆机功率波动、导致重水泄漏、导致重要设备损坏等的)，必须召开详细工前会；

3）对于不属于以上两种情形的，召开标准工前会。对于应该召开简单工前会，但是工作人员第一次执行该操作的，召开标准工前会。

5. 常见问题

1）召开工前会前没有做准备，边开工前会边熟悉工作内容；

2）没有选择合适的召开工前会的场所，不能使人员专注于工前会(比如工前会的场所非常嘈杂)；

3）没有要求所有工作相关的人员参加工前会，或者对不同的人分别开工前会；

4）工作的重要人员变更后，或者开完工前会后很长时间才开始操作，没有重新组织工前会；

5）工前会的过程仅仅是阅读规程的过程，没有使用 SAFER 法则分析关键步骤；

6）没有针对特定的失误陷阱(地雷)进行讨论，只有笼统的描述；

7）重要信息传递没有使用三向交流进行确认；

8）对于防人因失误工具的使用泛泛而谈，没有提出具体的措施和要求；

9）讨论和本次工前会内容不相关的话题；

10）一人唱独角戏，没有其他人参与讨论；

11）没有控制工前会的节奏，导致工前会的时间非常长。

3.2.11 工后会

1. 描述

工后会是在一项任务执行完后，工作人员之间进行的面对面的总结会，以清楚地总结出工作执行过程中的良好实践、经验教训、有待改进的方面以及其他需关注的事项。

2. 意义

通过工后会，分享本次操作中得到的经验教训，并对出现的问题进行反馈和跟踪，为下次更顺利的执行类似任务打好基础。

3. 使用方法

在工作完成后应该立即召开工后会，由工作负责人主持，主要参与者都应该参加工后会，工后会采取开放讨论的方式。可以是简单的几句话来对任务做简单的总结的简短工后会，也可以是对任务进行详细讨论的正式的工后会。工后会是以总结经验、改进工作绩效为

目的,不要追究责任,工后会的内容可以包含如下方面:

1) 有没有值得共享的良好实践;

2) 规程和工器具是否需要优化;

3) 组织和实施过程是否需要改进;

4) 是否需要对相关知识和技能进行培训;

5) 对需要改进的方面明确责任人和反馈渠道,并确认付诸实施。

4. 使用要求

在工作中遇到如下情况时,应该召开正式的工后会:

1) 出现了没有考虑到的异常情况;

2) 非常规的操作(三个月及以上才执行一次的工作);

3) 复杂的操作(需要三个及以上工作组紧密配合执行的工作);

4) 工作的参与者认为需要召开工后会的操作。

5. 常见问题

1) 不是对话式会议,如只有一人唱独角戏,没有其他人员的参与讨论;

2) 没有识别出组织和实施过程中的良好实践或者存在的问题;

3) 对于工作中发现的有待改进方面没有有效的方式实施跟踪。

3.2.12 2分钟检查

1. 描述

指工作人员在即将开工前,对现场环境、作业规程、可能潜在的风险进行内心演练和预想,不实际操作的方式。

2. 意义

1) 2分钟检查工作区域环境帮助员工建立危机意识,促进质疑的态度,提高工作环境感知的准确性。

2) 识别工作环境的改变,确认非正常的现场状态,是防人因工作是否成功的基本要素。

3) 对工作环境相关信息的准确理解和判断有助于工作人员作出合适的决定和采取正确的行动。

4) 通过识别人因陷阱和危险,可以提高"不确定时暂停"防人因失误工具的正确使用。

3. 使用方法

1) 在即将开始工作前查看工作现场及周边的情况,着重对以下状况加以识别和讨论:

① 有无工业安全、辐射水平、环境风险;

② 有无停机停堆敏感设备;

③ 是否是正确的机组、通道和设备;

④ 有哪些关键参数及指示,以及它们的预期反应;

⑤ 有哪些失误陷阱(特别是关键步骤);

⑥ 当前状况是否和规程和工前会上预期的一致;

2) 口述推演即将要实施的工作,明确关键步骤、风险、应急预案和沟通方式等重要信息;

3) 开始工作前排除危险,确认防范措施及应急措施到位。

4. 使用要求

1）在同一项任务实施过程中，可以根据需要多次使用 2 分钟检查工具；

2）口述任务时充分讨论了以上关键的安全信息；

3）团队工作的口述推演应由参与工作的所有团队成员共同完成，单人操作前的口述推演可以由操作人员本人独自完成。

5. 常见问题

1）工作人员没有足够时间审查规程和工作文件；

2）在任务执行前没有检查工作人员的授权资格；

3）参与者没有做好工作准备；

4）没有总结关键步骤；

5）防人因工具的应用只进行泛泛而谈；

6）没有针对工作任务使用经验反馈；

7）匆忙，没有花时间去查看工作现场的周围状况；

8）没有定期停下来，再次检查工作现场的情况

第四章　经验反馈

4.1　人因失误案例

4.1.1　断电错误造成机组非计划停堆

1. 事件经过

某电厂4号机组停堆大修,3号机组正常满功率运行。工作人员在执行4号机组主给水泵相关隔离操作时,走错机组,误将 3 号机组主给水泵相关电源断开,最终导致反应堆自动停堆。

2. 经验教训

1) 工作人员在执行操作任务时,没有自检,没有核对设备编号;

2) 重要操作没有人员进行监护;

3) 工作人员发现现场设备状态与操作票要求不一致后,没有仔细核对现场设备标识,当班隔经理听取汇报后,没有对报告的异常情况进一步核实,直接下达了操作指令,说明工作人员缺乏质疑的工作态度;

4) 工作人员电话交流时,信息不全,没有使用"三向交流。

4.1.2　工作人员在工作现场踏空受伤

1. 事件经过

某机组停堆大修期间,工作人员在凝汽器水室搭设了脚手架及跳板,第一组维修人员在凝汽器水室内开展了检修工作。第二天早上,另一组维修人员因工作需要拆除了原搭设好的两块脚手架跳板,在脚手架上形成空洞。第一组维修人员在不知情的情况,进入了凝汽器水室,不慎在已拆跳板处踏空。因其反应迅速,没有坠落到凝汽器水室下方,但造成受伤骨裂。

2. 经验教训

1) 工作人员未严格遵守现场工业安全防护措施程序。在大修期间对于涉及多家单位或工作组交叉作业的区域或项目,现场应该设立总协调员制度,统一协调工作进度和安全要求,确保协作单位遵守现场的工业安全防护措施程序,做好隔离和警戒措施。

2) 工作人员在工作中缺乏质疑的态度。现场工作人员要保持质疑的态度:我的行为是不是影响了其他人的工作安全?我的安全措施是不是被别人改变?不要轻易相信以前的安全措施还能够保持原样,每次开始工作前应认真检查。

4.1.3　某电厂母线送电操作时，断路器意外合闸

1. 事件经过

某电厂按计划执行母线大修后送电操作，因为规程第 15 步已在规程审查时被审查的操纵员取消，所有便没有执行步操作。当运行人员执行到断路器置于热备用操作时，断路器刚被摇至工作位置便自动合闸。

2. 经验教训

1）未能严格遵守程序，偏离规程的修改未经值长批准

负责审查规程的操纵员根据自己对当前系统状态的理解，修改了规程，取消了操作规程第 15 步。但是对于偏离规程的修改，没有得到当班值长的签字批准，修改后的规程被下令执行。

2）缺乏质疑的态度

修改规程的操作员因电气专业知识较丰富，对快切逻辑也很熟悉，因此在场的其他运行人员认为其是电气专业的专家，对其行为没有提出质疑。

4.1.4　某电厂 1 号机组汽轮机润滑油压力高超质量位导致停机

1. 事件经过

某电厂 1 号机组满功率运行，执行直流油泵（1GGR004PO）自启动试验。11:06:37 1GGR004PO 启动，11:07:05 DEH 显示润滑油母管压力变送器 1GGR901/902/903MP 同时上涨至 0.203 MPa，超过变送器量程上限（0.2 MPa），触发质量位失效信号（质量位设定上限值 0.202 5 MPa），11:07:19 汽机跳机，C8 信号触发。

直流油泵（1GGR004PO）自启动试验过程中，因直流油泵压力叠加润滑油压力，致母管压力上涨，三台润滑油压力变送器超量程同时失效持续 10 s 后触发跳机信号，从保护逻辑的动作情况来看属于正常响应。

跳机后对 DEH 逻辑进行了临时决策，将润滑油压变送器的量程由 0.2 MPa 修改为 0.4 MPa；同时对现场四台变送器（其中一台用于送 DCS 显示，另外三台用于低润滑油压保护）。按新量程进行了校验；由于真空变送器是高保护动作，故将低失效判断依据由小于 3.8 mA 修改为小于 2 mA；由于润滑压变送器、EH 油压变送器是低保护动作，故将高失效判断依据由大于 20.2 mA 修改为大于 25 mA；参与跳机的润滑油压、EH 油压、真空等变送器在逻辑判断中两两偏差大触发跳机的设定值由量程的 10%修改为量程的 90%。

启机后再次执行了直流油泵（1GGR004PO）自启动试验，试验合格后顺利并网。

2. 经验教训

1）变更管理流程中风险识别不到位，未对重大技术变化点进行专题审查，导致跳机逻辑变化没有充分讨论并有效防范。

2）缺乏质疑的态度

变更审查未能有效识别出量程设计缺陷，量程选取没有考虑全部的工况，导致正常运行时执行直流油泵试验产生压力叠加超量程；对变更时参数量程设置的合理性质疑验证不足，未经设计院审查及系统性确认。

4.1.5 未“遵守/使用规程”导致手动打闸停机

1. 事件经过

2019年2月11日，某核电厂2号机组春节调停后启动并网升负荷期间，因汽水分离再热器加热蒸汽凝结水箱排往除氧器管线上的手动阀没有正确打开导致水箱液位高，汽轮机低压缸入口的中间再热蒸汽温度低于允许限值且持续降低，手动打闸停机。

2. 经验教训

这是一起典型的没有“遵守/使用规程” 而导致的人因事件。事件中，当值主控室操纵员在执行规程时，根据 3 天前自己的操作历史，主观地认为手动阀 2LCS51AA001 处于打开状态，并根据这一没有经过验证的主观判断进行了操作确认并签字，而没有严格按照规程要求对现场设备进行实际操作或进行状态确认，最终导致事件的发生。

4.1.6 承包商误截凝泵 6 kV 电缆

1. 事件经过

某电厂大修期间，某承包商负责“1 号、2 号、3 号凝升泵及附属管线改造项目”的实施，包括凝升泵动力电缆更换工作(工单号任务号 00706505-17/18/19)。2018 年 3 月 31 日下午，工作组进行 2 号凝升泵 6 kV 动力电缆的抽取，在分段抽取 2 号凝升泵电缆的过程中错误截断了 3 号凝泵的 6 kV 电缆(未带电)。

2. 经验教训

这是一起典型的“走错间隔”人因失误事件。事件中 2 人负责在下电缆沟的洞口监护，工作负责人 1 人负责核实电缆，2 人负责将待切割电缆移出电缆桥架，1 人负责切割电缆。电缆剪切前，工作负责人张××只是站在电缆沟拐角位置手持头灯核对 2 号凝升泵电缆走向，而没有钻进 E 点狭窄处进行确认。电缆切割不仅涉及工作人员的人身安全，同时还可能涉及电厂的核安全及电厂的安全稳定运行。这种高风险作业的操作必须进行监护，这里的监护是指监护人对操作人执行具体操作步骤的监护，包括操作前操作人和监护人独立确认操作的前提条件满足要求、执行操作的设备与规程一致、操作人操作时动作正确、操作后操作人与监护人独立确认设备响应正确等，与事件中所设监护角色定位不同。

工前会中风险分析不足，未识别电缆在分段切割前如何准确确认正确的电缆，未识别电缆误切导致的触电风险。

4.2 巡检或操作过程中疏忽的问题

运行人员在巡检或操作过程中，因工作现场状态和环境等因素，需要时刻关注自身的安全，同时还要关注他人和设备的安全，并且避免自己的行为影响设备的正常运行。这里有几则发生在我们身边的案例，可以从中汲取经验和教训。

4.2.1 工作过程中因地面湿滑，人员不慎滑跌

1. 事件经过

2016年3月15日，方家山机组两名现场操作人员持隔离票执行隔离操作，在完成工作离开现场返回过程中，因地面湿滑，其中一人不慎滑倒受伤，经现场应急处理后送医院治疗，所幸无大碍。摔倒是因为现场环氧树脂材料地面保洁后湿滑所致。

2. 经验教训

1）在湿滑的环氧树脂地面行走时容易摔跤，巡检或操作过程中要多加小心，走路的时候不要同时做其他的事情；

2）如果在巡检或操作过程中，发现厂房地面有积水要做好隔离，防止其他人员进入，并联系清洁人进行清洁。

4.2.2 工作人员攀爬竖梯时不慎摔落受伤

1. 事件经过

2015年8月31日，一厂30万千瓦机组116大修过程中，维修支持处在反应堆厂房乏燃料水池实施燃料运输小车倾翻机液压缸的更换作业。一名作业人员向下攀爬竖梯，在接竖梯底部位置时，人员不慎从竖梯摔落受伤，左手和左脚掌骨裂，无法动弹。由于环境所限，施救人员不得已通过吊篮才将受伤人员吊起救出。

2. 经验教训

运行人员在巡检和操作过程中可能需要攀爬竖梯，攀爬竖梯需要遵守以下要求：

1）上下竖梯时一定要保持三点接触原则（双手和双脚四点中的三点）；

2）在攀爬竖梯过程中，应集中注意力，手中不得持有文件、工器具等物品；

3）人必须面向爬梯，双手交替握紧梯柱，一阶一阶地上下；

4）禁止两人及以上同时攀爬同一竖梯；

5）攀爬之前应检查竖梯是否有明显的腐蚀或断裂，不得攀爬有缺陷的竖梯，如发现竖梯有缺陷要在竖梯上设备明显的标识，并汇报处理；

6）生病服药、情绪不稳定、思想不集中等足以影响平衡的情形时，严禁攀爬竖梯。

4.2.3 运行人员查看参数时，导致UPS意外切到小旁路运行

1. 事件经过

2012年11月16日，运行人员在现场400 V UPS薄膜键盘上查看系统状态时，因触碰了快捷键，导致400 V UPS A通道从正常运行切至小旁路运行。

2. 经验教训

运行人员现场巡检过程中，在未获授权的情况下不要触碰设备的键盘或操作手柄，以避免带来意外的后果。

4.3 违规操作运行事件

4.3.1 核电厂现操人员误开阀门导致排气烟囱总β活度短时超化学技术规范限值

1. 事件经过

2016 年 8 月 30 日，某核电厂 4 号机组处于功率运行模式。现场操作人员发现硼回收系统(TEP)除气器(4TEP002DZ)压力偏高。操作人员没有报告主控，也没有按照《泄压操作程序》开启排含氢废气隔离阀(4TEP430VY)；而是凭经验在辅助控制室两次错误开启排含氧废气隔离阀(4TEP426VA)，导致含氢废气排向废气处理系统(TEG)含氧子系统，再经 TEG 风机进入核辅助厂房通风系统烟囱，触发“烟囱排气低量程惰性气体活度”一级、二级报警，违反 FSAR 中关于排气烟囱β活度小于限值(4.0 MBq/m^3)规定，造成放射性气体非预期短时向环境排放，排放量为 2.715×10^{10} Bq。

事件发生后，当班值违规补写临时操作指令单，且没有第一时间向国家核安全局或地区监督站报告该事件。国家核安全局依法对“**核电厂机组排气烟囱总β活度短时超化学技术规范限值运行事件”中的违法违规操纵人员进行了处理，吊销当事人《高级操纵员执照》。

2. 经验教训

1）现场操作人员行为规范执行不到位，发现异常和操作前未汇报。

2）防人因失误工具应用不足，操作时未使用程序，仅凭记忆操作。

4.3.2 核电厂化学人员取样错误导致稳压器液相硼浓度失误定期监测

1. 事件经过

2016 年 9 月 6 日，计划执行 2REN114VP(RCP014LG 取样管线减压阀)内漏的处理工作，此工作会导致 2 号机稳压器液相无法取样，为避免对定期取样的影响(化学技术规范要求取样周期为 1 次/周)，在检修隔离前，隔离经理查询最近一次稳压器液相的定期取样时间为 2016 年 9 月 5 日，但查询发现 2REN123/132VP(贯穿件 R70B 安全壳内/外隔离阀)在 9 月 5 日并没有开启，进一步查询发现自 2016 年 8 月 15 日定期取样后，2REN123/132VP 没有再次同时开启。

调查确认，化学取样人员在 2016 年 8 月 22 日、8 月 29 日和 9 月 5 日进行 1、2 号机组稳压器液相定期取样时，凭记忆错误地操作了取样阀 REN215VP(RCV 除盐床出口取样阀)，而没有操作 REN214VP(稳压器液相取样阀)，错误地将除盐床出口取出的样品当作稳压器液相的样品化验硼浓度。由于机组功率运行时，稳压器液相硼浓度、RCV 除盐床出口硼浓度与一回路硼浓度基本一致且相对稳定，所以单从硼浓度的测量结果来看无法及时发现此问题，从而导致 2016 年 08 月 22 日、8 月 29 日的该核电厂 1、2 号机组稳压器液相硼浓度失去定期监督，违反了《1、2 号机组化学与放射化学技术规范》“每周一次化验硼浓度”的要求。

2. 经验教训

1）程序应用不足。当事人在对稳压器液相取样时，未核对程序，导致凭对取样阀门惯性错误记忆，多次取样错误。

2）人员技能不足。当事人在获得岗位授权后，较长时间未从事稳压器液相取样工作，技能不足（几次存在问题的取样为同一执行人）。

3）管理程序不足。现有的《核岛岗位规范》程序，存在未将取样指引转化为操作单形式的缺陷（对取样前阀门状态信息、取样阀门操作步骤等逐项执行并打钩确认）。

4.3.3 核电操纵员误操作防火分区风门导致DVW碘排风回路全部不可用

1. 事件经过

1）11时，1号机组操纵员确认仪控人员已完成闭锁操作。

2）11时20分，1号机组操纵员执行日常试验，按下F9JDT520TO按钮，发出防火风门关闭指令后，部分风门未按预期关闭。操纵员告知调试人员后，调试人员答复，控制逻辑可能存在问题，后续再检查处理，并要求操纵员继续配合执行调试规程。

3）11时24分，操纵员听从要求，按下9SFZ520KG按钮，发出风门关闭指令，发现1号机组DVW系统的相关风门F1DVW033/065/066VAF也开始关闭，立即再发出开启指令。风门关闭约16 s，期间碘排风回路全部不可用，机组进入TS限制IO。

4）11时25分，操纵员向仪控人员核实，仪控人员仅闭锁了日常试验中按钮F9JDT520TO的关闭指令，没有闭锁调试试验中按钮9SFZ520KG的关闭指令。

2. 经验教训

（1）主控人员对在主控进行的试验和生产活动缺乏有效地管控

1）虽然召开了工前会，主控人员却没有去了解调试试验的具体细节，也没有去了解仪控如何进行闭锁操作，也就无法了解调试试验的具体风险。

2）日常试验出现异常时理应暂停试验，查明原因，但操纵员却认为是在配合调试人员进行验证试验，听从调试人员的要求，失去了对主控试验和活动进行督导和管控的作用。

（2）生产管理不足

1）调试试验没有安排进入运行机组的三滚计划，而是电话通知，除了当事操纵员外，主控其他人员不知道调试试验。

2）由于使用条件不一样，调试规程不能直接用于运行机组，但电厂对于调试规程如何用于运行机组，如何与运行机组接口，没有做出明确规定。

3）对于“工作中不能同时执行两份规程”，电站没有做出明确规定。

4.3.4 核电站搭设脚手架人员误碰汽轮机调节油系统泄油阀触发停堆

1. 事件经过

2016年9月11日，某电厂2号机组满功率运行，承包商人员在现场进行大修准备工作。在现场搭设脚手架时，工作人员在向上传递脚手管、退步过程中脚尖误伸过地面格栅空，碰到汽轮机调节油系统泄压阀2MAX52AA502，导致汽轮机主调门控制油压下降，调门关闭，触发甩负荷信号；旁排阀开启，反应堆功率降至40%。随后运行人员现场关闭该泄压阀，二回路调节油压力恢复，汽轮机主调阀开启，导致二回路主蒸汽压力迅速降低，并触发“二回路主蒸汽管线破口（AA14）”停堆保护，反应堆跳堆。控制棒可靠落入堆芯，应急注硼系统启动正常。

T209大修中2LBA51管线的技改工作搭设脚手架，由于需要搭设大量的脚手架，机组停机后再进行搭设，可能影响技改工作进度。为此需要在提前搭设脚手架。该工作曾在T109期间执行过，且本次工作开始前，已由运行人员对现场存在的风险进行了识别。

上海申亿脚手架搭设人员持工作票(票号2PI11914)执行2LBA51管线技改的脚手架搭设工作。此工作已于9月6日开始，9月11日已是第6天。

9月11日上午开完工前会后，在现场开始搭设脚手架。在11 m层工作的人员，事先已注意到钢格栅平台上有一个孔洞，孔洞尺寸约为27 cm×19 cm，孔洞下方即为本次被误碰的阀门，当时也没对该孔洞没采取防护措施，就开始了工作。

工作开始后，工作人员在传递脚手管的过程中，由于工作场地空间狭小，在后退的过程中，无意间将脚尖踏入孔洞，并将处于关闭位置的阀门2MAX52AA502碰开了一定角度。

此时附近管道发出巨大的声响。班长发觉异常后，看见到11 m层的人员脚踩在阀门上，怀疑管道声响跟该阀门有关并准备找电话向主控汇报，但随后碰到了现场的运行人员，向其说明了情况，放弃了向主控汇报。

运行现操到达就地后，确认2MAX52AA502阀门状态被误开。现操认为就地管道振动剧烈，可能存在断裂风险，需要立即处理，且就地距离电话位置较远，阀门本体上挂有隔离上锁的隔离牌，便在未提前通知主控的情况下，将阀门关闭。随后将该信息汇报了主控。

在2MAX52AA502阀门误开后，机组出现甩负荷瞬态工况。主控按照“瞬态响应”程序稳定机组状态，同时通知启动日常生产管理组。在机组稳定至功率约460 MW时，因2MAX52AA502阀门被现操关闭，汽轮机调节油二次脉动油压力迅速上升，主调门全开，导致主蒸汽集管压力迅速下降，触发AA14信号，反应堆跳堆。

2. 经验教训

1）没有开展对关键设备进行安全和防人因失误的分级管理，电站生产人员没有系统性地接受关键设备的安全和防人因失误分级管理的知识培训，因此没有能力、没有意识去识别出该项工作中存在停机停堆的风险。

2）没有制订运行人员针对特殊情况下现场处理突发异常时的行为准则，导致“现操在未向主控室汇报的情况下，直接关闭了阀门”。

3）阀门隔离上锁方式存在缺陷(脚尖踩到了阀门手柄上，缠绕链条并上锁的方式不能完全固定)。

4.3.5 核电厂清洁人员误碰主蒸汽隔离阀触发停堆

1. 事件经过

2016年8月4日，某电厂2号机组在50%升功率的过程中，清洁人员发现主蒸汽隔离阀附近钢格栅较脏，但该区域人员无法靠近，因此将抹布缠在木棍上进行远距离清扫。在清洁过程中木棍误碰主蒸汽隔离阀的“关”限位开关，导致阀门关闭，1号蒸汽发生器蒸汽流量下降、压力上升至最大值82.7 bar.g，安全阀F2VVP103VV开启，触发SG1低水位叠加汽水失配保护信号，反应堆自动停堆。

2. 经验教训

工程方对土建消缺、现场清洁等简单工作带来的风险重视不足，重要敏感设备区域内的工作管理存在不足。

4.3.6 核电厂操纵员误点击蒸汽凝汽器排放系统(GCT-C)阀门转换按钮导致控制棒落棒

1. 事件经过

2016 年 7 月 29 日，某核电厂 2 号机处于热停堆模式。操纵员根据“拆除主蒸汽管线临时压力表”工作的安措要求将汽轮机旁路排放系统 GCT-C 阀门置于手动全关状态，在关闭 DCS 画面操作窗口时误碰 GCT-C“设定值功能按钮”，GCT-C 阀门被重新置为自动控制状态。在投运主蒸汽管线压力仪表后，仪表读数从零迅速恢复至 7.38 MPa，导致 GCT-C 阀门开启，相继出现一回路平均温度低信号和主蒸汽流量高信号，两个信号叠加触发安注系统动作，控制棒全部落入堆底。

2. 经验教训

1）未严格遵守管理程序。值长决定使用软件逻辑隔离，而没有使用实体隔离，此隔离措施不符合管理程序《隔离与许可证管理》和《临时特殊设施管理》要求，导致人员误触碰后隔离失效。

2）防人因失误工具使用不足。操纵员急于介入柴油机试验相关操作，没有很好的执行自检的要求，执行规程没有逐项画圈和斜杠确认，监护人监护过程不完整，值长对操纵员的操作进行了同步验证，但都未发现 GCT-C 控制方式切回自动的现象。

3）缺乏风险识别、评估和决策流程。调试负责人对风险评估错误，未认识到热停堆状态下主蒸汽管线压力表参与控制，拆除风险较大。工作未经计划安排，也未经计划会讨论，风险管控失效。

4.3.7 核电厂运行人员误碰 48 V 直流电源系统配电盘开关产生多个随机第一组 IO

1. 事件经过

2016 年 6 月 14 日，某核电厂 4 号机组处于功率运行模式。在解除隔离操作时，运行人员误碰身后 48 V 直流电源系统配电盘按钮，导致配电开关跳闸，380 V 应急交流电源系统(LLD)失去 48 V 直流电源 20 min，受其供电的电动阀无法按要求动作，导致低压安注系统一列不可用、一个参与高压安注直接注入功能的阀门不可用、一个参与安注双端注入功能的阀门不可用、一列安全壳喷淋系统(EAS)不可用、EAS 系统氢氧化钠注入回路、安全壳隔离阀不可用和防误稀释的一个通道不可用，违反运行技术规范。

2. 经验教训

设备初始设计存在缺陷，没有考虑防误碰装置，电站对防误碰措施的管理也存在缺陷，后期未考虑采取防误碰措施，加上现场的盘柜布置间距过小，容易造成人员误碰。

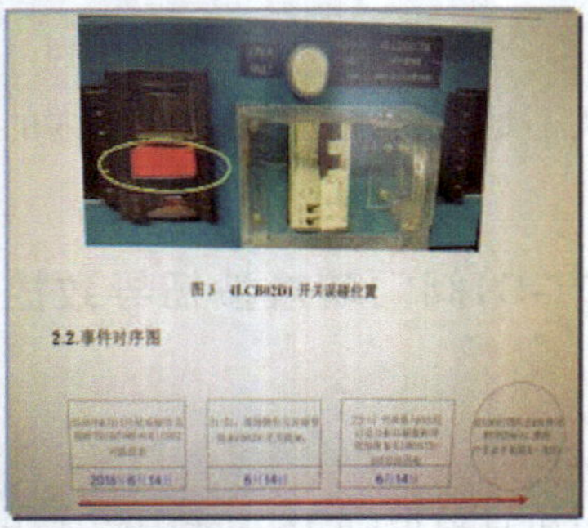

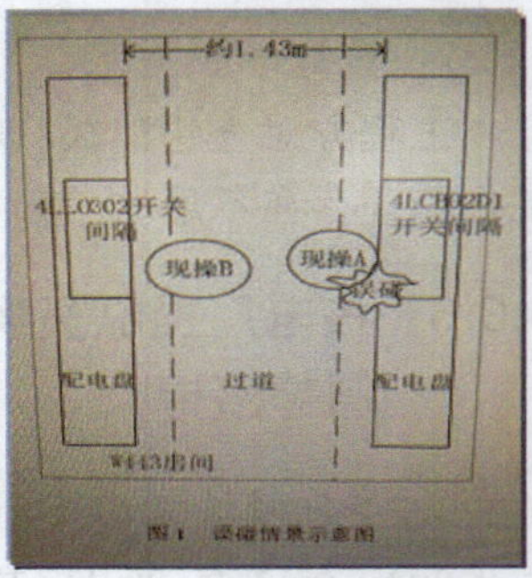

4.3.8 某核电厂运行人员操作不当导致一回路压力超出“压力和温度运行许可图”范围

1. 事件经过

2016 年 02 月 24 日，某电厂 1 号机组在进行一回路快速冷却降温过程中，操纵员启动第二台 RRA 泵后，由于一回路冷却速率加大，导致一回路压力快速下降至 21.2 bar.g，超出 *P-T* 图范围约 46 s，违反运行技术规范。

导致核电厂 1 号机一回路压力低于 23 bar.g，超出单相中间停堆工况下的 *P-T* 图范围，在主泵运行的情况下，主泵一号轴封动/静环之间压差降低，存在动/静环间隙减小、摩擦损坏的风险。

2. 经验教训

1）运行操作风险分析存在不足。

当班值对启动第二台 RRA 泵对一回路冷却效果风险分析不充分，尤其对于北方冬季 RRI 温度较低时 RRA 冷却能力相对较强估计不足，一回路压力下降超过预期。

2）促成原因

① 规程存在不足。规程中未明确 177 ℃以下快速冷却时投运 RRA 泵的数量，导致在快速冷却时仅一台 RRA 泵运行。

② 未严格遵守程序，执行规程存在不足。柴油机试验结束后未按照要求恢复 1RRA001PO 运行。

4.3.9 发电机定子 100%接地保护动作导致反应堆自动停堆及操作失误导致稳压器安全阀动作

1. 事件经过

2007 年 11 月 28 日，某核电厂 2 号机组处于满功率运行状态，承包商人员在厂变区域搭设脚手架时，手中的铁丝误碰变压器 A 中性点 PT 前端裸露金属，触发发电机定子 100%接地保护，机组失去主厂外电，反应堆自动停堆。

操纵员执行事故诊断规程时，凭借记忆，检查 3 台主泵全部停运后，立即准备手动开启换料水箱与高压安注泵之间的阀门 2RIS012/013VP，可操作时未仔细核对设备编码，错误打开了高压安注热端注入阀 2RIS021/023VP（在操作盘上阀门操作按钮位置相邻），开启阀门后，操纵员未核对阀门的动作状态，核对程序时，也未发现操作错误，导致稳压器被水充满，一回路压力上升,稳压器安全阀 12 次动作。两个小时后,该操纵员才想起自己可能操作错误,关闭了高压安注热端注入阀 2RIS021/023VP。事件的潜在后果:安全阀卡开导致一回路LOCA,稳压器泄压箱防爆膜破裂导致放射性水污染反应堆厂房,同时安注冷水对一回路压力边界产生热冲击。

2. 经验教训

1) 电站对重要敏感区域的辅助作业风险管理不够。该作业直接涉及机组运行安全,但却未开工作票,直接使用了针对风险较小且执行简单的 B 类作业通知书,对工作风险评估不足。大修工作未经严格评审被转到正常运行期间执行,现场作业均由承包商人员承担,没有对口部门的工作人员在场监护和技术指导;

2) 运行人员执行规程和判断异常的能力不足。在执行事故诊断程序时错误开启高压安注热端注入阀,一回路压力上升并导致稳压器安全阀频繁动作的情况下,运行人员一直未找到问题根源,反映出运行人员在培训方面存在不足,同时缺乏运行技术支持能力。

4.3.10 某核电厂 2 号机组 NS/RRA 模式下一回路压力超出一回路压力和温度运行许可图允许范围

1. 事件经过

2019 年 6 月 25 日 23 时 08 分,某核电厂 2#机组处于 NS/RRA 模式,当班值偏离原规程要求将 GCT-a 定值由 0.7 MPa 修改为 0.8 MPa,采取了使用 RRA 冷却方式,主系统温度升至 173 ℃停止升温,操纵员调节 2RRA024/025VP 稳定主系统温度,由于控制冷却流量过快,导致一回路压力因水实体收缩而下降,最低降至 1.56 MPa·a,超出了运行技术规范的 *P-T* 图允许范围。随后操纵员减小了 RRA 冷却流量,23:27 一回路压力恢复到 *P-T* 图正常范围。

2. 经验教训

1) 在汽腔建立前,操纵员和值长没有按规程用 GCT-a 冷却方式,采用调节 RRA024VP/025VP 来稳定主系统温度,同时将 GCT-a 定值由 0.7 MPa 修改为 0.8 MPa,偏离了规程要求;

2) 规程改变后,没有按照制度要求进行修改记录,操纵员没有在文件记录修改,值长没有签字确认修改;

3) 没有严格遵守操作规程,改变定值没有遵守制度要求。制度要求涉及逻辑变化及操作结果变化的修改需要走完整的审批流程;

4) 操纵员清楚自检的使用要求,在本事件中选定操作对象时也正确,但在进行操作时未严格进行自唱票,当操作结果不符合操作预期时,没有停止和报告,自检“第四步:审查”失效;

5) 没有严格执行监护:监护人员执行别的任务,当值没有发现该偏差;

6) 运行规程不完善。规程对 RRA024VP/025VP 没有具体的操作步骤及风险提示,也没有对关键参数监视做出具体的要求。

4.3.11 某核电厂 1 号机组汽机冲转过程中因调门突开手动停机后联锁自动停堆

1. 事件经过

2019 年 10 月 19 日,秦山核电厂 1 号机组大修期间进行汽机冲转,反应堆功率 69 MWt。

操纵员在汽机打闸后重新冲转过程中，未及时设置汽机调门阀位限值。在输入阀位限值时，DEH系统给定转速高于汽机实际转速，DEH系统控制四个调门突开，操纵员手动打闸停机，汽机停机信号与因调门突开触发的P-13信号联锁，反应堆自动停堆。

2. 经验教训

1）主控室高风险活动的管控不到位。汽机挂闸冲转操作的风险识别不到位，没有有效识别关键步骤；当班值操纵人员发现调门阀位限值未设置后，未暂停操作并汇报，未进行风险分析评估，而直接进行了将调门阀位限值设置为108.7%的操作。

2）操纵人员未严格执行规程，关键步骤漏步。当班操纵人员在执行《Q11-BTSS-TPOPNR-0001 汽轮机运行规程》之“5.2 汽机冲转至额定转速”操作时，为避免汽机转速落入临界转速区，尽快冲转至3 000 rpm，在DEH系统按规程实施了挂闸冲转操作，遗漏了关键步骤“2.3.8”将 DEH 画面切换到“负荷控制”或“升速控制”或“总图”弹出“限制”操作盘，按“阀限”按钮，弹出一输入窗，输入“108.7%” 再按“确认”，确认调阀仍全部关闭。违反了《OE-QS-310 防人因失误工具应用》中关于“遵守/使用规程”的规定。

4.3.12 某核电厂1号机组误发动辅助给水泵1ASG003PO启动信号

1. 事件经过

2019年3月19日，某核电厂1号机组处于换料大修MCS(维修停堆模式)状态，三台主泵已停运。10时32分维修仪控人员实施大修工作票“汽轮机冲动级压力信号通道(1GRE022MP/023MP/024MP)校准”工作。在进行到拆除GRE仪表(1GRE022MP/023MP/024MP)接线的过程中，产生断线质量位信号，P7信号(汽机功率大于10%或反应堆功率大于10%)被触发。由于主泵已经停运，P7“与”主泵转速低低信号，输出汽动辅助给水泵启动信号，1ASG003PO的进汽阀开启。因当时机组处于维修冷停堆，蒸汽发生器二次侧无蒸汽产生，实际1ASG003PO并未启动。整个事件过程中，反应堆处于安全状态，三道屏障完整，没有放射性物质对外释放。

2. 经验教训

1）在未执行维修规程步骤10.2.1.3的情况下，拆除了1GRE022MP/023MP/024MP接线，导致输出ASG汽动泵非预期启动信号。工作负责人A错误理解为两步强制信号步骤都已经执行，将规程中的步骤10.2.1.3和10.2.1.4进行圈杠，继续执行下一步拆除1GRE022MP/023MP/024MP接线工作。

2）班组人员B对工作负责人A的工作前工作交底没有包括关键步骤10.2.1.3和10.2.1.4需要在不同的房间由不同班组分别执行的内容。

3）工作负责人A和工作配合人C均未严格使用三向交流防人因失误工具，交流中关键信息多次缺失，且工作负责人A没有严格遵守《OE-QS-3102 遵守和使用规程细则》，未核对工作配合人C执行的相关工作步骤。

4）执行规程的标识不规范。工作配合人员C根据规程执行步骤10.2.1.4的强置操作，没有在规程的对应步骤进行标识，而是在自己的配合记录本上做好相关操作记录。

5）经班组对口人员核实步骤10.2.1.3和步骤10.2.1.4，需要DCS信号强置配合人员执行，工作负责人A没有组织配合人员C参加工前会。在L709房间联系到配合人员C后也没有重新召开工前会。

4.3.13 某核电厂 4 号机组装卸料机操作员操作不当导致装卸料机固定套筒与控制棒驱动杆刮擦

1. 事件经过

某核电厂 Q2-OT407 大修期间，机组处于换料冷停堆状态，作为“4RCP001EI 反应堆压力容器上部堆内构件的吊出(卸料前)”的先决条件，需要将装卸料机移至堆芯侧(270°)极限位置。2019 年 9 月 5 日 19 时 13 分，装卸料机操作员错误选择了自动运行模式和目标位置，装卸料机自动移动至堆芯时，装卸料机固定套筒与 M8、L9 两组控制棒驱动杆刮擦，两组控制棒驱动杆倾斜。之后更换上述两组驱动杆，并检查装卸料机时发现固定套筒下端偏离轴线 65 mm，后经机械矫正和精确调整满足要求。该事件延误大修关键路径约 82 小时。

2. 经验教训

1）启动装卸料机前，装卸料机操作员观察装卸料机操作屏幕堆芯显示为空，观察堆芯较暗，认为堆芯安全，未识别出上部堆内构件在堆芯，错误选择了自动运行模式和目标位置，自检不到位。

2）责任处室未识别出本次工作任务符合“监护”的使用条件，要求需使用“监护”防人因失误工具。本次工作现场只有装卸料机操作员一人操作装卸料机，无操作监护人员。

3）装卸料机移至换料水池 270°方向极限位置的工作未召开工前会。

4）堆本体维修主管对 20 m 平台工作控制管控不严，20 m 平台协调管理存在多头指挥。

5）非装卸料期间，装卸料机操作规程不完善，没有规定此工况下装卸料机的运行路径、操作模式等具体可执行的步序。

6）装卸料机操作软件不完善，装卸料机操作软件的工作逻辑未区分装卸料与非装卸料工况，在非装卸料期间(如：上部堆内构件、假顶盖以及压力容器顶盖在堆芯就位期间)，固定套筒可以在软件设置的安全区域内自由移动，存在误碰设备的人因失误陷阱。

第五部分　常用电工仪表

第一章　操作准备

1.1　设备原理

1.1.1　兆欧表

数字兆欧表又叫摇表也可以称为绝缘电阻测试仪，是一种简便、常用的测量高电阻的直读式仪表，可用来测量电路、电机绕组、电缆、电气设备等的绝缘电阻。常用的可以分为：手摇式和电动式(见图 1-1、图 1-2)。

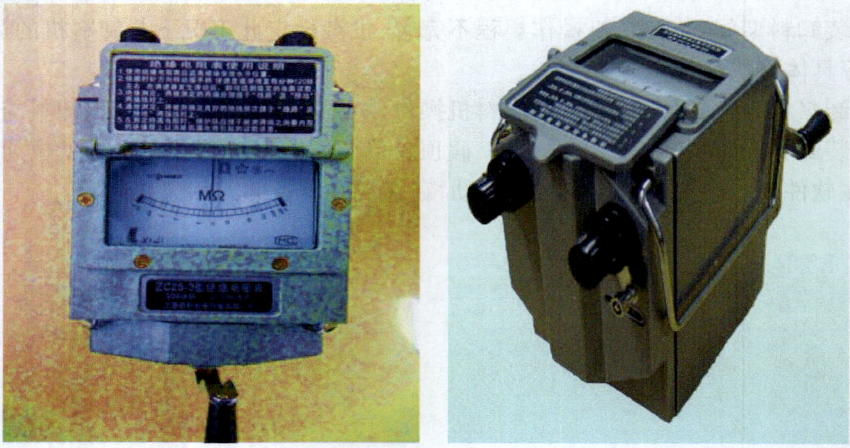

图 1-1　手摇式兆欧表

影响绝缘电阻测量值的因素有：温度、湿度、测量电压及作用时间、绕组中残存电荷和绝缘的表面状况等，通过测量电气设备的绝缘电阻，可以达到如下目的：

1）了解绝缘结构的绝缘性能；由优质绝缘材料组成合理的绝缘结构或绝缘系统，应该具有良好的绝缘性能和较高的绝缘电阻值。

2）了解电器产品绝缘性能状况；电器产品绝缘处理不佳，其绝缘性能将明显下降。

3）了解绝缘受潮及受污染情况；当电气设备的绝缘受潮及受污染后，其绝缘电阻通常会明显下降。

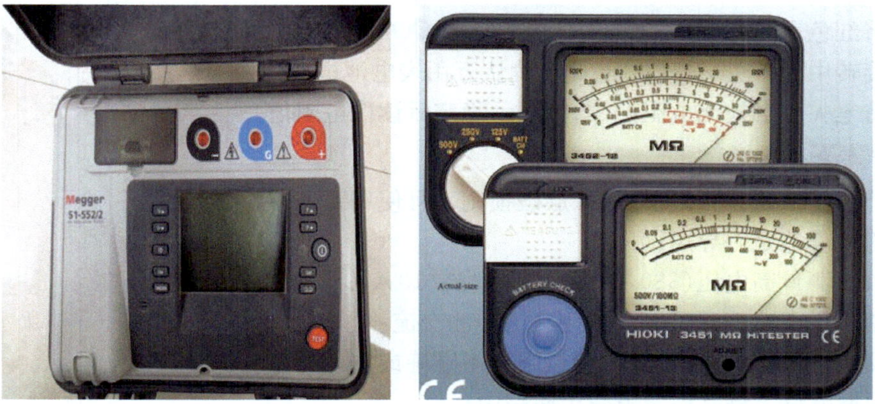

图 1-2　电动式兆欧表

4）检验绝缘是否承受耐电压试验；若在电气设备的绝缘电阻低于某一限值时进行耐电压测试，将会产生较大的试验电流，造成热击穿而损坏电气设备的绝缘。

因此，通常各式各样试验标准均规定在耐电压试验前，先测量绝缘电阻。

使用兆欧表测量绝缘工作要求：

1）使用摇表测量高压设备绝缘，应由两人担任。

2）测量用的导线，应使用绝缘导线，其端部应有绝缘套。

3）测量绝缘时，必须将被测设备从各方面断开，验明无电压，确实证明设备无人工作后，方可进行。在测量中禁止他人接近设备。

① 在测量绝缘前后，必须将被试设备对地放电。

② 测量线路绝缘时，应取得对方允许后方可进行。

4）在有感应电压的线路上（同杆架设的双回线路或单回路与另一线路有平行段）测量绝缘时，必须将另一回线路同时停电，方可进行。雷电时，严禁测量线路绝缘。

5）在带电设备附近测量绝缘电阻时，测量人员和摇表安放位置，必须选择适当，保持安全距离，以免摇表引线或引线支持物触碰带电部分。移动引线时，必须注意监护，防止工作人员触电。

1.1.2　万用表

万用表 FLUKE179 型，见图 1-3。

1. 主要功能

1）交流/直流电压测量；

2）交流/直流电流测量；

3）直流毫伏/温度测量；

4）电阻/电容测量；

5）蜂鸣/二极管测量；

6）频率测量。

使用方法（以电阻测量为例）：

1）检查仪表有效期；

图 1-3　万用表

2）将红色表笔插入Ω孔，将黑色表笔插入 COM 孔；

3）旋转中央开关，选择Ω档，此时确认万用表电池电量是否充足；

4）将笔尖接触被测电阻两端，待显示稳定后读取电阻值。

2. 注意事项

1）外壳绝缘检查，如发现绝缘层破损则不可使用；

2）检查表笔是否导通；

3）禁止测量高电压(380 V 以上)、大电流(10 A)；

4）禁止用交流档测量直流或用直流档测交流；

5）测量电阻必须停电，否则测量结果不准确或损坏万用表；

6）测量电流需将万用表串联至回路中；

7）万用表显示电池符号时须及时更换电池，否则测量结果不准确；

8）使用万用表前应检查仪表标定有效期；

9）使用完毕后养成及时将开关打至 OFF 位置。

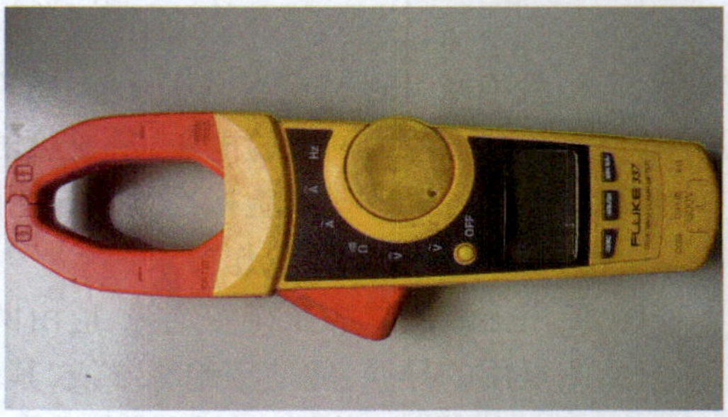

图 1-4　钳形电流表

1.1.3　钳形电流表

见图 1-4。

原理与结构：

1）钳形电流表，是由电流互感器和电流表组合而成。其工作原理与电流互感器测电流是一样的。

2）电流互感器的铁心在捏紧扳手时可以张开；被测电流所通过的导线可以不必切断就可穿过铁心张开的缺口，当放开扳手后铁心闭合。

3）穿过铁心的被测电路导线就成为电流互感器的一次线圈，其中通过电流便在二次线圈中感应出电流。从而使二次线圈相连接的电流表有指示——测出被测线路的电流。

4）钳形电流表最初是通过用来测量交流电流的，但是现在功能多样化，可以测量交直流电压、电流，电阻，频率等。

使用方法：

1）调零；

2）选择合适的量程，先选大，后选小；

3）当使用最小量程测量，其读数还不明显时，可将被测导线绕几匝(见图 1-5)；

4）测量完毕，将转换开关放在最大量程或 OFF 处。

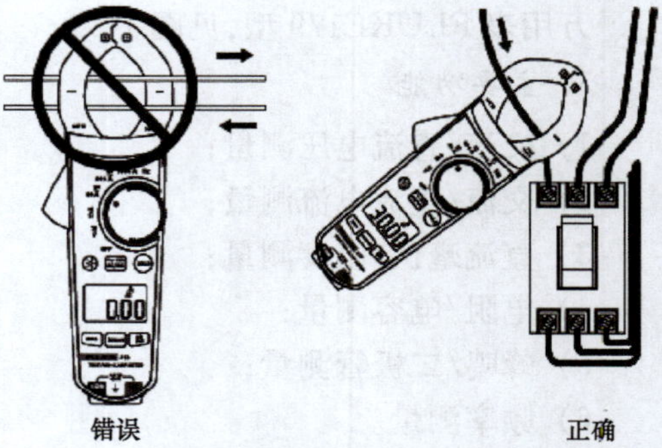

图 1-5　钳形电流表使用方法

注意事项：

1）在归零前，请确保钳口已闭合并且钳口之间没有导线；

2）测量时，应使被测导线处在钳口的中央，并使钳口闭合紧密，以减少误差；

3）被测线路的电压不得高于钳表的额定电压；

4）观测表计数时，要特别注意保持头部与带电部分的安全距离；

5）不允许带电换挡。

1.1.4 红外测温仪使用

一切温度高于绝对零度的物体都在不停地向周围空间发出红外辐射能量。物体的红外辐射能量的大小及其按波长的分布——与它的表面温度有着十分密切的关系。因此，通过对物体自身辐射的红外能量的测量，便能准确地测定它的表面温度，这就是红外辐射测温所依据的客观基础。

手持式红外线测温仪(图 1-6)测量被测物体的温度时，应将红外测温仪对准要测量的物体，并保证测量距离与光斑尺寸之比满足视场要求，不要太近，也不要太远。然后按下触发器按钮，在仪器的 LCD 显示屏上即可读出测量温度数据。

图 1-6 红外测温仪

用红外测温仪时的注意事项：

1）环境温度。如果红外测温仪突然暴露在环境温差为 20 ℃或更高的情况下，允许仪器在 20 min 内调节到新的环境温度。

2）只测量物体表面温度。红外测温仪不能测量物体内部温度。

3）注意环境条件。蒸汽、尘土、烟雾等会阻挡仪器的光学系统而影响精确测温。

4）定位热点。要发现热点，先要用仪器瞄准目标，然后在目标上作上下扫描运动，直至确定热点。

5）手持式红外线测温仪不能透过玻璃进行测温。玻璃有很特殊的反射和透射特性，不能够进行精确温度读数，但可通过红外窗口测温。红外测温仪最好不用于光亮的或抛光的金属表面的测温(不锈钢、铝等)。

1.1.5 听音棒的使用

听音棒又名听针，是检查机器、设备故障，阀门漏水漏气，煤矿井下透水声的理想工具，利用传导原理可以准确地判断问题部位，是石油、化工、石化、发电、冶金、矿山、煤矿、机械等行业理想的检查工具。

听音棒种类：直杆型、伸缩型。

听音棒材质：不锈钢、铜。

听音棒又名听针、伸缩听针、伸缩听音棒，如图 1-7 所示。现场使用示意图见图 1-8。

一般需要检查以下几项：

1）水泵的轴承部位，具体部位是各轴承压盖(目的是判断滚动轴承是否正常工作和磨损情况)。

2）电机的轴承部位(目的是判断滚动轴承是否正常工作和磨损情况)。

3）水泵的填料部位，具体部位是填料函外壳（目的是判断机械密封是否正常工作）。

4）水泵的蜗壳（目的是判断介质的工作状态，如是否有气蚀形成，流量是否太低，介质中是否有杂质等）。

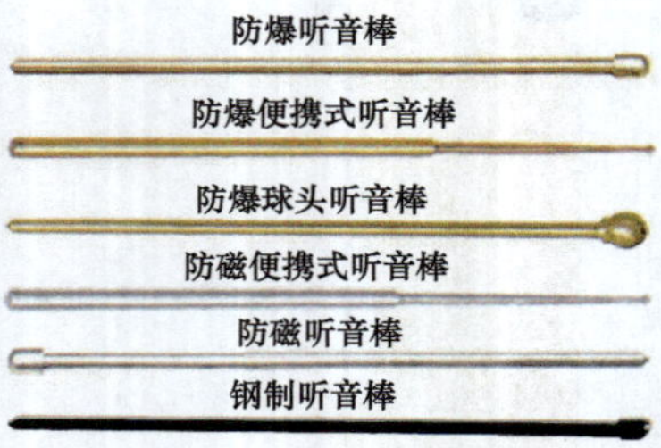

图 1-7　听音棒

图 1-8　听音棒的使用

1.2　文件准备

实操步骤质量计划、风险分析、领料单、工器具借领单、工前会、工后会、控制原理图、拆接线记录单等。

1.3　工器具准备

工器具名称	规格型号	数量	用途
兆欧表	FLUKE1508	1台	测量驱动电机/其他被测设备绝缘
万用表	FLUKE 179	1台	测量线圈/触点接触电阻
钳形电流表	FLUKE 337	1台	测量导电电缆电流
拖线盘（根据需要）	220 V，10 A	1个	提供高压仪器电源
个人常用工具	N/A	1套	紧固接线
公制内六角扳手	2～10 mm	1套	打开电动头电柱
呆扳手		1套	打开电机接线端盖

1.4　模拟体准备

培训中心模拟体。模拟体要求外观完好、结构完整、各部件不缺失，部分设备需要通电测量试验。

1.5 辐射防护准备

培训中心实操,没有辐射防护要求。

1.6 工业安全准备

按照电力安规相关规定执行,所有人员需规范穿戴劳动保护用品,包括安全帽、绝缘鞋、工作服等。检修场地使用警示带进行围栏,确保工作过程中无非工作人员进入。

1.7 配合人员准备

由于模拟体设备局限性,需两名助教配合教学过程。助教主要负责其他组成员操作指导及安全监护工作。助教需有一定电气检修工作经验。

1.8 场地准备

培训模拟体附近铺设橡胶垫用于摆放拆除的部件及工器具;清理场地,确保检修场地无其他异物;合理分配场地,确保工具、设备的合理分布,方便检修;在场地外围布置警示带并放置隔离牌。

第二章　操作实施

2.1　工作前准备

1. 召开工前会议,对工作内容与要求进行说明,对存在的风险与注意事项进行提醒。

2. 场地布置需根据 6S 建设要求进行布置,工器具摆放整齐有序。

3. 工器具清点,确认本次工作需要的工器具是否齐全,避免因反复借用工器具,耽误时间,降低效率。

4. 检查仪表有效期,确认在标定有效期之内。

5. 设备边上地面进行保护,铺设橡胶垫。

2.2　操作实施 1　设备与安措确认

序号	操作步骤	操作要求	工器具	测评标准	备注
1	确认含电机设备位置	核对工作票与现场设备编码一致,一人核对,一人确认	目视确认	工作票与现场设备编码一致	
2	动力电源安措确认	根据按错票内容,确认 MCC 间隔处设备动力电源开关安措已经建立	目视确认	根据按错票内容确认	
3	控制回路电源检查	使用万用表测量控制回路电源,确认是否断开	万用表/呆扳手或公制内六角/工具螺丝刀等	测量后根据实际情况给出结果	48 V DC 控制回路电源是根据实际需要建立的,所以不一定做了安措
4	就地确认安措是否有效	使用万用表在模拟体处测量动力电源	万用表	测量动力电源,确认安措有效	MCC 安措确认后,就地也需要验电

2.3　操作实施 2　使用万用表测量电阻

序号	操作步骤	操作要求	操作工器具	测评标准	备注
1	用万用表测阻值	使用万用表电阻档	万用表	测量并读取电阻值	
2	依次测量直阻	1. 依次测量三相相间直阻 2. 记录数据	万用表	分别测量 AB、AC、BC 相,不重复测量	
3	判断	(最大电阻−最小电阻)/最小电阻,计算出偏差	万用表	会计算会判断	
4	用万用表测量线圈/触点等(随意)	测量前验电	万用表	操作正确	

依次测量三相相间直阻,并正确记录数据。数据记录形式可以是 AB、AC、BC,或者黄绿、黄红、红绿。测量时记住测量顺序,避免重复测量。

2.4 操作实施 3 测量绝缘电阻

序号	操作步骤	操作要求	操作工器具	测评标准	备注
1	选择正确档位	1. 使用绝缘电阻测量插孔 2. 电压等级选择 500 V	绝缘兆欧表	选择 500 V 测量 380 V 三相电机	
2	校零	将表笔短接,绝缘表显示为零,放开显示为 550 MΩ	绝缘表	正确数值应为 0	
3	测量绝缘电阻	将一支表笔接触接地外壳,另一支表笔接触三相其中一相,然后按下测试键(表笔上自带或者绝缘表本体上)	绝缘表	接地一端不能放在带有绝缘的地方,如油漆、塑料纸等	
4	记录数据	测量完成后关闭绝缘表电源,记录数据。数据记录形式＞?MΩ	绝缘表	正确记录,格式为＞?MΩ,也可以文字描述:大于?兆欧	
5	判断	绝缘电阻＞0.5 MΩ则为合格	绝缘表	正确读取数值,并能够根据标准判断	
6	使用兆欧表测量其他设备绝缘(教员指定)	被测物不带电,工作前验电,将一支表笔接触接地外壳,另一支表笔接触三相其中一相,然后按下测试键	绝缘表	接地一端不能放在带有绝缘的地方,如油漆、塑料纸等	

1. 选择正确挡位

测试线应插在绝缘电阻测量的插口中,转换开关旋转至 500 V 挡。

2. 校零

将两根表笔短接,按下测试键后绝缘表应显示为 0,放开两表笔应显示为 550 MΩ(500 V 挡最大显示 550 M,250 V 挡最大显示 220 M,1000 V 挡最大显示 11 G)。

3. 测量绝缘电阻

将一支表笔接触外壳,另一支表笔接触三相其中一相,然后按下测试键(表笔上自带或者绝缘表本体上)。如果很快绝缘值上升到 550 MΩ,则可停止;如果绝缘值上升比较慢,则测量一分钟的绝缘值;如果绝缘值稳定在某一数值,则直接读取。

2.5 操作实施 4 使用钳形电流表测量电流

序号	操作步骤	操作要求	操作工器具	测评标准	备注
1	选择正确档位	1. 转换开关转至电流测量档; 2. 测量电流无需插入表笔。	钳形电流表	正确档位	

续表

序号	操作步骤	操作要求	操作工器具	测评标准	备注
2	调零	Zero(归零)按钮:将显示屏归零以进行测量。	钳形电流表	正确操作	
3	测量带电导线电流(教员指定)	1. 在归零前,请确保钳口已闭合并且钳口之间没有导线; 2. 测量时,应使被测导线处在钳口的中央,并使钳口闭合紧密,以减少误差; 3. 被测线路的电压不得高于钳表的额定电压; 4. 观测表计时,要特别注意保持头部与带电部分的安全距离。	钳形电流表	正确操作、读数	
4	测量锁定电流最大值	Min Max(最小值最大值)按钮,该功能档适用于 Current(电流)、Voltage(电压)和 Hz(频率)模式。 1. 按一次按钮将仪表设为 MAX(最大值)模式。 2. 再按一次按钮将仪表设为 MIN(最小值)模式。 3. 第三次按按钮,仪表显示读数的 AVG(平均值)。 4. 按住按钮超过 2 秒钟可使仪表返回到正常操作状态。	钳形电流表	正确操作	
5	测量完毕	将转换开关放在 OFF 处。	钳形电流表	正确操作	

2.6 操作实施 5 现场清理及工后总结

1) 所有工作完成后,工作负责人对实操工作完成情况进行确认。
2) 视时间富余情况,可以选用其他设备操作测量试验。
3) 清理工作现场,做到工完料尽。
4) 借用的工器具清点,并归还仓库。
5) 召开工后会议,对工作完成情况进行总结。

第三章　故障判断和排除

万用表、钳形电流表、兆欧表无显示或测量不准确。

故障现象:万用表、钳形电流表、兆欧表无显示或测量不准确,几次测量偏差大;

原因分析与处理:万用表显示电池符号时须及时更换电池,否则测量结果不准确;使用万用表前应检查仪表标定有效期。

第四章　操作结束

4.1　工后总结

4.1.1　整理工器具

清点工器具、仪表，做到工完料尽，防止工具遗留在现场或者设备内。

4.1.2　清理场地

对工作区域进行清洁，清除工作过程中产生的垃圾。

4.1.3　数据整理

将测量产生的数据进行整理，将数据填入维修规程中，以便于编制工作报告。

4.1.4　记录测量仪器仪表型号、编号、有效期

记录兆欧表、万用表、钳形电流表型号、编号、有效期，以便编制工作报告。

	仪表型号	仪表编号	有效期
万用表			
兆欧表			
钳形电流表			

4.1.5　工后会

工后会是对整个工作的过程的回顾以及必要的经验反馈。

回顾工作过程：工作票已归还，场地已清理，设备标牌完好，对检修任务进行评价，是否达到预期的目的，试验设备与工器具已经归还。

工作后的经验反馈是对以后同类型的电动执行机构工作的经验积累，以提高工作的检修技能，能够更好的完成检修工作，其主要有以下内容：

1）工期是否安排合理；

2）工作人员是否配备充足；

3）工作文件的合理性；

4）工作人员的检修技能是否满足要求；

5）规程、图纸是否需要升版；

6）检查过程中的异常；

7）工作的经验反馈；

8）协调事项。

4.2 培训总结

以上常用电工仪表广泛应用于预防性检修、纠正性检修及运行设备巡检、设备投复役操作。要求学员认真听取各环节操作要点，多动手，多体验，掌握电动执行机构操作基本技能及常用检修工器具的基本操作，并对常见缺陷有一定的认识，对今后的工作有一定的指导。

4.3 评判

学员对操作测量工作进行简述，并说明其中的关键点以及注意事项。教员对学员的陈述简要记录，根据阐述评判学员的掌握情况。其中隔离验证，抽屉检查细节需要详细阐述。教员指出学员实操阐述过程中的错误以及需要注意的事项，并且依据评判表，对学员的学习情况作出整体评判。

第五章　经验反馈

万用表操作错误导致 1RRI110UP 掉电事件。

1. 事件描述

2013 年 2 月 27 日 14 时，1 号主控操纵员发现 1RRI106VN 无法开启，怀疑阀门卡涩，联系维修一处机械人员紧急处理。机械人员现场确认阀门中性点正常，确认是失气开，怀疑阀门吸住。机械人员略微松开中法兰螺栓，回紧螺栓，经操作验证开关正常，重新调整中性点，未发现其他异常，主控操纵员要求仪控人员进一步检查电磁阀。

15 时 30 分，1 号主控操纵员电话联系仪控人员，要求检查 1RRI106VN 不能远程操作故障缺陷。16 时，主控交接班后，仪控人员办理紧急票到现场检查 1RRI106VN 电磁阀，仪控人员模拟 1RRI006SN 液位高信号使 1RRI106VN 的电磁阀带电，监护人电话联系主控要求配合关闭 1RRI106VN。在监护人打电话过程中，仪控工作负责人员独自用万用表检查 1RRI106VN 电磁阀是否带电，未发现万用表表笔插在电流插孔中，万用表操作错误导致电磁阀电源正负两端短路，导致 1RRI110UP 掉电。

1 号主控触发 1KSA008AA(1L509B 排 48 VDC 失电)报警。1RRI110UP 掉电导致 1DEG201GF 跳闸，1RRI036VN 开启。

仪控工作负责人发现 1RRI110UP 掉电，意识到测量可能有问题，马上检查万用表状态，发现表笔插孔错误问题，随即对 1RRI110UP 恢复上电。1RRI110UP 掉电问题处理好后，主控操纵员重新安排启动 1DEG201GF。

2. 根本原因

工作负责人自检不够，在使用万用表过程中，操作错误。测量电压时，只是将万用表挡位调至电压挡，而表笔插在测电流的插孔。

3. 促成原因

工作人员在工作过程中，存在用万用表表笔短接信号的不良习惯，以及在使用万用表后没有将万用表表笔恢复到电压插孔的习惯。

工作小组成员之间缺少充分交流，工作负责人未与监护人沟通就独自进行操作，使监护的作用失效。

4. 纠正行动

1）学习《核电厂人因管理手册》，强调工作中利用好防人因失误工具。

2）科队、班组要强调工作中出现类似操作失误导致设备掉电情况时，务必要先汇报主控，与主控沟通后再采取相应措施。

第六章　习　题

6.1　选择题

万用表(FLUKE179 型)主要功能是什么?(D)

A. 交流/直流电压测量

B. 交流/直流电流测量

C. 电阻/电容测量

D. 以上全是

6.2　判断题

1. 万用表是用于测量绝缘电阻的仪表。 (×)

2. 在归零前,请确保钳口已闭合并且钳口之间没有导线。 (√)

3. 使用钳形电流表测量时,被测导线是否处在钳口的中央无所谓,关键是钳口闭合紧密,以减少误差。 (×)

6.3　简答题

使用兆欧表测量绝缘工作要求是什么?

1) 使用摇表测量高压设备绝缘,应由两人担任。

2) 测量用的导线,应使用绝缘导线,其端部应有绝缘套。

3) 测量绝缘时,必须将被测设备从各方面断开,验明无电压,确实证明设备无人工作后,方可进行。在测量中禁止他人接近设备。

4) 在有感应电压的线路上(同杆架设的双回线路或单回路与另一线路有平行段)测量绝缘时,必须将另一回线路同时停电,方可进行。

5) 在带电设备附近测量绝缘电阻时,测量人员和摇表安放位置,必须选择适当,保持安全距离,以免摇表引线或引线支持物触碰带电部分。移动引线时,必须注意监护,防止工作人员触电。

第六部分 阀门类设备

第一章 操作准备

1.1 原理描述

1.1.1 闸阀

(1) 阀门结构

见图 1-1。

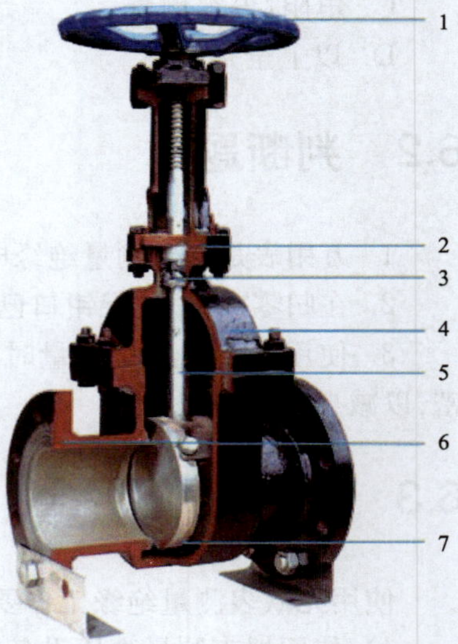

图 1-1 阀门结构

1—操作手轮;2—支架;3—填料密封函;4—阀盖;5—阀杆;6—阀体;7—闸板

(2) 工作原理

闸阀是依靠闸板密封面与闸座密封面的互相贴合来阻止介质流通,将闸阀的阀板提升至阀体的上部空间时,阀板离开了闸座保证了介质的通路。

(3) 阀门特点

闸阀的优点是在完全打开时流体阻力小,非故障情况下打开和关闭闸阀时比较省力。另外,闸阀可以在介质双向流动的情况下使用,没有方向性要求,全开时密封面不易冲蚀,结构长度短,不仅适合做小直径阀门,而且适合做大直径的阀门。闸阀在电厂里有大范围的应用,其直径范围从 50 mm 至 1 200 mm 不等,在电厂包括核岛和常规岛的很多系统都有应用。

闸阀的缺点是高度大,完全打开或关闭闸阀所需要的时间会比较长。在打开或关闭过程中,阀门的密封面容易被冲蚀,不适合用于含悬浮物和析出结晶的场合。

(4) 阀门类型

闸阀按阀杆的螺纹位置划分,可分为明杆闸阀和暗杆闸阀两种。明杆闸阀的闸板随阀杆一起作直线运动。暗杆闸阀的阀杆螺母设在闸板上,手轮转动带动阀杆转动,而使闸板提升。

1) 明杆式

明杆式闸阀的阀杆螺纹露在阀杆的上部,与之配合的阀杆螺母装在操作手轮中心位置,旋转操作手轮就是旋转螺母,阀杆作上下直线运动,从而使阀杆升降(图 1-2)。

明杆式闸阀的打开或关闭程度可以从螺纹中看出，便于操作，另外也便于阀杆螺纹的润滑和检查，特别是螺纹部分不与介质接触，可避免腐蚀性介质的腐蚀。但是，明杆式闸阀的螺纹外露，容易粘上空气中的灰尘，会加速阀杆和螺母的磨损。

2）暗杆式

暗杆式闸阀的阀杆螺纹在阀杆的下部，与闸板中心螺母配合，升降闸板需要靠旋转阀杆来实现，阀杆随着操作手轮作旋转运动，闸板在中心螺母的带动下作上下直线运行，完成打开或关闭过程(图 1-3)。

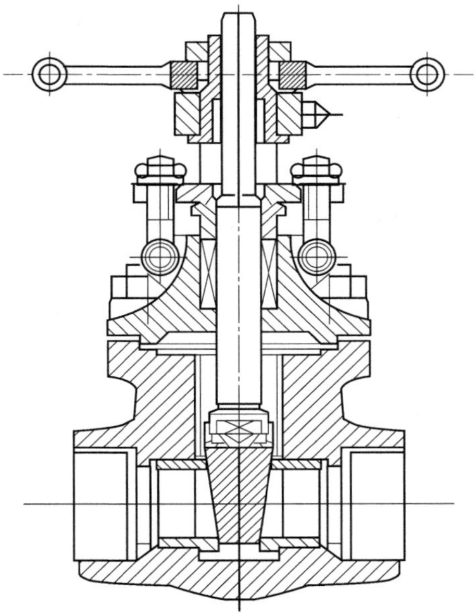

图 1-2　明杆式闸阀

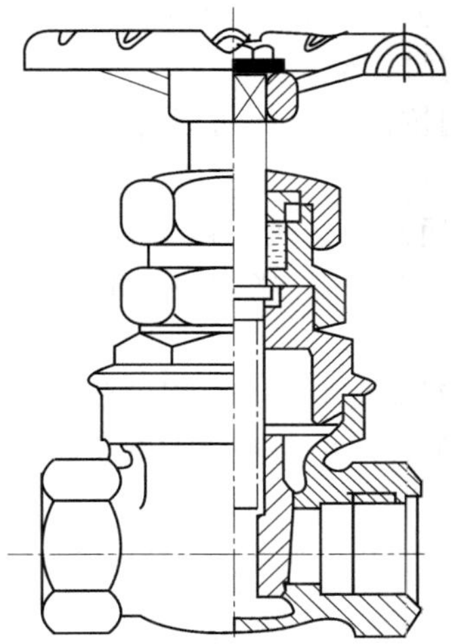

图 1-3　暗杆式闸阀

暗杆式闸阀在开启时手轮及阀杆并不升高，适合于安装在操作位置受到限制的地方，但它的打开或关闭程度难以掌握。另外，暗杆式闸阀的阀杆螺纹与介质接触，易腐蚀损坏。

(5) 阀门的密封

闸阀的阀杆的密封最普遍的方法是用柔性材料充填的填料函密封方式。为了把有压力的流体保持在阀门内，填料函内的填料通过填密螺母或密封压盖受压缩，并紧贴阀杆。

在对密封要求比较高的场合，不允许介质泄露至空气中，一般在阀杆处设置多个填料函，并在填料函之间进行引漏，这样可以保证介质不会从阀杆泄漏至外界。

(6) 阀门状态

因闸阀的构造特点，在系统中闸阀一般只作为隔离阀使用，而不作为调节阀使用。正常情况下，闸阀在系统中只有两种状态，要么是全开状态，要么是全关状态。

1.1.2 截止阀

(1) 阀门结构

见图 1-4。

(2) 工作原理

截止阀是依靠阀杆压力,使阀瓣密封面与阀座密封面紧密贴合,阻止介质流通,阀门在打开和关闭过程中阀杆沿轴向移动。

(3) 阀门特点

截止阀在打开或关闭过程中,密封面之间摩擦力小,比较耐用。阀门的开启高度不大,不仅适用于中低压,而且适用于高压、超高压场合。截止阀只允许介质单向流动,安装时有方向性要求。它的结构长度大于闸阀,同时流体阻力较大,长期运行时,它的密封可靠性也不强。截止阀的作用主要是切断介质的通路,不能当节流阀使用。

图 1-4 截止阀

1—操作手轮;2—填料密封函;3—阀杆;4—阀盖;5—阀芯;6—阀体

(4) 阀门类型

截止阀按通道方向可以分三类:直通式、直角式、直流式,如图 1-5 所示。

1) 直通式截止阀安装于直线管路,由于操作方便,用得最多,但它的流体阻力大,介质在流过阀体时多次改变方向。

2) 直流式适用于阻力损失要求严的管路,但直流式阀杆倾斜,开启高度大,操作不便。

3) 直角式截止阀安装于垂直相交的管路,常用于高压。

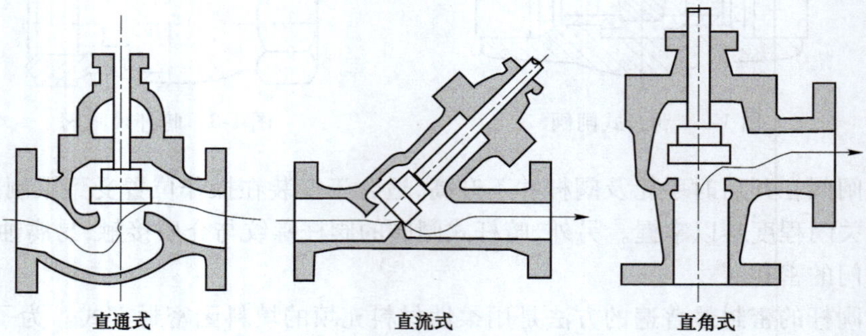

图 1-5 三类截止阀

(5) 阀门状态

因截止阀的构造特点,截止阀在节流状态下阀芯易冲蚀,故在系统中截止阀只作为隔离阀使用,而不作为调节阀使用。正常情况下,截止阀在系统中只有两种状态,要么是全开状态,要么是全关状态。

1.1.3 球阀

(1) 阀门结构

见图 1-6。

(2) 工作原理

球阀是靠旋转阀芯来阻止或打开介质通路的。球阀的阀芯是一个带贯通孔的球体，当该孔的中心轴线与阀门进出口的中心轴线重合时，介质通路畅通。当旋转阀芯 90°，使该孔的中心轴线与阀门进出口的中心轴线垂直时，介质通路闭塞。

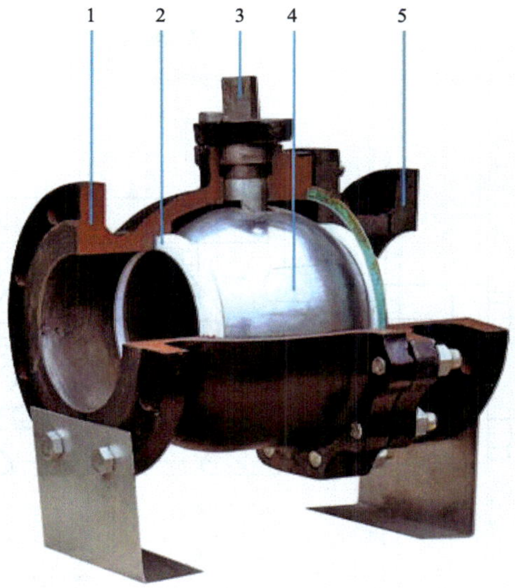

图 1-6　球阀

1—主阀体；2—阀座；3—阀杆；4—阀芯；5—副阀体

(3) 阀门特点

球阀开关轻便，相对体积小，可以做成很大通径的阀门。球阀密封可靠，结构简单，维修方便，密封面与球面常在闭合状态，不易被介质冲蚀。

球阀在介质回路中主要用于切断、分配和改变介质流动方向，并且设计成 V 形开口的球阀还具有良好的流量调节功能。

(4) 阀门类型

球阀可分浮动球式球阀、固定球式球阀、弹性球式球阀，另外还有一种特殊的球阀——V 形球调节球阀，这种球阀可以作为调节阀使用。

1) 浮动球式

浮动球式球阀的球体是浮动的，在球体两侧的介质压力差作用下，球体会产生一定的位移并紧压在出口端的密封面上，保证出口端的密封效果。

浮动球式球阀的结构简单，密封性好，但球体承受工作介质的载荷全部传给了出口密封圈，因此要考虑密封圈材料能否经受得住球体介质的工作载荷，在受到较高压力冲击时，球体可能会发生偏移。这种结构一般用于中低压球阀。

2) 固定球式

固定球式球阀的球体是固定的，在球体两侧的压力作用下不产生位移。固定球球阀都带有浮动阀座，受介质压力后，阀座产生移动，使密封圈紧压在球体上，以保证密封。通常在与球体的上、下轴上装有轴承，操作扭距小。

3) 弹性球式球阀

弹性球式球阀的弹性球体是在球体内壁的下端开一条弹性槽，而获得弹性。当关闭通道时，用阀杆的楔形头使球体涨开与阀座压紧达到密封。在转动球体之前先松开楔形头，球体随之恢复原形，使球体与阀座之间出现很小的间隙，可以减少密封面的摩擦和操作扭矩。

4) V 形球调节球阀

如图 1-7 所示。

1.1.4　隔膜阀

(1) 阀门结构

见图 1-8。

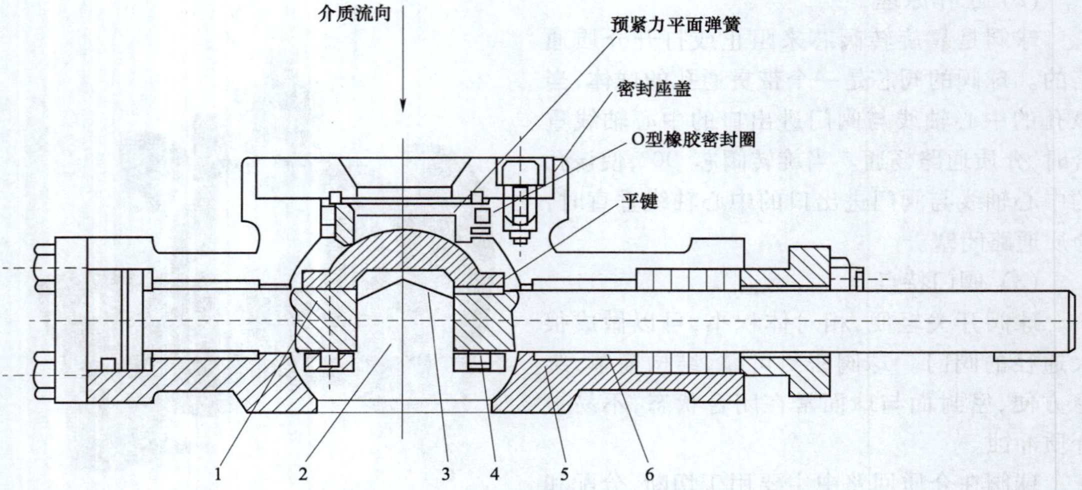

图 1-7　V 形球调节球阀

1—金属密封座或聚四氟乙烯阀座；2—自由流动孔；3—最佳控制特性流线型外形；4—固定件；5—阀体；6—双轴承

(2) 工作原理

隔膜阀是通过柔软的橡胶膜或塑料膜把流体与操作机构隔离，阀杆处也不再需要填料来阻止介质流过。柔性隔膜用拧进隔膜的双头螺栓与压缩器连接，压缩器在阀杆的带动下作上下运动。当压缩器升高时，隔膜提升到允许双向层流流动的流体通道的上方；当压缩器下降时，隔膜紧压住阀体的溢流道。

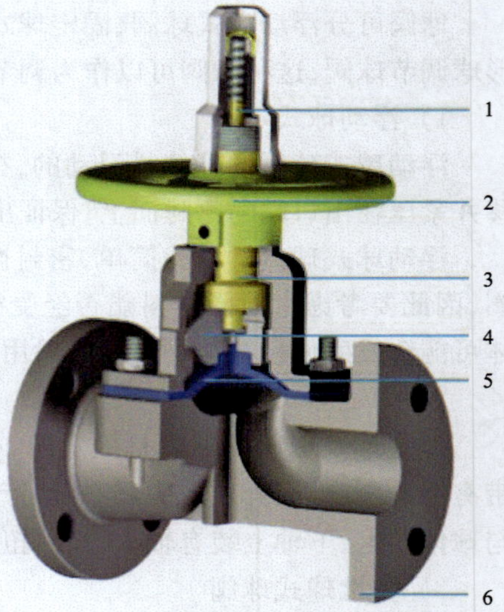

图 1-8　隔膜阀

1—阀杆；2—操作手轮；3—丝杆螺母；4—压缩器；5—橡胶膜；6—阀体

(3) 阀门特点

隔膜阀的流体阻力小，能用于含硬质悬浮物的介质，由于介质只跟阀体和隔膜接触，所以无须填料函，不存在填料函泄漏问题，对阀杆部分也无腐蚀的可能，只要对衬里材料和隔膜进行恰当的选择，便可适应广泛的腐蚀介质。

隔膜阀的缺点是耐压不高，一般在 6 kg/cm^2 之内，耐温性能也受隔膜的限制，一般只能耐 60 ℃、80 ℃，最高(氟化橡胶)也不超过 180 ℃。

(4) 阀门类型

隔膜阀可按结构形式分三类：屋脊式、截止式、闸板式。

1) 屋脊式

屋脊式隔膜阀也叫突缘式，是最基本的一类(图 1-9)。阀体是衬里的，可以发挥它的耐腐蚀特性。

2）截止式

截止式隔膜阀的结构形状(图 1-10)与截止阀相似。流体阻力比屋脊式大,但密封面积大,密封性能好,可用于真空度高的管路。

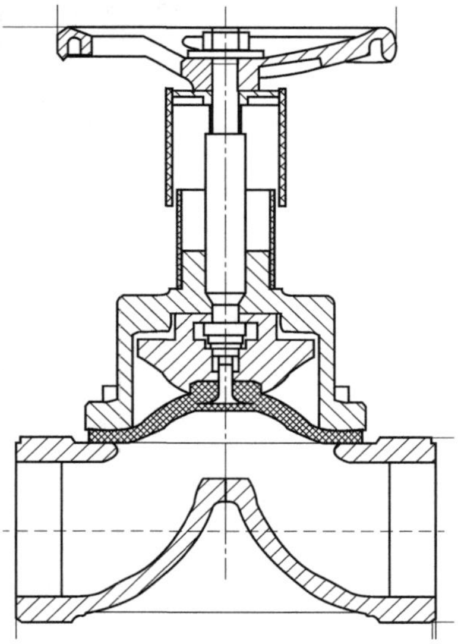

图 1-9　屋脊式隔膜阀

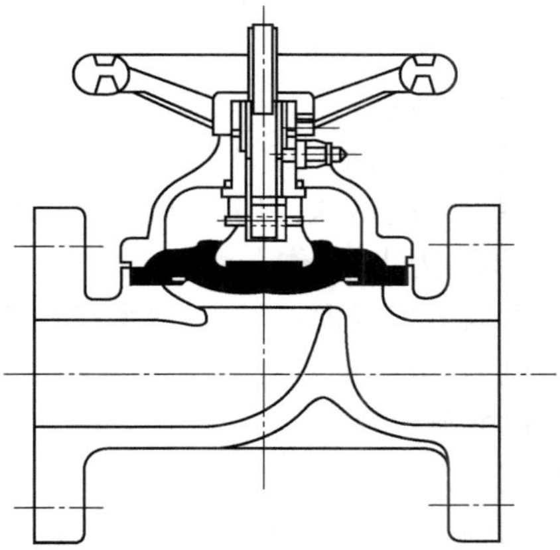

图 1-10　截止式隔膜阀

3）闸板式

闸板式隔膜阀的结构形式(图 1-11)与闸阀相似。流体阻力最小,适合于输送黏性物料。

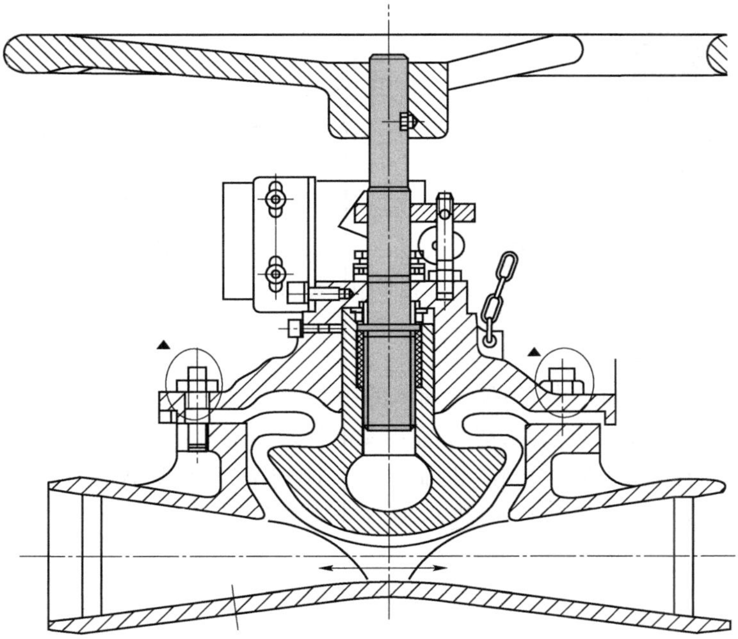

图 1-11　闸板式隔膜阀

1.1.5 蝶阀

(1) 阀门结构

(2) 工作原理

蝶阀,也叫蝴蝶阀,它的关键性部件好似蝴蝶逆风,自由回旋。实际上,它的阀瓣是一个圆盘,围绕阀座内的一个轴旋转。阀瓣旋角的大小,便是阀门的开闭度。

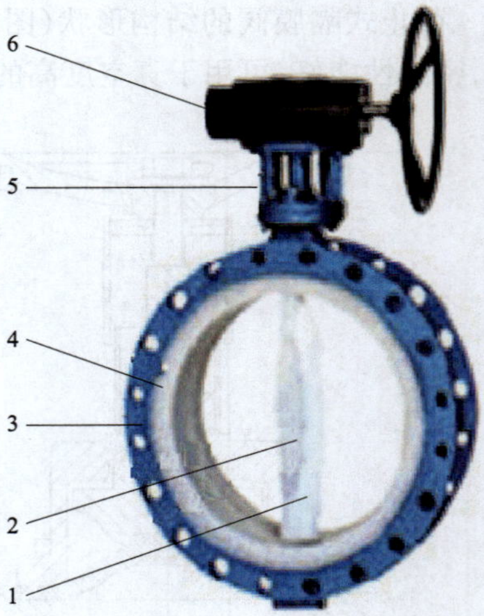

图 1-12 蝶阀

1—蝶板密封面;2—蝶板;3—阀体;4—阀座;5—支架;6—驱动装置

(3) 阀门特点

蝶阀具有轻巧的特点,比其他阀门要节省许多材料,结构简单,开闭迅速,只需旋转 90°;切断和节流都能应用,流体阻力小,操作省力。

蝶阀可以做成很大口径,一般大口径蝶阀,使用蜗轮蜗杆或电力、液压来驱动。蝶阀比闸阀要经济,而且调节流量的性能也要好。

(4) 阀门类型

根据结构形式,蝶阀可分成中线蝶阀和偏心蝶阀,其中偏心蝶阀又分为单偏心蝶阀、双偏心蝶阀、三偏心蝶阀三种类型。

1) 中线蝶阀

中线蝶阀阀板的回转中心(即阀轴中心)位于阀体的中心线和蝶板的密封截面上的蝶阀。靠近阀轴处两端的阀座密封面容易磨损,影响阀门使用寿命(图 1-13)。

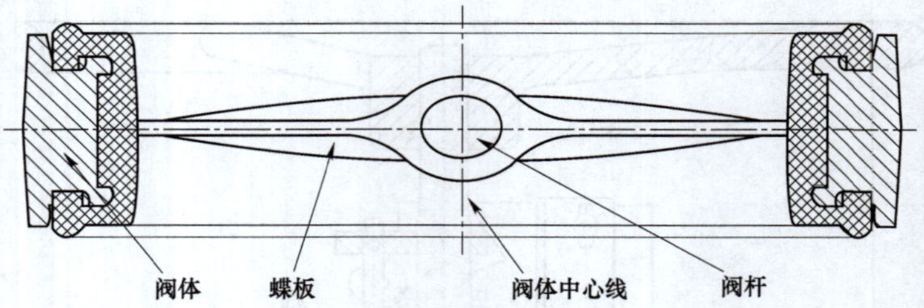

图 1-13 中线蝶阀

2) 单偏心密封蝶阀

阀板的回转中心(即阀轴中心)位于阀体的中心线上且与蝶板密封截面形成一个偏置尺寸α的蝶阀(图 1-14)。关闭蝶阀时,蝶板的外圆密封表面逐渐接近并挤压阀座使阀座产生弹性变形,形成的弹性力作为密封比压,保证密封。该阀全开时,蝶板与阀座密封面间形成一个间隙χ。优点是减少密封圈的摩擦,提高阀门使用寿命。

1.1.6 安全阀

(1) 阀门结构

见图 1-15。

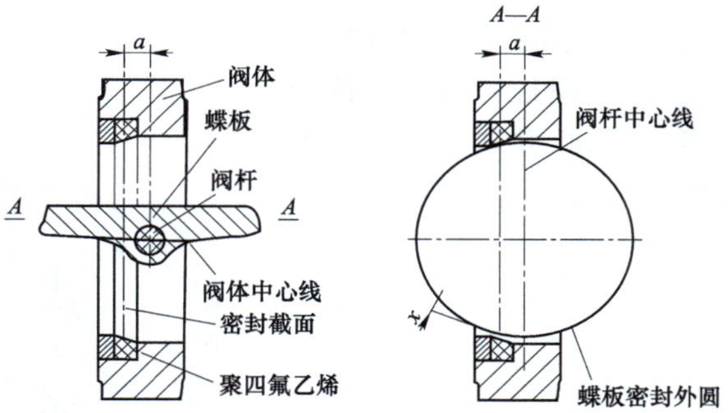

图 1-14　单偏心密封蝶阀

(2) 工作原理

阀闭合：安全阀属反作用力型的阀门，靠弹簧等作用力加载，旁侧分流卸压，流体压力作用在阀瓣承受面上，以提供克服加载压力所需的力，当流体压力小于校准压力(加载压力)时，阀门处于闭合状态。

阀开启：当流体压力上升与校准压力达到平衡时，作用在阀瓣上的压力可以使阀瓣上移，阀门微微开启，使流体流通，此时流体微弱地流过下部调节圈内表面，并向上方偏流。流体又作用在支承面以外阀瓣下表面和活塞(如果有)下表面上，其推力大增并使阀瓣突然上升到全部行程的 2/3 左右。

阀全开：当流体压力继续增加，作用在阀瓣和活塞上的力也增加，当增加至开启压力 3%以上时，阀瓣完全升起，阀门全开，以最大流量卸压。如果流体压力降低，对阀瓣的作用力低于校准压力，阀瓣也随之下降到闭合位置。

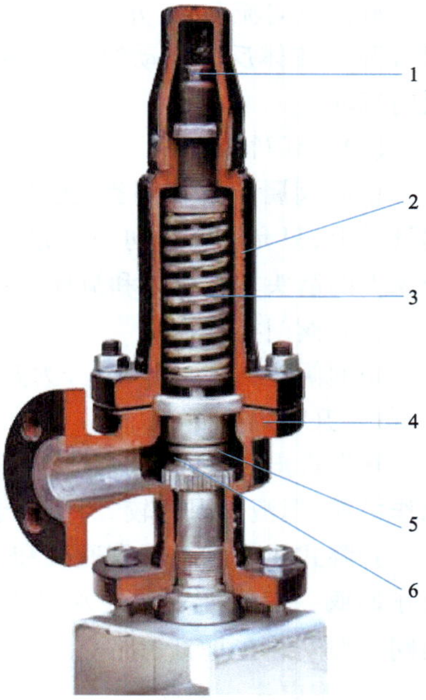

图 1-15　安全阀

1—阀杆；2—阀盖；3—弹簧；4—阀体；5—阀瓣；6—阀座

(3) 阀门类型

安全阀按结构分主要有两大类：弹簧式和杠杆式。随着大容量的需要，又有一种脉冲式安全阀，也称为先导式安全阀，由主安全阀和辅助阀组成。当管道内介质压力超过规定压力值时，辅助阀先开启，介质沿着导管进入主安全阀，并将主安全阀打开，使增高的介质压力降低。

1) 弹簧式

弹簧式安全阀是利用压缩弹簧的力来平衡作用在阀瓣上的力，阀门结构轻便紧凑，灵敏度也比较高，安装位置不受限制，而且因为对振动的敏感性小。

2) 杠杆式

杠杆式安全阀是一般利用重锤和杠杆来平衡作用在阀瓣上的力，根据杠杆原理，它可以使用质量较小的重锤通过杠杆的增大作用获得较大的作用力，并通过移动重锤的位置(或变换重锤的质量)来调整安全阀的开启压力。这种安全阀结构简单，调整容易而又比较准确，所加的载荷不会因阀瓣的升高而有较大的增加，适用于温度较高的场合。但重锤杠杆式安全阀结构比较笨重，加载机构容易振动，并常因振动而产生泄漏，其回座压力较低，开启后不易关闭及保持严密。

1.1.7 止回阀

(1) 阀门结构

见图 1-16。

图 1-16 止回阀

1—球芯；2—阀体

(2) 工作原理

流体正向流动时，介质的压力作用于阀瓣，使阀门打开。流体反向流动时，处于闭合状态阻止流体反向流动。

(3) 阀门特点

止回阀属于自动阀类，主要用于介质单向流动的管道上，只允许介质向一个方向流动。止回阀的使用有方向性要求，其安装必须严格按照阀体上的箭头方向保持和流体流动方向一致。

(4) 阀门类型

止回阀按结构划分，可分为升降式止回阀、旋启式止回阀。

1) 升降式止回阀

升降式止回阀的结构一般与截止阀相似(图 1-17)，其阀瓣沿着通道中以线作升降运动，动作可靠，但流体阻力较大，适用于轻小口径的场合。

升降式止回阀可分直通式和立式两种。直通式升降止回阀一般只能安装在水平管路上，而立式升降止回阀一般安装在垂直管路上。

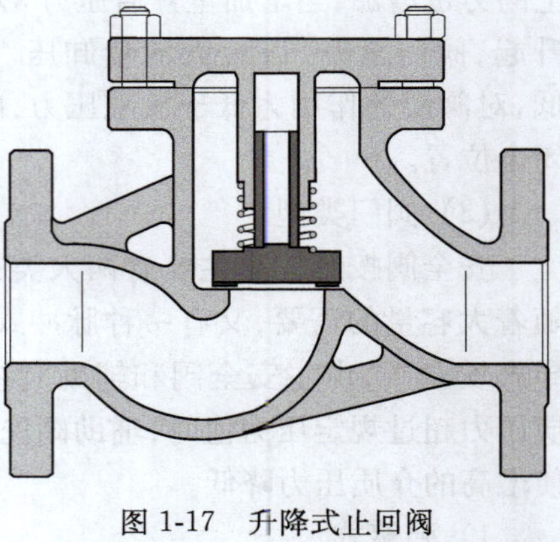

图 1-17 升降式止回阀

2) 旋启式止回阀。

旋启式止回阀的阀瓣绕转轴作旋转运动(图 1-18)。其流体阻力一般小于升降式止回阀，它适用于较大口径的场合。

1.1.8 减压阀

(1) 阀门结构

见图 1-19。

(2) 工作原理

减压阀工作主要靠活塞、膜片、弹簧、先导阀等敏感元件改变阀瓣和阀座间的间隙来调节流体阻力，达到自动降低压力的作用。

(3) 阀门特点

减压阀采用控制阀体内的启闭件的开度来调节介质的流量，将介质的压力降低，同时借助阀后压力的作用来调节启闭件的开度，使阀后压力自动保持在一定范围内，在进口压力不断变化的情况下，可以保持出口压力在设定的范围内。

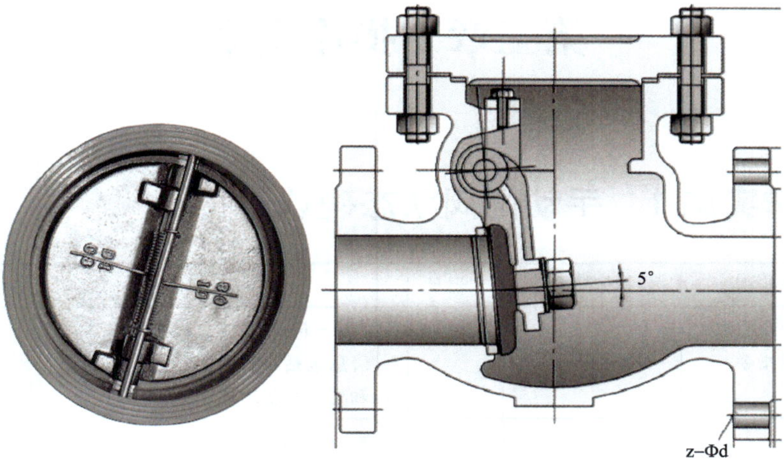

图 1-18 旋启式止回阀

减压阀的使用有方向性要求，其安装必须严格按照阀体上的箭头方向保持和流体流动方向一致。

(4) 阀门类型

减压阀按结构形式可分为膜片式、弹簧薄膜式、活塞式、杠杆式和波纹管式，按阀瓣的位置不同可分为正作用式和反作用式。

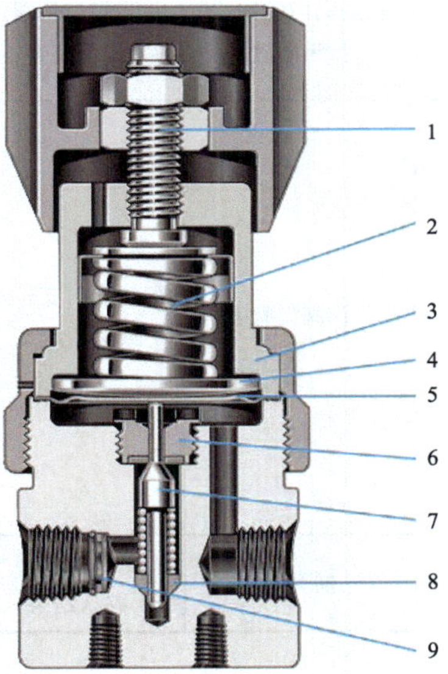

图 1-19 减压阀

1—阀杆；2—量程弹簧；3—两件式阀盖；4—止动板；5—波纹隔膜；6—阀座；7—阀芯；8—提升阀芯减震器；9—网状进口过滤器

1.2 设备准备

需要准备闸板、截止阀、球阀、蝶阀、安全阀、逆止阀、减压阀等剖切设备。检查设备或模型是否有损坏，以确保教学过程的顺利实施。

1.3 辐射防护准备

模拟体无辐射风险，教学过程中不需要模拟实施辐射防护，但要说明在现场辐射控制区工作时，所要采取的防护措施，辐射防护的措施一般为穿戴基本的辐射防护用品，如手套、纸帽、连体服等。

1.4 工业安全准备

在实验室内培训不需要采取额外的工业安全防护措施。

第二章　操作实施

2.1　操作实施 1　手动闸阀状态确认

序号	操作步骤	操作要求	工器具	测评标准	备注
1	接受指令	接受指令		1. 使用三向交流。 2. 信息包括：阀门的双重名称（设备编码、设备名称）和要求的设备状态。	
2	找到需确认的阀门	确认阀门正确		1. 使用自检确认。 2. 确认设备的双重名称（设备编码和设备名称）与要求一致。	
3	找到阀门的阀位指示装置	找到阀门的阀位指示装置		如果阀门有阀位指示装置，则能够找到阀位指示装置。 确认阀位指示装置未发生断裂等明显的故障。	
4	确认阀门状态	确认阀门在打开或关闭状态		1. 阀门有阀位指示装置：根据指示装置确认阀门的最终状态。 2. 阀门无阀位指示装置： (1) 能判断阀门是明杆式还是暗杆式阀； (2) 若阀门为明杆式，则能根据阀杆与手轮的相对位置判断阀门的状态，阀杆顶端与手轮螺母平齐即可判断为关，否则为开。开度大小需要通过转动手轮通过阀杆长度变化来判断； (3) 若为暗杆式阀门，有条件的情况下可以通过系统压力、流量和疏水排气情况来综合判断。	
5	汇报下令人	汇报最终的确认结果		1. 使用三向交流。 2. 如果无法判断阀门的状态，如实汇报。	

2.2　操作实施 2　手动截止阀状态确认

序号	操作步骤	操作要求	工器具	测评标准	备注
1	接受指令	接受指令		1. 使用三向交流。 2. 信息包括：阀门的双重名称（设备编码、设备名称）和要求的设备状态。	
2	找到需确认的阀门	确认阀门正确		1. 使用自检确认。 2. 确认设备的双重名称（设备编码和设备名称）与要求一致。	

续表

序号	操作步骤	操作要求	工器具	测评标准	备注
3	找到阀门的阀位指示装置	找到阀门的阀位指示装置		1. 如果阀门有阀位指示装置，则能够找到阀位指示装置。 2. 并确认阀位指示装置未发生断裂等明显的故障。	
4	确认阀门状态	确认阀门在打开或关闭状态		1. 阀门有阀位指示装置：根据指示装置确认阀门的最终状态。 2. 阀门无阀位指示装置： (1) 能判断阀门是明杆式还是暗杆式阀； (2) 若阀门为明杆式，则能根据阀杆与手轮的相对位置判断阀门的状态，阀杆顶端与手轮螺母平齐即可判断为关，否则为开；开度大小需要通过转动手轮通过阀杆长度变化来判断； (3) 若为暗杆式阀门，有条件的情况下可以通过系统压力、流量和疏水排气情况来综合判断。	
5	汇报下令人	汇报最终的确认结果		1. 使用三向交流。 2. 如果无法判断阀门的状态，如实汇报。	

2.3 操作实施 3 手动球阀状态确认

序号	操作步骤	操作要求	工器具	测评标准	备注
1	接受指令	接受指令		1. 使用三向交流。 2. 信息包括：阀门的双重名称（设备编码、设备名称）和要求的设备状态。	
2	找到需确认的阀门	确认阀门正确		1. 使用自检确认。 2. 确认设备的双重名称（设备编码和设备名称）与要求一致。	
3	找到阀门的阀位指示装置	找到阀门的阀位指示装置		1. 能够找到阀位指示装置。 2. 确认阀位指示装置未发生断裂等明显的故障。	
4	确认阀门状态	确认阀门在打开或关闭状态		根据指示装置确认阀门的最终状态。	
5	汇报	汇报最终的确认结果		1. 使用三向交流。 2. 如果无法判断阀门状态，如实汇报。	

2.4 操作实施 4 手动蝶阀状态确认

序号	操作步骤	操作要求	工器具	测评标准	备注
1	接受指令	接受指令		1. 使用三向交流。 2. 信息包括：阀门的双重名称（设备编码、设备名称）和要求的设备状态。	

续表

序号	操作步骤	操作要求	工器具	测评标准	备注
2	找到需确认的阀门	确认阀门正确		1. 使用自检确认。 2. 确认设备的双重名称(设备编码和设备名称)与要求一致。	
3	找到阀门的阀位指示装置	找到阀门的阀位指示装置		1. 能够找到阀位指示装置。 2. 确认阀位指示装置未发生断裂等明显的故障。	
4	确认阀门状态	确认阀门在打开或关闭状态		根据指示装置确认阀门的最终状态。	
5	汇报	汇报最终的确认结果		1. 使用三向交流。 2. 如果无法判断阀门状态,如实汇报。	

2.5 操作实施5 手动隔膜阀状态确认

序号	操作步骤	操作要求	工器具	测评标准	备注
1	接受指令	接受指令		1. 使用三向交流。 2. 信息包括:阀门的双重名称(设备编码、设备名称)和要求的设备状态。	
2	找到需确认的阀门	确认阀门正确		1. 使用自检确认。 2. 确认设备的双重名称(设备编码和设备名称)与要求一致。	
3	找到阀门的阀位指示装置	找到阀门的阀位指示装置		1. 能够找到阀位指示装置。 2. 确认阀位指示装置未发生断裂等明显的故障。	
4	确认阀门状态	确认阀门在打开或关闭状态		根据指示装置确认阀门的最终状态。	
5	汇报	汇报最终的确认结果		1. 使用三向交流。 2. 如果无法判断阀门状态,如实汇报。	

2.6 实施中需要特别注意的几个关键点

1) 在阀门确认过程中,若无法通过目视判断阀门状态来判断阀门状态,则需要根据系统的压力、疏排水、排气等情况来进行判断。

2) 多数的球阀操作杆与管道水平时,阀门为打开状态,但也存在不一致的阀门,所以这类阀门的判断不能仅依靠阀门操作杆来判断。

3) 如果阀门既没有阀位指示,也无法通过系统压力、流量、疏排介质来确认,则必须汇报。

第三章　故障检查和处理

常见故障现象和判断方法如下。

序号	故障现象	判断方法	故障原因分析	故障排除方法
1	疏水阀、排气阀泄漏	阀门出口是否有介质流出	阀门未关到位	将阀门重新关闭到位
			阀芯与阀座间有异物	在获得授权的情况下，稍开阀门以便将异物冲走，再重新关闭阀门
			阀门损坏	发工作申请
2	安全阀泄漏	管道压力明显低于安全阀设定压力，安全阀出口是否仍有介质流出	安全阀未回座到位	发工作申请
3	止回阀泄漏	泵未运行，但反转	泵出口止回阀内漏	汇报，发工作申请
			泵出口止回阀未关到位	有重锤等外在机构的止回阀，可以通过外力助阀门关闭到位，否则，发工作申请
4	减压阀漂移	减压阀后压力维持不住，过高或过低	减压阀设定值偏移	汇报，获得授权后重新调整减压阀或发工作申请
5	阀门填料处泄漏	是否有介质沿阀杆向外渗漏，或填料密封处的引漏管是否有介质流出	阀门填料或阀杆有缺陷	发工作申请

注：部分阀门可以摇至全开或全关位以减少泄漏。

第四章 操作结束

4.1 总结

电厂的阀门类型较多,一般由电动执行机构、气动执行机构、液压执行机构等驱动的阀门带有阀位指示装置,对于这些阀门开、关状态可以通过阀位指示装置来判断。

手动阀门中一般暗杆式的阀也会带有阀位指示装置,但明杆式多数是不带有阀位指示装置。有阀位指示的暗杆式、明杆式阀门,运行人员均需要在确认阀位指示装置无明显缺陷的情况下,以阀位指示装置的指示作为阀门开、关状态判断的依据。

明杆式阀门在无阀位指示装置的情况下可以通过检查阀杆的位置来进行判断,另外还可以辅以系统压力、流量、疏水排气等情况来判断。

其关键点为:接受任务时需要使用三向交流,并在确认时核对阀门的编码和名称一致。无法判断设备状态的也要如实汇报,以寻求专业人员的帮助。

4.2 评价

学员对阀门的状态确认过程进行阐述,并说明其中的关键点以及注意事项。教员对学员的陈述简要记录,根据学员的阐述评判学员的掌握情况,并对学员的学习情况作出整体评价。

第五章　经验反馈

1SRI045VN 及 1SRI047VN 未关严导致跑水介绍如下。

1. 事件简述

2015 年 11 月 13 日，方家山 1 号机组大修进行中，大修值执行 1D28-04(类似对 RCW 系统充水排气)，发现 1SRI045VN、1SRI047VN 阀门带有关闭上锁的隔离(主隔离 1PW16068)，为防止实际阀门位置与隔离不一致，安排两组人在不打开锁链的情况下，用 F 扳手顺时针拧，拧不动，认为阀门已经关到位，继续进行 SRI 在线以及充水排气。至 19 时左右，现场已从低点至高点逐步确认排气阀出水后关闭相应排气阀，发现高位水箱液位仍在下降，报主控关自动补水阀；同时现场报 8.5 m 层有跑水。现场人员到 1SRI045VN、1SRI047VN 阀门处，撬开锁后 4 个人不能关闭这两个阀门，后改由两人用 F 扳手并由 4 人配合才把阀门关闭。同时关闭了 1SRI006VD(高位水箱稳压管道截止阀)。

随后对 0 m 层和−7.5 m 层设备进行遮盖、吸水清理，联系维修人员对重要设备进行吹干、烘干，测绝缘。

2. 事件后果

10 m 层和−7.5 m 层部分设备被水淋，PT 柜前门缝隙顺着前沿有少量滴水，处理及时，无设备损坏。

3. 获得的经验

对执行系统在线时核实阀门状态的两组人员进行访谈，均表示该阀门无限位或行程指示，当时带有关闭上锁的隔离，因此以 F 扳手向关闭方向施加力矩来确认是否关到位；人员执行阀门开关操作的技能不足。

主隔离执行人员回忆：当时阀门关不动，质疑了阀门操作方向，于是向打开方向进行操作，发现阀门操作灵活，后继续向关闭方向用力(使用了 F 扳手)至阀门不动，行程不明显，但认为阀门之前被别人关到位，于是上锁挂。人员执行隔离时对设备原状态质疑的态度不足，在没有足够依据的情况下判断阀门本来就在关状态。

第六章 习 题

实操题

鉴定点:确认手动闸阀的状态

试题:确认手动闸阀的状态

1. 准备要求

考场准备:

(1) 试题名称:确认手动闸阀的状态

(2) 本题分值:20

(3) 考核时间:6 min

(4) 考核形式:实操

(5) 设备设施准备:

序号	名称	规格	单位	数量	备注
1	闸阀		台	1	需要结构完整

2. 考核要求

(1) 本题分值:20

(2) 考核时间:6 min

(3) 考核形式:实操

(4) 具体考核要求:根据闸阀,熟悉其主要结构,能够确认阀门的状态

(5) 否定项说明:无

3. 配分与评分标准

序号	考核内容	考核要点	配分	评分标准	扣分	得分
1	接受指令	接受指令	3	1. 使用三向交流。 2. 信息包括:阀门的双重名称(设备编码、设备名称)和要求的设备状态。		
2	找到需确认的阀门	确认阀门正确	4	1. 使用自检确认。 2. 确认设备的双重名称(设备编码和设备名称)与要求一致。		
3	找到阀门的阀位指示装置	找到阀门的阀位指示装置	2	1. 如果阀门有阀位指示装置,则能够找到阀位指示装置。 2. 确认阀位指示装置未发生断裂等明显的故障。		

续表

序号	考核内容	考核要点	配分	评分标准	扣分	得分
4	确认阀门状态	确认阀门在打开或关闭状态	8	1. 阀门有阀位指示装置:根据指示装置确认阀门的最终状态。 2. 阀门无阀位指示装置。 3. 能判断阀门是明杆式还是暗杆式阀。 4. 若阀门为明杆式,则能根据阀杆与手轮的相对位置判断阀门的状态,阀杆顶端与手轮螺母平齐即可判断为关,否则为开;开度大小需要通过转动手轮通过阀杆长度变化来判断。 5. 若为暗杆式阀门,有条件的情况下可以通过系统压力、流量和疏水排气情况来综合判断。		
5	汇报下令人	汇报最终的确认结果	3	1. 使用三向交流。 2. 如果无法判断阀门的状态,如实汇报。		

否定项:

评分人: 年 月 日 核分人: 年 月 日

第七部分　泵类设备

第一章　操作准备

1.1　通用泵的基本原理介绍

1.1.1　泵的定义

泵是把原动机的机械能转换为抽送液体能量的机器。一般情况下,原动机通过泵轴带动叶轮旋转,对液体做功使其能量(包括位能、压能和动能)增加,从而使要求数量的液体从吸入池经泵的过流部分,输送到要求的高度或要求有压力的地方。

总之,凡是执行传递能量给液体,从而达到抽送液体的目的的机器,都统称为泵。

1.1.2　泵的分类

泵的种类很多,其主要类型按作用原理可分以下三大类(图 1-1)。

1）叶片式泵

它是利用叶轮的叶片和液体相互作用来输送液体,如离心泵、混流泵、轴流泵、旋涡泵等。

2）容积式泵

它是利用工作室容积周期性的变化来输送液体,如活塞泵、柱塞泵、隔膜泵、齿轮泵、螺杆泵等。

3）其他类型泵

包括只改变液体位能的泵,如水车等;利用液体能量来输送液体的泵,如射流泵、水锤泵等。

按泵所产生的全压高低分:

1）低压泵:扬程小于 2 MPa。

2）中压泵:扬程在 2～6 MPa。

3）高压泵:扬程大于 6 MPa。

另外,在核电站中也常常按泵在生产系统中的作用不同而分为:冷却剂泵、上充泵、高压安注泵、停冷泵、辅助给水泵、给水泵、凝结水泵、循环水泵等。

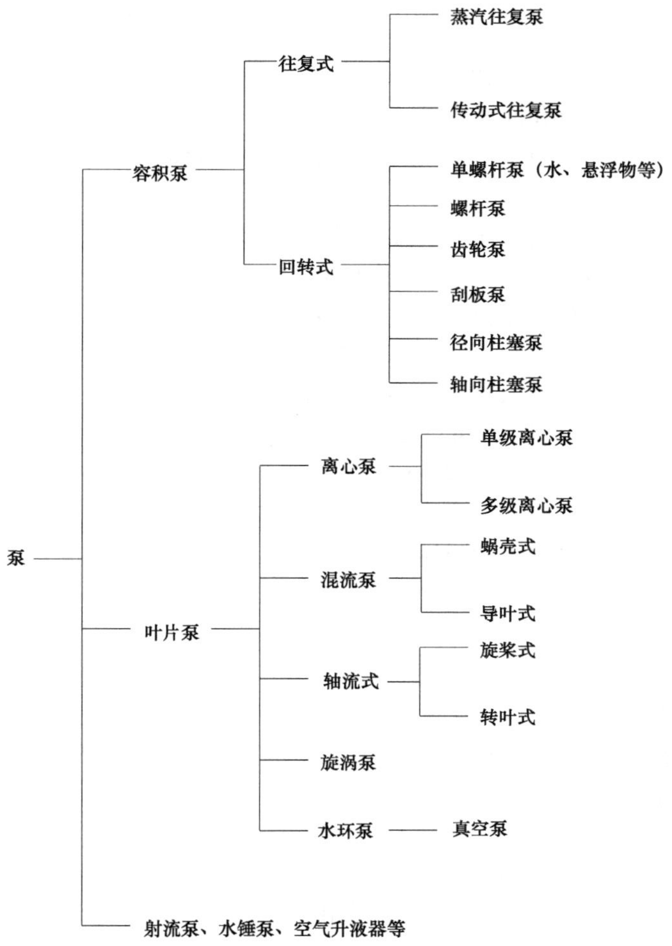

图 1-1 泵的分类

1.1.3 叶片泵的基本参数

1. 叶片泵的基本参数

叶片泵的基本参数包括泵的流量、扬程、效率、转速和功率，此外还有一个重要的参数，泵的气蚀余量。

(1) 流量

泵的流量有体积流量和质量流量之分。

1) 体积流量

体积流量是泵在单位时间内所抽送的液体的体积，即是从泵压出口的截面所排出液体的体积，用 Q 表示，单位为立方米每秒(m^3/s)，升每秒(l/s)，立方米每小时(m^3/h)。

2) 质量流量

质量流量是泵在单位时间所抽送的液体的质量，质量流量用 q 表示，其单位为千克每秒(kg/s)或吨每小时(t/h)。通常所说的泵的流量是指体积流量，仅在极少数情况下，如锅炉给水泵因其蒸发量是以 t/h 计的，故有时用质量流量来表示，因此，一般讲泵的流量就是指体积

流量 Q。

3）体积流量和质量流量之间的关系如下：

质量流量等于体积流量和液体密度的乘积。即

$$q=Q\times\rho \text{ 或者 } Q=q/\rho \text{（其中 } \rho \text{ 是指液体的密度）}$$

（2）扬程

泵的扬程是指单位重量的液体流过泵后其能量的增量。用字母 H 表示，单位为米(m)。

具体说明如下：泵所抽送的单位重量的液体从泵进口处(泵的进口法兰)到泵的出口(泵的出口法兰)能量的增值，称为扬程 H。其公式表达如下：

$$H=E_2-E_1$$

E_1 表示泵进口处单位重量液体的能量，m；

E_2 表示泵出口单位重量液体的能量，m。

注意：单位重量液体的能量由三部分组成，即压头、速度头和位置头。

（3）转速

转速是指单位时间内泵转子的回转数，以 n 表示，其单位为 r/min 或 r/s，一般用 r/min，指每分钟旋转的次数。

（4）功率

泵的功率是指泵的输入功率。即原动机传送给泵轴的功率，也叫轴功率，用 P 表示，也有用 N 表示，单位为 kW。

泵除了输入功率外，还有输出功率，输出功率是指液体流过泵时，由泵传递给液体的有用功率，用 P_u 表示，也有用 N_e 表示。

（5）效率

泵的效率是指泵的输出功率与输入功率之比值，用 η 表示。公式表达如下：

$$\eta=P_u/P \text{ 或者 } \eta=N_e/N$$

其中 P_u 或 N_e 表示输出功率 P 或 N 表示输入功率

另外

$$Ne=Q\rho gH$$

(Q 为流量，ρ 为密度，g 为常数，H 为扬程)

（6）气蚀余量 NPSH(Net Positive Suction Head)

气蚀余量分有效的气蚀余量和必需的气蚀余量两种，分别用符号 Δh_a 和 Δh_r 表示。

2. 主要部件及其功能

叶片泵的主要过流部件有泵的吸入室、叶轮、压出室和导流器等。

（1）吸入室

吸入室的功能是将液体从吸水管路引入叶轮的进口处。为了满足泵有较好的能量性能和气蚀性能，要求泵在液体流过吸入室时水力损失最小和液体流入叶轮进口时速度分布均匀。

（2）叶轮

叶轮是将能量传递给液体的部件。液体流过叶轮时从叶轮处得到能量，于是液体的动能与压能均增加，要求是在叶轮中水力损失最小。

（3）压出室

压出室的功能就是把叶轮出口流出来的液体收集起来，并把它送入压水管路。另外，压

出室还应尽量使液流速度降下来，使之尽量转化为压力能，在此过程也要求保证水力损失最小。

(4) 导流器

导流器在混流泵、轴流泵和长轴泵用得比较多，可改变出口水力性能，使出口流速均匀等，有对称空间导叶和扭曲导叶等型式，它有径向尺寸小，轴向尺寸大的特点。其水力性能和螺旋型压水室相比，效果稍差。

3. 叶片泵在管路系统中的运转

(1) 水泵的串联运转

当一个泵的扬程不够高时，可用两个泵串联运转。两个泵串联时，可把两个泵的特性曲线的纵坐标相加，可得到两串联泵的总特性曲线。其特性曲线如图 1-2。

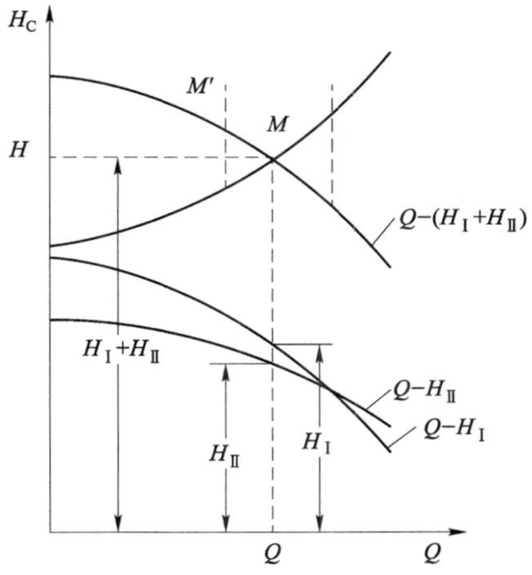

图 1-2　两台水泵串联运转特性曲线

串联注意事项：

1) 因为串联中的每台水泵流量相同，如果每台水泵的性能差异很大，就可能使容量小的水泵发生过载。所以泵或风机应尽可能具有相同的性能，即使有差异也不要过于悬殊。

2) 串联工作时处于后面的泵或风机必须具有足够的强度，以免因压力的升高而遭到破坏。

3) 应在全关出口阀门的情况下顺序逐级启动，以防启动电流过大，使电动机过载。如：两台泵串联时首先把两台泵的阀门都关闭，然后启动第一台泵，运行正常后打开第一台泵的出口阀门；再启动第二台泵，运行正常后，打开第二台泵的出口阀门。

(2) 水泵的并联运转

当水泵运转时，一个泵的流量不够用，可采用把两个泵并联起来用。关系如图 1-3 所示。两台或两台以上的泵向同一条管道输送流体的工作方式，称为并联工作。并联工作的主要目的，是为了增加输送的流量。

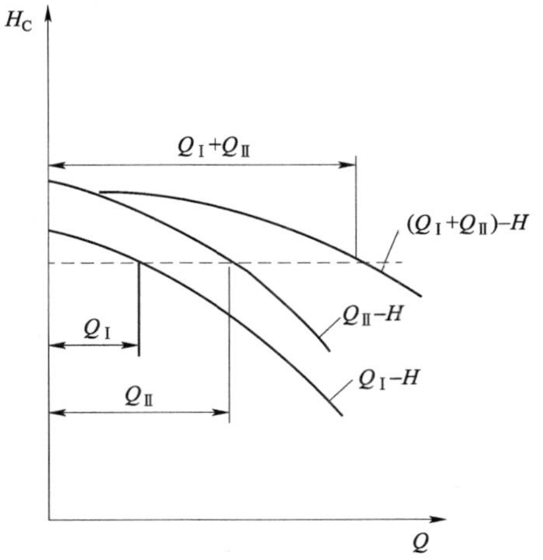

图 1-3　两台水泵并联运转特性曲线

通常在下列情况下，可以考虑采用并联工作方式：

1) 在输送的流量很大，采用一台大容量的设备造价太高，或制造上尚有困难时，可以将两台或两台以上的泵联合使用。

2) 运行中系统需要的流量有很大的变动时，也可以采用并联工作方式。流量大时，由两台或两台以上泵并联起来工作；流量小时，就停止其中某一台的运行来进行调节，使运行在流量变化比较大时仍有较高的经济性。

3) 若工程是分期进行的，第一期工程按当时的实际需要选用了设备，第二期工程扩建时就可以采用并联工作。这就既发挥了原有设备的作用，又能在扩建后满足负荷增长的需要。

为了运行的安全可靠,常常设置备用设备。运行设备之间也应该按并联方式连接,以便于机组的切换或投入并联运行。

但必须说明的是,要求两台泵最佳工况的扬程应尽量相近,以便运转时都在高效区运行工作。

1.1.4 叶片泵的工作原理及分类

1. 离心泵的工作原理

电厂采用的泵主要是离心泵,如辅助给水泵、给水泵、凝结水泵等。图 1-4 所示为一台安装在管路上的离心泵。

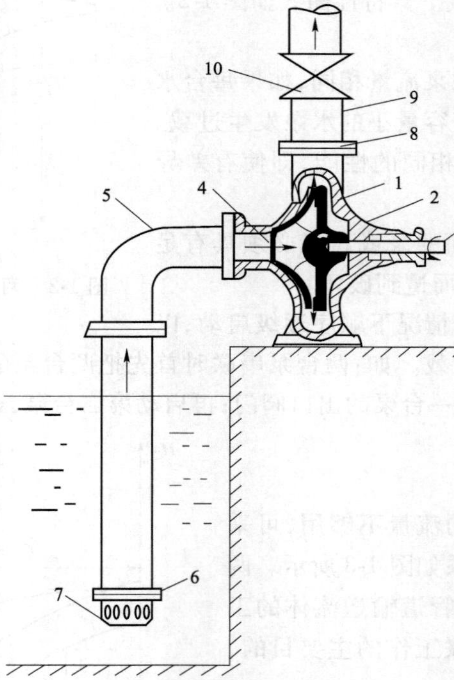

图 1-4 安装在管路上的离心泵

1—叶轮;2—泵壳;3—泵轴;4—吸入口;5—吸入管路;6—单向底阀;7—滤网;8—排出口;9—排出管路;10—调节阀

主要部件有叶轮 1 与泵壳 2 等。具有若干弯曲叶片的叶轮安装在泵壳内,并紧固于泵轴 3 上。泵壳中央的吸入口 4 与吸入管路 5 相连接,侧旁的排出口 8 与排出管路 9 相连接。

离心泵一般用电动机带动,在启动前需向壳内灌满被输送的液体,启动电动机后,泵轴带动叶轮一起旋转,充满叶片之间的液体也随着转动,在离心力的作用下,液体从叶轮中心被抛向外缘的过程中便获得了能量,使叶轮外缘的液体静压强提高,同时也增大了流速,一般可达 15～25 m/s,即液体的动能也有所增加。液体离开叶轮进入泵壳后,由于泵壳中流道逐渐加宽,液体的流速逐渐降低,又将一部分动能转变为静压能,使泵出口处液体的压强进一步提高,于是液体以较高的压强,从泵的排出口进入排出管路,输送至所需的场所。

当泵内液体从叶轮中心被抛向外缘时,在中心处形成了低压区,由于贮槽液面上方的压强大于泵吸入口处的压强,在压强差的作用下,液体便经吸入管路连续地被吸入泵内,以补充被排出液体的位置。只要叶轮不断地转动,液体便不断地被吸入和排出。由此可见,离心泵之所以能输送液体,主要是依靠高速旋转的叶轮。液体在离心力的作用下获得了能量以提高压强。

离心泵启动时,如果泵壳与吸入管路内没有充满液体,则泵壳内存有空气,由于空气的密度远小于液体的密度,产生的离心力小,因而叶轮中心处所形成的低压不足以将贮槽内的液体吸入泵内,此时虽启动离心泵也不能输送液体,此种现象称为气缚,表示离心泵无自吸能力,所以启动前必须向壳体内灌满液体。若离心泵的吸入口位于吸液贮槽液面的上方,在吸入管路的进口处应装一单向底阀 6 和滤网 7。底阀是防止启动前所灌入的液体从泵内漏失,滤网可以阻拦液体中的固体物质被吸入而堵塞管道和泵壳。靠近泵出口处的排出管路上装有调节阀 10,以供泵启动、停运及调节流量时使用。

2. 轴流泵的工作原理

轴流泵的叶轮是由几个叶片组成的,如果我们用与轴流泵叶轮同心的圆柱面去剖切叶轮叶片,则得到翼型叶栅。同样,由于液体绕流翼型叶栅时,作用在翼型上一个力,对于液体而言,翼型也给液体一个作用力,这个力对液体做功,此时,液体流过叶轮时动能和压能增加。轴流泵输送液体不是依靠叶轮对液体的离心力,而是利用旋转叶轮叶片的推力使被输送的液体沿泵轴方向流动。当泵轴由电动机带动旋转后,由于叶片与泵轴轴线有一定的螺旋角,所以对液体产生推力(或叫升力),将液体推出从而沿排出管排出。

轴流式流体轴向流进,轴向流出叶轮,其主要的特点有:

(1) 流量大,扬程低;

(2) 结构简单,重量轻;

(3) 采用动叶调节,变工况调节性能好,高效区较宽。

3. 叶片式泵按其结构形式分类

(1) 按主轴方向

1) 卧式:主轴水平放置;

2) 立式:主轴垂直放置;

3) 斜式:主轴倾斜放置。

(2) 按液体流出叶轮的方向

1) 离心式——装径流式叶轮;

2) 混流式——装混流式叶轮;

3) 轴流式:装轴流式叶轮。

(3) 按吸入方式

1) 单吸——装单吸叶轮;

2) 双吸——装双吸叶轮。

(4) 按级数

1) 单级:装一个叶轮;

2) 多级:同一根轴上装两个或两个以上的叶轮。

(5) 按叶片安装方法

1) 可调叶片:叶轮的叶片安放角可以调节的结构;

2) 固定叶片:叶轮的叶片安放角度是固定的结构。

(6) 按壳体剖分方式

1) 分段式:壳体按与主轴垂直的平面剖分;

2) 节段式:在分段式多级泵中,每一级壳体都是分开式的;

3) 中开式:壳体在通过轴心线的平面上分开;

4) 水平中开式:在中开式中,剖分面是水平的;

5) 垂直中开式:在中开式中,剖分面是垂直的;

6) 斜中开式:在中开式中,剖分面是斜斜的。

(7) 按泵体形式

1) 蜗壳泵:叶轮排出侧具有带蜗室的壳体;

2) 双蜗壳泵:叶轮排出侧具有双蜗室的壳体;

3) 透平泵:带导叶的离心泵;

4) 筒式泵:内壳体外装有圆筒状的耐压壳体;

5) 双壳泵:指筒式泵之外的双层壳体泵。

(8) 特殊结构的叶片式泵

1) 潜水电泵:驱动泵的电动机与泵一起放在水中使用的泵;

2) 贯流式泵:泵体内装有电动机等驱动装置;

3) 屏蔽泵:泵与电动机直连(共用一根轴),电动机定子内侧装有屏蔽套,以防液体进入。

4) 自吸式泵:在一般的自吸泵中抽送液体作用的叶轮同时能起灌水作用,泵起动时无需灌水。

5) 管道泵:泵作为管路的一部分,无需特别改变管路即可安装泵。

6) 无堵塞泵:抽送液体中所含的固体不能在泵内造成堵塞。

1.1.5 泵的密封结构

1. 密封的意义

(1) 减少或阻止泵的泄漏;

(2) 提高运行效率。

2. 密封的分类

(1) 静密封

静密封指密封面间无相对运动的密封。如壳体分段之间的密封、静止腔体的密封等;

(2) 动密封

动密封是指密封面间有相对运动的密封。如叶轮密封,主轴密封等。

3. 密封的结构

(1) 叶轮密封

叶轮密封简称间隙密封,主要是阻止叶轮工作室内的高压液体向低压区的泄漏。要求:间隙大小符合国家标准和泵行业的技术条件。

如 r=100 mm,间隙允许为 0.06～0.36 mm;如 r=800 mm,间隙允许为 0.20～1.10 mm 对于大泵还需开检查孔检查。

结构示意图如图 1-5 所示。

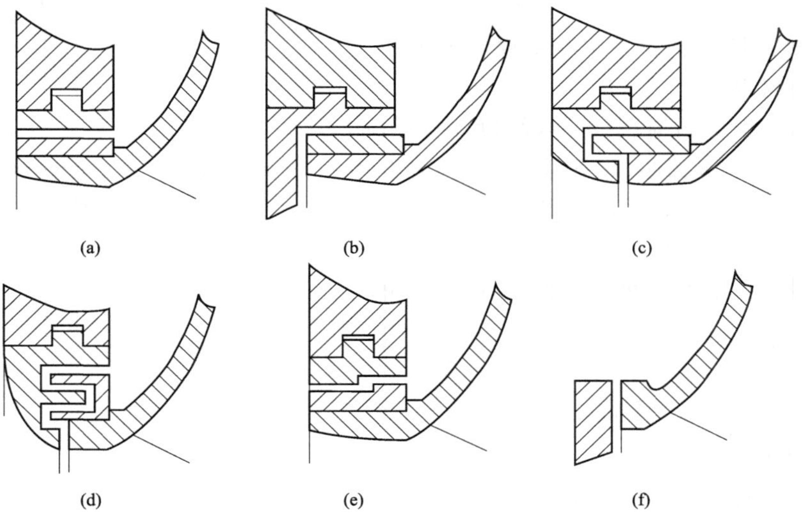

图 1-5　叶轮密封节流间隙的结构示意图

(a) 平环式;(b) L 型;(c)(d) 迷宫型;(e) 阶梯型;(f) 平面型

长轴立式泵的叶轮和密封环的间隙采用 L 型密封;轴流泵的叶片和流道之间的密封采用的间隙密封;混流泵的叶片与密封环之间的密封采用的也是间隙密封等。

(2) 轴封

定义:对泵轴穿过泵壳的间隙而采取的密封,称为轴封。

常见的轴封:

1) 填料密封

2) 机械密封

3) 浮动环密封

4) 副叶轮密封

5) 全封闭密封

功用:防止高压介质从泵体内漏出或者防止外界空气漏入泵体。

4. 填料密封的介绍

(1) 填料密封的主要部件

1) 填料箱

2) 填料压盖

3) 填料

4) 调节螺钉

注意填料压盖通过调整螺钉可以调节填料的压紧程度。

(2) 密封原理

靠把具有塑性的填料塞入填料箱内,并用压盖压紧,使之在轴或者轴套外表面上实现的密封，就是填料密封；是离心泵在密封中使用得最多的一种密封形式。简图如图 1-6。

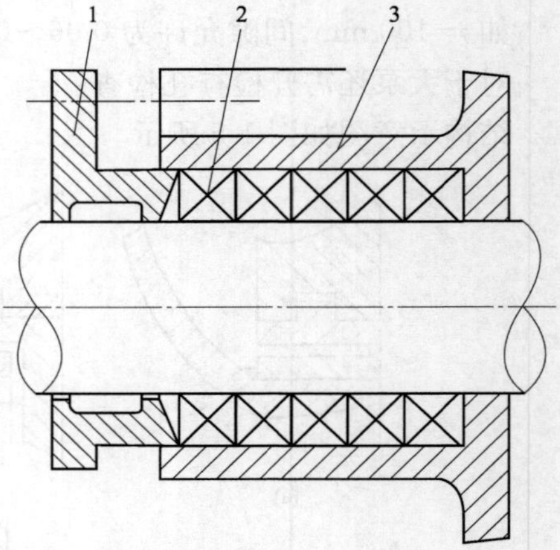

图 1-6　填料密封示意图

1—填料压盖；2—填料；3—填料箱

（3）结构形式

按结构分有整体式和分体式；按润滑和冷却方式分有水封式填料密封和水冷式填料密封。

（4）填料材料

填料材料一般为石墨、黄油等浸过后的棉织物品、石棉、金属箔包石棉芯、聚四氟乙烯等；通常有两种形式的，一种为环状，一种为绳状。

（5）填料密封的特点

填料密封泄漏量为 6 滴/分钟；结构简单，拆装容易；

使用寿命短；

密封效果也不太好，但经济性好。

5. 机械密封

（1）机械密封的主要部件见如图 1-7。

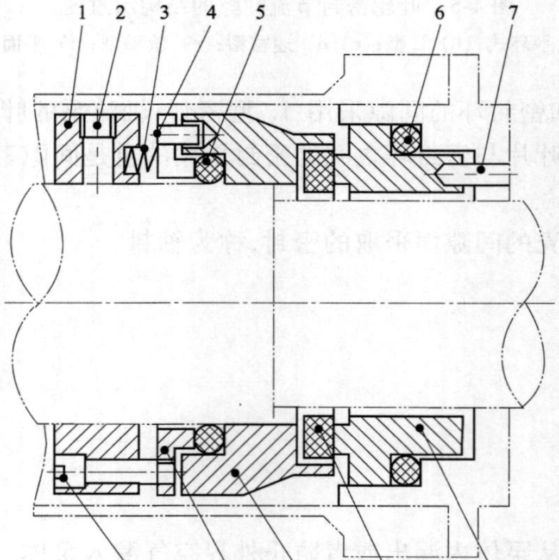

图 1-7　机械密封示意图

1—弹簧座；2—固定螺钉；3—弹簧；4—传动销；5—动环密封圈；6—静环密封圈；7—防转销；8—静环；9—动环；10—动环座；11—推环；12—传动螺钉

（2）机械密封的原理

机械密封也称端面密封，它是在弹簧和液体的共同作用下，靠静环和动环在泵轴线垂直的端面上紧密贴合实现的动密封，靠动环密封圈和静环密封圈分别进行动环和轴、静环和壳体之间的静密封，是一种相对比较复杂的密封方式。

(3) 结构形式

1) 单端面机械密封

2) 双端面机械密封

(4) 动环和静环材料

1) 动环:如石墨、石墨填充剂等硬度较低的材料;

2) 静环:如钢件、合金、陶瓷等硬度较高的材料。

(5) 机械密封的特点

1) 密封性能好;

2) 寿命长;

3) 结构比较复杂;

4) 性价比高。

1.1.6 典型泵的命名

1. D、(DG)型多级离心泵

(1) 输送介质:清水(杂质小于1%颗粒度小于0.1 mm)或类似清水的其他液体。

(2) 重要性能:流量:Q=6.3～450 m^3/h 扬程:H=50～650 m

(3) 型号说明:见图1-8。

2. LD型长轴立式泵

(1) 介质:污水、工业废水、相似的液体;

(2) 性质:流量:Q=6.3～450 m^3/h,扬程:H=50～650 m。

(3) 型号:见图1-9。

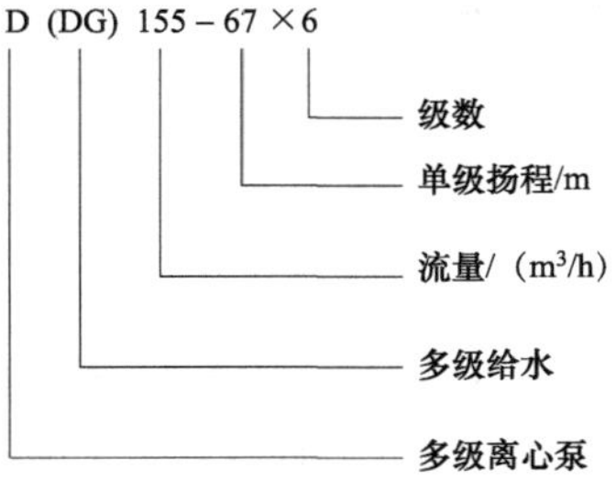

图1-8　泵的型号说明

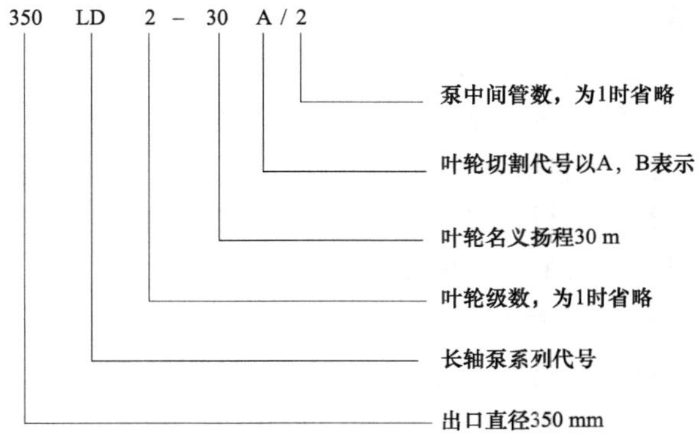

图1-9　LD型长轴立式泵型号说明

3. S型单级双吸离心泵

(1) 介质:清水或类似清水的其他液体;

(2) 性能:扬程H=9～140 m,流量Q=125～12 500 m^3/h;

(3) 型号:见图1-10。

4. IS型单级单吸离心清水泵

(1) 介质:清水或类似清水的其他液体;

(2) 性能:流量 Q=5.4～400 m^3/h,扬程 H=4～125 m;

(3) 型号:见图 1-11。

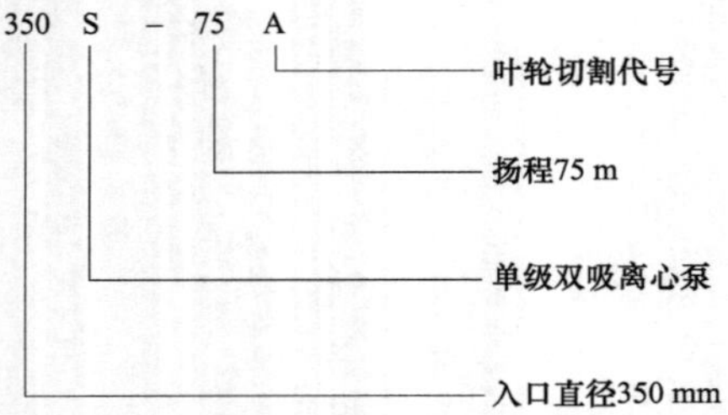

图 1-10 S 型单级双吸离心泵型号说明

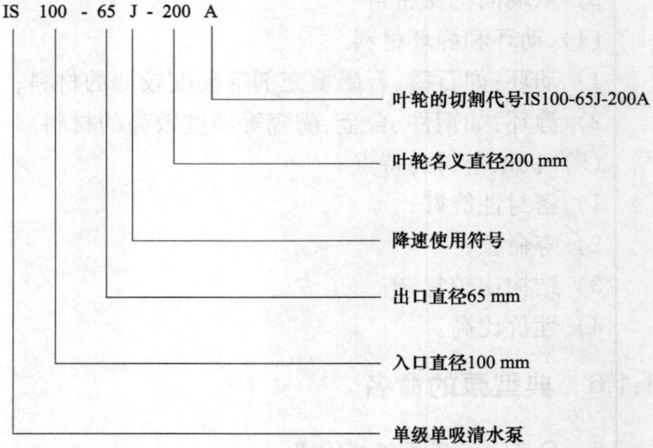

图 1-11 IS型单级单吸离心清水泵型号说明

1.1.7 泵的气蚀

1. 气蚀的定义

气蚀有空蚀和空泡之称;因为气蚀的结果是对水力机械流道金属表面的破坏,而这种破坏与液体汽化成气泡,气泡再凝结成液体的过程相连在一起,因此我们称它为气蚀或气蚀现象;气蚀现象又称空蚀现象、空泡现象,它是水力机械以及某些与液体有关的机器中特有的现象。

2. 气蚀现象的研究

人们发现气蚀现象是从 20 世纪末开始的,目前研究有两个方面。

1) 从流体力学方面进行研究,以求消除或减轻气蚀现象;

2) 从材料抗气蚀的性能方面进行研究,研究出好的抗气蚀性能的材料,来改善和提高零部件的使用状况和寿命。

3. 气蚀的机理

液体在机器中流动时,当液体流到压力很低的地方,如压力低于某一临界值(液体汽化压强)时,则液体就开始汽化,汽化的结果就是在液体中产生很多气泡,气泡中充满了液体蒸汽以及少量的溶于液体的气体,气体中的成分大部分为氧,被汽化液体中所含的氧气以及汽化液体周围液体中的氧气从液体中析出,混入气泡内的蒸汽之中。气泡随液体流动到压力高的地方,蒸汽又重新凝结成液体,气泡就消失掉。在气泡中有一部分气泡是附着在金属表面上凝结成液体而消失掉的,这部分消失的气泡对金属表面有破坏作用。通过试验和计算,液体中的气泡从产生到消失,时间是相当短的。另外局部产生的压强也是很大的,所以气蚀发生严重时,对金属表面产生的破坏是很大的,这是气蚀的物理破坏情况;另外,气泡中的氧气在极短的时间和巨大的压强的作用下,氧气被压缩产生很高的温度,在高温高压的氧气的作用下,金属表面会氧化脱落,产生化学破坏。同时,在高温下,金属和氧化物之间形成热电偶，电解水而析出有强烈氧化作用的初生氧，参加氧化腐蚀作用，这就是气蚀破坏的化学过程。总而言之，气蚀的破坏的机理到目前为止，研究还不完全充分，有待于大家进一步研究。

4. 气蚀的危害及结果

1）对水泵过流部件产生破坏作用，如叶轮口环间隙气蚀破坏、导流器的叶片处等过流部件。

2）气蚀会产生噪声和振动，当气蚀发生时，气泡破灭会产生各种频率的噪声，严重时，会产生振动，毁坏机组。

1.2　离心泵

1.2.1　离心泵的流量调节

离心泵有个重要特性：当压力（扬程）很低时，其流量会很大，这从泵的特性曲线上可以看出。而泵的功率与流量成正比，泵启动时，管道内没有压力，则造成泵的流量很大，则泵的功率很大，加上电机、泵的转动部分从静止到高速运转，需要很大的加速度，这样势必造成起动电流很大，因此采取关闭出口阀的方法，使泵在启动时不输出水量，使泵的功率最小，当泵达到额定转速后，慢慢开启出口阀，逐渐增加水流量，使电机电流逐渐增加到额定电流。所以，在系统投运时，我们启动系统中第一台离心泵时，需要关闭出口阀启泵。而正常运行期间，系统中充满了水，备用泵的出口阀是打开的，可以直接启泵。

离心泵在指定的管路上工作时，由于生产任务发生变化，出现泵的工作流量与生产要求不相适应；或已选好的离心泵在特定管路中运转时，所提供的流量不见得符合输送任务的要求，对于这两种情况，都需要对泵进行流量调节，实质上是改变泵的工作点。既然泵的工作点为管路特性和泵的特性所决定，因此，改变两种特性曲线之一均能达到调节流量的目的。

（1）改变阀门的开度

改变离心泵出口管线上的阀门开度，实质是改变管路特性曲线。当阀门关小时，管路的局部阻力加大，管路特性曲线变陡，如图 1-12(a)所示，工作点由 M 移至 M_1，流量由 Q_M 减小到 Q_{M_1}。当阀门开大时，管路局部都阻力减小，管路特性曲线变得平坦一些，如图 1-12(a)所示，工作点移至 M_2，流量加大到 Q_{M_2}。

用阀门调节流量迅速方便.且流量可以连续变化，适合一般工业连续生产的特点，所以应用十分广泛。其缺点是当阀门关小时，流动阻力加大，要额外多消耗一部分动力，不很经济。

（2）改变泵的转速

改变离心泵的转速，实质上是改变泵的特性曲线。如上图 1-12(b)所示，泵原来的转速为 n，工作点为 M，若把泵的转速提高到 n_1，泵的特性曲线 $H—Q$ 向上移，如图 1-12(b)曲线所示，工作点由 M 移至 M_1。流量由 Q_M 加大到 Q_{M_1}。若把泵的转速降至 n_2，$H—Q$ 曲线便向下移，如图中下曲线所示，工作点移至 M_2，流量减小至 Q_{M_2}。

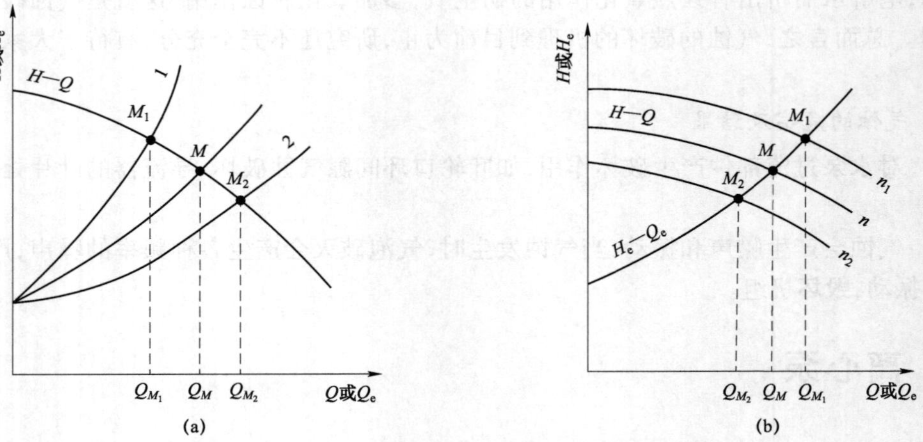

图 1-12　泵的流量与扬程特性曲线

这种调节方法能保持管路特性曲线不变。流量随转速下降而减小,动力消耗也相应降低,从动力消耗来看是比较合理的。但需要变速装置或价格昂贵的变速原动机,且难以做到流量连续调节。

此外,减小叶轮直径也可以改变泵的特性曲线,从而使泵的流量变小,但可调节的范围不大,且直径减小不当还会降低泵的效率,故实际上很少采用。

1.2.2　离心泵小流量管线的必要性

小流量回流管线的作用是在出口调节阀关闭情况下,工作介质通过泵出口的小流量管线形成最小流量回到泵入口,维持泵的正常运行。

如果没有小流量管线,一旦调节阀关闭就要停止水泵运行,否则泵内的流体无输出,泵的耗功有相当一部分转化为热能,而泵散热很少,结果温度不断增加,水会变成蒸汽形成空泡,易于发生汽蚀,渐渐地使泵损坏。

小流量阀的作用是当泵出口流量低于某定值时打开,水可经过小流量管线返回泵入口容器。在核电厂中小流量阀应用广泛,如凝结水泵、主给水泵、辅助给水泵等。

1.2.3　离心泵的典型结构介绍

一般常见的离心泵典型结构如下:

(1) 单级悬臂式泵(图 1-13)(定子水泵、转子水泵等)

这种泵的转子(图 1-14),用位于一侧的轴承支撑,叶轮悬臂地装在轴的一端。通常吸入口沿着轴向。排出口向上,根据要求也可以作成不同方位的组合。

(2) 单级双吸泵(图 1-15)(海水泵、凝升泵、工业水泵等)

这种泵的叶轮是双吸的(图 1-16),转子用两端的外轴承支撑。吸入口和排出口的方向可以考虑各种不同的组合,但一般是水平吸入和水平推出。壳体是水平中开的,但也有单端盖或双端盖式结构。端盖式结构的优点是在高温和高压下,壳的变形小,检修方便。

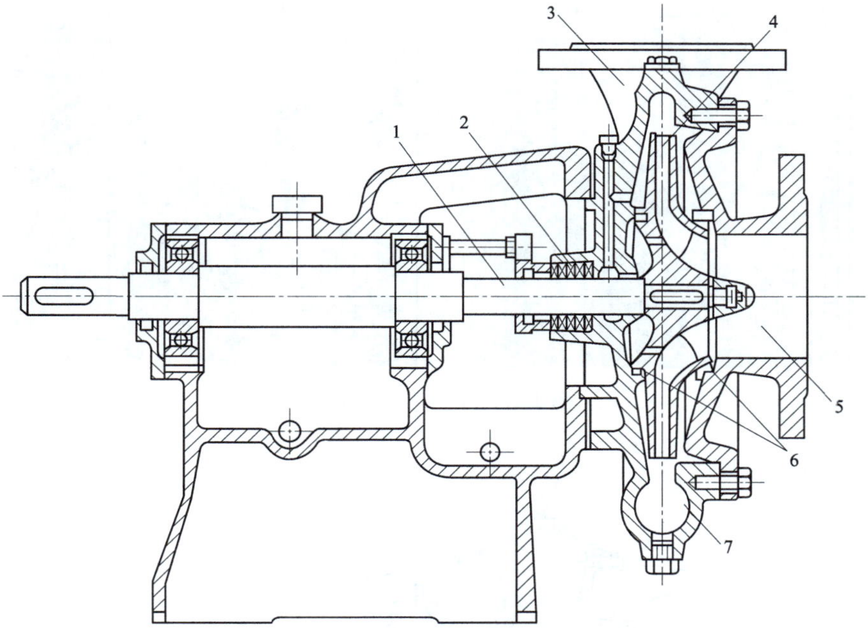

图 1-13　单级悬臂式泵

1—轴；2—轴封箱；3—扩压管；4—叶轮；5—吸水室；6—口环；7—蜗壳(压水室)

图 1-14　单级悬臂式泵实物

图 1-15 单级双吸泵实物

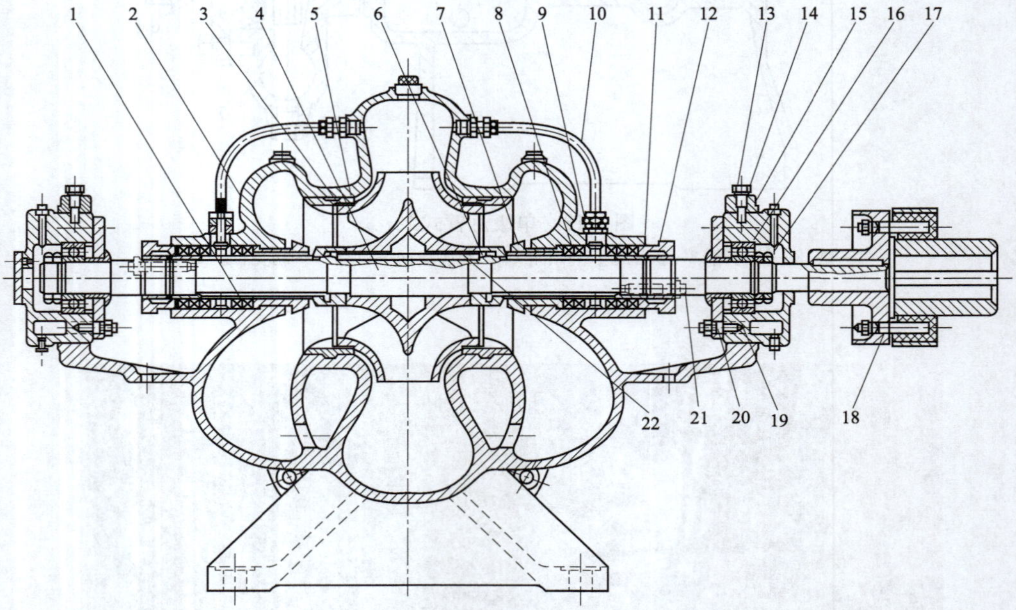

图 1-16 单级双吸泵

1—下泵体;2—上泵体;3—叶轮;4—轴;5—口环;6—轴套;7—填料套;8—填料;9—液封圈;10—水封管;11—填料压盖;12—轴套螺母;13—固定螺钉;14—轴承体;15—轴承体盖;16—单列向心球轴承;17—圆螺母;18—联轴器部件;19—轴承挡套;20—轴承端盖;21—双头螺栓;22—键

(3) 蜗壳式多级泵(启停给水泵、辅助给水泵等)

这种泵采用螺旋形压水室。液体通过级间过渡流道从前一级压水室流到下一级吸水室(图 1-17)。壳体是水平中开的,吸入口和排出口位于下泵体上,这样不拆开管路即可拆开泵盖(上泵体),检修泵的内部,用于高温时,下泵体多在过泵轴中心线的平面支承(中心支撑式),并且装有导向键,以减小高温下的变形。叶轮对称布置,自动平衡轴向力。

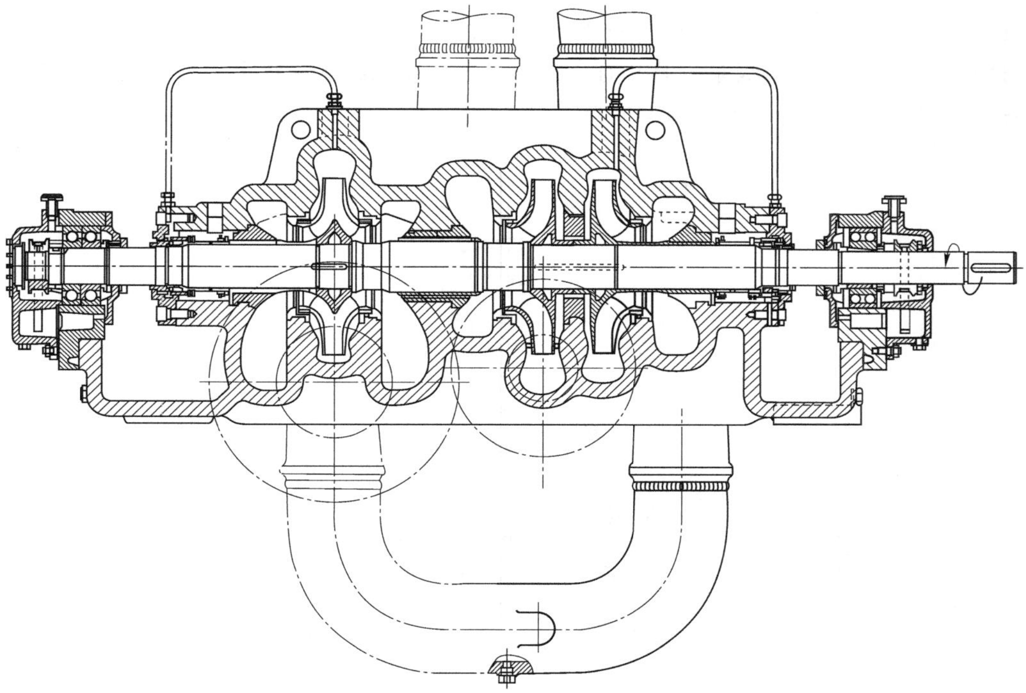

图 1-17 蜗壳式多级泵

(4) 节段式多级泵(图 1-18)

这种泵的结构,是在各叶轮、中段的两端,装吸入盖(前段)和排出盖(后段),然后把这些零件用穿杠把紧。轴承装在泵的两端。叶轮按同一方向布置,用末级叶轮后的平衡盘平衡轴向力。

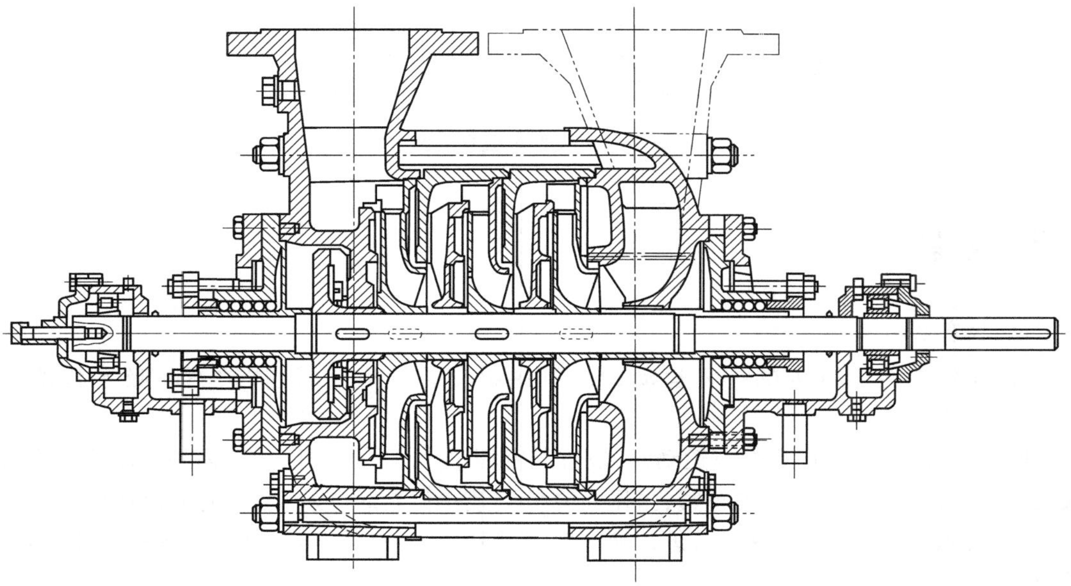

图 1-18 节段式多级泵

(5) 大型立式单级泵(图 1-19)(凝结水泵、主泵)

这种泵一般为单吸单级泵。泵具有直锥形吸水室和螺旋形压水室。泵与立式电动机直接连接,轴向力由电动机的推力轴承承受。

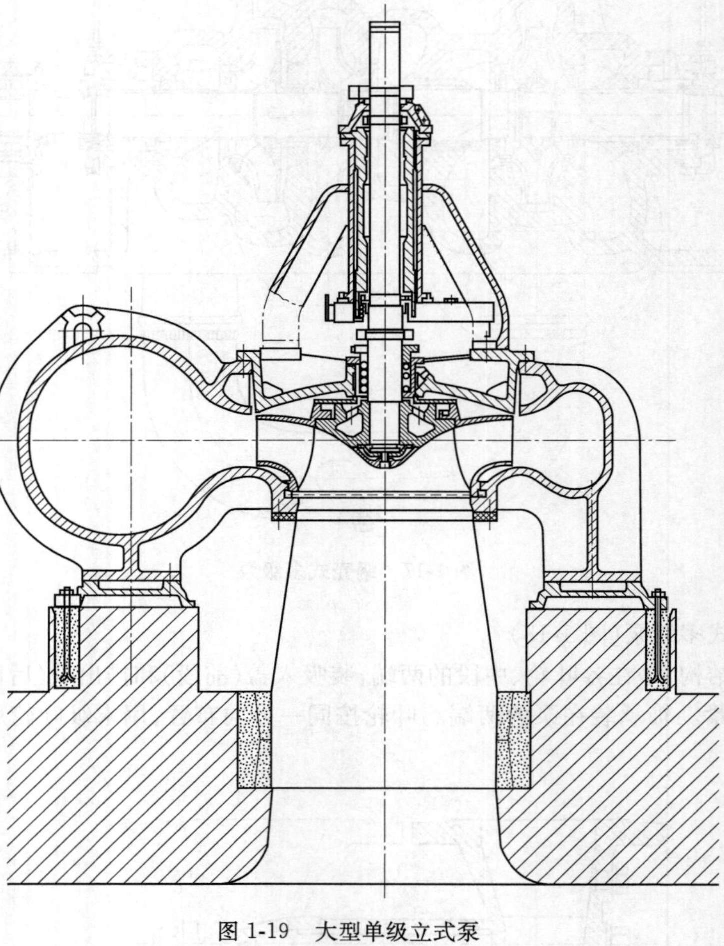

图 1-19　大型单级立式泵

1.3　柱塞泵

1. 柱塞泵的原理

随着柱塞在液缸内的往复运动,吸、排阀组交替地启闭,液体被不断吸入和排出(图 1-20、图 1-21)。

吸入过程:当柱塞向后始点运动时,液缸腔容积增大,压力降低,腔室内外的压差逐步增大;排出阀在压差作用下越关越紧;当压力降低到某一位置时,吸入池中的液体在压力差的作用下,克服吸入阀的阻力损失,进入液缸腔中,随着后始点的接近,逐渐充满整个液缸腔;此时往复运动速度接近为零,吸入阀在自重(或弹簧力)作用下回座(落)关闭。

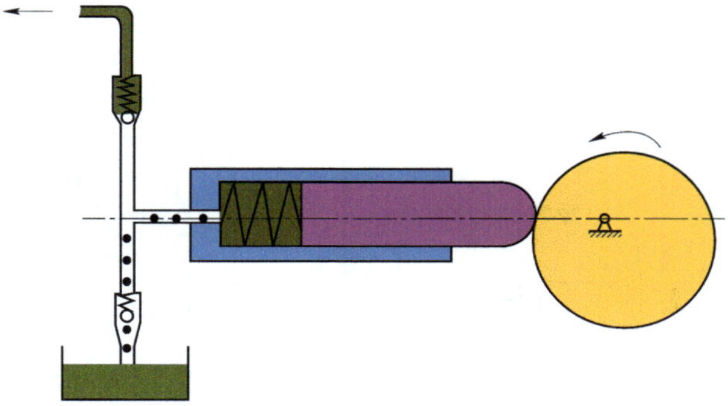

图 1-20　单柱塞泵的工作原理

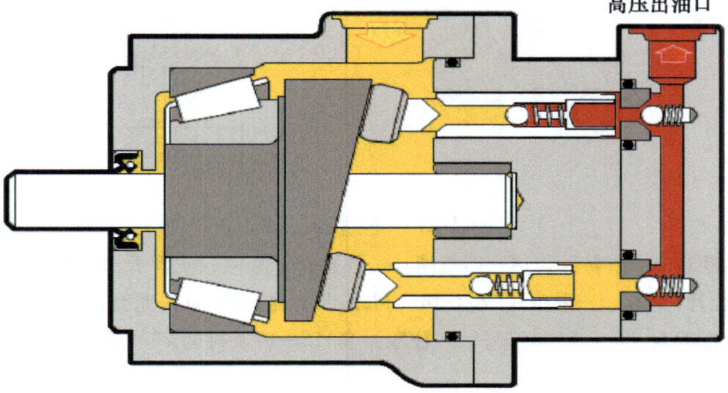

图 1-21　单柱塞泵剖面结构

排出过程：当柱塞往前始点运动时，液体被挤压，液缸腔内的压力急剧增加，在这一压力作用下，吸入阀被向下压紧关闭，排出阀被顶开，此时液腔内排出压力超过了排出系统的背压，液缸内的液体在压力差作用下被送到排出管路中去。

在往复作用下，往复泵就不断地完成吸入和排出液体的过程。

在每个吸入行程中，排出阀就位（关闭），而在每个排出行程中，吸入阀就位（关闭），这种操作模式阻止了回流，并确保液体从吸入端进入液缸腔从排出端排出。仅当排出压力大于吸入压力时，方可获得精确的流量控制。

2. 柱塞泵结构

柱塞泵结构由传动机座部件和液缸部件两部分组成，见图 1-22。

传动机座部件由电动机、电机托架、传动箱（内含蜗轮付、曲柄连杆机构、N 形轴式行程调节机构）、液缸托架等组成。

液缸部件是柱塞泵的重要部件之一，柱塞泵液缸部件主要由液缸体、柱塞、吸入和排出阀组以及填料等组成。

在秦山核电厂使用的柱塞泵有：秦山一厂 30 万机组的 EH 油泵、秦山一厂 30 万机组的顶轴油泵等。

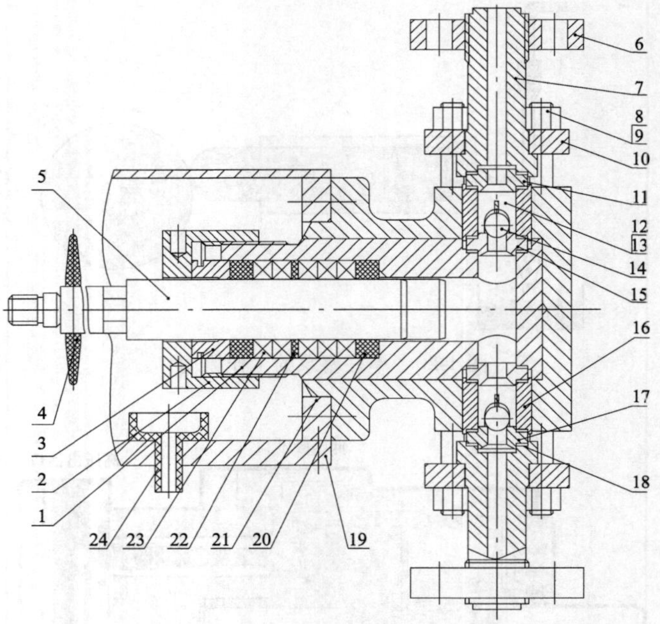

图 1-22 柱塞泵结构

1—液缸体;2—填料螺母;3—填料压盖;4—挡液圈;5—柱塞;6—法兰;7—管子;8—螺母;9—螺柱;10—压板;11—套;12—限位片(甲);13—限位片(乙);14—阀球;15—排阀座;16—阀套;17—吸阀座;18—垫片;19—托架盖;20—液缸托架;21—柱塞衬套;22—柱塞衬套;23—填料;24—漏斗

1.4 秦山核电厂常见类型泵的介绍

1. 一厂 30 万机组反应堆主冷却剂泵(S01-04)

(1) 设备功能

循环反应堆冷却剂,且在失去工作电源时,靠主泵转子自身的惯量惰转,能在一定时间内保持部分流量,带出堆芯热量,保证堆芯安全。

反应堆主冷却剂泵是反应堆的心脏。在主系统充水时,利用主泵启动赶气,在开堆前,利用主泵循环升温,达到堆冷却剂平均温度 280 ℃的开堆条件。在反应堆正常运行时,冷却剂由反应堆流出经主管道流进蒸发器,把热量传给二次侧给水,然后再由主泵送回反应堆进行循环,主泵电机上的大飞轮增加主泵惰转时间,保持适当惯量。确保断电事故时堆芯燃料元件不至烧毁。

主泵是反应堆冷却剂系统的主要设备和压力边界的设备之一,数量 2 台,型号为 RER700,泵的设计、制造、材料、检验和试验按 ASME 第Ⅲ篇 NB 规范进行,抗震Ⅰ类。

(2) 设计准则

主泵应能确保堆芯传热所需的冷却剂流量。为此,主泵提供的扬程应能克服一回路主系统管道和设备在设计流量下的阻力。

主泵机组应能长期连续地运转。这要求易损件的寿命大于换料周期,承压件的寿命大于电站寿命。

机组转动部件应有足够的转动惯量，在失去工作电源时，能供给堆芯冷却所需的惰走流量。

主泵机组临界转速应不低于正常转速的 125%。

正常运行或超速时，飞轮应保持完整性，防止产生内部飞射物(missile)。

(3) 技术条件

1) 性能参数

设计压力：17.2 MPa

设计温度：350 ℃

正常运行压力：15.2 MPa

正常运行温度：289 ℃

最低启动压力：2.8 MPa

设计流量：16 100 m^3/h

扬程：0.74 MPa

机组效率：279%

轴功率冷态/热态：4 200/3 150 kW

机组转动惯量：≥1 750 kg · m^2

NPSH：0.59 MPa

电机铭牌功率：4 500 kW

2) 主泵机组除轴承和轴密封外，设计寿命 40 年，所有易损件的设计目标是四年内不需拆卸，整个核电厂寿期内主泵机组的设计启动次数为 4 000 次。

3) 主泵机组断电时，在设备设计规格书规定的倒流流量下应不反转，且能在规定的倒流流量下启动而不会对机组带来有害的影响。

4) 与反应堆冷却剂接触的零部件(或其堆焊层)材料均应是奥氏体不锈钢或其抗腐蚀性能相当的材料，且含钴量应低于 0.2%(以重量计)。

5) 缠绕式垫片应使用石墨或功能相当的低氯材料(不大于 200×10^{-6}，浸出)作填充物。

6) 主泵机组应能在安全停堆地震时保持压力边界完整；应能在运行载荷和运行基准地震载荷的最大叠加条件下正常运行而本身不受机械损伤；电机断电后保持惰转能力以保证必要的冷却剂流量。

7) 主泵机组应在不大于 125%额定转速下可靠运转，总的水压脉动幅度(以叶片通过频率计)应不超过 0.055 MPa。

8) 所有螺栓连接件应有可靠的防松装置。

9) 主泵当轴封注入水断失时，主泵机组应能正常运行 24 小时；当轴封注入水和冷却水同时断失时，泵应能运行 3 分钟，当设冷水断失时，主泵应能正常运行 10 分钟。

10) 泵的入口条件：介质为放射性含硼水，即反应堆冷却剂，入口压力 15.2 MPa 入口温度 288.8 ℃。

11) 主泵机组结构设计应能在更换轴密封时不需拆除电机，全部轴密封的更换工作应能在 7 小时内完成。

12) 试验

① 水压试验

② 冷热态性能试验
③ 冷热态汽蚀试验
④ 启动和惰转时间测试
⑤ 轴密封性能试验
⑥ 运转试验
⑦ 飞轮超速试验
⑧ 异常工况试验:
⑨ 高压冷却器断水试验
⑩ 滑油冷却器断水试验
⑪ 注入水断水试验
⑫ 热虹吸运行(高压冷却器中冷却水存在)试验
⑬ 高压冷却器中冷却水和注入水同时断失试验
⑭ 高压冷却器冷却水断失时的热虹吸运行
⑮ 高压冷却器一次侧关阀试验

(4) 主要部件和结构简述

RER700 型反应堆冷却剂泵为立式、单吸、混流式,由泵壳及其安全端、转子部件、轴密封部件、轴承部件、油系统、轴封水和设冷水系统组成。机组总高 9.5 m,反应堆冷却剂从底部轴向进水,水平径向排出,从传动端看泵为逆时针方向旋转。

1) 泵壳

泵壳采用低合金钢整体锻造,内表面堆焊两层超低碳不锈钢。泵壳是主要的承压部件,进出口管嘴上焊有与主管道相同材质的不锈钢。泵壳上有三个垂直支承,承受整个轴向力。泵壳设计应尽量减少其水容积,采用球形,均匀受压,易于探伤。泵壳表面粗糙度 Ra≤10 μm,在 50 mm×50 mm 面积上测得的堆焊层表面波纹度不大于 0.4 mm。两焊带交接处的不平度不大于 0.5 mm。泵壳与泵盖的静密封由安装在泵壳内的两道缠绕式密封垫组成。在所有瞬态和稳态工况下,该密封垫均应可靠地工作。在内、外两道静密封垫片之间应设有监测接管,以便监测可能的泄漏。

2) 转子部件

主泵机组由电机轴、泵轴和传动轴组成,泵轴和传动轴由加工精度极高的端面齿联轴器配合后用双头螺栓刚性联接而成,其特点是在更换轴密封组件和水导轴承时,能保证轴承具有良好的自对中重复性,并能传递较大的扭矩,电机轴与传动轴采用套筒式齿轮柔性联接而成见图 1-23。

叶轮是通过双头螺栓紧固,转矩是通过叶轮与泵轴连接处的端面齿传递的。叶轮上开有平衡孔,除平衡轴向力外,还有疏水功能。泵进水短管上开有孔,用来改善进水短管的受力,同时也起到静压轴承作用,确保叶轮运转的同心度,转子的动平衡按《旋转刚体质量》(ISO 1940—1973)G25 级进行。

3) 轴密封部件(图 1-24)

KSB 公司生产的主泵采用三级相同的流体动压密封串联而成,动环材料为石墨,静环材料为碳化钨。三级密封各承受的压降按系统压力的 40%、40%、20%来分配,但每级设计得能承受系统的全压力。各级密封压降值分配是靠流过节流装置的受控泄漏流来实现的,第一

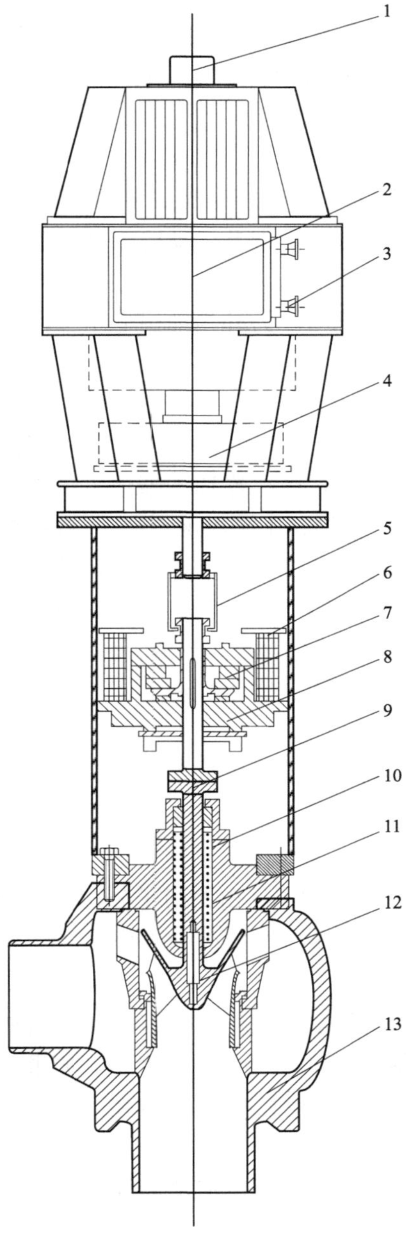

图 1-23　主泵机组剖面图

1—止列机构;2—通风冷却器;3—电机;4—飞轮;5—柔行联轴器;6—油冷却器;7—上推力轴瓦;8—下推力轴瓦;9—刚性联轴器;10—轴密封;11—水导轴承;12—叶轮;13—泵壳

级和第二级密封的节流装置由两组盘绕式毛细管组成,第三级密封节流装置是依靠一只节流器来实现的。

轴密封部件还设有排液设施,使主泵内不需要完全排水即能更换轴密封。因此泵内设有托座,泵轴托座两端压差 90 kPa,其泄漏量不超过 0.23 m^3/h,在所有工况下,轴密封工作寿命至少为 10 000 小时。

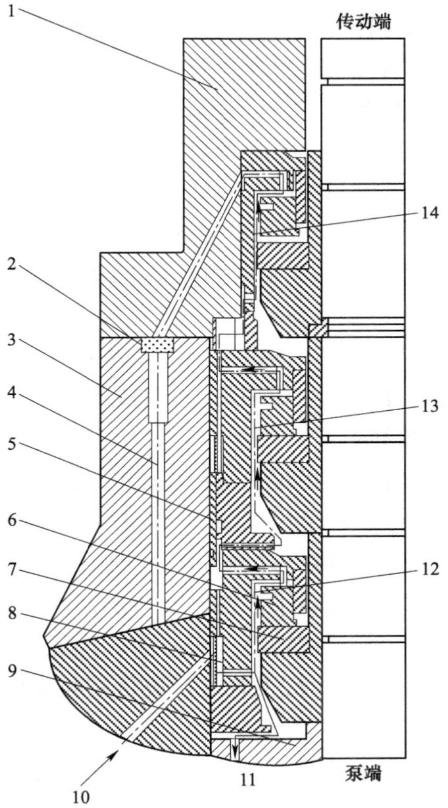

图 1-24　三级动压密封系统

1—密封盖;2—3 号节流管;3—密封壳;4—受控泄流漏流;5—2 号节流管;6—密封静环;7—密封动环;8—1 号节流管;9—螺旋泵;10—自高压冷却器来;11—去水导轴承;12—1 号密封;13—2 号密封;14—3 号密封

4）轴承部件

泵轴及传动轴上由三道径向轴承。泵轴上一道水润滑导轴承,传动轴上有上、下两道油润滑径向导轴承。还有一道推力轴承组成。水导轴承的轴瓦固定在轴承座上,材料为

FE45,由螺旋泵增压后的轴封水冷却、润滑。油导轴承上、下各由 10 块巴氏合金瓦组成,保证泵的同心度及承受径向力。上推力轴瓦(主推力瓦)由 7 块巴氏合金瓦组成,下推力瓦(付推力瓦)由 11 块巴氏合金瓦组成。推力瓦承受泵的轴向力。

5) 顶轴油系统

在主泵轴承箱润滑油系统中设置了一套顶轴油系统,其主要功能是当主泵启动时,在推力盘和推力瓦之间注入高压油到每块推力瓦的表面上,用以减少主泵启动时惰转过程中轴瓦与推力盘磨擦,从而减少泵的转矩。

顶轴油泵还有将轴承箱下部集油槽的润滑油抽送到轴承箱。另外当油温低于 20 ℃时,顶轴油泵具有不断循环加热润滑油至运行温度的功能。

6) 轴封水系统

主泵运行时,在二级密封与三级密封之间的受控泄漏流的流量约为 0.8 m^3/h,为了弥补受控泄漏流量和防止高温主冷却剂进入轴密封区域,需要化容系统连续不断地供给不小于 1.5 m^3/h 的轴封注入水,注入水首先进入引射和旋液分离器与高压密封水汇流在一起,然后进入高压冷却器,高压密封水依靠密封壳内螺旋泵来输送,通过高压冷却器后,将轴封注入水温度降低到 80 ℃以下(正常约 35 ℃,流量约 5.5 m^3/h)在第一级密封前,一路向下起隔液作用,防止主系统高温冷却剂直接进入轴密封并对水润滑轴承提供冷却润滑,另一路向上冷却并润滑轴密封,然后经过三道节流装置,将受控泄漏流排到废液处理系统。

7) 设冷水系统

主泵轴承箱内润滑油由冷水水管,设冷水进行冷却,确保轴承温度低于 95 ℃;设冷水还在高压冷却器中冷却轴封水,使轴承温度低于 80 ℃。

8) 电机

主泵电机采用恒速感应电动机,功率 4 500 kW,电压 6 000 V。由西门子公司生产的主泵电机工作在环境温度为 50 ℃,相对湿度是 80%,放射性水平达 0.5 GY/h 的环境,为了抗老化,采用云母玻璃纤维缠带作为绕组绝缘材料。

在主泵电机转子下部装有与热套配合的飞轮,重约 4 吨,当发生停电事故时,飞轮所产的惯量可使主泵延续转动 3 分多钟。飞轮采用优质锻钢制造,经 100%的无损探伤。如果飞轮超过某转速极限时,飞轮的过盈量必须确保飞轮能与电机转子轴脱开,并附落在下面的环形承转面上,保证设备安全。

电机顶部装有止逆机构,防止主泵逐台起动、停止,而引起介质倒流从而导致泵的倒流问题。它不仅能承受倒灌流量的力矩,还能承受当电机电缆反接时在 100%电压下的电机起动力矩。

由于安全壳内环境温度较高,加上起动时要加速飞轮,因此电机的热负荷较大,所以在主泵电机设计上除了有足够的通风孔使定子绕组能获得均匀冷却外,而且在定子外壳的相对两侧还装有水—空气冷却器,将通过电机定子的热空气冷却下来,然后再反复循环。

装在电机上轴承箱内的推力轴承是用十块圆形的推力瓦来支承电机转子,推力轴瓦均通过碟形弹簧支承在同一块轴承板上,由于碟形弹簧能微量变形,确保与推力盘均匀接触,使各轴瓦上的轴向负荷得到均匀分配。当推力盘旋转时,碟形弹簧还可以为推力轴瓦提供水平面上自动调整运动。电机上下还各有一道油润滑径向导轴承。

2. 一厂 30 万机组主给水泵(ZGS-02)

给水系统中配置三台 50%额定给水量的电动定速给水泵。电动给水泵是由前置泵、电动机、增速箱和主给水泵组成(图 1-25)。每台电动给水泵配有单独的润滑油系统。前置泵为单级双吸离心泵,作用是将其吸入的低压给水升压输送至主给水泵,为主给水泵提供足够的净正吸入压头。由于前置泵的所需净正吸入压头较低(≤4.3 mH_2O),可降低除氧器的安装高度。主给水泵是单级双吸离心泵,其特性曲线,考虑了主蒸汽安全阀动作时仍能向蒸汽发生器供水的条件。主给水泵电机由空气冷却,冷却空气的冷却水为闭式工业水。其润滑油冷油器也由闭式工业水冷却,控制油温在 40 ℃左右。

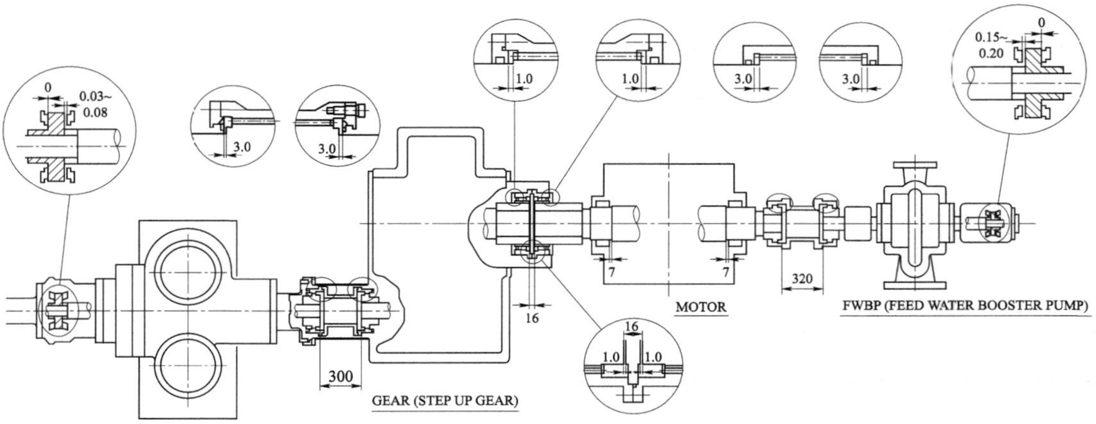

图 1-25　主给水泵结构图

技术参数

型式:定速、电机驱动、离心式卧式泵

数量:3 台

额定流量:1 077 T/h(1 154 m^3/h)

额定流量下总扬程:760 mH_2O

额定流量下主给水泵出口压力:74 kgf/cm^2

流量为零时的关闭扬程:980 mH_2O

给水泵最小流量:25%额定流量 269.3 T/h(289 m^3/h)

最小流量下扬程:960 MH_2O

要求的净正吸入头(NPSH):≤4.3 mH_2O

工作流体:除氧给水

给水温度:132.2 ℃

主给水泵旋转方向:逆时针方向(从主给泵向电机看)

可累计启动次数:4 000 次

项目	主给水泵	前置泵
型号	DVSR 12×12×1.5	MLHC 400×300 J
型式	单级、双吸	单级、双吸
	垂直中分面、离心泵	水平中分面、离心泵
编号	P13917～P13919	21983～21985
扬程	630 m	125 m
最小流量扬程	820 m	140 m
转速	5 960 rpm	1 480 rpm
吸入压力		3.16 kgf/cm^2
前置泵净吸入压头		5.6～6.45 m
效率	82%	82%
密封型式	减压套筒型	机械密封
密封介质	凝结水	凝结水
密封水压力	8～12 kgf/cm^2	
密封水流量	9.3 T/h	
密封水温度	33～40 ℃	
联接方式	法兰连接	法兰连接

主给水泵结构特点：

1）双涡壳式泵壳，以便减少水力径向力。

2）径向轴承：上半部可倾瓦式的套筒式导轴承，高可靠性、维修量小。

3）推力轴承：带支点的瓦块式推力轴承。

4）滑动轴承材质为巴式合金，利用油泵强制润滑。

5）轴密封：非接触式套筒密封，注入水对轴封进行冷却；泵轴颈部位表面抛光、安装轴密封的部位经过镀铬处理，以改善抗磨损性能。

6）叶轮和泵壳：含 13%Cr 的不锈钢铸件，对于清水介质具有耐腐蚀性能。

主给水泵结构图如图 1-26 所示。

主给水泵密封结构示意图如图 1-27 所示。

主给水前置泵结构特点：

1）双涡壳式泵壳，以便减少水力径向力。

2）径向轴承：套筒式导轴承，高可靠性、维修量小。

3）推力轴承：摆动瓦块式推力轴承。

4）滑动轴承材质为巴式合金，利用油泵强制润滑，高可靠性、维修量小。

5）轴密封：单级机械密封，密封注入水保证机械密封的润滑和冷却。

6）叶轮：双吸式叶轮具有最小的必需汽蚀余量。

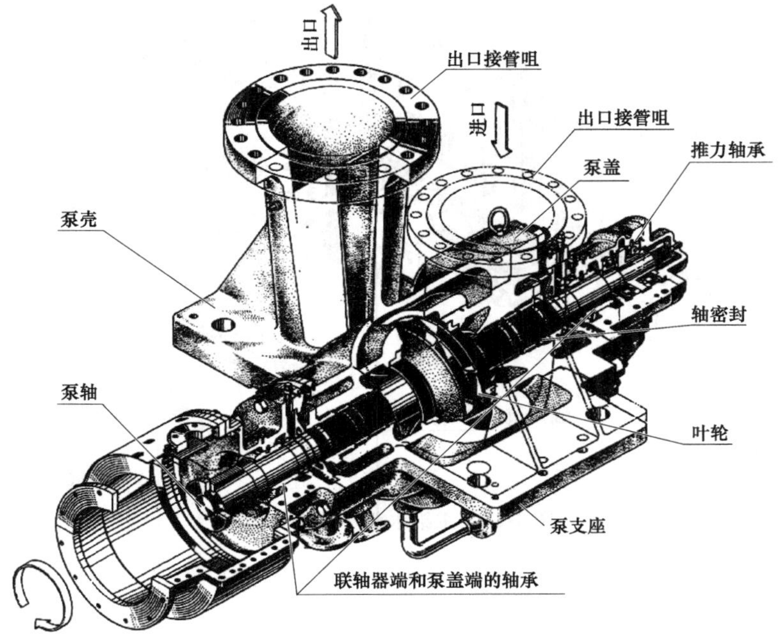

图 1-26　主给水泵

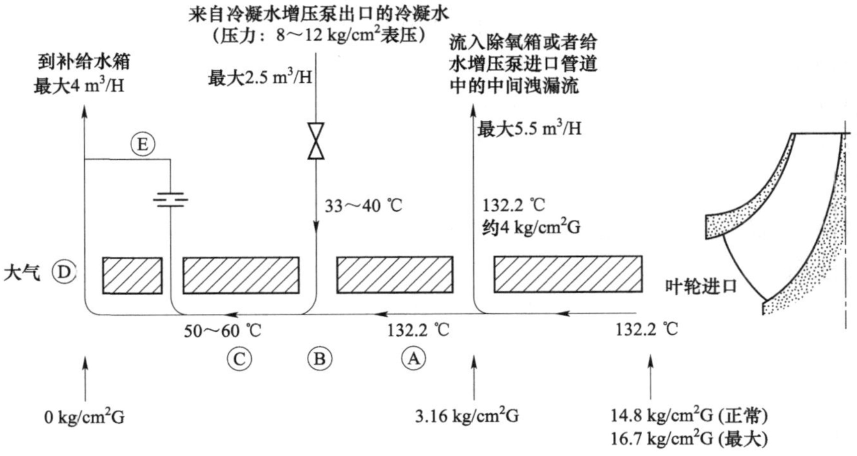

图 1-27　主给水泵密封结构示意图

主给水前置泵结构图如图 1-28 所示。

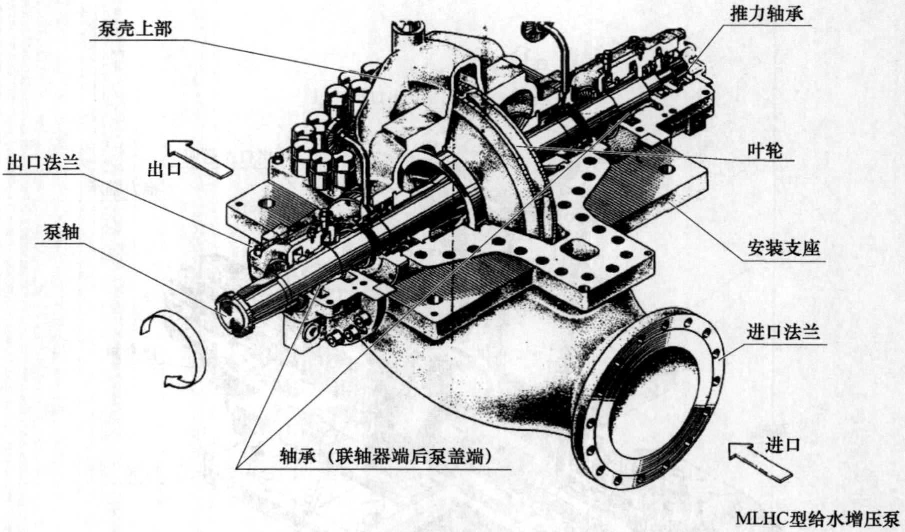

图 1-28 主给水前置泵结构图

(1) 电机

型号	F4KE-G 630L
额定功率	3 200 kW
电压	6 000 V±10%
转速	1 480 rpm
额定电流	345 A
型式	封团鼠笼式电机
最高环境温度	40 ℃
允许温升	80 ℃
安装方式	卧式
制造厂	三菱电气公司

主给水泵电机轴承结构示意图如图 1-29 所示。

(2) 增速箱

型号	SHNO・380
增速比	1:4 026
转速	1 480/5 959 r/min
传递功率	2 670 kW
效率	98%

齿轮增速箱结构特点

1) 将主给水泵转速提升到 5 960 r/min,大、小齿轮齿数分别为 153、38。

2) 齿形式:斜齿。

3) 齿轮润滑方式:飞溅式。

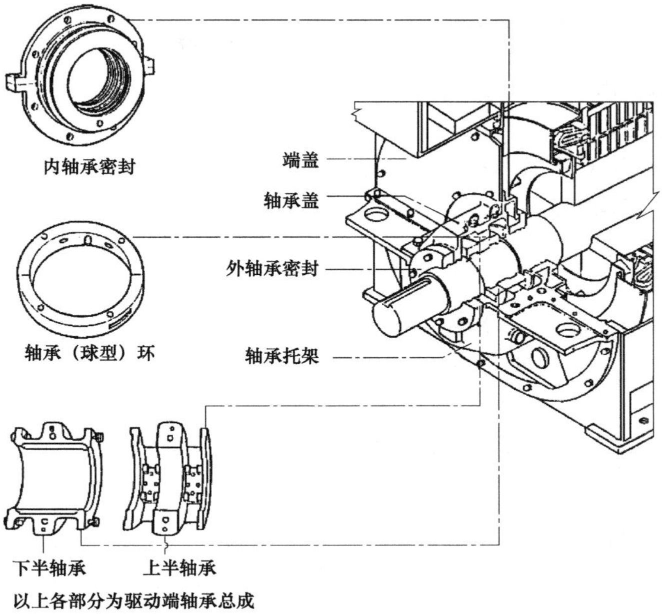

图 1-29 主给水泵电机轴承结构图

4）轴承：巴氏合金滑动轴承，强制油润滑，润滑油压力 1～1.2 kgf/cm^2，油流量：90 L/min。

5）润滑油标号：46#汽轮机油，正常油温 45 ℃左右。

(3) 主油泵

图号	66·G-5347
型式	G8·9 H72 齿轮油泵
出力	14 m^3/h
入口压力	−0.5 kgf/cm^2
出口压力	2.5 kgf/cm^2
转速	902.4 r/min
油温	32～55 ℃
转向	逆时针(从给泵向电机看)

(4) 辅助油泵

图号	66·G-4952 Ps4-9440
型式	齿轮油泵 NLG-12
出力	14 m^3/h
出口压力	2.5 kgf/cm^2
温度	45～55 ℃
油泵电机功率	3.7 kW
电压	380 V
转速	1 500 r/min
极度数	4P

主给水泵相关联锁：

停泵信号：

1）除氧器低低低液位；

2）给水隔离信号；

3）润滑油压低＜0.044 MPa；

4）泵电机的电气保护；

5）手动停泵。

联锁启备用泵：

1）给水母管压力低低＜6.4 MPa；

2）给水泵润滑油压力低低＜0.044 MPa；

3）运行泵跳闸。

3. 一厂 30 万机组凝结水泵(NJS-02)

（1）凝结水泵参数：

3 台凝结水泵是原沈阳水泵厂的 9LDTN-3B 型立式离心泵，额定流量 760 m^3/h，扬程 80 m，转速 1 480 r/min，首级叶轮的汽蚀余量 NPSHr2.5 m，电机功率 315 kW，效率 75%。

（2）凝结水泵结构特点

1）立式、多级、单吸离心泵

2）1 个诱导轮，1 个首级叶轮，2 个次级叶轮

3）3 根泵轴，通过 2 个（刚性）套筒式联轴器连接

4）泵轴与电机联轴器：刚性凸缘联轴器

5）轴封：填料+密封水

6）轴承：水润滑橡胶轴承

（3）凝泵转子部件图

见图 1-30、图 1-31。

图 1-30　凝泵转子部件图

(4) 凝泵组装外观图

图 1-31　凝泵组装外观

4. 一厂 30 万机组凝升泵(NJS-03)

(1) 凝升泵参数

1) 凝升泵　参数:流量 748 m^3/h,扬程 130 m。

2) 电机型号:JK134-2,电压 6 kV,功率 440 kW,效率 84%;

(2) 凝升泵结构特点

1) 卧式、单级、双吸离心泵,泵轴材质为 40CrVA、强度和刚性好,不易弯曲变形。

2) 轴封:单级机械密封 SP70124。

3) 联轴器:膜片式联轴器,具有较高的减振性能。

4) 轴承:2 个径向滑动轴承,1 个推力滚动轴承,轴承润滑方式:46#汽轮机油,通过油位镜显示油位,润滑油通过开式工业水进行强制水冷。

(3) 凝升泵转子部件图

见图 1-32。

图 1-32　凝升泵转子部件图

(4) 凝升泵(自由端)轴承室结构

见图 1-33。

图 1-33 凝升泵(自由端)轴承室结构

5. 一厂 30 万机组海升泵(HLS-02)

(1) 海升泵参数:

3 台海升泵是原沈阳水泵厂的 14SH93-19A 型离心泵,额定流量 1 116 m^3/h,扬程 21.5 m,转速 1 470 r/min,效率 85%。电机电压 380 V,功率 110 kW。

(2) 海升泵结构特点

1) 卧式、单级、双吸离心泵,泵体、叶轮和泵轴材质为 1Cr18Ni9,具有一定的耐海水腐蚀性能。

2) 轴封:单级机械密封 SP80168,为了避免泥沙卡涩弹簧,采用单弹簧结构;密封环介质为高硬度的硬质合金,外接开式工业水作为密封冲洗水,以减少海水对密封环的磨损。

3) 轴承:深沟球轴承 2 个,脂润滑、自然冷却。

4) 联轴器:弹性柱销联轴器

(3) 海升泵转子图片

见图 1-34。

图 1-34 海升泵转子

(4) 海升泵泵壳图片

见图 1-35。

图 1-35 海升泵泵壳

6. 一厂 30 万机组 EH 油泵(EHY-02)

EH 油泵采用变量的柱塞泵,流量为 88 L/min;转速为 1 500 r/min;功率为 29.8 kW。

EH 供油系统有两台相同容量的供油泵,正常运行时,仅使用一台,另一台作为备用。

油泵启动后,油泵以全流量约 88 L/min 向系统充油,当油压到达系统的整定压力 14.0 MPa 时,高压油推动恒压泵上的控制阀,控制阀操作泵的变量机构,使泵的输出流量减少,当泵的输出流量和系统用油流量相等时,泵的变量机构维持在某一位置,当系统需要增加或减少用油量时,泵会自动改变输出流量,维护系统油压在 14.0 MPa。当系统瞬间用油量很大时,蓄能器将参与供油(见图 1-36、图 1-37)。

图 1-36 EH 油泵外观图

7. 一厂 30 万机组高压油泵(LHY-05)

1) 交流电机带动的齿轮泵,吸入口深入最低液位以下,且齿轮泵自吸能力强,可连续吸油。

2) 规程规定:启动高压油泵前,就地须对高压油泵进行注油和放气,泵运行期间就地可综合调节其注油阀和放气阀使高压油泵建立正常压力。

3) 在机组启动或停机时,主油泵不能正常工作启动高压泵,为机械超速脱扣和手动脱扣总管供油。

4) "自动"时,油压<0.075 MPa,自启动。

5) 高压泵一旦启动,它就不能自动停止。当主油泵出口油压达到要求后,应手动停止高压泵。

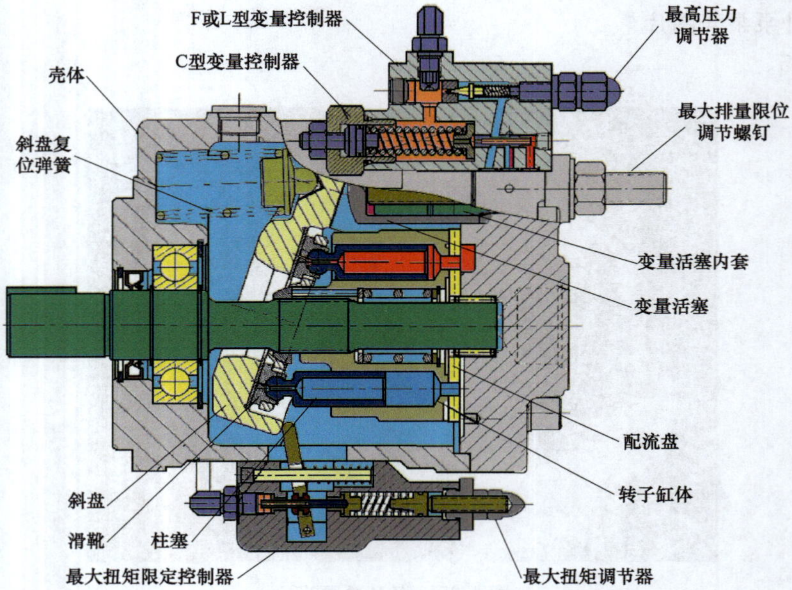

图 1-37　EH 油泵机械原理图

8. 方家山机组上充泵(RCV001-003 PO)

三台并联的上充泵是多级卧式离心泵，它把容控箱的来水升压(绝对压力)到 17.7 MPa 送入一回路。两台泵分别由安全母线 A 和 B 列供电。正常一台泵投入运行而另一台备用。第三台泵(由 B 列母线供电)解列。

每台上充泵装有一台齿轮增速器驱动油泵 RCV007-009PO 和一台电动辅助油泵 RCV004-006PO。正常运行时，用齿轮油泵润滑，启动时则用电动油泵提供顶轴油压。

上充泵作为高压安注泵使用时，要求立即启动。设计上允许在此情况下，即使电动油泵不可用和在齿轮泵给出有效流量之前也能启动上充泵。

(1) 泵组的结构(图 1-38)

上充泵为 11 级带导叶的多级结构，由电机和变速齿轮箱来驱动。

泵基本参数如下：

1) 泵型号	MDG231D
2) 排量/m^3/h	34/140/160
3) 泵的级数	11 级
4) 总压头/m	1 760/730/500
5) 液体硼酸水温度/℃	7～120
6) NPSHr/m	7.8(160 m^3/h 时)
7) 旋转方向(从电机侧观察)	顺时针

(2) 齿轮箱的基本参数如下：

1) 基本规格参数：	
2) 型号	全封闭齿轮箱 SHNO24S 单螺旋型齿轮，单级增速齿轮
3) 标称传递功率	700 kW

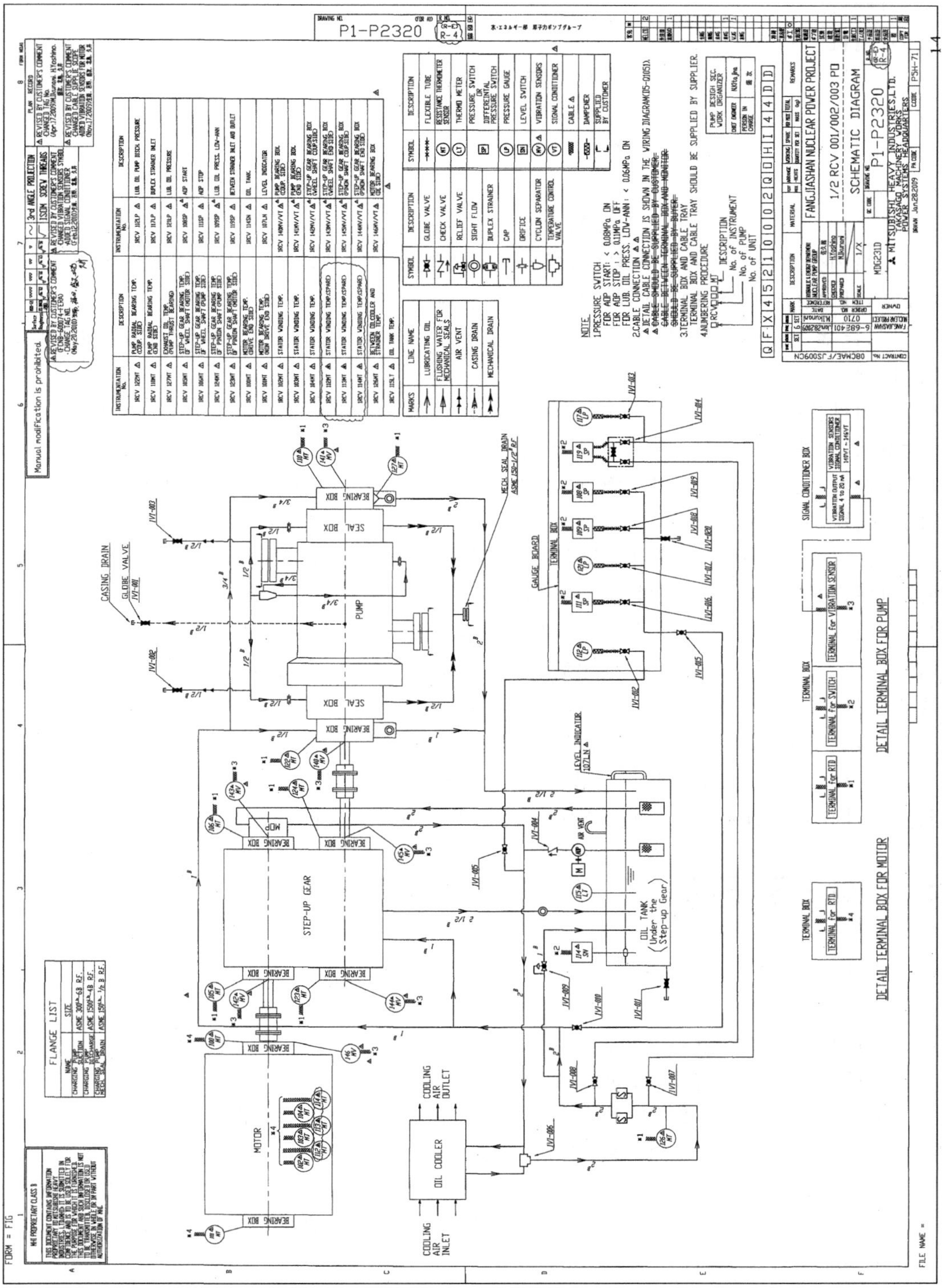
P1-P2320
FANGJIASHAN NUCLEAR POWER PROJECT
SCHEMATIC DIAGRAM
MOTOR
STEP-UP GEAR
PUMP
SEAL BOX
BEARING BOX
OIL COOLER
COOLING AIR INLET
COOLING AIR OUTLET
OIL TANK (Under the Step-up Gear)
GAUGE BOARD
TERMINAL BOX
SIGNAL CONDITIONER BOX
CASING DRAIN
GLOBE VALVE
LEVEL INDICATOR
FLANGE LIST
DETAIL TERMINAL BOX FOR MOTOR
DETAIL TERMINAL BOX FOR PUMP
Manual modification is prohibited.

图 1-38 上充泵组图

4）输入轴转速　　1 450 r/min　　输出轴转速　　4 862 r/min

5）传动比　　3.296/1

（3）电机主要参数

1）型号　　三相感应电动机

2）输出　　700 kW

3）电压　　6 000 V

4）频率　　50 Hz

5）转速　　1 500 r/min

上充泵内介质从泵入口进入泵内首级叶轮，传至下一级叶轮。介质水压力逐级增高，直至末级叶轮。泵的主要结构有泵壳、轴承、机械密封、泵芯、泵盖及吸入口盖。

泵壳、泵盖为不锈钢锻件，是主要的承压部件，一起参与水压试验，泵壳内装泵芯组件。泵盖由螺栓连接在泵壳两侧。

泵芯组件主要由 11 级叶轮、轴、平衡套、级间衬套、口环及泵芯外壳等组成。泵的轴向力平衡方法：1)首级叶轮为双吸叶轮不产生轴向力；2)2～6 级叶轮与 7～11 级叶轮的方向相反以此平衡轴向力；3)平衡套平衡轴向力；4)剩余轴向力由非驱动端的推力轴承承担。轴及转子的径向跳动允许 0.05 mm。

机械密封为单级密封。采用三菱重工有限公司的 PILLAR 的机械密封。此机械密封为集装式机械密封，由动环组件、静环组件、键及机封压盖、轴封水注入管道组成。

上充泵轴承有两个径向轴承和一套推力轴承组件。径向轴承及推力轴承的润滑方式是油润滑。润滑油被油泵从油箱中抽出后，进入油冷器冷却。被冷却的润滑油通过油过滤器后，再进入推力轴承及径向轴承进行润滑。

上充泵齿轮箱与电动机连接，用于驱动泵。齿轮箱是单级型，内装的小齿轮室单螺旋型。齿轮箱体用铸铁制成，在轴中心线间水平的分为上下两部分。齿轮箱体设有吊环、空气呼吸器、排油孔和检查孔。小齿轮与轴成一体。低速轴装在大齿轮内。

1.5 巡检注意事项

1. 巡检口诀：一听、二摸、三看、四比较

（1）听

1）用听棒听电机轴承有无杂音或异常声音。

2）用听棒听泵轴承有无杂音或异常声音。

3）听棒的放置部位：将听棒放在电机联端轴承小盖外侧，非联端放在电机护罩的固定螺栓上或加油口旁；泵则放在轴承箱的两端旁侧。

4）听声音判断轴承是否正常需要经验，听感和测振数据经常对比，次数多了即可判断。

（2）摸：手摸设备的方法：用手指背去感觉温度，用手指肚去感觉振动，触摸部位：

1）电机轴承端盖，电机外壳。

2）泵轴承箱端盖。

3）循环水进回水管线，应稍有温差，但不应太大，太大说明循环不畅通。

4）白油进出管线，应稍有温差，无温差说明循环水不畅通。

5）机封冲洗水管线。

6）自冲洗冷却器的水线、油线（温度高的用测温仪）。

用测温仪测量轴承温度最直观、量化、准确，判断标准：

1）泵滚动轴承温度不大于 70 ℃，滑动轴承温度不大于 65 ℃。

2）电机滚动轴承温度不大于 80 ℃，滑动轴承温度不大于 60 ℃。

3）电机外壳温度，防爆式电机不大于 95 ℃，密封式电机不大于 80 ℃。

（3）看：

1）看电机电流是否在额定范围内，看泵出口压力是否稳定正常，如果压力比原来低，且波动较大，电流偏小，说明有抽空现象，优先检查入口过滤器是否堵塞。

2）看转动设备冷却水回水情况，重点看高温机泵的大盖冷却水、机封冷却水、自冲洗换热器回水情况是否正常。

3）看机封泄漏情况，不允许有泄漏。

4）看机封冷却水排水情况，看是否带油。

5）看检查油杯油质是否正常，恒位油杯油位是否正常，轴承箱油视镜油位是否正常。

6）看白油罐压力是否正常，温度是否正常，液位是否恒定。

7）看自冲洗系统，油压、油温是否正常。

（4）比较：

各项数据与上次或上班的记录进行比较，及时发现异常情况，各项数据和正常规定的标准数据比较，及时发现超标准情况。

2. 巡检要求

（1）认真核对巡检内容提供的设备整定值，参数应在运行限值内。

（2）运转设备转动平稳，无异音，振动正常，不超标。温度在温升范围内。油杯或油位计油位正常。

（3）热交换器、管道等设备无振动、水击，支吊架、保温层完整良好。

（4）设备的标识、附件应完整，编号正确。

（5）电气设备无异常声音和放电现象。

1.6　文件准备

《汽轮机巡检 OJT001》《一厂培训楼冷冻水系统图》。

1.7　工器具准备

1. 巡检仪
2. 手电
3. 测温仪
4. 听音棒

1.8 模拟体准备

培训中心地下室,要求离心泵结构完整,状况良好。

1.9 辐射防护准备

不存在辐射防护要求。

1.10 工业安全准备

1. 噪音防护耳塞、安全帽、防砸鞋、工作服
2. 防人因工具的使用,防止转动机械伤害

1.11 配合人员准备

新员工、值班员。

1.12 场地准备

区域灯光照明及通风良好。

第二章 操作实施

2.1 巡检操作实施

序号	操作步骤	操作要求	工器具	测评标准	备注
1	观察泵的标牌	防止走错间隔		准确找到泵的位置	
2	运行泵组无异音	会使用工具	听音棒	注意工业安全，正确位置使用听音棒	
3	泵进、出口压力正常（泵进、出口阀在开）	表、阀门的位置	目测	在规程要求范围	
4	轴承等部位温度正常	使用工具	测温仪	测温的位置	
5	填料（机械密封）无过热，泄漏量正常	使用工具	测温仪	测温的位置	
6	泵组润滑油位正常（泵、电机）	找到油镜位置	目测	不低于 1/2（特殊除外）	
7	冷却水阀在开启状态，流量正常（如果有）	通过冷却水流量判断（如果有）	目测	位置	
8	密封水阀在开启状态，流量正常（如果有）	通过观察窗判断（如果有）	目测	位置	
9	备用泵逆止阀应严密，泵无倒转，进、出口阀全开	区分倒转、正转	目测	区分倒转、正转	

2.2 核岛厂房泵的巡检及要求

1. 巡检前的准备

1）接班后及时全面了解设备运行和停、复役状态，接受值长和操纵员的指令，做到巡检过程心中有数、重点明确。

2）准备好小神探巡检器/巡检表格、便携式仪表、钥匙、照明工具等，确保巡检质量。

3）根据不同的巡检区域和设备运行状态备好相应的防护用品和工器具，确保人身安全。

2. 巡检区域的综合检查

巡检内容所在区域的综合检查主要包括以下几项内容：

1）巡检区域的卫生状况；

2）巡检区域的照明状况；

3）巡检区域是否存在异常泄漏、声音、味道。

3. 核岛巡检注意事项

中核运行辐射工作场所分为：辐射控制区和辐射监督区。辐射控制区内根据辐射风险从低到高的顺序又分为不同的子区，一厂、二厂依次为：绿区、黄区、橙区和红区，三厂依次为：清洁辐射控制区、一般辐射控制区和高辐射控制区。

4. 核岛厂房相关泵的巡检

(1) 三厂停堆冷却泵巡检

1）系统功能

在反应堆停堆期间将主冷却剂冷却到合适的温度，并保持堆芯的冷却。

2）巡检目的

确保反应堆在正常运行期间保持热备用状态。

3）巡检项目和含义

两台停堆冷却泵分别在 R-306(3341-P1)和 R-305(3341-P2)，巡检要求相同，下面以3341-P1为例说明。

① 3341-P1运行声音无异常

该泵在机组正常运行期间是备用状态，当泵运行检查泵和电机的运行声音，在备用时，小神探不会跳出该项目。

② 检查3341-PM1油位正常

就地检查电机油位，超出零刻度正负 18.9 mm，需要立即汇报。需要指出的是，位于R-305的3341-PM2的油位不易观察，检查时应注意设备和人身安全。

③ 检查电加热器灯亮

机组正常运行时，电机加热器红灯亮，若红灯不亮，则可能加热器未投或灯泡烧坏(另外需确认其加热器正常)R306的3341-PM1的加热器红灯不易观察，检查时应注意设备和人身安全。

④ 检查3341-P1顶轴油系统无泄漏

检查顶轴油系统管线是否有漏，电机基座是否有油迹。

(2) 三厂上充泵3331-P1/P2巡检

1）上充泵的功能

维持所需的HTS的重水装量；为主泵轴封提供轴封注入流；提供除气冷凝器的喷淋流；为测试各安全系统提供高压重水作为测试压力信号。

2）巡检目的

确保运行上充泵运行正常，备用上充泵处于热备用状态。

3）巡检项目和含义

① 检查3331-P1(P2)电机油位正常

有关上充泵电机油位观察有如下几个部位：

电机驱动端轴承箱：侧面运行油位观察视镜(1个)、轴承箱顶部观察视镜(1个)、回油管线观察视镜(1个)；电机非驱动端轴承箱：侧面运行油位观察视镜(1个)、轴承箱顶部观察视镜(1个)、回油管线观察视镜(1个)；电机非驱动端防倒转机构：该机构是独立的油回路，油位观察视镜(1 个)。该处的油位定期检查主要防止防倒转机构中棘轮机构因缺少润滑油而出现磨损。其油位要控制在视镜标识的红线之下,绿线之上,如过高,可能导致棘轮机构旋转发热量过大,过低,起不到足够的润滑作用。

② 油位油质确认问题

当上充泵处于热备状态时,除电机非驱动端防倒转机构油位观察视镜外,其他视镜均无油。原因是所有回油管线的连接位置比侧面运行油位观察视镜位置要低,当泵停运后,油回路失去压头,轴承箱内残留油会靠重力回流到储油箱。运行过程中油位油色问题,轴承箱侧面运行油位观察视镜其油位应保持在中心红线左右,油色与润滑油本身的化学特性有关,目前运行状态下大致为淡黄色并夹杂气泡。

③ 检查 3331-P1(P2)电机声音正常

上充泵运行声音连续且均匀,由于环境噪音的影响目前巡检现场基本听不到上充泵运行声音,如果巡检中听到明显异音,则应查找声音来源并汇报处理。

④ 检查 3331-P1(P2)润滑箱油位正常

采用玻璃管油位计,正常运行时油位约在 2/3 左右(OM 定值:高报警:距润滑油箱顶部 11.2 cm 低报警:距润滑油箱顶部 18.8 cm)。

⑤ 记录 3331-P1(P2)润滑油压

润滑油正常运行时约 110～118 kPa,巡检要求大于 85 kPa,当润滑油压降到 69 kPa,电动辅助油泵启动并报警,当当润滑油压降到 52 kPa,上充泵将跳泵并报警。

⑥ 记录 3331-P1(P2)油过滤器压差

润滑油过滤器压差正常运行时约 30～50 kPa,运行范围:30～80 kPa,巡检要求小于 80 kPa。

⑦ 检查 3331-P1(P2)电加热器运行正常

只有当 1#上充泵备用时才要求检查,现场可以用手摸电机侧面突起铁块稍高于环境温度即可。

2.3 常规岛厂房泵的巡检

(1) 三厂凝结水系统泵巡检

系统功能:保证把凝结水从冷凝器热井经过轴封蒸汽冷却器、低压加热器系列输送到除氧器。

① 具体巡检项目:凝泵出口母管压力(4321-PI4328 正常运行值:1.9～2.65 MPa　低压跳泵值:1.65 MPa 延时 30 s,备用泵自动启动)。

② 1 号/2 号凝结水泵状态正常。

③ 1 号/2 号凝结水泵入口压力(4321-PI4305)。

④ 1 号/2 号凝结水泵入口滤网压差(4321-PDI4311/4312＜14 kPa)。

⑤ 1 号/2 号凝结水泵密封水压力 PI4231/4232～100 kPa。

⑥ 1 号/2 号凝结水泵电机油位 1/3～2/3。

(2) 三厂 RSW 泵巡检

系统功能:RSW 系统的功能是用来向汽轮机厂房和泵房中需要海水冷却的系统及设备

提供冷却水。

具体巡检项目：

① 1号机组1号/2号/3号/4号 RSW 泵出口压力 PI4309/4310/4311/4312(正常运行值:200～325 kPa　低压报警:＜134 kPa)。

② 1号机组1号/2号/3号/4号 RSW 泵密封水的流量(＜200 或＞800 时报告主控调盘根)；

③ 1号机组1号/2号/3号/4号 RSW 泵轴承冷却水流量(从排水口目测低报＜1 gpm 高报＞2 gpm)；

④ 1号机组 RSW 出口滤网 7131-STR8001/4002/8003 处于自动控制状态。

⑤ 1号机组 RSW 出口滤网 7131-STR8001/4002/8003 工作是否正常。

⑥ 1号机组 RSW 出口滤网 7131-STR8001/4002/8003 压差数值；(47 英寸水柱自动反冲洗,67 英寸水柱有声光报警)。

⑦ 1号机组 RSW 出口滤网 7131-STR8001/4002/8003 是否漏水。

⑧ 记录1号机组 RSW 泵房房间温度。巡检区域的设备标牌是否完好。

2.4 离心泵需要特别注意的几个关键点

1. 注意与转动设备保持足够的安全距离,防止转动机械伤害；
2. 通过测温、听音,判断泵的运行情况,如有异常立即汇报；
3. 保证泵的吸入压头,否则也容易造成汽蚀；
4. 吸入管路的阻力或压头损失太多,同样容易造成汽蚀；
5. 泵的入口管道及再循环管道因阀门未开等原因,也会造成泵的汽蚀或损坏；
6. 泵体充水放气如果不充分,会造成泵的性能下降或损坏；
7. 泵体的润滑油油位过低或油质不合格会造成润滑不足,威胁泵的正常运行。

三厂各系统内有大量的离心泵,离心泵操作时应注意以下几点：

1) 禁止无水运行,不要调节吸入口来降低排量,禁止在过低的流量下运行。
2) 确保机械密封有充分的密封冷却水流过。

2.5 柱塞泵需要特别注意的几个关键点

1. 启泵前检查泵进出口阀全开
2. 泵无倒转
3. 柱塞泵不允许关阀启动,防止管道超压
4. 启动后确认压力正常、流量正常
5. 泵体有无异音
6. 泵体振动正常

2.6　一般水泵运行中应检查的项目

检查电机风温、温度、振动、声音正常，连锁位置正确，接地线良好，地脚螺丝牢固。密封填料不发热并有少量水滴出，水泵的出口压力、轴承冷却水、温度、振动、油位正常，油质良好。无漏水、油现象。联轴器保护罩固定良好。与泵体连接的管道保温完整，支吊架牢固。附件、仪表、标识完整，指示正确。

第三章　故障检查和处理

3.1　常见故障现象和判断方法及故障原因分析

序号	故障现象	故障原因分析	判断方法
1	机械密封泄漏	动静环端面密封不严	机械密封有泄漏痕迹； 机封冷却水流量小； 盘车时泵轴径向晃动偏大； 密封压盖处显现固体结晶，粘住密封动环或弹簧。
		O 型密封圈失效	
		机封密封面冷却失效或冷却不充分	
		轴套磨损	
2	滚动轴承有异音	滚珠、隔离架或轴承内、外圈磨坏	轴承有干磨的声音
		泵轴承润滑不足	轴承有干磨的声音
		轴承的滚珠、隔离架或滚道表面发生剥皮	泵在运行时会跳动
		滚珠与隔离架间隙太大	轴承处有异常声响
3	泵不出水	泵转向错误	泵空转，不出水； 泵出口不显示流量； 叶轮室传出声音异常
		泵进口堵塞	
		叶轮处有异物堵塞	
		泵入口管路未充满水	

3.2　特殊故障现象和判断方法

序号	故障现象	故障原因分析	判断方法
1	泵出口压力不稳	泵体有空气	泵出口压力表指针晃动大
		泵出口管振动大	
2	泵油位计油位低	油位计泄露	油位持续下降
		油封漏	

3.3　给水泵入口汽化的主要原因

1）水泵汽化的原因在于水压过低或水温过高。

2）入口管阀门故障或堵塞使供水不足。

3）水泵负荷太低或启动时迟迟不开再循环阀。

4）入口管路或阀门盘根漏入空气等。

3.4 给水泵汽蚀的原因

1）除氧器内部压力降低。

2）除氧水箱水位过低。

3）给水泵长时间在较小流量或空负荷下运行。

4）给水泵再循环阀误关或开得过小，给水泵打闷泵。

第四章　操作结束

4.1　确认巡检仪条目的完整性

按规定时间和巡检路线完成巡检任务，不走马观花，遗漏设备和项目，巡检完毕对巡检结果进行分析。

4.2　如有异常处理方法

对发现的异常现象和设备隐患、缺陷和故障，应立即汇报，并填写缺陷报告单，作好详尽交班记录。

4.3　工器具检查

巡检携带的工器具完整，放回工具箱。

第五章　经验反馈

5.1　2号工业水泵轴承冒烟起火

描述:2006-11-06 就地报 2 号工业水泵靠背轮侧电机轴承有异音,声音、振动比以前大,联系相关技术人员到现场诊断,汇报振动与声音正常,可以继续运行。

2007-02-20 就地报 2 号工业水泵靠背轮侧电机轴承有异音,通知相关技术人员进厂检查诊断,检查结果:2 号工业水泵靠背轮侧电机轴承有轻微的连续性的高频声音,无间歇异音,振动正常,建议继续运行。

2007-02-25 复查后报告:2 号工业水泵靠背轮侧电机轴承异音仍有,可能是由轴承缺少油脂引起。2007-02-26 2 号工业水泵电机轴承添加润滑脂,置备用状态。2007-02-27 2 号工业水泵试车后,专业人员汇报:2 号工业水泵电机轴承添加润滑脂后声音仍然不正常,通知测振人员测振。测振后振动正常,运行一段时间后声音也有所变好,建议保持运行。2007-02-28 复查后汇报:04 号厂房 2 号工业水泵电机轴承声音已正常,保持运行。2007-03-03 2 号工业水泵靠背轮侧轴承冒烟起火。有强烈的油烟味道,轴承里面有明火,轴被烧至通红。立即用 1211 灭火器灭火。主控电流由正常的 20 A 升至 22 A,随后突降至 5 A,CB-530“工业水总管压力低”,“工业水冷却器前后差压大报警”报警。立即启 1 号工业水泵,冷却器安全阀未动作,主控停 2 号工业水泵,联锁切掉。解体后发现泵轴承及衬套裂了,泵轴断裂。

检修人员接到报告后,迅速组织人员持续抢修,泵解体后发现以下问题:

1. 解体前,转子盘车不动。

2. 联轴器端轴承室内轴承烧结在泵轴上,其中一个轴承中间开裂,已经散架,另一个轴承卡死,内圈跟轴烧结。

3. 联轴器端轴承挡架及轴肩卡环与轴承和轴烧结在一起,严重损坏,无法拆卸。

4. 泵轴在烧毁轴承内圈处断裂,初步分析是轴承烧结所致,轴承卡死,高温下电机将轴扭断。

目前,该泵已经抢修完成,投入运行,情况良好。

5.2　2号凝升泵电机自由端罩壳内发现抹布

2007-04-13 11:15 二回路工段长发现 2 号凝升泵(正在运行)电机自由端罩壳内有异物,在冷却风扇与电机之间,紧贴在电机端部的绕组上。将 2 号凝升泵切换至 3 号运行,检修开票处理,将异物取出,是一块抹布,有毛巾大小,上有“秦山核电公司行政处”字样。

异物来源不明[据反映,此类电机修后有检查要求(R9 有电机小修项目)、检修人员不用此类毛巾、服务中心未给清洁人员发放过此类毛巾],运行人员据毛巾颜色判断可能存在的时间较长了,未查到关于运行期间防异物的具体的规定措施,符合 B 级报告准则 A 的要求(A.由于设计、分析、制造、工程、调试、运行、维修、规程或培训有缺陷而对机组运行有潜在影响的事件)。

5.3 1号凝泵盘根发红

2011-08-23 06:39 二回路巡检报 1 号凝泵盘根发红,有着火的趋势。主控紧急由 1 号凝泵切换至 2 号凝泵运行,1 号凝泵暂作紧急备用。就地检查 2 号凝泵运行正常,凝结水溶解氧有所上升,其他正常。1 号凝泵停下来检查发现泵盘根填料压盖一个固定螺栓脱落,与轴发生摩擦盘。

5.4 秦山第三核电厂1号机组3号主泵第三级机械密封失效导致机组停堆

2014 年 6 月 14 日晚 21 时至 24 时期间,秦山第三核电厂 1 号机组 3 号主泵机械密封回流水温度出现波动,从正常的 60 ℃左右上升到最高 79 ℃,同时该泵机械密封的三级密封压差也出现异常波动,幅度在 0.3 MPa 左右,且现场发现该泵机械密封引漏管线内的泄漏流量增大。后期该泵的第三级机械密封压差突然从原来的 3.3 MPa 降低至 0.9 MPa 左右,据此确认该泵第三级机械密封失效。随后根据运行规程执行降功率到冷停堆、停泵的操作,机组进入小修处理出现缺陷的 3 号主泵机械密封。

事件发生前,秦山第三核电厂 1 号机组满功率运行,安全系统可用,事件发生序列如下:

2014-06-14 20:50 3 号主泵三级机械密封压差出现小幅连续波动,泵的其他参数正常;

2014-06-14 20:56 3 号主泵机械密封回流水温度从 60 ℃快速上升;

2014-06-14 21:12 3 号主泵机械密封回流水温度上升至 76 ℃,随后缓慢下降至 65 ℃;

2014-06-14 22:49 3 号主泵机械密封回流水温度从 65 ℃再次快速上升;

2014-06-14 23:01 3 号主泵机械密封回流水温度上升至 79 ℃,现场发现该泵机械密封引漏管线内的泄漏流量增大;

2014-06-15 00:00 3 号主泵第三级机械密封压差快速下降,同时第一、第二级密封压差上升;

2014-06-15 00:01 3 号主泵第三级机械密封压差下从 3.3 MPa 降到 0.9 MPa 左右,第一、第二级机械密封压差由 3.0 MPa 上升到 4.2 MPa 左右;

2014-06-15 00:10 按照运行手册的要求,执行降功率到冷停堆的操作;

2014-06-15 03:15 停运 3 号主泵;

2014-06-15 10:25 主系统降压至 200 kPa,机组进入非常低功率冷态泄压模式 4 运行;

2014-06-18 09:53 主系统进入低水位模式运行;

2014-06-18 13:00 更换 3 号主泵机械密封;

2014-06-19 02:30 执行主系统重力充水操作,开始退出低水位运行;

2014-06-21 10:50 主系统开始升压,进入升压模式 3 运行;

2014-06-21 15:02 主系统升温到 260 ℃,进入热态加压模式 2 运行;

2014-06-21 22:10 反应堆功率升至 35%FP,机组恢复功率运行模式 1 运行;

2014-06-22 02:48 发电机重新并网;

2014-06-22 22:36 反应堆功率升至满功率 100%FP。

机组进入冷停堆小修后,执行了低水位操作。2014-06-17,对出现缺陷的 3 号主泵机械密封进行了整体更换。系统恢复后,机组重新启动,经过检查,更换后的 3 号主泵机械密封工作状态正常,3 号主泵各项参数稳定,至此,3 号主泵机械密封缺陷已经确认消除。

第六章　习　题

6.1　填空题

1. 当一个泵的扬程不够高时,可用两个泵________运转。

答:串联

2. 当水泵运转时,一个泵的流量不够用,可采用把两个泵________起来用。

答:并联

3. 泵是把原动机的________转换为抽送液体能量的机器。

答:机械能

4. 叶片泵的主要过流部件有泵的________、________、________和________等。

答:吸入室;叶轮;压出室;导流器

5. 常见的轴封:________、________、________、________、________。

答:机械密封;填料密封;浮动环密封;副叶轮密封;全封闭密封

6. 离心泵的主要工作原理:________是物体惯性的表现。

答:离心

7. ________是离心泵的核心部分。

答:叶轮

8. 叶轮按液体流出的方向分为________、________、________。

答:径流式叶轮;斜流式叶轮;轴流式叶轮

9. 按照叶轮的进水情况,可分为:________________。

答:单吸泵和双吸泵

10. 根据离心泵的操作规程要求,起动泵的顺序分别:先开启________,然后启动泵,等泵运转平稳后,再慢慢开启________。

答:入口阀门;出口阀门

6.2　判断题

1. 密封环又称减漏环。(√)
2. 泵的安装高度越高,泵的入口压力越高。(×)
3. 流量是指泵在单位时间内排出液体的数量。(√)
4. 离心泵密封环的作用是减少液体从水泵内部间隙中由高压区流向低压区。(√)
5. 水泵汽蚀的结果是材料被破坏,产生噪声和振动扬程下降,效率降低。(√)

6.3　选择题

1. 下列不属于离心泵的技术参数的是(D)。

A. 流量　　B. 扬程　　C. 系统承压　　D. 外界温度

2. 离心泵的主体是(C)。

A. 叶轮　　B. 电机　　C. 泵体　　D. 泵轴

3. 离心泵属于(A)式泵。

A. 叶片式泵　　B. 容积式泵　　C. 往复泵　　D. 回转泵

4. 我厂离心泵叶轮通常选用(C)叶轮。

A. 开式　　B. 半开式　　C. 封闭式

5. 离心泵轴封机构的作用是(A)。

A. 防止高压液体从泵中大量漏出或空气顺轴吸入泵内

B. 对水泵轴起支撑作用

C. 对水泵轴起冷却作用

6. 在离心式水泵中,液体流过离心式叶轮时(C)。

A. 压力能增加　　B. 动能增加　　C. 动能和压力能都增加

6.4　简答题

1. 泵的定义?

泵是把原动机的机械能转换为抽送液体能量的机器。

2. 泵按作用原理分为三大类?

1) 叶片式泵

2) 容积式泵

3) 其他类型泵

3. 泵的主要铭牌参数有哪些?

流量、扬程、转速、汽蚀余量、功率和效率

4. 离心泵的注意事项?

1) 保证泵的吸入压头,否则也容易造成汽蚀;

2) 吸入管路的阻力或压头损失太多,同样容易造成汽蚀;

3) 泵的入口管道及再循环管道因阀门未开等原因,也会造成泵的汽蚀或损坏;

4) 泵体充水放气如果不充分,会造成泵的性能下降或损坏;

5) 泵体的润滑油油位过低或油质不合格会造成润滑不足,威胁泵的正常运行。

5. 我厂各系统内有大量的离心泵,离心泵操作时应注意以下几点:

1) 禁止无水运行,不要调节吸入口来降低排量,禁止在过低的流量下运行;

2) 确保机械密封有充分的密封冷却水流过。

6. 柱塞泵的启动检查内容?

1) 启泵前检查泵进出口阀全开;

2）泵无倒转；

3）柱塞泵不允许关阀启动，防止管道超压；

4）启动后确认压力正常、流量正常；

5）泵体有无异音；

6）泵体振动正常。

7. 小流量管线的用途是什么？如果没有小流量管线会有什么危害？小流量阀是如何动作的？

小流量回流管线的作用是在出口调节阀关闭情况下，工作介质通过泵出口的小流量管线形成最小流量回到泵入口，维持泵的正常运行。

如果没有小流量管线，一旦调节阀关闭就要停止水泵运行，否则泵内的流体无输出，泵的耗功有相当一部分转化为热能，而泵散热很少，结果温度不断增加，水会变成蒸汽形成空泡，易于发生汽蚀，渐渐地使泵损坏。

小流量阀的作用是当泵出口流量低于某定值时打开，水可经过小流量管线返回泵入口容器。在核电厂中小流量阀应用广泛，如凝结水泵、主给水泵、辅助给水泵等。

6.5 实操题

鉴定点：培训中心地下室冷冻水泵巡检

试题 1：培训中心地下室冷冻水泵巡检

1. 准备要求

考场准备：

（1）试题名称：培训中心地下室冷冻水泵巡检

（2）本题分值：20

（3）考核时间：10 min

（4）考核形式：实操

（5）设备设施准备：

序号	名称	规格	单位	数量	备注
1	模拟体		台	1	教学用模拟体一台，外观良好
2	工具		套	1	巡检用工具

考生准备：

（1）试题名称：培训中心地下室水泵巡检

（2）本题分值：20

（3）考核时间：10 min

（4）考核形式：实操

（5）工具及其他准备：巡检仪、手电、测温仪、听音棒

2. 考核要求

（1）本题分值：20

(2) 考核时间:10 min

(3) 考核形式:实操

(4) 具体考核要求:准确找到设备位置,根据巡检要求检查水泵状态

(5) 否定项说明:无

3. 配分与评分标准

序号	考核内容	考核要点	配分	评分标准	扣分	得分
1	水泵巡检前准备	工器具的准备以及劳动防护用品的穿戴	5	1. 工器具准备不齐扣 2 分 2. 劳动防护用品穿戴不整齐扣 3 分		
2	找到水泵位置	准确找到水泵位置	3	1. 找不到水泵扣 3 分 2. 对水泵位置不熟扣 1 分		
3	检查油位、压力	准确找到油镜、压力表位置	4	1. 油位、压力表位置不清楚扣 2 分 2. 对油位、压力的要求不清楚扣 2 分		
4	检查水泵进出口阀状态	准确找到阀门位置及阀门状态	4	1. 阀门位置不熟扣 2 分 2. 阀门状态不清楚扣 2 分		
5	水泵运行情况	水泵运行时的注意事项	4	1. 未检查水泵轴承温度扣 2 分。 2. 未监听水泵运行声音扣 2 分		
否定项:无						

评分人: 年 月 日 核分人: 年 月 日

第八部分　风机类设备

第一章　操作准备

1.1　原理描述

1.1.1　风机结构及部件简介

风机的主要组成部件(图 1-1)如下:机壳、软连接、主轴、叶轮、轴承、轴承座、皮带轮、皮带及皮带罩、电机等。

图 1-1　典型风机照片

1.1.2　核电厂的通风系统基本功能

保持房间(或厂房)一定量的通风换气次数,使工艺设备在适宜的温湿度环境中,正常可靠地运转,并在某些明确规定的区域,为电站工作人员提供舒适清洁的工作环境。

控制放射性厂房内污染空气的扩散,净化通风废气,使其放射性水平低于国家规定的允许排放标准,防止由空气扩散放射性物质,保护大气环境。

1.1.3 通风系统的一般组成与空气的状态参数

为了达到通风的目的,发挥通风的作用,就必须有对空气进行处理和调节的措施和方法,一般空气调节的基本措施,要求其系统的结构组成应包括以下几个部分。

采风部分。空调系统必须采用一部分室外新鲜空气,即新风。新风的取入量主要由空调系统的用途和卫生要求来决定。如果空调房间产生大量的有毒、有害或放射性物质,不允许使室内空气循环使用,则必须在系统运行中全部采用新风,而有些通风空调系统则采用部分回风和部分新风运行。新风的采入口一般设置在周围不受污染影响的地方。这些新风采入口和空调系统的新风管道及新风过滤装置构成系统的进风部分。

空气的过滤部分。空调系统的新风进入空气处理装置或空气排到大气前,一般要经过一次过滤器,去除空气中较大的灰尘颗粒,再经精过滤器或高效过滤器滤除细小的微尘,部分有碘污染可能的系统还要设计安装有碘吸附器的备用系统。

空气输送部分。空气输送一般利用风机,风机有轴流式,离心式。

空气处理部分。对室内输入的空气或由室内排出的空气,一般都需要不同程度的处理,按工艺的需要可对空气进行净化、加热、冷却、加湿、除尘及空气中有毒害物质的处理。

空气的状态参数如下。

大气压力:包围着地球表面很厚的大气层对地面产生的压力称为大气压力。通常以纬度 45 度海平面上,空气温度为 0 ℃时测得的平均压力等于 101 325 Pa 作为一个标准大气压,工程上把 9 806.6 Pa 叫作一个工程大气压。

温度:温度是衡量物体冷热程度的指标。目前国际上使用的是摄氏温标(t)、华氏温标(T)和绝对温标等。

绝对湿度:在一立方米空气中含有水蒸气的重量称为空气的绝对湿度。

含湿量:在湿空气中,与一千克空气混合在一起的水蒸气重量,称为空气的含湿量。饱和湿度:在一定温度下,空气中的水蒸气含量达到最大限度(或称饱和量),这种空气状态叫饱和空气,也可以说空气达到饱和湿度。

相对湿度:空气实际绝对湿度接近饱和绝对湿度的程度,即空气的绝对湿度与同温度下饱和绝对湿度的比值。

1.1.4 通风系统的设备介绍

在通风系统中,根据风机的作用原理分为离心式、轴流式和贯流式三种。贯流式风机仅用于设备产品中,如风机盘管、风幕等。在通风系统中大量使用离心式、轴流式风机。

离心风机:离心风机主要由叶轮、机壳、进风口、出风口及电机组成。叶轮上有一定数量的叶片,叶片可以是向前弯的、向后弯的或径向的。叶轮固定在轴上,由电动机带动旋转,风机的外壳为一个对数螺旋线形蜗壳。当叶轮旋转时,叶片间的气体也随叶轮旋转而获得离心力,气体跟随叶片在离心力的作用下不断地流入与流出,外加功通过叶片传递给气体,气体的动能和位能增加,从而源源不断地输送气体。

轴流风机：根据气体特性的原理，当比转数不断增大到一定程度后，气体将由最初的径向流出而最后变成轴向流出。高比转数表明风机的流量大而压力低，因此轴流风机一般用于大流量小压力的系统。

轴流风机的空气是按轴向流过风机的，带扭曲的叶片安装在圆形风筒内，另有一个钟罩形入口，用来避免进气的突然收缩。风机的电动机是装在适当形式的轮毂罩内(也有没有轮毂的)，轮毂罩主要起改善气流流入叶片的作用。

轴流风机的类型很多，大型轴流风机在叶轮下游侧设有固定的导叶以消除气流在增压后的旋转，改善气流的扩散。轴流风机的叶片有板型、机翼型多种，叶片从根部到梢常是扭曲的，有些叶片安装的角度是可以调整的，调整叶片安装的角度可以改变风机的性能。

贯流式风机：贯流式风机仅用于设备产品中，如风机盘管、风幕等。

通风过滤器：核通风系统使用的空气过滤器种类很多，根据过滤器结构和外形不同，可分为框架式、折叠式和套筒式过滤器。

框架式过滤器由Π字型框架装配而成，框架的密封面交替放置，因为工作时，在框架之间的空腔内会有负压，为了避免滤纸互相粘贴，在空腔内安装分隔板(其一头带有封头板，分隔板片数依所需的过滤面积而定，一般有几十到一百多片)。

折叠式过滤器的滤纸是一整张，滤纸贴附着分隔板往返交替缠绕，滤纸的起始端和终止端用粘结胶粘在上下板上，用粘结胶将缠绕层的两侧密封并与侧板相粘结，侧板用螺栓紧固在上下板上。在迎风面上的四边板端面上，粘以闭孔海绵橡胶垫片，该垫片与安装框架紧压在一起，以防止安装框架与过滤器接触面之间的泄漏(秦山二核使用该种过滤器)。

筒式过滤器的形状是圆筒形，它主要适用于圆形风管、风量小的通风系统。

碘吸附器：目前，我国已研制和生产了数种不同型式的碘吸附器。从结构上大体分为筒式、平板式、折叠式、抽屉式四种，用于核电站的主要有折叠式、抽屉式两种，本文主要介绍这两种碘吸附器。

折叠式碘吸附器外形尺寸为 610 mm×610 mm×290 mm，与高效粒子过滤器的外形尺寸一致，额定风量也一致，即 1 700 m^3/h，折叠式碘吸附器的吸附剂厚度为 25.4 mm，整个炭就像一张纸一样，折叠着固定在框架上(秦山二核使用该种碘吸附器)。

抽屉式碘吸附器由三个抽屉吸附器盒组成，三个抽屉吸附器盒平行固定在面板上。抽屉式碘吸附器的迎风面积尺寸与一台高效粒子过滤器的迎风面积尺寸一样。每台抽屉式碘吸附器的额定风量与一台高效粒子过滤器的一致，每个抽屉吸附器盒的额定风量为高效过滤器的三分之一，即 567 m^3/h，吸附剂厚度为 50.8 mm。每个抽屉吸附器盒由上、下两个单独的吸附剂炭床组成。在炭床里填充浸渍活性炭，吸附器盒的三个侧面用无孔钢板焊接封死，正面装上面板。两个吸附剂炭床之间为中间通道，空气从上下两个吸附剂炭床进入，经中间通道从面板开口处流出。(秦山一核使用该种碘吸附器)

盘管：盘管有加热、冷却两种，通过利用其他系统提供的冷冻水或热水，对流通过盘管的空气进行处理，以满足设备或人员的需求。

核电站在正常运行、停堆换料及事故工况下，各种运行的工艺设备和管道会产生大量的余热、余湿及放射性物质(废气、废水等)，从放射性厂房排出的废气有两类：

工艺废气——它主要来自一回路系统，含有较高浓度的放射性核素氪(Kr)、氙(Xe)、碘(I)、铯(Cs)等，这类核素必须严加控制，经特殊净化处理并达到允许排放水平后，由烟囱排放到大气。

通风废气——它主要来自放射性厂房的空气。通风废气的放射性水平较低,通常采用高效粒子空气过滤器(HEPA)去除放射性气溶胶,采用活性炭吸附器去除放射性气态碘(主要是 ^{131}I),在达到允许排放水平后,由烟囱排放到大气。

核电站采暖通风空气调节(HVAC)系统的主要功能如下。

保持房间(或厂房)一定量的通风换气次数,使工艺设备在适宜的温湿度环境中,正常可靠地运转,并在某些明确规定的区域,为电站工作人员提供舒适清洁的工作环境。

控制放射性厂房内污染空气的扩散,净化通风废气,使其放射性水平低于国家规定的允许排放标准,防止由空气扩散放射性物质,保护大气环境。

放射性厂房暖通空调系统不同于一般工业厂房的常规暖通空调系统,它必须具有高可靠性,即暖通空调系统在电站运行期间,包括正常停堆、预期偶发事故(如失电等)和在突发性自然灾害事件(如地震、火灾事故等)及设计基准事故(弹棒事故、失水事故等)的情况下,仍能在规定的时间连续运行,并按要求完成预定的功能。特别是专设安全设施通风系统必须要在所规定的各种工况下,都能可靠、连续运行。

反应堆厂房(RX)、核燃料厂房(KX)、核辅助厂房(NX)厂房为放射性厂房,不允许自然通风,采用"直流式"通风换气系统,并通过调节总的送、排量来维持厂房的负压,以防止厂房内污染的空气扩散逸出而污染空气。为了防止放射性空气的无控扩散,厂房内要保持合理、恒定的气流流向,即气流方向是从非放区→低放区→高放区,它是通过在不同区域保持不同的空气压力来实现的,即 $P_{非放区}>P_{低放区}>P_{高放区}$。放射性厂房中的污染空气必须由高效粒子空气过滤器(HEPA)去除放射性气溶胶,活性炭吸附器去除放射性气态碘等净化处理,并经剂量监测合格后,才能从烟囱向大气排放,保证人员安全及保护大气环境。

厂房的温度调节因厂房而异。冬天,电气厂房(LX)使用电加热器控制温度,反应堆厂房(RX)、核燃料厂房(KX)、核辅助厂房(NX)等厂房使用常规岛供应 70 ℃/95 ℃的热水(SES)调节温度;夏天,电气厂房(LX)使用 DEG 提供的冷冻水,反应堆厂房(RX)、核燃料厂房(KX)、核辅助厂房(NX)等厂房使用 DEG 提供的冷冻水,常规岛使用自己的冷冻水。

全厂核岛和电气厂房的通风系统能够在电厂数据采集系统(KIT)监测设备状态和数据变化及变化趋势,部分重要系统如:主控通风系统(DVC)、反应堆循环冷却系统(EVR)、堆芯冷却系统(EVC)等在主控室控制,其他系统在就地控制盘启停。常规岛通风系统设有集控室,通风设备既能在集控室操作,也能就地操作。

下面分厂房介绍各个厂房的通风系统。

核燃料厂房(KX)厂房通风系统(DVK)

核燃料厂房通风系统(DVK)为新燃料贮存室、乏燃料贮存大厅、水池冷却系统净化设备间及元件检测池等提供适宜温、湿度的新鲜空气,维持工艺设备正常运转和人员安全操作的环境条件,并防止厂房围护结构表面结露。

机组正常运行时,经空调机组加热或冷却除湿处理后的室外空气分两路送入核燃料厂房(KX),一路送到燃料贮存大厅,一路送到水池冷却系统净化设备间及元件检测池等房间,排风经高效粒子空气过滤器(HEPA)去除放射性气溶胶后,经烟囱向大气排放。

每个房间的送排风管上有两个气动阀,分为 A、B 两列,保证在安注或剂量信号到达之后,有一列阀门能够动作,隔离相应的房间。系统接收到安注或剂量信号后,事故风机启动,正常送排风机停运，相应的阀门关闭，隔离房间的送风及部分房间的排风，保证燃料贮存大厅或安注泵房等处的负压，排风经高效粒子空气过滤器(HEPA)去除放射性气溶胶，活性炭吸附器去除放射性气态碘等净化处理后，经烟囱向大气排放。

核燃料厂房通风系统(DVK)夏天使用核岛冷冻水(DEG)的冷冻水，冬天使用常规岛冷冻水和热水系统(SES)的热水调节送风温度。

电气厂房(LX)通风系统

电气厂房通风系统有 4 个，各个系统分管不同的楼层和房间，简述如下。

主控制室空调系统(DVC)为主控室和 15.50 m 层的通风系统。电气厂房为非放厂房，DVC 通风系统采用一次混风系统，除采用部分新风外，大部分采用室内回风，这样可以保持主控室为正压，并为主控工作人员创造一个舒适的工作环境。在事故工况下，如果室外的空气受到污染，系统收到剂量信号后，事故新风系统自动启动，正常新风系统被自动隔离，以此为主控提供一个事故后的可居留区。DVC 系统采用 DEL 冷冻水和电加热器调节送风温度，维持人员和设备所需的温湿度。

电气厂房主通风系统(DVL)A 列和 B 列为 11.50 m 层机架间、8.00 m 层电气配电间的通风系统，101/102 ZV 为楼梯间提供通风，103/104 ZV 为压缩机房提供通风。DVL 系统 A 列和 B 列为一次混风系统，各有一个调节系统，用于调节系统的送、排、回风阀门和冷冻水阀：在室外温度较低时，系统采用全新风方式运行(回风阀、冷冻水阀全关，新风阀、排风阀全开)，室外温度升高时，新风阀慢慢关小，直到 10%的开度，如果室内温度还不能维持，打开冷冻水阀调节室内温度。楼梯间通风系统根据室内温度自动调节电加热器和冷冻水控制温度，压缩机房通风系统与空压机联锁运行。在事故工况下，停运 DVL 系统 A 列和 B 列的调节器，系统按照全回风方式运行(新风、排风阀全关，回风阀全开)。

电缆层通风系统(DVE)为电缆层和蓄电池室的通风系统，电缆层的通风采用“直流式”通风，利用 DEL 冷冻水和电加热器调节送风温度，保证电缆层的电缆所需要的温度条件。蓄电池室的通风也采用“直流式”通风，但为保证蓄电池室的负压，排风量大于送风量，送风只设有电加热器，以此来保证冬天时蓄电池室的温度条件。

电气厂房排烟系统(DVF)为整个电气厂房的防火排烟系统。当电气厂房着火且火势已被扑灭，可以启动 DVF 系统的风机，并打开相应房间的防火排烟阀，排除房间内遗留的烟雾。

反应堆厂房(RX)通风系统

反应堆厂房(RX)的通风系统的主要功能如下。

用于保证反应堆正常运行期间，排除各种工艺设备散发的热量，维持安全壳内设计要求的温度条件($t<50$ ℃)，保证工艺设备和电器、仪表能正常工作，以支持反应堆正常运行，并在反应堆正常运行时，为有关人员进入安全壳进行维修工作提供适宜的条件。

为防止混凝土因受核辐射所引起过热和脱水，对堆腔内外和压力壳支承处的混凝土进行强制通风冷却，使混凝土温度不超过设计极限值(一般为 80 ℃)或混凝土内外壁温差不超过 50 ℃。

在反应堆正常停堆期间，为进入安全壳内的工作人员提供适宜的温湿度条件以及可以接受的放射性剂量水平，保护人员健康与安全。

维持反应堆厂房的压力，并在反应堆发生失水事故时，使安全壳顶部空气循环流动，避免事故后环境中的氢气在安全壳顶部聚集。

安全壳连续通风系统(EVR)是一个自身再循环系统，主要用于在反应堆正常运行期间，维持反应堆厂房的温度，保证各个工艺设备正常工作和运转。在冷停堆时，通常 EVR 系统是停运的，在冷停堆开始时，EVR 系统可与 EBA 系统一起投入运行，以降低反应堆厂房内部温度。循环冷风机有 4 台容量为 50%的机组并联，两台运行，两台备用。循环风机有两台 100%容量的机组并联，一台运行，一台备用。系统使用 DEG 系统提供的冷冻水(7 ℃/12 ℃)。

反应堆堆坑通风系统(EVC)是一个自身再循环系统，主要作为正常功率运行几热停堆期间，堆腔内外和压力壳支承处的混凝土进行强制通风冷却，使混凝土温度不超过设计极限值(一般为 80 ℃)或混凝土内外壁温差不超过 50 ℃。反应堆堆坑通风系统(EVC)有 4 台容量为 50%的机组并联，两台运行，两台备用，系统使用核岛冷冻水系统(DEG)系统提供的冷冻水(7 ℃/12 ℃)。

安全壳空气净化系统(EVF)主要作为反应堆正常运行时的循环净化系统，当反应堆内部出现高剂量报警时，手动启动 EVF 系统，降低反应堆内部的剂量水平。EVF 系统有两台 100%容量的机组并联，一台运行，一台备用。

安全壳大气监测系统(ETY)主要用于以下方面。

小风量清洗：反应堆正常运行时间断运行，在人员进入前用于降低安全壳内惰性气体和氚的放射性，或者调节全壳内的压力。

安全壳试验：主要用于反应堆验收密封试验和以后的定期试验。

保健物理监测：1KRT009/017MA 主要用于联锁控制系统隔离阀 003/004/005/006/007/008/009/010VA。

物理监测：在反应堆正常运行时进行放射性监测取样。

混合-取样：用于连续测氢。

控制棒驱动机构通风系统(RRM)为控制棒驱动机构循环冷却系统，本系统是为了保持控制棒驱动机构(CDRM)及其位置指示器的可接受温度。由设备冷却水系统(RRI)向四个通风冷却盘管连续提供冷却水，以便由一个系列瞬时切换到另一个系列。

安全壳换气通风系统(EBA)主要用于反应堆冷停堆时，对反应堆进行通风换气，为工作人员进入反应堆提供合适的温湿度条件，降低反应堆厂房的放射性水平。EBA 系统没有自身的动力设备，它只有自己的送、排风管，依靠 DVN 系统为它提供送风和排风。

核辅助厂房通风系统(DVN)，为整个核辅助厂房提供通风换气，维持厂房的正常工作环境，并保持厂房为一定负压。

核辅助厂房通风系统(DVN)具有两个功能如下。

在反应堆正常运行时，为核辅助厂房提供通风换气。

在一台机组或两台机组停堆检修时，一方面为核辅助厂房提供通风换气，同时为 RX 厂房提供通风换气。

核辅助厂房通风系统(DVN)在夏天使用核岛冷冻水系统(DEG)的冷冻水降低送风温度，在冬季使用常规岛冷冻水和热水系统(SES)的热水提高送风温度，以此来维持厂房的正常工作环境。在部分温度要求比较高的房间，在送风管道上另设有管道电加热器，由房间的温度来控制它的启停(如硼储存间等)。

核辅助厂房 NX 通风系统分两部分：正常送排风，包括 001/002/003/004/005/006ZV；除碘排风,包括 007/008ZV。

正常送排风为厂房内低放射性房间送排风,高放射性房间可能产生放射性碘的房间由除碘风机排风。

上充泵房应急通风系统(DVH)是上充泵房的通风备用系统,正常运行时,上充泵房由 DVN 系统提供通风和换气,在失去 DVN 系统通风或 DVN 系统通风功能不够时,当泵房温度上升到一定值时,DVH 系统自动投运,降低上充泵房的温度,保证上充泵正常运行。

安注和喷淋泵电机房通风系统(DVS)是喷淋泵房的通风系统,机组正常运行时,系统处于停运状态,在喷淋泵启动后,现场启动 DVS 通风系统,为喷淋泵房提供通风换气,并维持喷淋泵房的正压。

设冷水设备间通风系统(DVI)是设冷泵房的通风系统,它有两列 4 台,正常情况下,一列运行,一列备用,在房间温度达到设定值时,备用风机自动启动,降低泵房的温度,在温度降低到定值以下后,风机自动停运。

常规岛通风系统(DVM)系统功能:空调系统的功能是维持汽轮机厂房、凝结水精处理车间和汽轮机润滑油箱间内的环境温度。

汽轮机厂房通风的系统组成:蒸发冷却通风机组 6 台;屋顶风机 25 台;楼梯间屋顶风机 1 台;系统运行。

汽轮机夏季通风靠 6 台蒸发冷却通风机组以及 25 台屋顶风机维持汽轮机厂房工作地带温度不大于 35 ℃,6 台蒸发冷却通风机组具体布置位置为 3 台在−7.20 m,1 台在+0.00 m,2 台在+8.30 m,每两台蒸发冷却通风机组负责一层平面。

当室外温度逐步降低时,通过变频调速将蒸发冷却通风机组风机转速降低,达到节能效果。

冬季,当室内温度低于 8 ℃时,通过变频调速将蒸发冷却通风机组送风量调至设计风量的一半,关闭蒸发冷却通风机组的电动新风阀,打开电动回风阀,使蒸发冷却通风机组室内打循环,调节 25 台屋顶风机,其中 5~10 台屋顶风机,使其由原来的屋顶排风改为屋顶进风,打开并调节热水回水电动二通阀,使室温维持在 10 ℃以上,当室温大于 13 ℃时,自动关闭若干台蒸发冷却通风机组。

楼梯间正压屋顶风机与消防控制盘联锁,当火灾发生时,楼梯间正压屋顶风机自动投运,维持正压,当火灾熄灭时,楼梯间正压屋顶风机自动关闭。

继电器室通风。夏季和冬季正常运行时,送风阀开 100%,回风阀 85%,新风阀 15%。春秋过渡季节时,送风阀开 100%,回风阀 0%,新风阀 100%。

夏季当继电器室的室内温度高于 26 ℃时,开大冷冻水回水电动二通阀,关小旁通电动二通阀,当继电器室的室内温度低于 24 ℃时,关小冷冻水回水电动二通阀,开大旁通电动二通阀。

冬季当继电器室的室内温度高于 20 ℃时,关小热水回水电动二通阀,开大旁通电动二通阀,当继电器室的室内温度低于 16 ℃时,开大热水回水电动二通阀,关小旁通电动二通阀。

组合式空调机组一用一备,一台发生故障,另一台组合式空调机自动投入运行。

当发生火灾时,由消防控制盘发出消防报警信号给暖通控制盘,关闭送、回风机、电动防火阀,并反馈给消防区域控制盘。当火灾熄灭时,经人工确认后,打开电动防火阀,关闭电动混风调节阀,启动送、回风机,回风机兼作排风机。当排烟结束后,打开电动混风调节阀,恢复正常运行。

根据新风入口的温度和湿度控制新风阀的开度，以保持新风风量不小于最小新风量和最大限度利用新风，以达到节能运行。

送风阀与新风阀的开启方向正向同步，起点为新风阀最小开启状态时(开度 15%)，送风阀全开，回风阀全开。

6 kV 厂用配电间通风系统。6 kV 厂用配电间平时运行靠电动进风百叶进风，轴流风机排风，空调机关闭。

夏季，当 6 kV 厂用配电间室温大于 30 ℃时，自动停运轴流风机，电动排风调节阀及电动进风百叶，自动开启变风量空调机，调节冷冻水回水电动二通阀及旁通电动二通阀，使室温维持在 30 ℃左右。

当夏季发生火灾时，由消防控制盘发出消防报警信号给暖通控制盘，关闭变风量空调机、电动防火阀、轴流风机、电动进风百叶，并反馈给消防区域控制盘。当火灾熄灭时，经人工确认后，打开电动百叶和电动密闭阀，投运轴流风机，将烟雾排走，再恢复正常运行。

当平时发生火灾时，由消防控制盘发出消防报警信号给暖通控制盘，关闭轴流风机、电动进风百叶、电动密闭阀，并反馈给消防区域控制盘。当火灾熄灭时，经人工确认后，打开电动百叶和电动密闭阀，投运轴流风机，将烟雾排走，恢复正常运行。

380 V 厂用配电间通风系统。380 V 厂用配电间平时运行靠电动进风百叶进风，轴流风机排风，空调机关闭。

夏季，当 380 V 厂用配电间室温大于 30 ℃时，自动停运轴流风机，电动排风调节阀及电动进风百叶，自动开启两台变风量空调机，调节冷冻水回水电动二通阀及旁通电动二通阀，使室温维持在 30 ℃左右。

当夏季发生火灾时，由消防控制盘发出消防报警信号给暖通控制盘，关闭变风量空调机、电动防火阀、轴流风机、电动进风百叶，并反馈给消防区域控制盘。当火灾熄灭时，经人工确认后，打开电动百叶，投运轴流风机，将烟雾排走，再恢复正常运行。

当平时发生火灾时，由消防控制盘发出消防报警信号给暖通控制盘，关闭轴流风机、电动进风百叶、电动密闭阀，并反馈给消防区域控制盘。当火灾熄灭时，经人工确认后，打开电动百叶和电动密闭阀，投运轴流风机，将烟雾排走，恢复正常运行。

蓄电池室通风。蓄电池室平时保持负压通风，电动进风百叶进风，轴流风机排风，空调机关闭。

冬季当蓄电池室室温小于 15 ℃时，自动关闭电动进风百叶，启动变风量空调机，调节热水回水电动二通阀及旁通电动二通阀，使室温维持在 15 ℃左右。轴流风机继续运行，保持负压通风。

当平时发生火灾时，由消防控制盘发出消防报警信号给暖通控制盘，关闭轴流风机、电动进风百叶、电动密闭阀，并反馈给消防区域控制盘。当火灾熄灭时，经人工确认后，打开电动百叶和电动密闭阀，投运轴流风机，将烟雾排走，恢复正常运行。

当冬季发生火灾时，由消防控制盘发出消防报警信号给暖通控制盘，关闭变风量空调机、电动防火阀、轴流风机、电动进风百叶，并反馈给消防区域控制盘。当火灾熄灭时，经人工确认后，打开电动百叶，投运轴流风机，将烟雾排走，再恢复正常运行。

直流配电间通风。直流配电间平时运行靠电动进风百叶进风，轴流风机排风，空调机关闭。

夏季，当直流配电间室温大于 30 ℃时，自动停运轴流风机，电动排风调节阀及电动进风百叶,自动开启两台变风量空调机,调节冷冻水回水电动二通阀及旁通电动二通阀,使室温维持在 30 ℃左右。

当夏季发生火灾时,由消防控制盘发出消防报警信号给暖通控制盘,关闭变风量空调机、电动防火阀、轴流风机、电动进风百叶,并反馈给消防区域控制盘。当火灾熄灭时,经人工确认后,打开电动百叶和电动密闭阀,投运轴流风机,将烟雾排走,再恢复正常运行。

当平时发生火灾时,由消防控制盘发出消防报警信号给暖通控制盘,关闭轴流风机、电动进风百叶、电动密闭阀,并反馈给消防区域控制盘。当火灾熄灭时,经人工确认后,打开电动百叶和电动密闭阀,投运轴流风机,将烟雾排走,恢复正常运行。

润滑油箱间、ATE 配电间。润滑油箱间、ATE 配电间平时运行靠电动进风百叶进风,轴流风机排风。

当平时发生火灾时,由消防控制盘发出消防报警信号给暖通控制盘,关闭轴流风机、电动进风百叶。当火灾熄灭时,经人工确认后,打开电动百叶,投运轴流风机,将烟雾排走,恢复正常运行。

凝结水处理楼空调通风。4 台净化空气处理机组在+8.30 m 层净化机组机房,分别用于凝结水处理室及前置阳床、运行混床间,均为一用一备,全年运行,一台故障自动报警,另一台自动投运,净化空气处理机组前的电动密闭调节阀也随着其相关的机组开启及关闭。

净化空气处理机组机房内的两台轴流风机全年运行,发生故障自动报警。酸碱储存间、加药间轴流风机全年运行,室内维持负压。

1.2 文件准备

风机启动,停运规程文件。

1.3 工器具准备

绝缘检测仪,听针,测温仪,手电,活动扳手,钳形电流表。

1.4 模拟体准备

C 式带式皮带模拟体,E 式带式皮带模拟体。

1.5 辐射防护准备

需要时请物理保健人员配合。

1.6 工业安全准备

必要的防护用品:防砸鞋、防护手套及安全帽等。

1.7 配合人员准备

需要时请技术处测振人员配合。

1.8 场地准备

培教楼 106 教室(模拟体厂房)。

第二章　操作实施

2.1　操作实施1　启动风机

序号	操作步骤	操作要求	工器具	测评标准	备注
1	检查启动风机规程文件是否正确完整	核对规程文件信息正确，签字完整	无	规程文件编校审批都应签字完整，日期正确；清楚规程文件操作目的；正确使用防人因工具	
2	组织相关人员召开工前会	明确分工，了解风机启动中风险及注意事项	无	操作者监护者分工明确，了解风机启动中风险及注意事项	
3	按照规程文件进行风机在线工作	按照规程文件进行风机在线工作	必要时使用活动扳手	操作正确，监护到位，文件签字完整	
4	主控或现场启动风机	通知主控完成风机在线，准备启动风机	无	核对风机在线正确，做好启动风机准备	
5	风机启动后检查风机转向正确，风机运行声音、振动正常，风机皮带抖动正常	目测风机转向正确，判断风机运行声音、振动正常，皮带抖动在正常范围	听针	正确使用听针，准确判断风机启动后运行正常	
6	进一步检查风机运行情况，轴承温度，运行电流，风机压力，出口风量	使用测温仪检查风机轴承温度正常，运行电流温度	测温仪，钳形电流表	正确使用测温仪、钳形电流表	
7	汇报主控风机运行情况，清点现场	汇报主控风机运行情况，对新运行设备加强关注，定期测量轴承温度，清点现场	测温仪	信息沟通准确完整，正确使用防人因工具，清点现场整洁完整	
8	必要时召开工后会	工作过程中没有考虑到的意外情况，非常规工作或复杂工作需召开工后会	无	工后会是总结经验改进绩效，不追究责任	

2.2　操作实施2　停运风机

序号	操作步骤	操作要求	工器具	测评标准	备注
1	检查停运风机规程文件是否正确完整	核对规程文件信息正确，签字完整	无	规程文件编校审批都应签字完整，日期正确；清楚规程文件操作目的；正确使用防人因工具	
2	组织相关人员召开工前会	明确分工，了解风机停运中风险及注意事项	无	操作者监护者分工明确，了解风机停运中风险及注意事项	

续表

序号	操作步骤	操作要求	工器具	测评标准	备注
3	工作人员到达现场，准备停运风机	工作人员到达现场，准备停运风机	无	操作正确，监护到位，文件签字完整	
4	主控或现场停运风机	停运风机	无	操作准确	
5	风机停运后检查风机出口逆止阀正确动作，风机没有反转	风机停运后检查风机出口逆止阀正确动作，风机没有反转	无	检查风机停运，没有反转，阀门动作正常	
6	汇报主控风机停运，清点现场，没有遗留	汇报主控风机停运，清点现场	无	信息沟通准确完整，正确使用防人因工具，清点现场整洁完整	
7	必要时召开工后会	工作过程中没有考虑到的意外情况，非常规工作或复杂工作需召开工后会	无	工后会是总结经验改进绩效，不追究责任	

2.3 操作实施3 风机启动后检查风机运行情况

序号	操作步骤	操作要求	工器具	测评标准	备注
1	风机启动后检查风机转向正确，风机运行声音、振动正常，风机皮带抖动正常	目测风机转向正确，判断风机运行声音、振动正常，皮带抖动在正常范围	听针	正确使用听针，准确判断风机启动后运行正常	
2	检查风机运行情况，轴承温度，运行电流，风机压力，出口风量	使用测温仪检查风机轴承温度正常，运行电流，温度	测温仪，钳形电流表	正确使用测温仪，钳形电流表	

2.4 实施中需要特别注意的几个关键点

2.4.1 启动风机

规程文件正确完整，风机在线正确，风机启动后运行参数正常(声音，温度，压力，电流等)。

2.4.2 停运风机

风机停运后阀门动作正常，风机没有反转。

2.5 风机日常巡检注意事项

现场设置的风机运行数据监测屏(图 2-1)用于监测风机运行参数，振动、温度、电流等，对于在密闭房间内运行的风机非常重要，由于这些房间在风机运行情况下不便进入，只能通过监测屏显示数据来判断风机运行正常与否。有些通风系统中还有过滤器，日常巡检时还应关注这些过滤器压差，一旦超过运行范围需填写工作申请单，由专业部门负责处理。不同系统的风机运行参数略有不同，具体可参考对应的系统手册和定制手册。

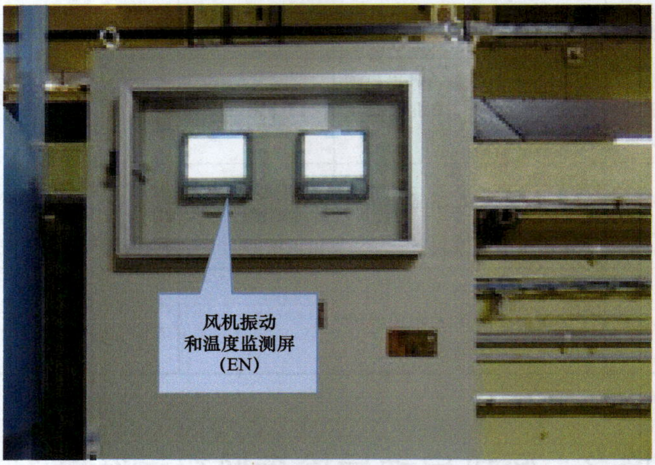

图 2-1 风机振动监测屏(EN)

2DVL 201EN(201ZV)				2DVL 202EN(202ZV)			
1	2DVL811MV 驱动端振动	2	2DVL812MV 非驱动端振动	1	2DVL821MV 驱动端振动	2	2DVL822MV 非驱动端振动
3	2DVL911MT 驱动端温度	4	2DVL912MT 驱动端温度	3	1DVL921MT 驱动端温度	4	2DVL922MT 驱动端温度
5	2DVL913MT 非驱动端温度	6	2DVL914MT 非驱动端温度	5	1DVL923MT 非驱动端温度	6	2DVL924MT 非驱动端温度
7	2DVL915MT 电机轴承温度	8	2DVL916MT 电机轴承温度	7	1DVL925MT 电机轴承温度	8	DVL926MT 电机轴承温度

振动：量程 0～200 μm　　上限 160 μm　　上上限 170 μm

温度：量程 0～100 ℃　　上限 60 ℃　　上上限 70 ℃

以上数据是维修处仪控给的，发现探头指示超过上限时，说明风机运行有问题，立即汇报主控停运风机。

电缆层通风系统(DVE)风机巡检关注事项如下。

风机的检查是看风机运行有无异音；皮带是否松动；电机温度，轴承温度是否正常；风管振动无异常；电缆层房间的温度是否正常。需要检查的风机有 DVE001/002/003/004/005/006/007/008/009/010/011/012/013/015ZV。对于主控制室空调系统风机(DVC003/004ZV)巡检过程中应该将运行风机的小室打开，看看小室内是有积有水，查过排水是否通畅。

检查电气厂房主通风系统(DVL)/主控制室空调系统(DVC)/电缆层通风系统(DVE)的防火风阀状态：检查电气厂房主通风系统(DVL)/主控制室空调系统(DVC)/电缆层通风

系统(DVE)的防火风阀是否为常开(正常时应该全开的,出现火灾等情况时要速度在控制柜上将这些防火风阀关闭,避免火灾的进一步扩散)。包括的控制柜:(1DVC009CR;1DVL009CR,1DVL011CR,2DVL009CR,2DVL011CR;1DVL202CR,1DVL203CR,2DVL202CR,2DVL203CR;1DVL204CR,1DVL207CR,2DVL204CR,2DVL207CR;1DVE005CR,2DVE005CR)。如图 2-2 所示。

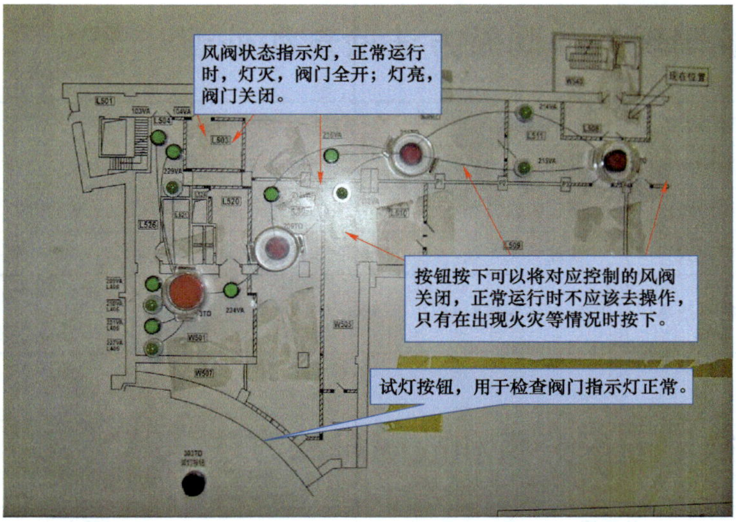

图 2-2　风阀控制柜

第三章　故障检查和处理

3.1　常见故障现象和判断方法检查和处理

序号	故障现象	判断方法	故障原因分析	故障排除方法
1	轴承温度高	测温仪测量	润滑脂过多	减少定期加润滑脂的量
2	风机运行异音	通过听针判断	润滑脂不足	增加定期加润滑脂的量
3	皮带抖动大	通过目测判断	皮带使用时间较长磨损严重	定期更换风机皮带
4	风机运行振动高	通过现场测振数据	轴承座及机座受力不均	需对多方面原因进行综合考虑，解决方法一般都是组合性的。

3.2　常见故障原因分析和故障排除方法

序号	故障原因	故障排除方法
1	风机停运后反转	风机出口逆止阀没有正常动作
2	润滑脂型号不符合要求	更换成合适的油脂
3	皮带安装时张力调整不符合要求	重新安装皮带并调整好皮带张力

3.3　特殊故障现象和判断方法

不适用。

3.4　特殊故障原因分析和故障排除方法

不适用。

第四章　操作结束

1. 总结回顾培训过程以及关键点。
2. 针对学员技能培训进行点评。
3. 召开技能培训操作工后会。
4. 征求学员对技能培训及教材的信息反馈。

第五章 经验反馈

5.1 核辅助厂房通风系统 3 号风机(2DVN003ZV)风机轴承烧毁

故障描述:2007 年 3 月 1 日,2DVN003ZV 风机非驱动端轴承温度瞬间达到 100 ℃,导致其烧毁,轴承内外圈及保持架损坏,轴承座严重磨损,同时皮带也被拉断,后果非常严重

故障原因:在故障发生前10个月内未对风机进行过预防性维修及润滑,属于预防性维修及润滑不及时,导致轴承缺少润滑脂致使其干磨而迅速升温。

检修过程:对风机进行全面解体检查,吊出电机及风机箱体,整体拆除风机传动机构,将叶轮整体做动平衡试验,同时全部更换主轴、轴承、轴承座、定位环、油封、皮带、紧定套和润滑脂,对新的主轴跳动量进行测定,同时测量轴承游隙和轴承座水平度均合格,重新调整皮带平行度和张力,回装风机,品质再鉴定合格,缺陷消除。

经验反馈:风机的轴承和皮带是最容易出现缺陷的部件,风机的轴承润滑和皮带检查类的预防性项目必须及时触发并实施,否则就会出现轴承缺油干磨和皮带断裂等缺陷,有时会造成严重的后果。目前此台 2DVN003ZV 风机机械方面拥有“轴承润滑及皮带检查”,“轴承清洗、检查和更换油脂”,“风机轴承更换”三个预防性维修项目,周期分别为 6 个月,1 年和 3 年,比较完善了,只要及时对风机进行有效的预防性维修工作,发生缺陷的概率就会大大降低。

5.2 核燃料厂房通风系统(2DVK001ZV)风机振动大

从 2007 年 10 月至 2008 年 2 月,2DVK001ZV 风机由于振动大共进行过 3 次检修,这次振动大的原因和处理方法均不相同,以下是具体检修过程。

5.2.1 第一次检修

故障描述:2007 年 10 月 16 日,2DVK001ZV 风机振动监测指示波动过大。

故障原因:主要为叶轮动平衡偏差大造成,同时减震器、轴承的缺陷也可能会造成振动过大。

检修过程:对风机进行全面解体检查。首先发现风机底部减震器部分已经失效。检查皮带完好。检查轴承润滑脂变黑需更换,轴承间隙合格但同轴度偏大需更换轴承。叶轮动平衡试验不合格,重新修补后再做直到合格,检查风机其他部位完好无异常。更换风机轴承,润滑脂,减震器后重新回装,品质再鉴定合格。

5.2.2　第二次检修

故障描述：2007 年 12 月 3 日，2DVK001ZV 风机振动监测指示波动大，出现高报警。

故障原因：可能为轴承座缺陷、机座受力分部不均引起。

检修过程：检查皮带情况良好，检查润滑脂也正常，检查轴承表面有擦伤，且轴承座上盖也有磨损的痕迹。更换了新的轴承及轴承座后回装，品质再鉴定合格。

5.2.3　第三次检修

故障描述：2008 年 2 月 1 日，现场巡检发现 2DVK001ZV 有一点振动波动大，最低 20 um，最高达到 120 um。

故障原因：减震器有轻微松动。

检修过程：检查减震垫轻微松动；减震垫上的紧固螺栓的弹簧垫片弹力失效，领取新的弹簧垫片并更换，重新调整减震垫，直至振动在合格范围，品质再鉴定合格，缺陷消除。

经验反馈：综合这三次检修情况看，造成风机振动高的原因很多，如叶轮，轴承及轴承座，减震器及底部支架等的缺陷都有可能造成风机运行振动高，必须遵循“具体情况具体分析的”的原则。在检测手段有限的情况下，需要尽量做到检修全面，同时在检修完毕后需要确认紧固部件已完全固定。

5.3　辅助给水泵房通风系统(2DVG002ZV)风机运行异音

故障描述：2010 年 11 月 30 日，2DVG002ZV 风机运行中出现异音。

故障原因：轴承安装不当，导致非驱动端游隙超差达到 0.12 mm，正常为 0.035～0.065 mm。

检修过程：解体风机，打开轴承座上盖，检查风机轴承发现非驱动端间隙超差，且磨损严重，油脂变质。更换了轴承，轴承座及润滑脂，重新对皮带进行调整对中，回装风机，品质再鉴定合格，缺陷消除。

经验反馈：在检修风机时轴承的安装需特别细心，稍有误差便会导致各种缺陷，如运行异音和轴承温度高等，运行人员加强日常巡检。

5.4　电缆层通风系统(1DVE007ZV)皮带抖动大

故障描述：2011 年 6 月 7 日，1DVE007ZV 风机皮带抖动大且两根皮带时常发出相互碰触的“嗒嗒”声。

故障原因：皮带磨损。

检修过程：拆除皮带罩及皮带，检查发现皮带磨损严重，检查皮带轮无磨损迹象。更换了新的皮带后重新对中检查回装，品质再鉴定合格，缺陷消除。

经验反馈：为了防止日常期间风机运行过程中出现皮带断裂的情况，在日常运行的风机年度检查中均直接将皮带进行更换，同时每次检修完毕风机后需对皮带进行仔细地对中调整，以确保起机运行后皮带不会因为安装问题而出现抖动大。

第六章 习 题

6.1 选择题(每题 6 分,共 30 分)

1. 风机轴承润滑的周期一般为(B)

A. 1个月　　B. 3至4个月

C. 1年　　D. 所有风机都无需轴承润滑

2. 根据风机作用原理分类,下列哪项不是该类别(C)

A. 离心式　　B. 轴流式　　C. 混流式　　D. 贯流式

3. 根据通风过滤器结构和外形不同分类,下列哪项不属于该类别(D)

A. 框架式　　B. 折叠式　　C. 套筒式　　D. 抽屉式

4. 以下哪项不是风机运行轴承温度高的原因(A)

A. 皮带安装时张力调整不当　　B. 润滑脂型号不符合要求

C. 定位环间隙太小　　D. 轴承润滑周期过长

5. 以下哪个风机缺陷在日常巡检中可以被发现(D)

A. 皮带抖动大　　B. 风机运行异音　　C. 轴承温度高　　D. 都能被发现

6.2 实操题(70 分)

鉴定点:启动风机

试题 1:启动风机

1. 准备要求

考场准备:

(1) 试题名称:启动风机

(2) 本题分值:70

(3) 考核时间:30 min

(4) 考核形式:实操

(5) 设备设施准备:

序号	名称	规格	单位	数量	备注
1	模拟体		台	1	教学用模拟体一台
2	启动风机文件、图纸等		套	1	启动风机操作单、图纸

考生准备

(1) 试题名称:启动风机

（2）本题分值:70

（3）考核时间:30 min

（4）考核形式:实操

（5）工具及其他准备:听针、钳形电流表、测温仪等

2. 考核要求

（1）本题分值:70

（2）考核时间:30 min

（3）考核形式:实操

（4）具体考核要求:通过学习使学员了解风机结构、用途及指标参数,掌握风机启动、停运的操作和注意事项,熟悉其关键点,能够胜任风机定期启停工作

（5）否定项说明:无

3. 配分与评分标准

序号	考核内容	考核要点	配分	评分标准	评分
1	检查启动风机规程文件是否正确完整	核对规程文件信息正确,签字完整,编、校、审、批;文件版本有效期正确	10	规程文件编校审批都应签字完整,日期正确;清楚规程文件操作目的;正确使用防人因工具	
2	组织相关人员召开工前会	明确分工,了解风机启动中风险及注意事项	5	操作者监护者分工明确,了解风机启动中风险及注意事项	
3	按照规程文件进行风机在线工作	按照规程文件进行风机在线工作	10	操作正确,监护到位,文件签字完整	
4	主控或现场启动风机	通知主控完成风机在线,准备启动风机	10	核对风机在线正确,做好启动风机准备	
5	风机启动后检查风机转向正确,风机运行声音、振动正常,风机皮带抖动正常	目测风机转向正确,判断风机运行声音、振动正常,皮带抖动在正常范围	10	正确使用听针,准确判断风机启动后运行正常	
6	进一步检查风机运行情况,轴承温度,运行电流,风机压力,出口风量	使用测温仪检查风机轴承温度正常,运行电流温度	10	正确使用测温仪,钳形电流表	
7	汇报主控风机运行情况,清点现场	汇报主控风机运行情况,对新运行设备加强关注,定期测量轴承温度,清点现场	10	信息沟通准确完整,正确使用防人因工具,清点现场整洁完整	
8	必要时召开工后会	工作过程中没有考虑到的意外情况,非常规工作或复杂工作需召开工后会	5	工后会是总结经验改进绩效,不追究责任	

评分人:　　　年　　月　　日　　　　　　　　　　　　核分人:　　　年　　月　　日

第九部分 低压电气设备

第一章 操作准备

1.1 380 V 低压电气设备简介

1.1.1 380 V 低压电气的主要功能是为下列设备供电

1）额定功率不超过 200 kW 的电动机；
2）通风设备、空调器，加热器；
3）蓄电池充电器；
4）照明柜(箱)等；

1.1.2 380 V 低压电气设备典型接线方式

见图 1-1、图 1-2。

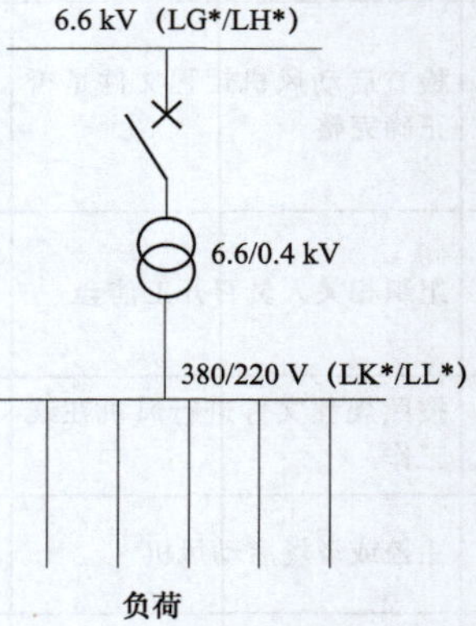

图 1-1 380 V 低压电气设备典型接线方式

图 1-2 电气设备柜

另外，还有一种分配电盘形式的接线，即由 380 V 母线通过低压断路器为另一条 380 V 母线进行供电。常见于下游 380 V 母线负荷不大或间断用电的情况。

1.1.3 380 V 低压电气系统主要设备构成

1) 一个 6.6 kV 变压器馈出线接触器柜或一个 380 V 断路器(如果是低压分配电盘)001 JA;

2) 一个安装在箱柜内的 6.6 kV/0.4 kV 变压器(低压分配电盘除外)001 TR;

3) 一个电压监测回路 001TU;

4) 安装在配电盘内的一组 380 V 配电母线;

5) 安装在配电盘内的数组 110 V DC 和 48 V DC 配电母线。

1.2 低压进线变压器及断路器

1.2.1 低压厂用变压器

380 V 低压厂用变压器都是通过 ZVC 真空接触器与 6.6 kV 配电盘相连,见图 1-3。低压厂用变直接与 380 V 低压交流母线相连接时,分两种情况:1)中间不设进线断路器;2)中间设进线断路器。

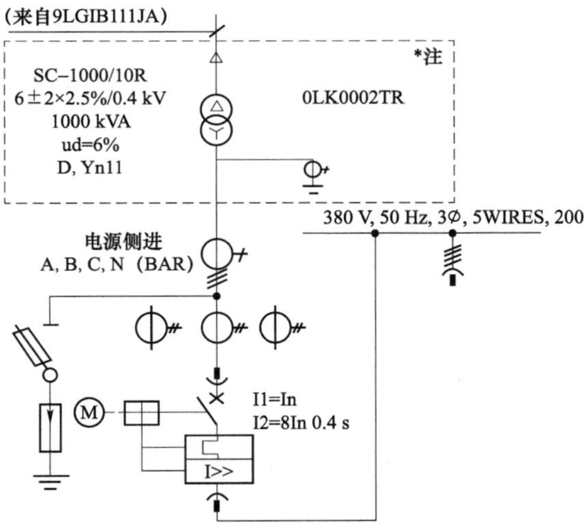

图 1-3 380 V 低压厂用变压器

1.2.2 变压器型号

1E 级配电变压器 SCB10-800/6.6/0.4(如二厂的 LLA、LLB、LLC、LLD、LLE、LLI、LLJ、LLN、LLO 母线);

NC 级配电变压器 SCB10-630/6.6/0.4(如二厂的 LKA、LKB、LKP 母线);

SCB10-800/6.6/0.4(如二厂的 LKC、LKD、LKE、LKJ、LKI 母线)。

说明:S—三相;

B—低压箔绕;

10—性能水平代号；

630、800—额定容量(kVA)；

6.6、0.4—额定电压等级(kV)。

干式变压器冷却方式有空气自冷和强迫风冷两种。安装干式变压器的室内应清洁、无导电粉尘、无腐蚀性气体。

1.2.3 变压器组成部件

变压器的主要部件包括：铁芯和绕组。

变压器的辅助部件包括：外壳、温控系统、高低压进出线，小车（底座）等。

1. 外壳

如图 1-4 所示，采用封闭型外壳，能使外界空气以循环方式直接冷却铁芯和线圈。

*注：o o o

0LK0 002 CV

0LK0 002 TR 联锁钥匙盒

1. 正常时 0LK0 002 TR 前后门钥匙都应锁定在钥匙盒上
2. 需要时应将 9LGIB 111JE 钥匙插入钥匙盒上换取
3. 0LK0 002 TR-1 为 0LK0 002 TR 前门钥匙
4. 0LK0 002 TR-2 为 0LK0 002 TR 后门钥匙

图 1-4 变压器外壳

2. 温度控制系统

1) 温度控制器及型号

见图 1-5～图 1-7。

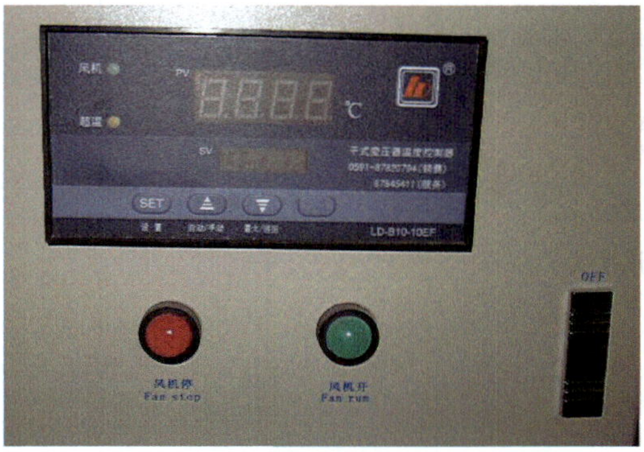

图 1-5　干式变压器温度控制器面板

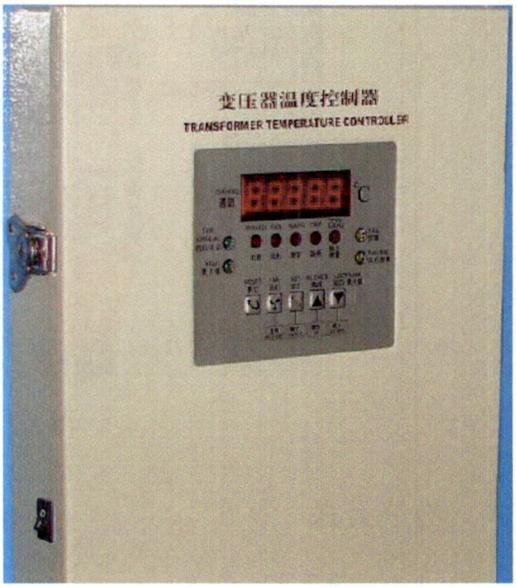

图 1-6　TTC-310 系列温度控制器图

2）指示灯

电源指示灯：电源通断状态指示；

风机指示灯：风机启停状态指示；

报警指示灯：变压器绕组超温报警指示；

跳闸指示灯：变压器绕组超温跳闸指示；

铁芯报警指示灯：变压器铁芯超温报警指示；

风机手动指示灯：风机手动启停指示；

最大值指示灯：最大值显示方式的指示；

故障指示灯：内部电路或传感器故障指示；

风机故障指示灯：冷却风机故障指示。

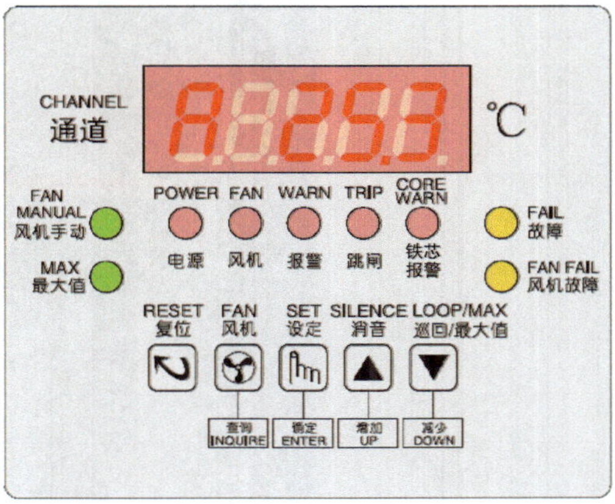

图 1-7　触摸面板

3）高低压进出线

见图 1-8、图 1-9。

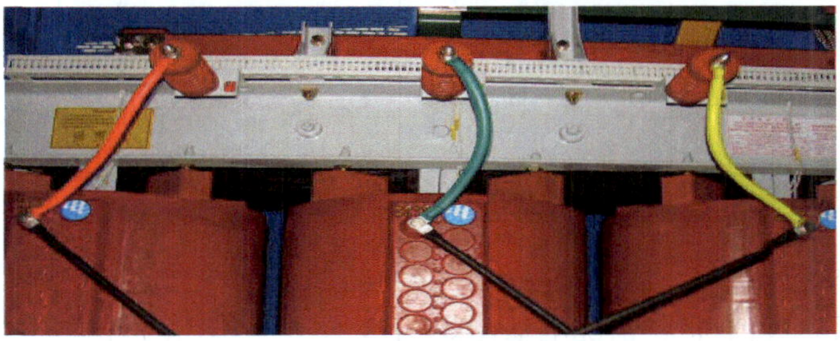

图 1-8　高压出线端子

4）小车(底座)

小车(底座)上与变压器固定件连接起到支撑变压器的作用，下与地基连接起到固定变压器的作用。

图 1-9　低压出线端子

1.2.4　进线开关

见图 1-10、图 1-11。

图 1-10　进线开关

电源开关操作：

检查储能指示为黄色(正常情况电动储能，手动储能是不用的)；

检查联锁钥匙在解锁位置(如果没有钥匙那说明此开关在被锁定在分闸位置，开关将无法合闸)。

送电时：

检查送电时分合指示应显示“0”，用专用手把将开关由“检修”位置或“试验”位置摇至“工作”位置；

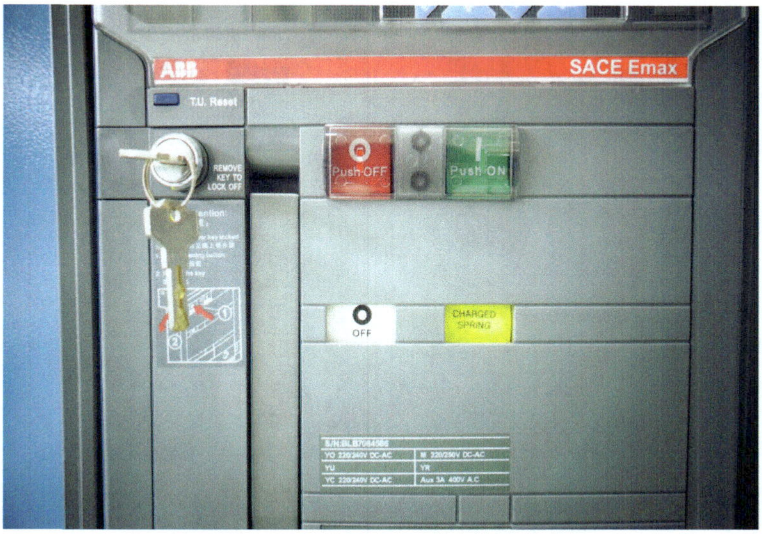

图 1-11　进线开关显示灯

检查上柜内熔丝都在合上位置(正常情况熔丝都是送上的);

得令,按下合闸按钮,开关合上(分合指示显示“I”)。

停电时:

按下分闸按钮后,分闸指示显示“0”;

用专用手把将开关摇至“检修”或“试验”位置;

必要时,一直按住分闸按钮,转动联锁钥匙到竖直位置拔出钥匙。

1.2.5　低压母线进线显示盘面

见图 1-12～图 1-14。

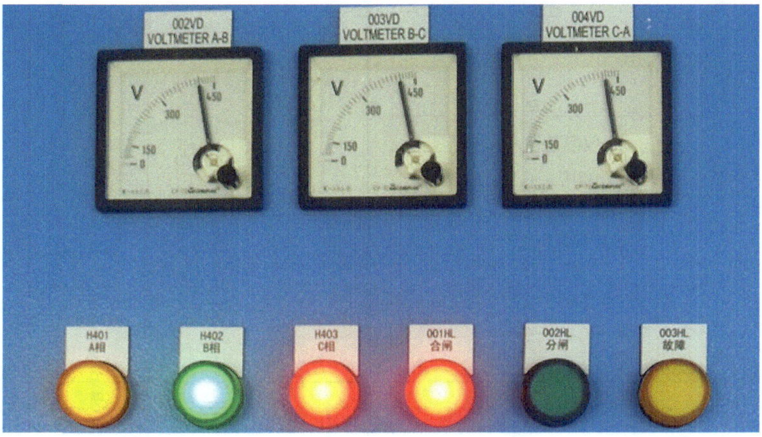

图 1-12　电压及状态显示

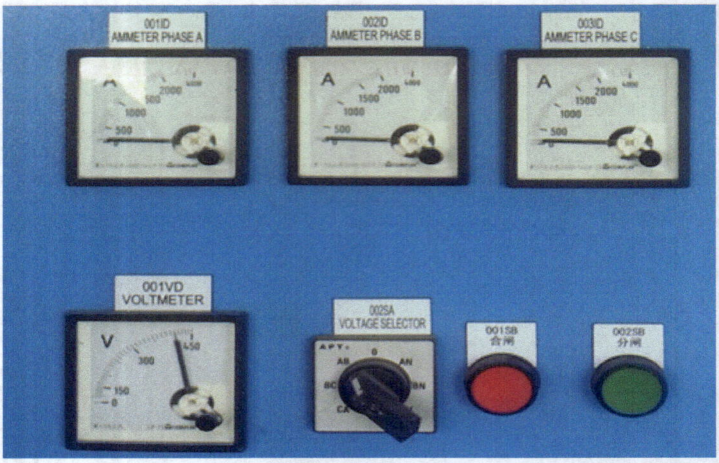

图 1-13　电流及状态显示

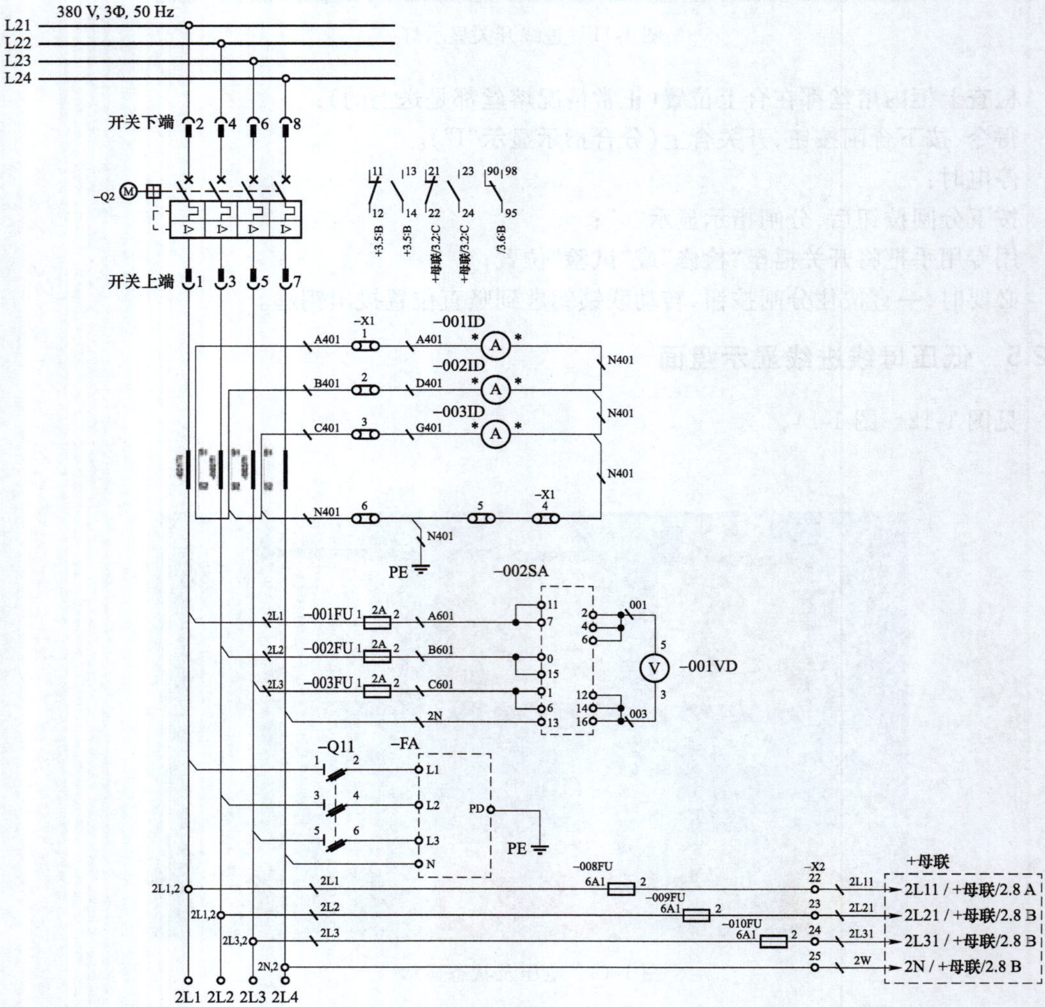

图 1-14　低压电气设备的二次回路及二次图

图 1-14 低压电气设备的二次回路及二次图(续)

1.3 380 V 低压电气配电柜

1. 柜体及抽屉的设计

1) 每个柜体可以分成三个小室:主母线室、电器室和电缆室。

2) 抽屉的结构包括:抽屉侧板、抽屉门板及附件、抽屉底板、抽屉背板及一次接插件、抽屉隔板、二次接插件、抽屉闭锁装置、断路器操作机构等。

2. 使用条件(ABB)

1) 温度:最高环境温度 45 ℃,最低环境温度:−30 ℃,正常运行状态下的温度−5～40 ℃,异常运行状态下的温度 40～45 ℃。

2) 湿度:周围空气相对湿度在最高温度为 45 ℃不超过 50%,在较低温度时允许有较大的相对湿度,如+20 ℃时为 90%,最大湿度 100%,年平均湿度不超过 70%。

1.3.1 开关规格

E=25 mm,可以理解为抽屉高度,如 8E,抽屉的高度为 8×25=200 mm

8E/2、8 E/4:意思为高度是 8E,宽度是 8E 的 1/2、1/4。如图 1-15、图 1-16 所示。

1.3.2 抽屉单元规格及容量

8E/4——22 kW/45 A　12E——160 kW/400 A

8E/2——30 kW/63 A　16E——200 kW/630 A

4E——30 kW/63 A　20E——200 kW/630 A

8E——75 kW/250 A　24E——315 kW

抽屉单元如图 1-17 所示。

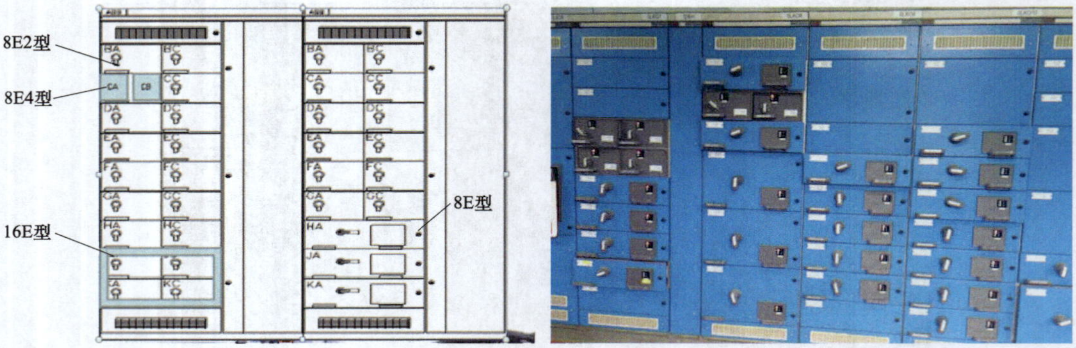

图 1-15　8E4 型开关

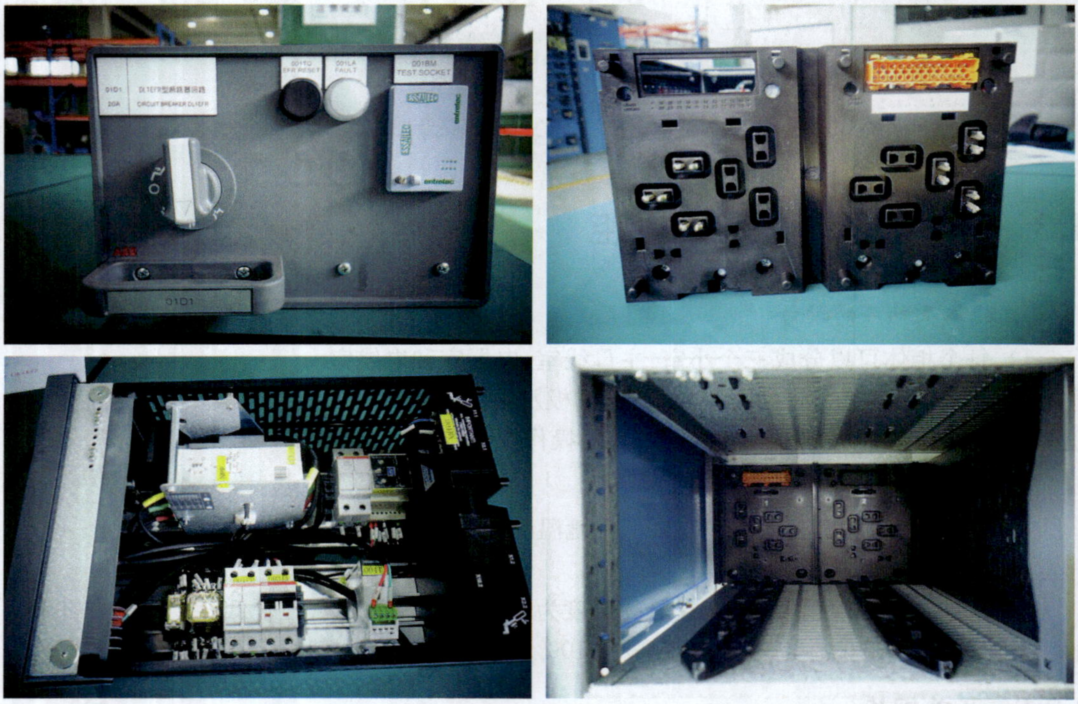

图 1-16　8E 型开关

图 1-17　抽屉单元

1.3.3 16E、8E4 及 8E/2 型开关操作把手说明

如图 1-18、图 1-19 所示。

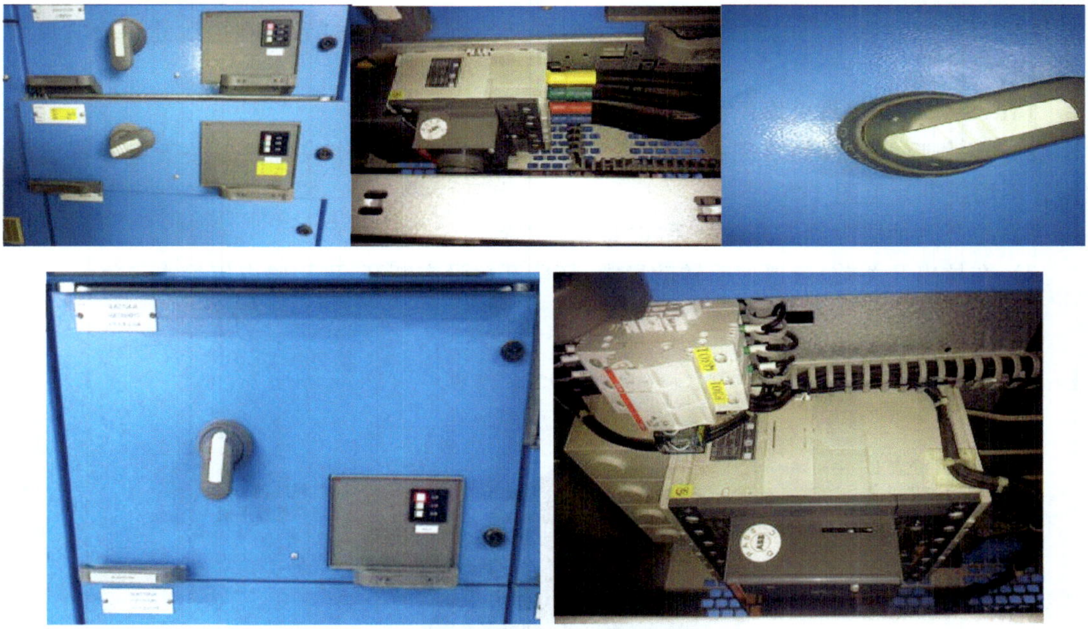

图 1-18 16E 型开关

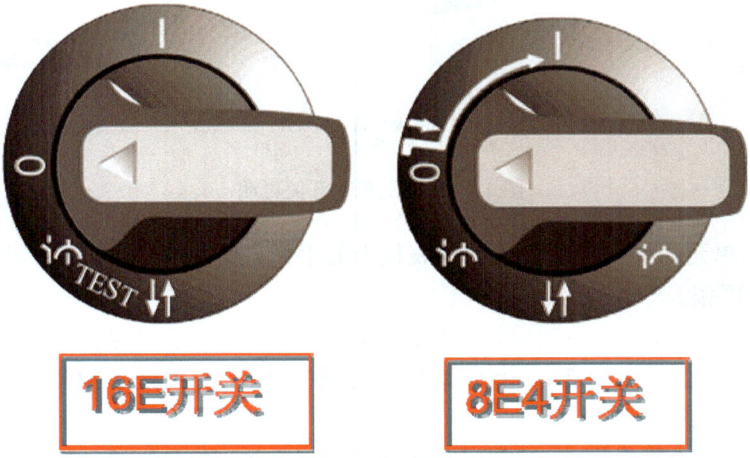

图 1-19 16E 开关把手及 8E4 开关把手

16E、8E4 型开关送电操作：

1）由检修(隔离)送电时，开关把手应在“可推拉”位置；

2）送电时，先检查一下内部开关或熔断器状态，严禁开关合闸推入或熔断器缺少、已熔断等推入；

3）送电过程中，在确保在可抽出位置活动良好情况下推入，不可用力过猛，以防至破坏插件头与电源插座、母线连接结构和绝缘之间接触不好或震动松动，造成过热或短路；

4）抽屉把手(如有图标)从“O”位置到“I”位置的操作一定要先按下把手再旋转(16E 不用压下)；

5）对于向控制柜供电的开关送电后，检查开关灯示亮(红灯)，可在出线处用验电笔测三相均有电压。

16E、8E4 型开关停电操作：

1）得令后，把手(如有图标)从“I”位置到“O”位置的操作一定要先按下把手再旋转(16E 不用压下)，见图 1-20。

2）拉开关抽屉时确保开关把手在“抽出”位置。

3）在拉出开关前，若遇把手转动异常，怀疑开关没有断开，可用验电笔检查已停电。

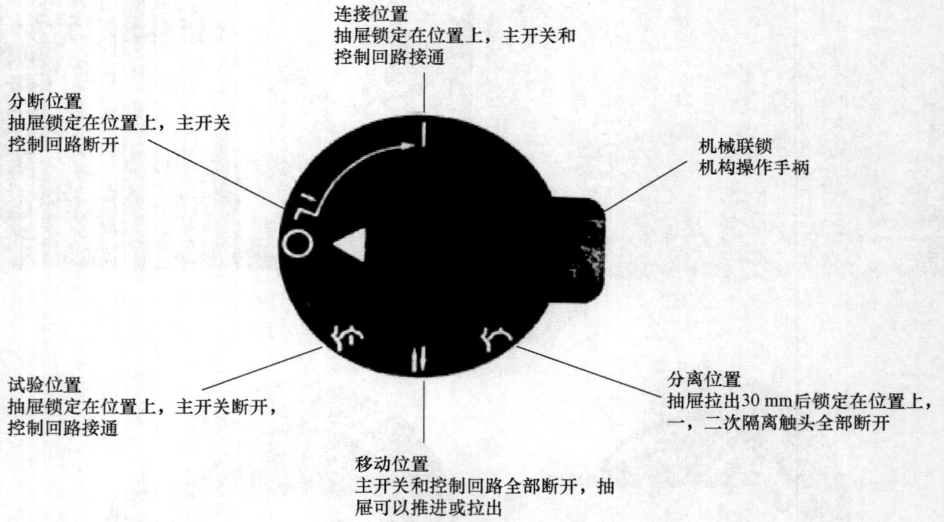

图 1-20 16E、8E4 开关说明

8E/2 馈电单元的操作是通过装在仪表板上的手柄开关来实现的，该手柄开关有五个位置，并具有机械联锁。

1）连接位置：主开关和控制回路合闸，抽屉锁住。开关处于接通状态。

2）分断位置：主回路切断，控制回路断开，抽屉锁住。开关处于断开状态，必要时可在手柄上加一挂锁，以避免误操作。

3）试验位置：主开关分闸，控制回路接通，抽屉锁住。在此位置做控制回路试验时，可避免电动机启动及负载带电。

4）分离位置：抽屉抽出 30 mm，主回路和控制回路断开，抽屉单元锁住。把手柄置于隔离位置上，将抽屉抽出 30 mm，主回路及二次回路均断开。如果在手柄上加上挂锁，则抽屉将不能再被抽出或插入。

5）移动位置：主回路和控制回路均断开，可以任意的抽出和插入抽屉。

1.3.4 抽屉的互换性

1）回路类型、模数和电流等级完全相同的两个抽屉可以互换；

2）开关柜上安装有防误插装置，可以防止下列抽屉的互换，以避免发生意外；

3）不同主回路类型的抽屉（如熔断器-接触器抽屉和断路器抽屉不能互换）；

4）不同模数规格的抽屉（如 8E/2 和 8E 抽屉不能互换）；

5）不同电流等级的抽屉（如额定电流 100 A 的抽屉和 160 A 的抽屉不能互换）。

1.4 文件准备

380 V 低压电气开关的实际操作完全模拟现场工作，具有完整的工作文件，包括工作指令单、风险分析、隔离指令、规程、工前会、工后会记录等。

1.5 工器具准备

无。

1.6 模拟体准备

操作所使用的模拟体为厦门 ABB 公司生产的 380 V 低压电气开关柜，安装在技能培训中心的培训教室中。

1.7 辐射防护准备

除核岛控制区和 BOP 岗位 QA\QB 放射性液体排放厂房外，其他区域不需要辐射防护准备。

1.8 工业安全准备

按照电力安规相关规定执行，所有人员需规范穿戴劳动保护用品，包括安全帽、绝缘鞋、工作服、绝缘手套等。检修场地使用警示带进行围栏，确保工作过程中无关人员进入。

1.9 配合人员准备

无。

1.10 场地准备

合理分配场地，确保操作工具、设备的合理分布，方便检修；在场地外围布置警示带。

第二章　操作实施

巡检是运行现场操作员的日常工作之一，也是新生入值之后首先学习的一项基本技能。低压电气设备的正常运行，还需要很多辅助系统和设备的支持，如通风系统、消防系统、DEL冷冻水系统等。本章重点放在低压电气设备上，其他的支持系统留待学员们到工作岗位后再学习。

2.1　巡检准备工作

2.1.1　劳动保护用品的正确佩戴

工作服：

巡检时，必须要穿工作服。因为工作服材质为棉，可以有效防止静电的产生，避免对有些敏感电器元件产生影响。另外，衣服的袖口、领口等部位必须扣好，防止在巡检过程中被卷入旋转设备当中，造成工业安全事故！

安全帽：

安全帽为保护巡检人员头部的主要防护用品，因此，巡检时必须佩戴安全帽。另外，安全帽的带子一定要扣好，以防止意外掉落或掉落后对头部的伤害！

劳保鞋：

保鞋内有防护钢板，具有防砸、防扎功能，可以在运行人员巡检过程中，有效保护人员的脚部安全。另外，劳保鞋还具备一定的绝缘功能，可以在电气触电事故当中，有效保护人员安全。劳保鞋的鞋带要绑好，防止意外绊倒的情况。因此，运行人员巡检时，必须穿好劳保鞋！

耳塞：

在电气巡检的过程中，有些厂房和设备噪声比较大，比如风机区域、冷冻机系统区域等。为了保护巡检人员的听力，耳塞的佩戴是绝对有必要的！

护目镜：

护目镜的主要功能是防止蓄电池间的酸碱等化学物质意外溅射对巡检人员的眼部造成伤害，也可以防止细小的溅射物碎屑对眼部的伤害！

手电：

在巡检时，有些厂房和设备的照明情况不是很理想，光线比较暗，这时，就需要利用手电才能看清设备的运行情况！

氧表：

电气厂房有些区域是存在惰性气体覆盖的，比如氮气（秦山二厂的 ASG 水箱区域）。此时，运行巡检人员进入时，需要佩戴氧表，防止意外窒息的情况发生！

笔、缺陷牌、绑扎带：

这些物品的主要功能是在巡检的过程中发现缺陷时，能第一时间填写缺陷报告！

出入卡：

出入卡和其他一些首饰，比如项链等，一定要放在工作服内，防止被旋转设备卷入，造成巡检人员的人身伤害。

2.1.2　了解本岗位需要关注的缺陷

要了解本岗位需要关注的缺陷，必须要做好交接班和开好班前会。从交接班日志和班前会上，我们能了解到本岗位目前需要关注的缺陷，有哪些设备进行过切换操作。这些内容都是我们在巡检之前应该掌握的，这样才能做到有的放矢，有针对性的巡视系统和设备！

2.1.3　巡检要做到四到：眼到、耳到、鼻到、心到

眼到：

目之所及，皆为巡检内容。巡检不仅仅是看巡检的设备，厂房和设备的一切异常情况都是巡检内容。比如，防火门是否关好、厂房有无漏水等情况、接地线是否完好、现场临时设备的摆放是否合乎标准、有无杂物和无可燃物遗留在现场等！

耳到：

巡检时，耳朵要听现场有无异音。如果发现异音，一定要有不查到绝不放过的心态，把设备的安全隐患消灭在萌芽当中！

鼻到：

要闻现场有无异味。有些异味是由酸碱泄露引起的，有些是由配电柜烧焦引起的，有些是由通风管线传来的，原因各种各样，巡检人员一定追查到底，找到引起异味的根源！

心到：

心到就是要怀着一颗高度的责任心去进行巡检，做一个具有高度责任心的核电工作者！

2.2　巡检路线选择

关于巡检路线的选择，各个电厂由于系统和设备的布置不同，巡检点的设置差异，巡检的内容不同，个人巡检习惯的差异，因此，巡检的路线也是各异的。

2.3　380 V 低压开关柜的巡检

见图 2-1。

变压器运行正常，无异音；房间有无异味；变压器前后柜门锁好；相电压指示 H401/402/403 全亮（不亮，如果主控没有报警，很可能是灯泡坏）；综合保护继电器 SPAJ135C 无故障；变压器显示正常（三相之间差别不能太大，正常值在 60～85 ℃，报警值：120 ℃，跳 6 kV 开关值：130 ℃，实际并未设置跳闸出口）；配电屏上无异常故障灯亮（黄灯亮），开关柜状态是否正常，处于断开位置的开关柜要查明原因；房间有无其他异常情况。

图 2-1　380 V 低压开关柜

2.4 巡检后的注意事项

1）及时上传巡检仪的数据，以便主控室操纵员能够第一时间了解现场系统和设备的运行参数，提前发现异常数据，把事故隐患消灭在萌芽当中！

2）进行巡检的漏点检查，查看是否存在有漏检项目，若发现漏检的项目，应及时弥补，防止有些设备未被巡检，造成设备运行异常或损坏的情况未被发现！

3）在现场巡检时发现的缺陷，应第一时间汇报主控，并在巡检后及时填写缺陷单，提交到当班值长或机组长，由他们来判断缺陷的严重程度，进行分级，以及后续的处理方案！若需要填写状态报告，也应及时填写，以便相关部门进行缺陷的跟踪及处理！

4）在交接班电子日志当中，应明确记录目前本岗位存在的故障，需要关注的系统和设备，以及相关问题的描述！

5）要将巡检信息要传达到班组成员及班长，实现巡检信息的共享。尤其针对设备的异常状况，以便现场班组长能够及时了解情况，确定处理方案！

6）巡检物资要按时归位或归还，比如借用的手电要及时归还，巡检仪要放在充电插座上面等，防止物资丢失或意外被带回家等情况的发生！

2.5 巡检过程中的主要风险点

运行人员在巡检的过程中是存在一定的工业安全风险的。电气厂房巡检主要有触电、窒息、撞伤、高处坠落、酸碱腐蚀等风险，希望大家对巡检过程中的工业安全风险的足够重视，并不断总结，从而将安全隐患降至最低限度(图 2-2)。

另外，在电气巡检过程中，未经主控许可，不得擅自去触碰或操作任何现场电气设备！

图 2-2　巡检过程的主要风险

2.6 操作实施 1　巡检前的准备

序号	操作步骤	操作要求	工器具	测评标准	备注
1	正确穿戴工作服	符合规范	无	符合规范	无
2	正确佩戴安全帽	符合规范	无	符合规范	无
3	正确穿戴劳保鞋	符合规范	无	符合规范	无
4	戴好耳塞	符合规范	无	符合规范	无
5	戴好护目镜	符合规范	无	符合规范	无
6	携带手电	合理放置	无	合理放置	防掉落
7	携带氧表	合理放置	无	合理放置	防掉落
8	携带笔、缺陷牌、塑料绑扎带	合理放置	无	合理放置	防掉落
9	正确放置工作证	符合规范	无	符合规范	
10	掌握本岗位需关注的缺陷	掌握本岗位需关注的缺陷	无	掌握本岗位需关注的缺陷	

2.7 操作实施 2　380 V 低压电气设备的巡检

序号	操作步骤	操作要求	工器具	测评标准	备注
1	巡检路线选择	路线选择合理	无	合理	
2	检查防火门是否关闭	确认关闭	目视	必须关闭	
3	检查本区域有无异音	准确判断	听	准确判断	
4	检查本区域有无异味	准确判断	闻	准确判断	
5	检查变压器前后柜门	确认关闭	目视	必须关闭	
6	检查相电压指示灯	确认是否正常	目视	准确判断	
7	检查综合保护继电器	确认是否正常	目视	准确判断	

续表

序号	操作步骤	操作要求	工器具	测评标准	备注
8	检查变压器三项温度	确认是否正常	目视	准确判断	
9	检查配电柜有无报警	确认是否正常	目视	准确判断	
10	检查配电柜状态是否正确	确认是否正常	目视	准确判断	
11	检查房间温度、湿度是否正常	确认是否正常	感受	准确判断	
12	检查房间有无杂物	确认是否正常	目视	及时发现	
13	检查有无其他异常情况	确认是否正常	目视	及时发现	

2.8 操作实施3 巡检后的注意事项

序号	操作步骤	操作要求	工器具	测评标准	备注
1	及时上传数据	及时准确	无	及时准确	
2	漏点检查	及时准确	无	及时准确	
3	及时填写缺陷单	及时准确	无	及时准确	
4	及时记录电子日志	及时准确	无	及时准确	
5	巡检信息共享	及时准确	无	及时准确	
6	物资归还	及时准确	无	及时准确	

2.9 实施中需要特别注意的几个关键点

1）学员巡检前着装是否规范；

2）学员巡检过程中行为是否规范；

3）学员全程是否严格遵守防人因失误工具的使用；

4）学员巡检后是否准确完成应注意的事项；

5）学员是否建立工业安全防范理念。

第三章 故障检查和处理

在巡检过程当中,运行人员会遇到各种类型的电气故障,因此,巡检人员能够掌握故障的识别,按照正确的方式去处理故障,是运行人员的一项重要技能。在巡检过程中,若遇到电气故障,千万不能贸然去操作,这样的话,容易引起事故的扩大化,也有可能导致现场设备损坏或运行人员受到意外伤害。正常情况下,应该先向主控室操纵员汇报现场故障设备名称、故障类型,然后根据具体的故障情况,在主控室操纵员的指挥下,采取相应的处理措施。

3.1 总体控制原则

本系统的主回路由试验回路按钮箱手动控制 6.6 kV 接触器关合或断开;也可通过保护回路使 6.6 kV 接触器自动分断。低压分配电盘的主回路,通过操作其电源线上的低压断路器,手动控制关合或断开;也可通过保护回路自动使该低压断路器跳闸。

3.2 正常运行

在正常运行状态下,每个 380 V 低压配电盘由相应的 LG/H*中压配电盘供电。同样,每个分配电盘由相应的 380 V 低压主配电盘供电。由对应母线上的电压互感器 PT 实时监测 380 V 配电盘的电压,当失压时间大于 10 s 时,则向主控室发出报警。

3.3 特殊瞬态运行

3.3.1 380 V 电源故障

短路保护

低压分配电盘不设进线保护,由低压分配电盘的出线断路器进行保护。

低压母线相间短路的保护,由 380 V 侧的一个过电流继电器实现。该保护动作使得变压器电源接触器断开。

不平衡保护(接地故障保护)

变压器单相接地故障的保护由接地故障继电器实现,安装在变压器中性点的电流互感器为该继电器提供电流信号。该保护动作使得变压器 6.6 kV 电源接触器断开。

漏电流保护(抽屉或配电柜馈线)

漏电流保护的目的是保护人员安全,使变压器在不平衡保护中有选择性。

3.3.2 6.6 kV 故障

过负荷保护

在 6.6 kV 侧，变压器由主要故障保护装置提供保护，当负荷超过极限值 60 s 以上时，变压器电源接触器断开。

过电流保护

保护装置每相由一个带撞针的熔断器组成，当一组熔断器熔断时，撞针接点向 6.6 kV 接触器发出一个跳闸指令，使接触器断开。

3.4 常见开关柜的复位方式

3.4.1 380 V 接触器的复位

380 V 接触器可能需复位的只有 2 种情况，即热保护复位及漏电保护复位。ABB 公司进口的开关柜热保护复位一般在面板上有一个复位杆(overload reset)，按一下即可复位(图 3-1)。

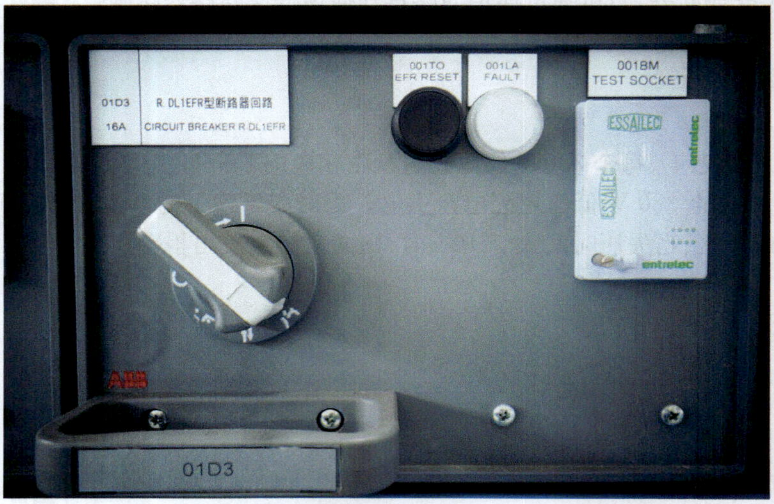

图 3-1 ABB 公司开关柜

对于漏电保护复位(一般只有上海成套设备厂生产的开关柜才装有漏电保护装置)只要拉出开关柜在其背面或中间看到有一绿色的小盒，其上有一白色的横杆，正常运行时白色杆处于“横” 的位置，跳闸后处于 “竖” 的位置，将其横杆转到横的位置即可复位。

3.4.2 380 V 断路器的复位

380 V 断路器种类较多，一般自动跳闸的都需要复位后才能重新投入运行，它们的复位方法各有不同，仅举其中一种方式，供学员学习。

面板上只有合、断、试验、可抽动、隔离位置的开关柜，其实这种开关柜自动跳闸后即处于试验位置(在时面对应于“黄绿”位置),只要扳到断开位置直到扳不动为止即可复位。

3.4.3 开关柜的复位流程

1) 发现现场低压开关柜出现报警后,应立即汇报主控,描述故障现象及故障类型,等待指示(切不可贸然进行复位操作);

2) 当得到主控复位许可后,才能进行开关柜的复位操作。

3.4.4 开关柜复位的原则

对于开关柜的复位,对于运行人员而言一般只复位一次,若复位之后再投入运行后又跳闸则不应再次将设备投入运行,因为可能有故障,多次将设备投入到故障状态下运行可能会损坏设备,这时应叫电气人员来处理。

3.5 常见故障现象和判断方法检查和处理

序号	故障现象	判断方法	故障原因分析	故障排除方法
1	接触器故障灯亮	目视	过负荷	按下“OVERLOAD RESET”键
2	接触器故障灯亮	目视	漏电保护动作	将柜内的白色杆转到“横”的位置
3	断路器故障灯亮,且把手处于“试验”位置	目视	过负荷	将开关把手扳到断开位置,直到扳不动为止

第四章　操作结束

4.1　操作结束后验证

现场巡检结束以后,确认现场设备状态正常,无工具和物品遗留在现场。

4.2　总结

对学员在巡检前的准备工作和巡检过程中的表现进行回顾,指出实际操作中表现优异的方面,总结不足的方面。将不足的方面汇总成表,提炼出学员所遇到的共性问题,以便下次培训时重点讲解。

4.3　评判

教员根据学员的陈述及实际巡检表现,依据评价表,对学员的学习情况作出整体评价。

4.4　工后会

工后会是对整个工作的过程的回顾以及必要的经验反馈。

对巡检前的准备工作、巡检过程、防人因工具的使用、巡检后的注意事项等进行总结,对学员进行评价。

第五章　经验反馈

核电厂电气设备的操作风险性很大，如果操作错误，容易引起非常大的后果，如停机停堆事故、设备损坏、人员伤亡等事故。为了防止人因事件的发生，运行人员必须严格执行防人因工具，避免人因事件的发生。我们精心选取核电厂内发生的几起关于电气操作的运行事件，这些事件都是突破了电气五防及防人因工具的屏障，酿成了惨痛的教训。

防止误操作的五防内容：

1）防止误拉、误合断路器；

2）防止带负荷误拉、误合隔离开关；

3）防止带电合接地和隔离开关；

4）防止带地线合闸；

5）防止误入带电间隔。

5.1　秦山核电二厂 3 号机组 1.24 事件

1.24 事件是一起典型的电气操作人因失误，由于走错了机组间隔，导致了停机停堆。2013 年 1 月 24 日中班，正值 401 大修第三天。约 20:20 左右隔离办发出 4PT02630 隔离操作单，该票工作内容为根据 ENG2012-158 技改要求，实施 APA 液力耦合器控制柜电源改造项目。

20:27，电气岗位现场操作员手持 4 号机组的操作单走错机组间隔，误入 3 号机组区域，将 3 号机组 3 台主给水泵液力耦合器执行机构电源逐个断开。

20:27:50，3 号主控室触发蒸汽给水流量失配信号。

20:28:12，3 号机组 2 号 SG 水位低触发，汽水失配+SG 水位低触发反应堆自动停堆。

现场操作员执行操作完毕后，乘联楼电梯返回 6 楼(主控室楼层)，刚走出电梯，就听说 3 号机突然停堆了，猛然意识到自己的操作发生了错误，然后迅速跑往 3 号主控，告知主控自己的操作错误了。查明事件原因后，重新投入 3 号机组主给水泵液力耦合器执行机构电源，并启泵验证控制正常。反应堆于 24 日 22:20 恢复临界，25 日 1:35 汽轮发电机组并网，6:00 升到满功率 660 MWe。

现场查看：

操作所在房间为防止走错间隔，大修前一天在有关厂房都设置了“3 号机组正在运行”“4 号机组正在大修”提醒标示牌并在进入房间门前后都有明显标识区分。查看现场机柜，标识清楚。查看机柜内电源开关的设备标识，都有设备中文名称，但有缺少设备代码情况。从以上情况看，现场标识应该是清楚的，没有存在人因失误的陷阱，但对于缺失的设备代码需要立即纠正。文件检查：操作文件 3、4 号机组的隔离操作单颜色不一样，而且有明显的机组号标识。每台主给水泵液力耦合器的控制电源各有两路。在错误断开上述一个机柜的三台主给水泵控制电源开关时,并不会触发任何保护或者报警。只有当操作第二个机柜的电源时,主给水泵出力会受影响。查看事件发生时的 KIT 数据中看出,断开 A/B 泵控制电源开关也就差了 7 秒钟左右。从中可以看出,从执行文件的标识上有防止人因失误的措施,现场操作速度是比较快的。

人员访谈了解到以下情况:

1) 事发当天是 401 大修第三天,隔离工作高峰期,值内出于考虑,加强了核岛人员配置,电气岗位留有两人,均有电气岗位授权;另有三人为外单位人员,值内通过岗位授权考试,职责是负责完成 3、4 号机组电气岗位的巡检及主控、隔离办安排的工作。

2) 电气现场人员巡检完成后,和同事已一起完成了 6 张隔离操作单,回到值班室整理好、签完字并在做记录时,接到了 4 号机组的 4PT02630 隔离操作单。由于是一张试验票的操作单,只要求检查 4KCO 电源开关状态与操作单的要求相一致即可,因此就一个人拿着操作单坐中间联楼电梯来到 4 楼(此楼层房间号以 L5**标示),错误的进入了 3 号机组的 L507 房间内的 KCO050、051AR 电气柜旁。检查设备处于合闸状态,于是打电话联系隔离经理,说"现场的开关都为合闸,票上要求断开,能断开吗?"隔离经理因知道 4APA 已全停且主隔离已实施,而且潜意识中认为现场操纵员是在 4 号机组,故在电话中回答说:"可以断开,APA 已全停,没关系的。"得到隔离经理的答复后,现场操纵员离开电话处,又返回到 3KCO050AR 旁,在未进行自唱票和核对设备 9 位代码的情况下按照操作单的顺序逐个断开开关。

3) 知道 KCO 电源的重要性,当时精神专注于此,就没有注意机组号。

4) 在问到人因管理的问题时,都反映运行二处做了大量宣讲、培训、经验反馈工作。如:有专门的人因管理程序;开展大量经验反馈学习活动,且都有记录;在升版规程时,将防人因工具的使用和规程使用方法(连续使用、参照使用之类)在规程封面做出了明确要求,目前已完成所有定期试验规程的修改;清楚防人因工具及其使用注意事项。

5) 在培育、强化员工的行为习惯方面不够,观察指导针对防人因失误工具的使用不足。

6) 隔离操作单经过隔离经理、操纵员、值长的审核批准后,放在电气岗位办公桌上。电气人员在开始执行该隔离操作单前,没有与主控、隔离办进行交流。

7) 大修工期紧,工作量大。

从访谈情况,可以看出以下不足:

1) 大修期间工作量大,电气岗位人力配置不足。

2) 没有使用防人因失误工具:单独操作,没有自检;现场与主控、隔离办的信息沟通不足;观察指导工作不够;操作没有执行监护。

3) 违反规定,没有遵守现场电气操作必须执行监护的制度。

5.2 秦山核电二厂 1 号机组冷冻水电源系统未完全隔离

2012 年 3 月 17 日,1 号机组处于换料大修状态。电气人员持 1 号机组冷冻水系统电气部分定期检查的工作包,到隔离办取得工作许可证。到达工作现场后,检修人员按照工作指令的要求,对控制电源进行隔离验证,发现该电源抽屉处于合闸状态。工作指令单中已明确要求隔离该电源,随后向运行人员反映情况并归还许可证。运行人员修改隔离票,重新实施断电隔离，重新发放许可证。事件原因分析：1）大修准备期间工作票指令不能预置好，因此增加了大修执行期的工作强度，这是造成隔离票不能有效审核的促成原因。2）发票隔离经理与工作负责人交流不足，没有发现隔离指令的遗漏。3）核岛隔离经理遗忘主隔离的相关信息导致子票中冷冻机组控制电源未隔离。

5.3　岭澳1号机组实施隔离操作时误按合闸按钮导致误合闸

2004年9月15日，岭澳1号机组反应堆处于稳定功率运行状态。按程序要求停运1号机组控制棒驱动机构电源系统发电机后，准备实施隔离，按照实施隔离操作单，需要拉出1号机组控制棒驱动机构电源系统断路器。现场操作人员为确认断路器是否处于“断开”的正确位置状态，在操作前准备按下开关面板上跳闸按钮。但是，该现场操作人员却误按合闸按钮，导致断路器重新合闸，同时保护动作，40 s后又自动跳闸。

事件原因分析：

1）两个操作控制按钮相邻并且相似，造成操作人员判断失误，误操作。

2）现场操作人员对于自己的操作过于自信以致按错按钮。

3）现场操作人员在未验明按钮编码情况下，随手按下按钮。

4）在进行按钮操作过程中，现操未有效使用自检工具，在未核对明确按钮编号情况下就操作，造成误合闸。

5）在进行重要操作时，未进行监督，监护制度执行不到位。

5.4　大亚湾380 V低压交流电源系统电气开关隔离错误

2006年8月21日凌晨3:00，一名中级现场操作员、一名初级现场操作员以及两名学员按计划准备隔离1号机组380 V低压交流电源系统以便对1号机组凝结水净化处理系统泵进行解体检查。四人到达现场检查完该电气开关电流表为零、计时器已停止，确认1号机组凝结水净化处理系统泵已停运，中级现场操作员将隔离操作单交给初级现场操作员和一名学员执行。两人按照监护制要求，初级现场操作员唱票，学员确认电气开关编号和设备九字码与隔离单一致后，将380 V低压交流电源系统的隔离手柄由“垂直”位置转至“水平”位置，并挂票上锁。直到早上化学值班人员巡视时发现该电源隔离错误，并及时报告隔离办，经确认该开关状态隔离错误，即将其置于正确状态——断电隔离。

事件原因分析：

1）操作人员潜意识地认为隔离手柄由“垂直”位置转至“水平”位置表示开关刀闸状态由“闭合”变为“断开”。

2）由于工作时间在凌晨3:00，此段时间容易疲倦犯困，注意力不集中等情况发生。

3）中级现场操作员在执行独立验证时，没有对开关状态进行核对，只把关注的重心放在隔离的设备编码是否正确上。

4）对于涉及电源的操作，操作单里没有要求“记录电源开关或刀闸的初始状态”。

5）虽然中级操作员一直在现场对整个过程进行观察，但未对监护过程中的不规范的行为进行现场指导。

5.5 秦山二厂1号机组应急电源系统未按隔离要求操作

2009 年 11 月 12 日上午,机组处于大修状态。运行处大修组 4 人(执行)和运行电气工程师(指导)在现场按照应急电源系统母线停役的文件包和隔离操作单完成现场隔离操作。当天下午,维修处电气工作人员在进行隔离验证时发现该电源系统未按照隔离票要求实施,地刀未合闸但禁止操作的隔离牌已经挂上,维修处人员及时通知运行处大修组,并提出要求将母线上的负荷侧电动机和母线馈线的地刀也合闸。

事件原因分析:

1) 隔离操作实施前没有进行明确的任务分工,多人同时工作导致现场存在一定的混乱。

2) 工作人员间交流不足导致小组成员认为工作已全部完成,并挂上隔离牌。

3) 未严格执行唱票、验证的监护制度,也未严格执行每项操作完成后打勾标识制度。

第六章　习　题

6.1　填空题

1. 380 V 配电系统为低压安全辅助设备________、________、________、________等供电。

答:电动机;通风;空调;整流器

2. ABB 开关柜组的负载 8 E/2 开关共有________、________、________、________、________五个位置。

答:连接;分断;试验;隔离;移动

3. 核岛熔断器-接触器组馈线单元可以就地用________或者________起动。

答:试验盒控制;遥控

4. 当负载开关指在移动位置时,主回路和控制回路________,可任意抽出和插入抽屉。

答:均断开

5. 380 V 变压器的柜门与相应的 6 kV 开关接地开关存在________,只有在变压器门关好后,取下钥匙,在 6 kV 开关用闭锁钥匙将母线进线接地刀闸解锁才能将其断开。

答:钥匙联锁

6. ABB 低压断路器具有"________"功能,在一次合闸指令下只能合闸一次。

答:防跳

7. 开关抽出抽屉手柄应处于"________"位置,拉抽屉手柄,抽屉即可抽出柜子,当要全部抽出抽屉时,应用另一只手托住抽屉下部。

答:移动

8. 380 V 系统绝缘电阻的测量可使用________DC 兆欧表。测出的绝缘电阻值应大于________Ω/V。如开关柜的总体的绝缘电阻值都过低,可以打开柜体________,将柜体加热至少 24 小时后再进行测量。

答:500 V;1 000;加热器

9. 为加强安全防范,抽屉在分闸位置、试验位置和隔离位置时,可以在操作手柄上________,用于防止抽屉被意外抽出。

答:挂锁

10. 低压开关柜每一柜体又分成三个小室。即________、________和________。

答:主母线室;电器室;电缆室

11. ABB 抽屉的插入操作,在推入至隔离位置时,抽屉会自动锁住,开关手柄会跳到________位置。如果要将抽屉继续推入到工作位置,须将手柄拨回到________位置,抽屉才可以被完全推入。

答:OFF;"MOVE"

12. 变压器在退出运行后,如在高湿度下且变压器已发生凝露现象,不论绝缘电阻如何必须经________后变压器才能重新投入运行。

答:干燥处理

13. 验电作业必须用电压等级合适而且________的验电器,在已隔离设备进出线两侧________分别验电。验电作业人员应戴________,并站在________。

答:合格;各相;绝缘手套;绝缘垫上

14. 380 V 配电盘上过流和接地故障跳闸以后,必须通过操作________来复位。

答:复位按钮

6.2 选择题

1. 加速绝缘老化的主要原因是使用的(C)。

A. 电压过高　　B. 电流过大　　C. 温度过高

2. 交流电流表指示的电流值,表示的是交流电流的(A)值。

A. 有效　　B. 最大　　C. 平均

3. 低压验电笔一般适用于交、直流电压为(C)V 以下。

A. 220　　B. 380　　C. 500

4. 下列设备不属于断路器控制回路的是(C)。

A. 中间继电器　　B. 切换开关　　C. 绝缘检测仪

5. 某单相变压器的一、二次绕组匝数比等于 25,二次侧电压是 400 V,那么一次侧电压是(A)V。

A. 10 000　　B. 15 000　　C. 25 000　　D. 6 000

6. 变压器铭牌上额定容量是指(C)。

A. 有功功率　　B. 无功功率　　C. 视在功率　　D. 瞬时功率

6.3 判断题

1. 发电厂中低压厂用供电系统,一般多采用三相四线制,即 380 V/220 V。(√)

2. 接地线必须用专用线夹,当导体上不易挂上时,可采用缠绕的方法接地。(×)

6.4 解答题

1. 需要 380 V 交流电源的辅助设备有哪些?

1) 额定功率不超过 200 kW 的电动机;

2) 通风设备、空调器,加热器;

3) 蓄电池充电器;

4) 照明柜(箱)等。

2. 变压器温控器有哪些检查项目?

1) 检查电源指示灯亮;

2) 检查风机控制在自动位置;

3）无其他异常报警；

4）检查绕组温度；

5）检查铁芯温度。

3. (ABB)8E/4 及 8E/2 开关位置说明

合闸位置(ON)——主回路和控制回路均接通

分闸位置(OFF)——主回路断开；断路器抽屉的控制回路接通

测试位置(TEST)——主回路断开；断路器抽屉的控制回路接通

移动位置(MOVE)——主回路和控制回路均断开

隔离位置——抽屉抽出约 30 mm——主回路和控制回路均断开，完成隔离

4. ABB 8E/2 馈电单元的操作是通过装在仪表板上的手柄开关来实现的，该手柄开关有五个位置，并具有机械联锁。

答：连接位置：主开关和控制回路合闸，抽屉锁住。开关处于接通状态。

分断位置：主回路切断，控制回路断开，抽屉锁住。开关处于断开状态，必要时可在手柄上加一挂锁，以避免误操作。

试验位置：主开关分闸，控制回路接通，抽屉锁住。在此位置做控制回路试验时，可避免电动机启动及负载带电。

分离位置：抽屉抽出 30 mm，主回路和控制回路断开，抽屉单元锁住。把手柄置于隔离位置上，将抽屉抽出 30 mm，主回路及二次回路均断开。如果在手柄上加上挂锁，则抽屉将不能再被抽出或插入。

移动位置：主回路和控制回路均断开，可以任意地抽出和插入抽屉。

5. ABB 抽屉有哪些防误装置？

不同主回路类型的抽屉(如熔断器-接触器抽屉和断路器抽屉)不能互换；

不同模数规格的抽屉(如 8 E/2 和 8 E 抽屉)不能互换；

不同电流等级的抽屉(如额定电流 100 A 的抽屉和 160 A 的抽屉)不能互换。

6. 试述停电作业的主要步骤。

答案：① 停电；② 验电；③ 合上接地刀闸或装设接地短路线；④ 悬挂标示牌和装设遮拦。

7. 什么叫做电气一次设备？

答：电气一次设备是指在电气一次接线图中，表示直接进行电气连接的设备。

8. 什么叫做电气二次设备？

答：电气二次设备是与一次设备有关的保护、测量、信号、控制和操作回路中所使用的设备。

9. 断路器、隔离开关在作用上有什么区别？

答：断路器、隔离开关都是用来闭合和切断电路的电器，但是它们在电路中所起的作用不同。其中断路器可以切断负荷电流和短路电流，隔离开关则不能切断负荷电流，更不能切断短路电流，只能用来切断电压或允许的小电流。

6.5 巡检实操题

鉴定点:巡检前的准备工作

试题 1:巡检前的准备工作

1. 准备要求

考场准备:

(1) 试题名称:巡检前的准备工作

(2) 本题分值:100

(3) 考核时间:30 min

(4) 考核形式:实操

(5) 设备设施准备:

序号	名称	规格	单位	数量	备注
1	380 V 低压电气配电柜	厦门 ABB	套	2	教学用厦门 ABB 低压电气配电柜一套

考生准备:

(1) 试题名称:巡检前的准备工作

(2) 本题分值:100

(3) 考核时间:30 min

(4) 考核形式:实操

(5) 工具及其他准备:无

2. 考核要求

(1) 本题分值:100

(2) 考核时间:30 min

(3) 考核形式:实操

(4) 具体考核要求:准备过程正确、规范

(5) 否定项说明:无

3. 配分与评分标准

序号	考核内容	考核要点	配分	评分标准	扣分	得分
1	正确穿戴工作服	符合规范	10	不符合规范,扣十分		
2	正确穿戴安全帽	符合规范	10	不符合规范,扣十分		
3	正确穿戴劳保鞋	符合规范	10	不符合规范,扣十分		
4	戴好耳塞	符合规范	10	不符合规范,扣十分		
5	戴好护目镜	符合规范	10	不符合规范,扣十分		
6	携带手电	合理放置	10	忘记携带,扣十分		
7	携带氧表	合理放置	10	忘记携带,扣十分		

续表

序号	考核内容	考核要点	配分	评分标准	扣分	得分
8	携带笔、缺陷牌、绑扎带	合理放置	10	忘记携带,扣十分		
9	正确放置工作证	符合规范	10	不符合规范,扣十分		
10	掌握本岗位需关注的缺陷	掌握本岗位需关注的缺陷	10	不清楚关注缺陷,扣十分		

评分人：　　年　　月　　日　　　　　　　　　　　　　　核分人：　　年　　月　　日

鉴定点:380 V 低压电气设备巡检

试题 2:380 V 低压电气设备巡检

1. 准备要求

考场准备:

(1) 试题名称:380 V 低压电气设备巡检

(2) 本题分值:100

(3) 考核时间:30 min

(4) 考核形式:实操

(5) 设备设施准备:

序号	名称	规格	单位	数量	备注
1	380 V 低压电气配电柜	厦门 ABB	套	2	教学用厦门 ABB 低压电气配电柜一套

考生准备

(1) 试题名称:380 V 低压电气设备巡检

(2) 本题分值:100

(3) 考核时间:30 min

(4) 考核形式:实操

(5) 工具及其他准备:无

2. 考核要求

(1) 本题分值:100

(2) 考核时间:30 min

(3) 考核形式:实操

(4) 具体考核要求:巡检过程中,新生行为必须符合规范,能够严谨的使用防人因失误工具,对巡检内容和要求清晰、准确

(5) 否定项说明:无

3. 配分与评分标准

序号	考核内容	考核要点	配分	评分标准	扣分	得分
1	巡检路线选择	路线选择合理	5	合理		
2	检查防火门是否关闭	正确关闭	10	必须关闭		

续表

序号	考核内容	考核要点	配分	评分标准	扣分	得分
3	检查本区域有无异音	准确判断	5	准确判断		
4	检查本区域有无异味	准确判断	5	准确判断		
5	检查变压器前后柜门	确认关闭	10	必须关闭		
6	检查相电压指示灯	确认是否正常	10	准确判断		
7	检查综合保护继电器	确认是否正常	10	准确判断		
8	检查变压器三相温度	确认是否正常	10	准确判断		
9	检查配电柜有无报警	确认是否正常	10	准确判断		
10	检查配电柜状态是否正确	确认是否正常	10	准确判断		
11	检查房间温度、湿度是否正常	确认是否正常	5	准确判断		
12	检查房间有无杂物	确认是否正常	5	及时发现		
13	检查有无其他异常情况	确认是否正常	5	及时发现		

评分人：　　年　月　日　　　　　　核分人：　　年　月　日

第十部分　中压电气设备

第一章　UniGear-ZS1 开关柜的基本介绍

1.1　概述

作为一本关于 ABB 开关柜的初级培训教材，旨在使学员了解开关柜的基本结构、日常操作以及巡检注意事项，并对现场的中压系统有一个初步的认识。通过学习本教材，使学员能够分辨现场电气的异常状况、知道电气工作中有哪些风险、掌握中压系统如何操作等，达到电气岗位巡检员水平。

核电厂的中压开关设备用于核岛、常规岛及外围辅助系统，担负着给全厂重要设备（如泵、阀门、变压器等）及相关系统提供高度可靠、安全、稳定的供配电服务，是保证核电厂正常运行及核安全的关键设备。目前我厂的中压系统主要选用的是 ABB 公司的 Unigear 系列开关设备，该系列开关柜为可分离式结构，由母柜和可抽出部分组成，根据可抽出部分的功能，将该开关柜可分为断路器柜（UniGear ZS1 型）、接触器柜（UniGearZVC 型）、电压互感器柜等。

1.2　ABB Unigear-ZS1 中压开关柜结构概述

ABB Unigear-ZS1 中压开关柜目前广泛的运用于各电厂中压系统，是一种模块化的、金属封闭式空气绝缘的开关设备，整个柜体包括几个标准化小室，便于维修和安装。Unigear-ZS1 采用标准化的器件，如负荷开关、真空断路器、接地开关、互感器和二次元件。通过这些标准化元件组合，Unigear-ZS1 能广泛的运用于不同场合。UniGear-ZS1 开关设备包括单母线柜、双母线柜和双层柜，我厂主要使用的是单母线柜。单母线柜的结构为单层中置式，各隔室通过金属隔板相互隔离，同一隔室的各部件以空气作为绝缘介质。UniGear-ZS1 单母线开关设备可装设真空断路器、真空接触器，装设在同一型号开关柜上的主开关都是可互换的，极大地方便了运行和维护。

1.3　UniGear-ZS1 开关柜的正常使用条件

1）最大环境温度：+40 ℃

2）最小环境温度：−15 ℃

3）最大日平均相对湿度：95%RH

4）最大月平均相对湿度：90%RH

5）最大海拔高度：1 000 m

6）最大地震烈度：8 级

7）开关设备应安装在无火灾、无爆炸危险、无严重污秽、无化学腐蚀气体及剧烈振动的场所。

1.4 UniGear-ZS1 开关柜的主要特点

1）金属铠装、空气绝缘。

2）可耐受内部电弧。

3）厂内装配、试验、户内安装。

4）多种功能单元可组合实现各种安装方案。

5）各隔室均用金属隔板相互隔离。

6）模块式结构，易于装配。

7）结构紧凑，空间利用率高。

8）安装、操作和维护均可在柜前进行。

9）闭门操作。

10）可靠墙或背靠背安装。

11）完善的机械安全闭锁。

12）接地开关可关合额定短路电流。

13）可配置各种主开关，如真空断路器、真空接触器和负荷开关。

14）可配置常规的或集成化智能控制保护装置。

15）可配置传统互感器或新型传感器。

1.5 UniGear-ZS1 单母线开关设备主要技术数据

额定电压		kV	7.2，12
额定绝缘水平	1 min 工频耐压额定绝(有效值)	kV	32，42
	雷电冲击耐压(峰值)	kV	60，75
额定频率		Hz	50
主母线额定电流		A	1 600，2 000，2 500，3 150，4 000
分支母线额定电流		A	630，1 250，1 600，2 000，2 500，3 150，4 000
3 秒热稳定电流(有效值)**		kA	16，20，25，31.5，40，50
额定动稳定电流(峰值)**		kA	40，50，63，80，100，125

** CT 的热稳定和动稳定电流与变比有关。

1.6　UniGearZS1 开关柜的基本结构

UniGearZS1 开关柜的基本柜型为进线/馈线柜，由固定的柜体与可移开的真空断路器手车组成。开关柜的外壳和内部隔板由 2 mm 厚的优质覆铝锌板制成，具有极强的抗氧化、耐腐蚀功能。每台开关设备包括三个高压隔室：主开关室[A]，母线室[B]和电缆室[C]。每台开关设备还包括一个低压室[D]，所有二次元件、二次电缆等都装在低压室内。各功能隔室通过金属隔板相互隔离。如有需要，开关柜三个高压隔室（母线室、断路器室和电缆室）的顶部还可装设泄压通道[E]，用于在内部燃弧产生时，泄放燃弧气压（开关的结构图如图 1-1 所示）。

1.6.1　主母线

母线隔室内（图 1-2）的主母线为“D”型母线，材料为铝或铜，接触面镀银并套着热缩绝缘层。根据开关柜载流量大小，可选用单“D” 或双“D”型母线。双“D”母线由两根“D” 型母线拼接构成一个外径为 100 mm 的圆形空芯导电体。这样不论从散热、电场分布以及动稳定等方面看，它都具有优越的性能。“D”型母线是在开关柜拼接后，逐段固定在分支母线上，无须绝缘子支撑。母线以高强度的螺栓联接，螺栓上下都配有碟形防松垫圈，母线接头处设有专用的绝缘罩，这样，在整个母线隔室内没有任何裸露的带电体。为了使开关柜相互隔离及承受短路电动力的作用，母线隔室的柜间均装设隔板及套管。

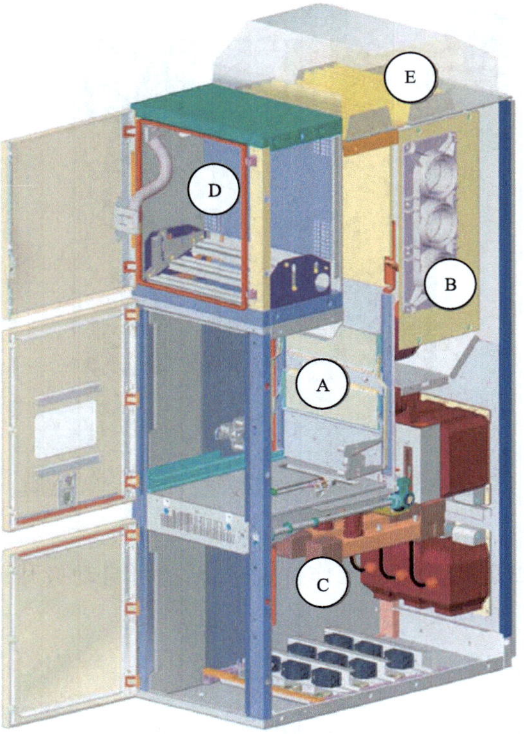

图 1-1　断路器柜母体结构图

图 1-2　母线隔离室

1.6.2　电缆连接排

电缆通过电缆室内的电缆连接排与主开关的下触头相连接。通常情况下，铜制的电缆连接排表面覆有热缩绝缘套管。柜宽 650 mm 的电缆接线铜排，每相可连接三根电缆。柜宽为 800 mm 和 1 000 mm 的接线铜排，每相可连接六根电缆。

1.6.3　电缆

电缆室内(图 1-3)可连接单芯或三芯电缆。每相所能连接电缆的芯数取决于电缆的额定电压、电缆室的尺寸以及电缆的分叉部位。由于电缆易于在柜前安装，因此开关设备可靠墙安装。

1.6.4　接地开关

进线/馈线柜上可装设接地开关，用于电缆接地。接地开关也可用于母线系统接地(压变柜或母联柜)。接地开关还可通过专用的隔室直接安装在主母线系统上。接地开关具有短路关合能力。接地开关可用手动操作，也可用马达进行电动操作。接地开关状态可显示在相应的状态指示器上。

1.6.5　接地母线

接地母线在电缆室，为一接地铜排，下方所有开关设备的接地母线依次相连，并和厂房的接地系统相连，可最大程度地保障操作人员和设备安全。

1.6.6　静触头盒和活门

静触头盒和活门位于主开关室内(图 1-4)，主开关通过静触头盒内的静触头分别与母线室和电缆室相连。静触头盒互相分立，用环氧树脂浇注而成。

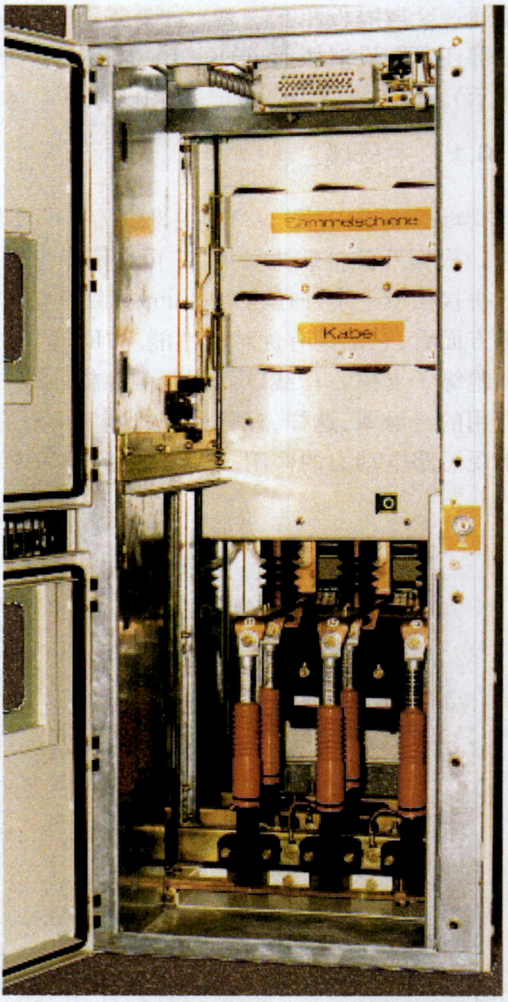

图 1-3　电缆室

主开关的活门用金属板制成。当主开关从试验位置进入工作位置时，活门可自动打开；当主开关从工作位置到达试验/移开位置时，活门自动关闭并被闭锁。

1.6.7　低压室

元件装在门板和低压室内(图 1-5)，使用标准网格板，左侧线槽供柜外接线，右侧线槽供柜内接线侧板留有小母线穿越孔端子排框架可向上旋转。低压室安装有传统或新型的综合控制和保护装置。

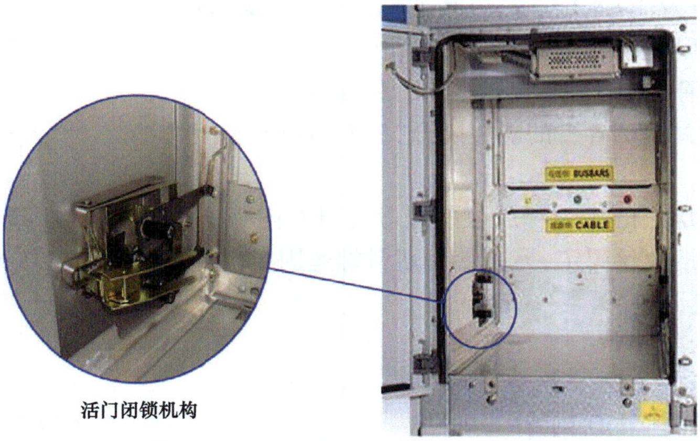

图 1-4　主开关室

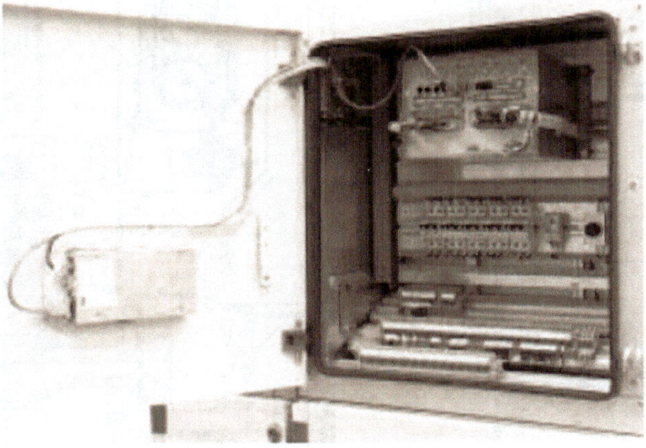

图 1-5　低压室

如二次设备不安装在门上，则可安装在低压室内特殊的网格板上，可灵活的布置二次元件并可方便的更改接线。在低压室下部，固定三排端子排的框架可以向上旋转，便于安装和布线。

开关柜内部的二次线敷设在右侧线槽内，控制电缆敷设在左侧的线槽内，线槽上盖有金属盖板。在低压室的侧板上还留有小母线穿越孔，便于现场安装。

1.6.8　泄压通道

泄压通道位于开关柜顶部并依次相连。所有高压小室顶部装有泄压板，故障电弧产生的气压打开泄压板，使电弧排入泄通道。通常情况下，内部燃弧产生的热气和热粒子必须被排出。无论泄压通道出口是在一排开关柜的任何一端，还是在开关柜的前方或后方，ABB 可提供一系列完整的解决方案，来满足现场各种各样的需求。某些场合，如船用设备，禁止把气体直接排到室外，因此必须采取专门的措施来保障人员的安全并符合相关的标准。如：加长泄压通道、加吸收剂、加装过滤器或加装纵向烟囱等。UniGear-ZS1 单母线开关设备上装有完善、可靠的联锁及附加可选件，可高度保障操作者和设备的安全(图 1-6)。当开关柜内部电弧产生时，高压隔室内气压升高，由于柜门关闭且可靠密封，高压气体将打开压力释放板而从开关柜顶部释放出来、电缆室门和断路器室门是分开的，各自带有由防爆玻璃制成的观察窗。相邻的开关柜由各自的隔板隔开，拼柜后仍有空气缓冲层，可以防止开关柜被贯穿融化。

开关柜外壳顶部上的压力释放板按照分支母线电流的大小，由钢板或网格板制成。压力释放板的一端用钢螺丝固定，另一端用塑料螺丝固定。当开关柜内部压力过大时，塑料螺丝断裂，泄压板被打开。

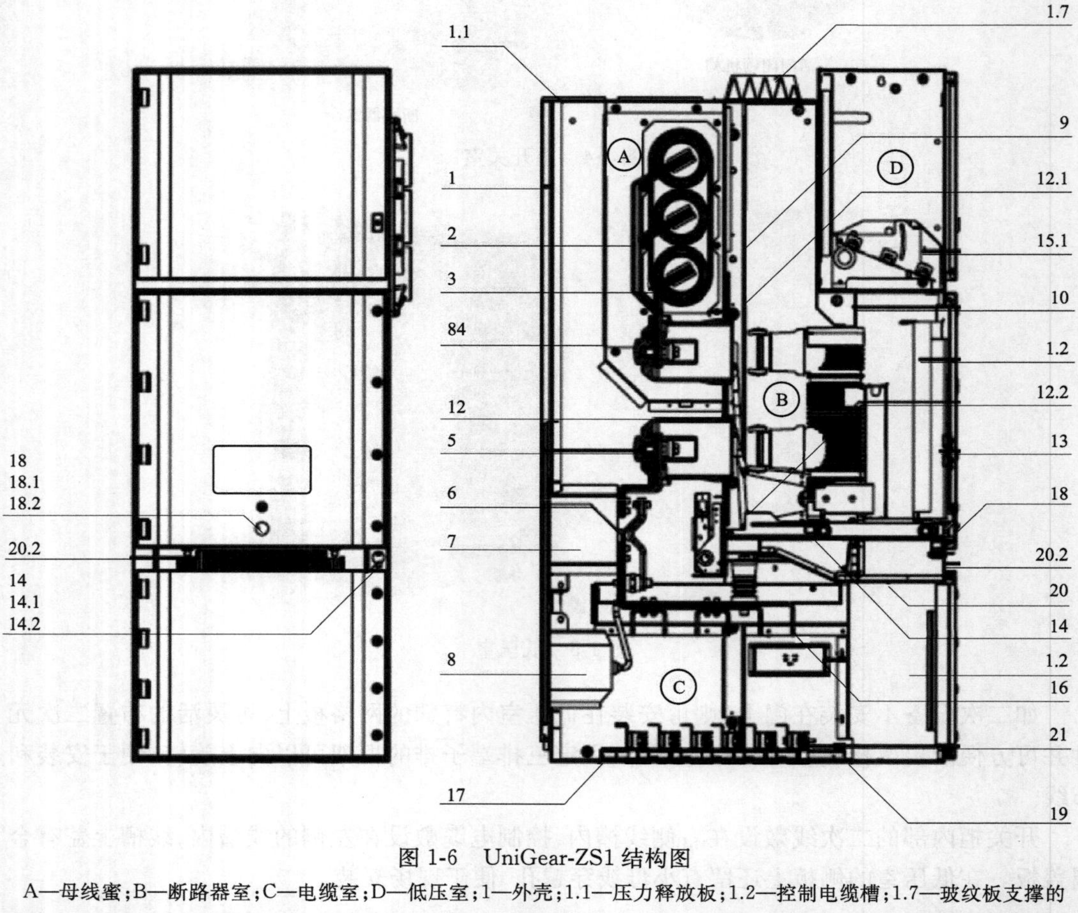

图 1-6 UniGear-ZS1 结构图

A—母线室；B—断路器室；C—电缆室；D—低压室；1—外壳；1.1—压力释放板；1.2—控制电缆槽；1.7—玻纹板支撑的压力释放板；2—分支母线；3—主母线；5—静触头盒；6—接地开关；7—电流互感器；8—电压互感器；9—隔板-可移开式；10—航空插头；12—主安装板；12.1—上活门；12.2—下活门；13—手车；14—接地开关操作机构；14.1—接地开关操作轴；14.2—滑片；15.1—端子排安装架；16—电力电缆连接铜排；17—底板；18—手车操作丝杆；18.1—手车操作丝杆套；18.2—手车操作孔；19—主接地铜排；20—可拆卸水平隔板；20.2—通风栅格；21—电缆夹；84—隔板

第二章　VD4 真空断路器基本介绍简介

2.1　UniGear VD4 真空断路器概述

VD4 真空断路器(图 2-1)是 ABB 灭弧室和浇注极柱研发和制造技术,以及先进的操动机构研发、设计和生产技术的结合。可抽出式 VD4 断路器包括能固定断路器并摇进摇出的手车,可适用于 UniGear ZS1 开关柜。VD4 中压真空断路器的灭弧室被整体浇注在极柱中。整体浇注的极柱结构更坚固,可为真空灭弧室提供更加充分的保护,并可消除灰尘和潮气对灭弧室的外绝缘能力的影响。灭弧室将开关的主触头永久密封在真空环境中,构成开断灭弧单元。

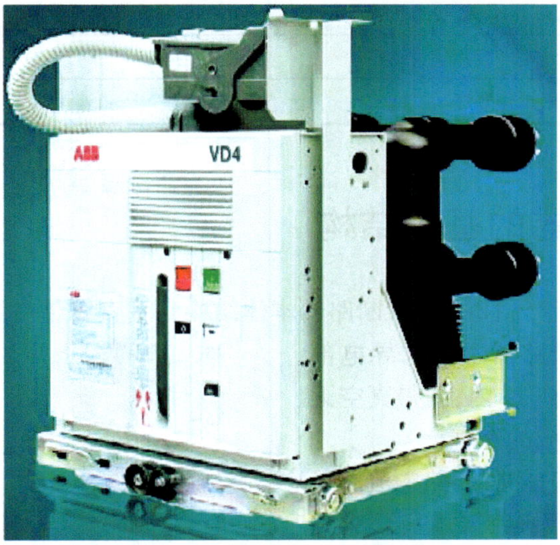

图 2-1　VD4 断路器手车图

2.2　VD4 真空断路器的使用条件

1）最大环境温度:+40 ℃

2）最小环境温度:−15 ℃

3）在 24 小时内测得的平均值不大于:+35 ℃

4）最大日平均相对湿度:95%RH

5）最大月平均相对湿度:90%RH

2.3 VD4 真空断路器的主要特点

1）环氧树脂浇铸的极柱

2）真空灭弧室

3）断路器操动机构模块化

4）具有完善的机械和电气闭锁机构

2.4 VD4 真空断路器主要技术数据

额定电压	kV	7.2,12
额定频率	Hz	50,60
1 min 工频耐压额定绝(有效值)	kV	32,42
雷电冲击耐压(峰值)	kV	60,75
额定电流(不同型号的断路器,额定电流不同)	A	630,1 250,1 600,2 000,2 500,3 150,4 000
额定操作顺序		O-3 min-CO-3 min-CO
额定自动重合闸操作顺序		O-0.3 s-CO-3 min-CO

2.5 VD4 断路器的基本结构

断路器本体呈圆柱状(图 2-2 VD4 断路器本体结构),垂直安装在做成托架状的断路器操动机构外壳的后部。断路器本体的导电部分浇注在环氧树脂的极柱 12 内,使得真空灭弧室免受外界影响和机械的伤害。

断路器在合闸位置时的主回路电流路径是:从上出线端 13,到位于真空灭弧室 15 内部的静触头,而后经过动触头及软连接 16,至下部接线端子 14,真空灭弧室的开合是依靠绝缘拉杆 18 与触头压力弹簧 17 推动的。

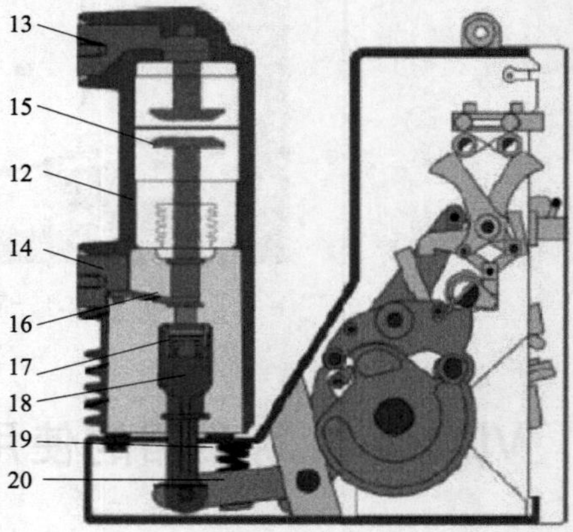

图 2-2 VD4 断路器本体结构

12—环氧树脂浇注的极柱;13—上出线端子;14—下出线端子;15—真空灭弧室;16—软连接;17—触头压力弹簧;18—绝缘拉杆;19—分闸弹簧;20—拔叉

1. 真空灭弧室的结构

真空灭弧室是断路器完成承载、关和和开端电流功能的核心元件。VD4 真空断路器的真空灭弧室由德国ABB公司制造,具有充足的灭弧能力及操作寿命。灭弧室的绝缘外壳由高强度的氧化铝陶瓷材料构成,两端焊接不锈钢端盖形成密封的腔室。

灭弧室的内层为金属屏蔽罩,在触头开合过程中电弧产生的金属蒸气在很短的时间内就可以复合或凝聚在屏蔽罩上，使灭弧室的绝缘介质强度得以快速恢复。同时，屏蔽罩也可以保护陶瓷外壳免受金属喷溅物的损伤。

可伸缩的不锈钢波纹管是灭弧室的关键部位之一，它使得动触头可以在完全密封的真空灭弧室内运动。波纹管的密封性能后寿命是决定真空灭弧室机械寿命的主要因素之一。触头是真空灭弧室的心脏，VD4 真空断路器采用铜铬合金的触头材料。

2. 断路器操作机构的结构

属弹簧储能型式，储能弹簧为平面蜗卷弹簧，一台操作机构操作三相极柱，拧紧平面蜗卷弹簧将储存足够的能量以供断路器动作。操动机构标准配置机械防跳装置，可装配各种闭锁机构以防止错误操作。

平面蜗卷弹簧式操作机构包括带外罩的平面蜗卷弹簧 33，储能系统、棘轮、操作机构和传力至各相极柱的连杆。此外，位于断路器外壳前方还装有诸如储能电动机、脱扣器、辅助开关、控制设备和仪表辅助部件。

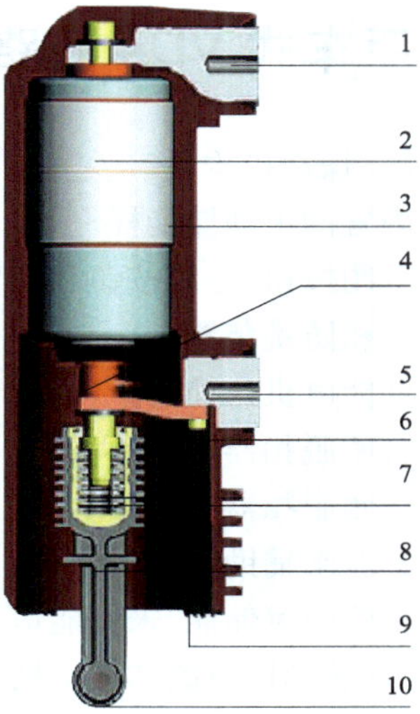

图 2-3　真空灭弧室的结构

1—上出线端；2—真空灭弧室；3—浇注极柱壳体；4—动出线杆；5—下出线端；6—软连接；7—触头压力弹簧；8—绝缘拉杆；9—极柱固定嵌件

操作机构适用于自动重合闸的操作，并且，由于电动机储能时间较短，同样也能进行多次自动重合闸操作。

平面蜗卷弹簧有手动储能和电动储能两种储能方式。通过装有棘轮 35(图 2-4)的传动链 34(图 2-4)使平面蜗卷弹簧储能，用以供给驱动断路器所需的能量，储能即可由储能电动机自动进行，也可用往复摇动能的手柄进行手动储能，储能状态显示器显示当前的储能状况。

图 2-4　面板卸去后的平面蜗卷弹簧式操动机构与辅助设备视图

6—手柄 9 的插孔；31—用于主轴的脱扣与控制机构；33—带外罩的平面蜗卷弹簧；34—传动链；35—棘轮；36—储能电动机；37—脱扣与控制机构区；38—辅助开关盒

作为自动重合闸顺序的先决条件，操作机构在一次合闸操作后，储能电动机自动进行再储能，当操作机构是手动操作型时，则需进行手动再储能。

2.6 手车式 VD4 断路器标准配置

1）EL 操动机构
2）内置的手动储能杆
3）合闸按钮、分闸按钮和操作计数器
4）机械防跳装置
5）储能电机（—MS）
6）合闸脱扣器（—MC）
7）分闸脱扣器（—MO1）
8）分合闸辅助开关（—BB1…—BB3）
9）合闸弹簧储能/未储能信号触点（—BS2）
10）连接辅助电路的航空插头
11）手车底盘摇进/摇出手柄
12）门闭锁装置

图 2-5 所示为断路器面板上的信号指示与控制设备。

图 2-5　断路器面板上的信号指示与控制设备
1—断路器操作面板；2—手动合闸按钮；3—手动分闸按钮；4—断路器分合闸位置指示器；5—断路器动作计数器；6—手动储能手柄插孔；7—储能状态指示器；8—铭牌

2.7 手车式断路器的防误操作闭锁保护机构

VD4 断路器的 EL 型操动机构装配有机械防跳装置，可防止断路器在持续的机械或电气命令下再次合闸。

VD4 真空断路器具有一系列的闭锁装置以避免误操作的发生，具体如下：

1）只有在断路器和接地开关处于分闸位置时断路器手车才能从实验位置摇进到工作位置。

2）断路器只有在工作位置或实验位置才能被合闸(机械闭锁,同时还有电气闭锁以防止电动合闸)。

3）当没有二次电源时,断路器只能被手动分闸(闭锁电磁铁)。

4）断路器只有在实验位置时,二次插头才能被拔出。

5）接地开关只有在断路器处于实验位置或被抽出后,才能被合闸。

6）断路器处于合闸位置时不能从工作位置摇出到实验位置。

第三章 UniGearZVC 熔断器—真空接触器的基本介绍

3.1 UnigearZVC 熔断器—真空接触器柜概述

UnigearZVC 熔断器—真空接触器柜适用于投切电动机、变压器和电容器负载，真空接触器，可进行频繁操作，操作过电压低。UnigearZVC 熔断器—真空接触器柜结构紧凑、牢固，能耐受内部故障电弧所产生的极高气压。开关柜隔室相互独立，和 UniGearZS1 开关柜能完全拼接，无需任何转接装置。

3.2 UnigearZVC 熔断器—真空接触器柜的正常使用条件

1）最大环境温度：+40 ℃

2）最小环境温度：−15 ℃

3）最大日平均相对湿度：95%RH

4）最大月平均相对湿度：90%RH

5）最大海拔高度：1 000 m

6）最大地震烈度：8 级

7）开关设备应安装在无火灾、无爆炸危险、无严重污秽、无化学腐蚀气体及剧烈振动的场所。

3.3 UnigearZVC 熔断器—真空接触器柜主要特点

1）金属铠装、空气绝缘

2）可耐受内部电弧

3）多种功能单元可组合实现各种安装方案

4）各隔室均用金属隔板相互隔离

5）模块式结构，易于装配，结构紧凑，空间利用率高

6）安装、操作和维护均可在柜前进行

7）可靠墙或背靠背安装

8）完善的机械安全闭锁，闭门操作

9）接地开关可关合额定短路电流

10）可配置常规的或集成化智能控制保护装置

11）可以实现于 UniGear-ZS1 开关柜完全拼接，无需任何转接装置

3.4　UnigearZVC 熔断器—真空接触器柜主要技术数据

额定电压		kV	3.6,7.2
额定绝缘水平	1 min 工频耐压额定绝(有效值)	kV	23,32
	雷电冲击耐压(峰值)	kV	40,60
额定频率		Hz	50
主母线额定电流		A	1 600,2 000,2 500,3 150,4 000
分支母线额定电流		A	630,1 250,1 600,2 000,2 500,3 150,4 000
3 秒热稳定电流(有效值)**		kA	16,20,25,31.5,40,50
额定动稳定电流(峰值)**		kA	40,50,63,80,100,125

** CT 的热稳定和动稳定电流与变比有关。

3.5　UnigearZVC 熔断器—真空接触器柜的基本结构

Unigear ZVC 熔断器—真空接触器柜的结构和 UniGear ZS1 开关柜基本相同,不同之处仅在于柜体的尺寸大小,Unigear ZVC 比 UniGear ZS1 更紧凑,空间利用率更高。

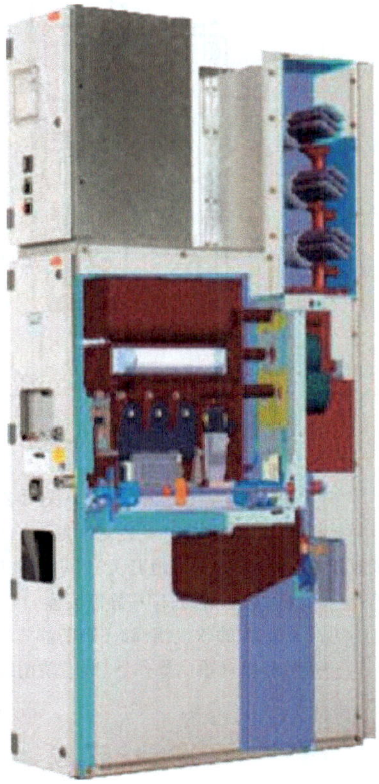

图 3-1　Unigear ZVC 熔断器—真空接触器柜剖视图

Unigear ZVC 熔断器—真空接触器柜体内包括三个高压隔室(图 3-1　ZVC 型接触器结构图)。每个隔室的顶部安装了一块用于释放电弧故障压力的泄压板 1。独立的低压隔室 2 位于柜体的前顶部,进入该隔室的外部导线放置在柜体左前部的控制电缆槽内 3。

矩形主母排由包覆环氧树脂的分支母排 4 来支撑,它们位于母线隔室 5 内。无需其他支撑件它们也能耐受母线系统的额定短路电流。

电缆隔室 6 设计成可从前部安装电缆头,电缆穿过开关柜底部密封板进入开关柜。电流互感器装在组合了分支母线浇铸件的触头盒 7 上。电缆接线端头 8 和接地开关触头 9 用环氧树脂相间分隔板隔离。将接地开关操作手柄插入位于开关柜前部的机构操作孔内就可以用手动操作接地开关 10。

接触器隔室 12 包括可移开式熔断器接

触器13所用的导轨。可移开式接触器手车通过专用钥匙14操作锁杆锁定在开关柜上，并可利用传动丝杆15在隔离位置和运行位置之间移动。手车位于隔离位置时，金属活门16自动盖住母线侧静触头盒 17。手车位于工作位置时，静触头盒内可自导向棒状静触头与隔离动触头相接。手车位于开关柜内时，通过手车后部的接插件自动连接二次接线。接触器操动机构 20 装在手车的底盘上并连至操作真空灭弧室 21 的连杆机构。灭弧室的静触头采用硬连接的形式与位于熔断器模块 22 环氧树脂套筒内的导电杆相连，动触头由软导线 23 相连。固定式型 HRC 熔断器 24 保护一次回路。带一次侧熔断器的控制 VT25 装在底盘上并与主回路熔断器的负载侧端子相连。对跳闸线圈 26 通电或手动操作装在面板前部的按钮 27 可以释放机械自保持操作机构，打开门板可接近接触器和电缆隔室。

打开门板 28 可接近接触器和电缆隔室。所有的操作，机分—合、隔离、接地和紧急手动分闸都必须在门板关闭状态下操作。所有动作指示，如分—合、隔离或运行、接地和熔断器熔断的指示也都可通过已关闭的门板上的观察窗 29 来查看(图 3-2)。

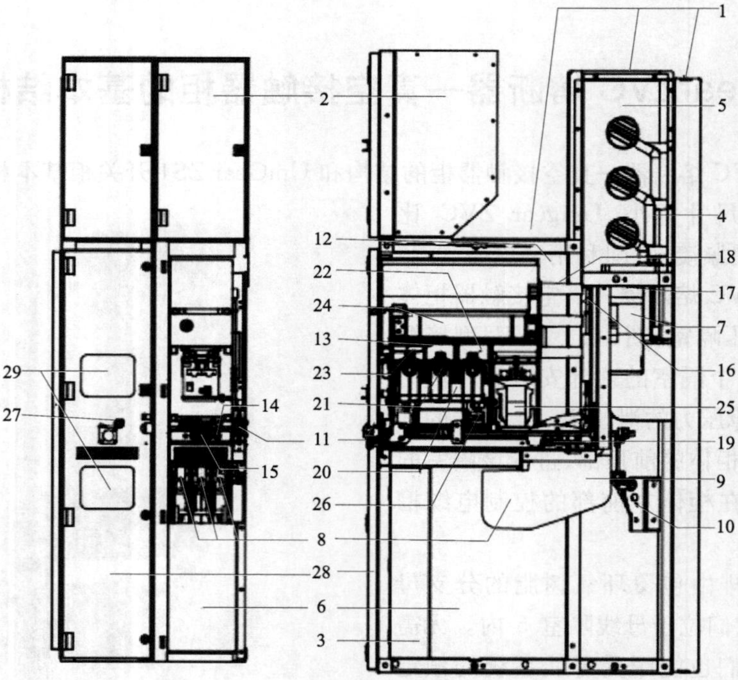

图 3-2 ZVC 型接触器结构图

1—压力释放板；2—低压隔室；3—控制电缆槽；4—分支母线；5—母线隔室；6—电缆隔室；7—电流互感器；8—电缆接线端；9—接地开关静触头；10—接地开关；11—接地开关操动机构；12—接触器隔室；13—手车导轨；14—可移开式熔断器接触器手车；15—丝杆；16—活门；17—静触头盒；18—隔离动触头；19—手车二次插件；20—接触器操动机构；21—真空灭弧室；22—连接项 21 和 23 的软接线；23—熔断器模块；24—HRC HV 熔断器；25—控制 VT(选项)；26—跳闸线圈(选项—自保持)；27—接触器手动跳闸操作器(装有跳闸线圈)；28—接触器和电缆隔室的门板；29—接触器和接地开关观察窗

第四章　ZVC 熔断器—真空接触器基本介绍

4.1　ZVC 熔断器—真空接触器概述

ZVC 熔断器—真空接触器由熔丝和真空接触器组成，它的操作通过低压室的控制来执行。接触器的状态显示位于接触器的前部，它可通过上部观察窗来观察。接触器的操作只能在可移开式接触器位于工作或试验位置时才能进行。所有的操作均应在前门板关闭的状态下进行。具有机械自保持和电气自保持两种配置(图 4-1)。

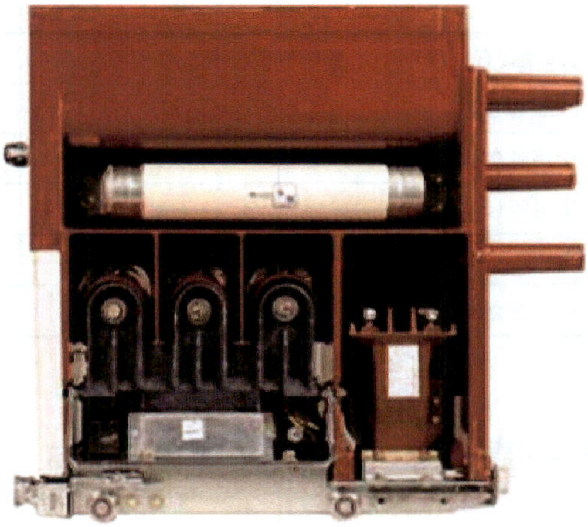

图 4-1　ZVC 熔断器—真空接触器手车

4.2　ZVC 熔断器—真空接触器的使用条件

ZVC 接触器适用于清洁、干燥的室内环境，环境应具备的条件如下：

1）最大环境温度：+40 ℃

2）最小环境温度：−15 ℃

3）最大日平均相对湿度：95%RH

4）最大月平均相对湿度：90%RH

5）最大海拔高度：1 000 m

6）最大地震烈度：8 级

7）开关设备应安装在无火灾、无爆炸危险、无严重污秽、无化学腐蚀气体及剧烈振动的场所。

4.3 ZVC 熔断器—真空接触器主要特点

1）极少量的维护
2）频繁操作
3）长的电气和机械寿命
4）远方控制
5）可与微机控制系统相结合

4.4 ZVC 熔断器—真空接触器主要技术数据

额定电压	kV	7.2,12
额定频率	Hz	50,60
1 min 工频耐压额定绝(有效值)	kV	32,42
雷电冲击耐压(峰值)	kV	60,75
额定电流(取决于熔丝的大小)	A	取决于熔丝
额定短时耐受电流(1 s)	A	6 000
额定短时耐受电流(30 s)	A	2 500
最大开断能力(取决于熔丝的大小)	A	取决于熔丝

4.5 ZVC 熔断器—真空接触器的基本结构

ZVC 熔断器—真空接触器由环氧树脂基座、熔断器、真空接触器、合闸电磁铁、航空插头、分合闸位置指示及电气自保持操作机构等部件组成。由于 ZVC 手车分为机械自保持和电气自保持两种型号，对于机械自保持的 ZVC，还配置有机械自保持机构。

机械自保持的 ZVC，当接触器合闸时，使驱动装置闭锁，保证在操作机构线圈断电后仍能保持接触器处于合闸状态。机械自保持装置包括分闸脱扣器和分闸按钮。

电气自保持的 ZVC，当合闸电磁铁得电时，保持接触器处于合闸状态，只有当合闸电磁铁失电时，接触器才处于分闸状态。

第五章　ABB Unigear中压开关柜的巡检

1. 巡检项目简介

电气设备由于自动化程度较高，一般故障都有远方报警信号予以监视，对中压系统的巡检主要监视以下项目：

1）电气房间的通风、照明及安全防火装置是否正常。

2）开关柜门严密无损坏现象，配电盘上清洁，无尘土。

3）开关柜上的电压、电流等表计指示是否正常(不超出额定值的5%)。

4）开关柜中各电气元件在运行中有无异常气味和声响。

5）开关柜上的信号指示灯等指示是否正确，继电保护压板位置是否正确。

6）开关柜上的保护装置及面板上有无异常报警。

7）电气房间有无异味、焦糊味等。

8）开关柜上的各种警示标识是否完整。

9）巡视环境卫生及防鼠设施，确保防鼠设施完整，环境整洁。

2. ABB Unigear中压开关柜的几种运行状态

在实际运行中，运行人员经常要对开关柜的状态进行改变，来满足电厂设备运行、检修、试验的要求。因此根据运行的需要，可将开关柜分为4种状态：运行、备用、检修、试验。

运行状态：VD4开关或ZVC接触器位于摇入位置，且本体处于合闸状态，下游受电设备带电运行。

备用状态：VD4开关或ZVC接触器位于摇入位置，且本体处于分闸状态，下游受电设备不带电。

检修状态：VD4开关或ZVC接触器位于摇出位置，且本体处于分闸状态，柜内接地开关处于合闸位置，柜内控制直流也被断开，下游受电设备不带电。

试验状态：VD4开关或ZVC接触器位于摇出位置，但控制直流电源仍然带电，VD4开关或ZVC接触器本体可受控制指令分合，但下游受电设备不带电。

第六章 ABB Unigear 中压开关柜的相关操作

6.1 接触器手车操作

将接触器手车从实验位置摇进工作位置应确保以下工作已完成：

1）应用所提供的专用钥匙锁住接触器手车

2）接触器/电缆室门板是关闭的

3）接地开关分闸

4）接触器分闸

5）从摇孔盖板上取下挂锁

将摇柄插入摇孔顺时针摇动 14 圈(图 6-1)。这时接触器/电缆室门板不能被打开且接地开关不能合闸。

要将接触器手车从工作位置退回试验位置，请确保接触器处于分闸状态。将摇柄插入摇孔逆时针摇动 14 圈即可。

通过上部观察窗可以查看手车位置指示牌。当手车位于黄色位置指示的中间位置时接触器不能合闸。

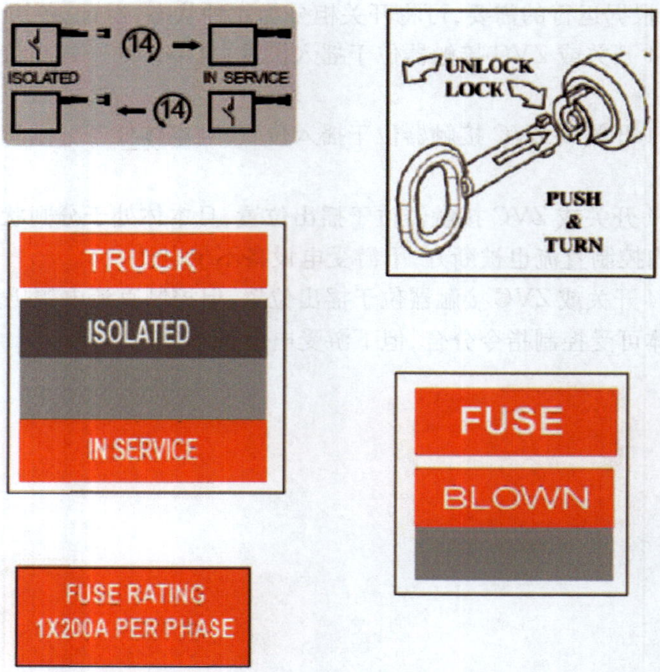

图 6-1 ZVC 型接触器

6.1.1 移除接触器手车

确保接触器手车处于试验位置且接地开关处于合闸状态。打开接触器室门板，将接触器台车推近柜前，确保它的锁键钩住接触器手车下部隔板上的定位孔。用专用钥匙对接触器手车解锁，拉动接触器手车前部的把手将接触器手车拉入台车。将接车器手车锁定在台车上，解除台车和隔板的锁定。这时台车和接触器手车就可以从柜体上移开。

6.1.2 移入接触器手车

打开接触器隔室门板，并把接触器手车和台车移至柜前，确保它的锁键钩住接触器手车下部隔板上的定位孔。用专用钥匙对接触器手车解锁并从台车上将接触器推入柜内。在柜内锁定接触器手车，解除台车和隔板的锁定，并将它移开。

6.1.3 熔断器动作

所有熔断器完好时指示牌为绿色。熔断器动作时指示牌切换成红底的“BLOWN”。另一块表示熔断器锁定值的标牌位于手车上。

6.1.4 接触器接地开关的操作

1）遵守所有相关的安全规程和运行要求。

2）确认接触器手车在试验/隔离位置，横梁闭锁已锁定且锁芯正常在弹出位置。

3）锁紧接触器室的门，必须旋紧接触器室的门上的四颗锁芯，否则可能影响联锁功能(图 6-2)。

4）插入接地开关操作把手，顺时针旋转 90°为合上地刀，逆时针旋转 90°为分开地刀。

5）确认接地开关完全分合闸位置和操作要求相同，且指示正常。

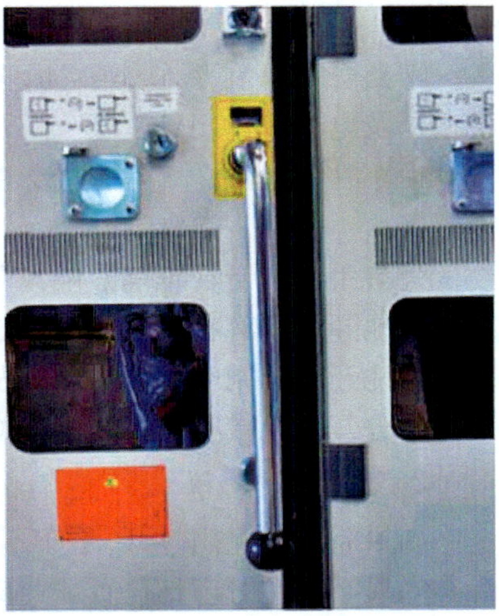

图 6-2 接触器接地开关的操作

6.2 VD4 断路器的操作

6.2.1 平面蜗卷弹簧的储能

1）断路器配储能电动机时，自动进行储能(倘若储能电动机断开，能手动继续进行并完成储能)。

2）断路器配手动储能机构是，把储能手柄储能插口内，然后，往复操作手柄约 25 次知道储能状态指示器显示储能完毕。当抵达储能完毕状态时，储能机构自动脱开，再操作储能手柄即失效。

3）储能状态指示器的指示如图 6-3 所示。

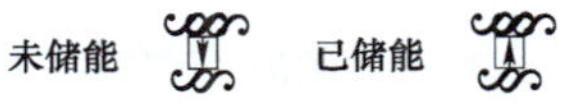

图 6-3 储能状态指示器

6.2.2 合闸与分闸

合闸:操作手动合闸按钮或电气控制元件

分闸:操作手动分闸按钮或电气控制元件

在每次操作,断路器动作计数器自动记录。而完成一次操作后,从断路器面板的观察窗将看到断路器分、合闸指示器之处断路器的合、分位置。

防跳继电器KO防止了断路器连续多次合分闸动作。例如:如果有一个持久的合闸命令和来自继电保护的跳闸信号同时存在,则断路器只有在持久的合闸命令消失后才能被合闸操作。

6.2.3 柜体的一般操作及五防闭锁

1. 柜内五防闭锁

当接地开关和断路器在分闸位置时,手车才能从“试验/隔离”位置移至工作位置。反之一样。

断路器只有在手车处于“试验/隔离”位置或“工作”位置时才能进行合闸操作。开关被机械以及电气双重闭锁。

手车在“试验/隔离”位置或者“运行”位置而没有控制电压时,断路器无法合闸,仅能手动分闸。

只有手车位于在“试验/隔离”位置时才能拔下控制线插头。

接地开关只有在手车位于“试验/隔离”位置或者拉出开关柜时才能合闸。

接地开关合闸时。手车不能从“试验/隔离”位置移至“运行”位置。

部分开关柜带有选用闭锁“Y0,该闭锁只要用于电气闭锁断路器手车的摇进摇出。

2. 门板五防闭锁

如果断路器室门打开,手车不能被摇入“运行”位置。

如果手车在“运行”位置或中间位置时,断路器室门不能被打开。

如果电缆室门打开,接地开关不能分闸。

如果接地开关分闸,则电缆室门不能被打开。

3. 柜间五防联锁

只有本段母线上所有的手车在“试验/隔离”位置时,母线接地开关才能合闸(电气联锁)。

当母线接地开关合闸后,本段母线上的所有手车不能从“试验/隔离”位置移到“运行”位置。

6.2.4 VD4 断路器操作图解

见图 6-4。

1. 断路器摇入操作

1) 连接航空插头,关闭断路器室门。

2) 确认各个闭锁(图 6-5)已经解除,确保断路器处于可操作状态(注意:必须在断路器分闸的情况下操作断路器手车)。

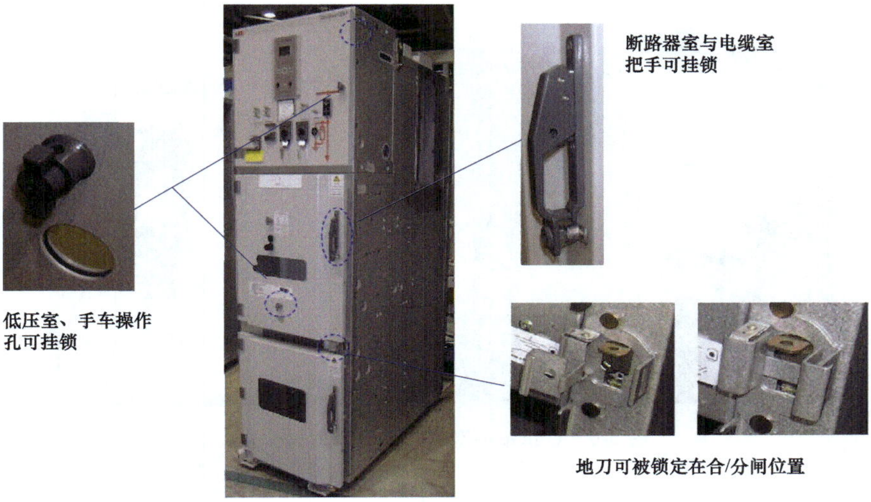

图 6-4 柜体的操作示意图

3） 使用钥匙或直接打开操作孔，正确配置操作手柄。

4） 顺时针转动手柄，直到转不动为止（大约 20 圈）。

5） 观察位置指示器。

6） 取下操作手柄，并确认操作孔正确还原。

7） 注意：手车不允许停留在“试验/隔离”位置和“运行”位置之间的任何中间位置。

2. 断路器摇出操作

1） 确认断路器在分闸位置（机械和电气指示）。

2） 确认各个闭锁已经解除，确保断路器处于可操作状态（注意：必须在断路器分闸的情况下操作断路器手车）。

3） 使用钥匙或直接打开操作孔，正确配置操作手柄。

4） 逆时针转动手柄，直到转不动为止（大约 20 圈）。

5） 观察位置指示器。

6） 取下操作手柄，并确认操作孔正确还原。

3. 断路器接地开关的操作

1） 确认开关柜在摇出位置。

2） 确认各个闭锁已经解除，地刀处于可操作状态。

3） 使用钥匙或直接打开操作孔（图 6-6），正确配置地刀操作手柄，压下地刀闭锁挡片，垂直放入地刀操作杆。

4） 顺时针旋转 90°为合上地刀，逆时针旋转 90°为分开地刀。

图 6-5 UniGear-ZS1 开关柜的五防闭锁

5） 确认接地开关完全分合闸位置和操作要求

相同，且指示正常。

图 6-6　UniGear-ZS1 开关柜地刀操作孔

6.3 相关操作工具说明

ZVC 服务手车：见图 6-7，用于将接触器从 Unigear-ZVC 柜中移出，便于检修和维护。

VD4 服务手车：见图 6-8，用于将 VD4 从 Unigear-ZS1 柜中移出，便于检修和维护。

图 6-7　ZVC 服务手车

图 6-8　VD4 服务手车

手车操作手柄：见图 6-9，用于将开关摇进、摇出。

双翼钥匙：见图 6-10，俗称枪钥匙，用于开启柜门。

图 6-9　手车操作手柄

图 6-10　双翼钥匙

接地开关操作手柄:见图 6-11,用于分合接地刀闸,需要较大的力才能分合地刀。

分闸操作杆:见图 6-12,ZVC 型接触器在远方分闸不可用时,就地分闸用。

图 6-11　接地开关操作手柄

图 6-12　分闸操作杆

第七章　ABB Unigear 中压开关柜的一次识图

图 7-1 所示是 ABB Unigear 中压开关柜一次图中的常用符号，通过学习下列符号，我们对中压系统的接线情况有一个大致的了解，这些符号也是运行人员在工作中要经常接触到的，只有了解系统的接线结构，才能使我们清楚工作中的风险，去合理地操作开关和隔离电源，保障电气设备及人身安全。

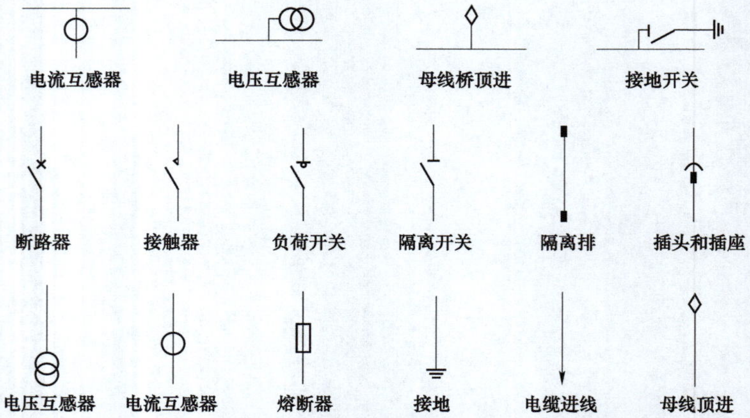

图 7-1　ABB Unigear 中压开关柜一次图中常用符号

电气一次图主要由上列符号构成，图 7-2、图 7-3 是一些主要的电气一次接线图。

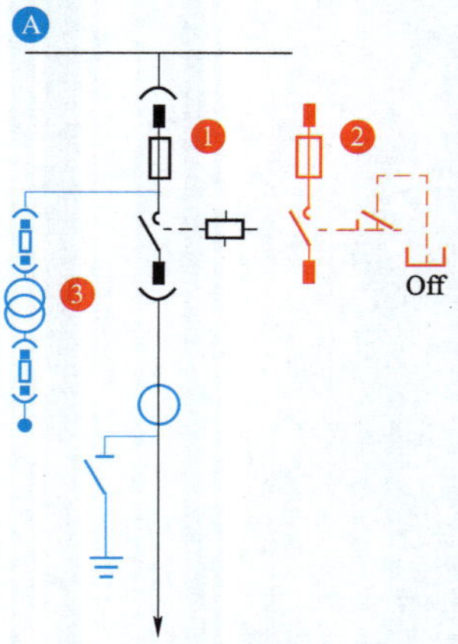

图 7-2　Unigear ZVC 熔断器-真空接触器典型主接线图

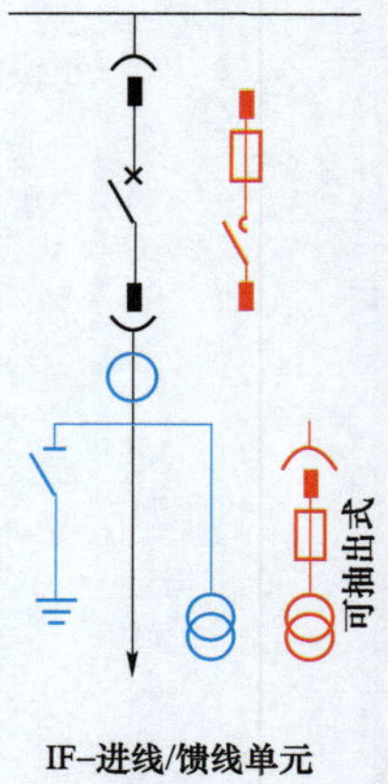

图 7-3　Unigear-ZS1 典型主接线图

第八章　经验反馈

8.1　8LGIB 带地刀合闸事件调查

事件概述：2015 年 8 月 27 日 18 时 44 分，福清核电 3、4 号机组项目调试部根据计划安排在执行 8LGIA/B 由 4LGC 切换至 3LGC 供电的倒电操作时，工作负责人违反管理程序和电力安规要求，无票作业，执行过程中漏掉拉 8LGI801JS 这一关键步骤，带地刀 8LGI801JE 合母联开关 8LGI762JA，触发 3 号主变高厂变两套保护装置高厂变 A 复压过流 2 段保护动作，3 号主变跳闸，3LGA/B/C/D 自动切换至辅变供电。整个事件过程无人员伤亡。

已采取的措施：

1）调试项目部进行停工整改；

2）项目调试部电气队制定了排查方案，并联系福建送变电，对 3 号机组主变进行了初步检查，确认主变各项参数正常，高压厂变 A 直流电阻数据与出厂交接数据比较超标，其他参数均正常；

3）项目调试部联系天威保变厂家 8 月 31 日到场进行故障分析；

4）23 公司对合闸地刀 8LGI801JE 进行了检查，确认地刀无损伤。

事件直接影响：该事件造成 3 号主变高压侧 5031 开关跳闸，3 号机组 500 kV 主厂外电源不可用

直接原因：未断开隔离刀闸 8LGI801JS 的情况下合母联开关 8LGI762JA，导致带地刀 8LGI801JE 对母线 8LGIB 送电

根本原因：工作过程中，项目调试部工作人员违反了《国家电网公司电力安全工作规程》和《调试期间系统状态控制管理规定》的要求未编写倒电工作操作典型操作票，违章作业；操作人员和监护人员未遵守《国家电网公司电力安全工作规程》“高压电气设备都应安装完善的防误操作闭锁装置，防误操作闭锁装置不得随意退出运行……”的要求，在闭锁装置不可用的情况下违章合闸送电，安全意识淡薄

8.2　带电误合 2LGD 5 开关母线侧接地刀闸

事件概述：2004 年 11 月 24 日，1 号机组满功率运行。为执行外围厂房变压器的改造工作，需要把 9LGIB001TB 上的负荷全部倒到 9LGIA 上运行。

7 时 40 分当班隔离经理了解夜班执行 9LGIB 母线停运的操作票内容。

8 时 30 分隔离经理要求主控根据操作票安排现场停电倒负荷工作。隔离经理准备好操作票后等待主控操作完毕。

8 时 50 分执行 9LGIB 9 配电柜的隔离，并发放这张工作许可证，然后进行母线停电的准备工作。

9时30分确认主控执行完9LGIB停电操作单内容后，剩余的工作是断开9LGIB上剩下的6 kV/380 V变压器配电柜电源，以及9LGIB母线断电。

10时隔离经理带领两名现操到达电气厂房。

10时10分，开始合2LGD 5上的地刀，导致1LGC3跳闸。

10时12分隔离经理意识到了错误后，立即断开2LGD5接地刀。然后跑到1LGC配电盘，发现1LGC 3开关已经断开。此时主控出现大量报警，主控操纵员广播询问隔离经理的操作情况。

10时30分隔离经理了解到主控情况后，继续执行隔离，拉出1LGC3断路器，合上1LGC 3的地刀，重新合上2LGD5开关母线侧地刀。

事件直接原因：在9LGIB 001TB的两路供电未全部切除的情况下(未断开1LGC3的断路器)合上了2LGD5断路器9LGIB母线侧接地刀闸，导致9LGIB001TB母线接地，瞬间过流保护自动连锁跳开了1LGC3断路器。

根本原因：隔离单做票顺序出现错误。做票的顺序应该是先执行完电气操作票，然后根据操作票内容做隔离单，但隔离经理在电气操作票未完成的情况下做了隔离票，而且隔离票中的隔离操作顺序也是没有考虑到正确的电气操作顺序，没有按先停电再合地刀的操作顺序进行隔离。

地刀防误操作的设计上存在不足，不满足电气设备一般安全要求“五防”规定。

合地刀前没有进行验电，没有按照电气停运的一般要求进行运行隔离操作。

由于当时工作任务较多，影响了运行操作人员的情绪，在执行重大操作时不够冷静。

相对核及热工方面的培训，核电厂运行人员电气技能培训欠缺，运行人员电气运行操作技能存在薄弱环节。

相关的运行管理规程的管理规定没有落实贯彻下去，执行力度不够。

此项操作工作计划安排不当，此工作安排在8时至11时之间，而这段时间隔离办的工作非常忙，隔离经理要发票，又要做票。一些办公设备问题、工作环境及现场工作人员之间的组织协调等因素影响了当事人的工作情绪。

事件后果(包括对核电厂运行的影响、放射性后果、经济损失、潜在后果)：

对运行的影响：无；

放射性后果：无；

直接经济损失：无；

间接经济损失：无。

潜在后果：可能造成人员伤害及电气设备损坏。

经验教训：导致本次人因失误的主要原因有如下几方面。

工作实践：操作人员未能很好的按“STAR” 原则进行自检，对带电合接地刀闸的风险认识不足。

监督方法：工作监护人未能起到监护作用。

培训/资格：运行人员在电气知识技能方面存在不足。

环境条件：运行操作人员受时间压力等诸多外部因素干扰，在进行操作之前不够冷静。

事件暴露了生产及管理部门人员对电站各项管理制度的执行、人员的工作行为规范及核安全文化意识等方面存在的问题与不足。所有员工都应对“STAR”制度进行重新学习和认真思考，对“STAR”在工作实践中的运用进行讨论，在每一项操作之前（特别是重要操作）都应本着探索的工作态度、严谨的工作方法、互相交流的工作习惯来进行准备、操作和反馈。

第九章　习　题

9.1　选择题

1. UniGearZS1 开关柜的基本结构包括(ABCD)。

A. 主开关室　　B. 和电缆室　　C. 母线室　　D. 低压室

2. 灭弧室的绝缘外壳由高强度的(A)构成,两端焊接不锈钢端盖形成密封的腔室。

A. 氧化铝陶瓷材料　　B. 氧化硅陶瓷材料

3. UnigearZVC 熔断器—真空接触器柜适用于投切(AB)和电容器负载,真空接触器,可进行频繁操作,操作过电压低。

A. 电动机　　B. 变压器

9.2　判断题

1. UniGear-ZS1 开关柜的正常使用条件为:最大环境温度:+40 ℃;最小环境温度:−15 ℃;最大日平均相对湿度:95%RH;最大月平均相对湿度:90%RH。(√)

2. VD4 真空断路器主要技术数据中,断路器所能承受的额定电压包括 7.2 kV、12 kV、20 kV。(×)

3. UnigearZVC 熔断器—真空接触器柜主要特点有金属铠装、空气绝缘,适用于中压配电,可耐受内部电弧。(√)

9.3　简答题

1. VD4 真空断路器都有哪些闭锁装置防止误操作的发生?

VD4 真空断路器具有一系列的闭锁装置以避免误操作的发生,具体如下:

1) 只有在断路器和接地开关处于分闸位置时断路器手车才能从实验位置摇进到工作位置;

2) 断路器只有在工作位置或实验位置才能被合闸(机械闭锁,同时还有电气闭锁以防止电动合闸);

3) 当没有二次电源时,断路器只能被手动分闸(闭锁电磁铁);

4) 断路器只有在实验位置时,二次插头才能被拔出;

5) 接地开关只有在断路器处于实验位置或被抽出后,才能被合闸;

6) 断路器处于合闸位置时不能从工作位置摇出到实验位置。

2. 将接触器手车从实验位置摇进工作位置应确保哪些工作已完成?

将接触器手车从实验位置摇进工作位置应确保以下工作已完成:

1）应用所提供的专用钥匙锁住接触器手车；
2）接触器/电缆室门板是关闭的；
3）接地开关分闸；
4）接触器分闸；
5）从摇孔盖板上取下挂锁。
3. 标注真空灭弧室相关结构图。

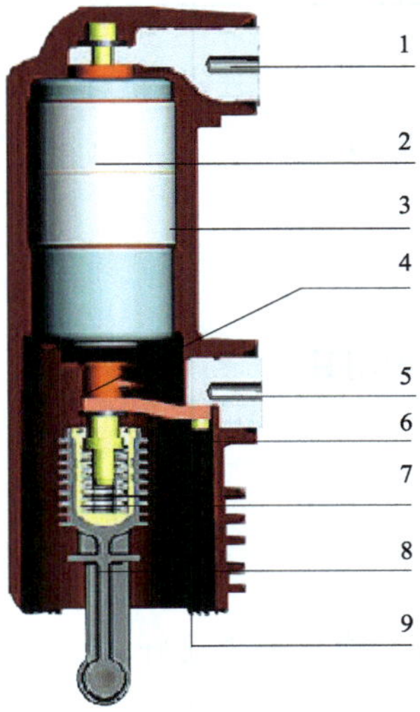

1—上出线端；2—真空灭弧室；3—浇注极柱壳体；4—动出线杆；5—下出线端；6—软连接；7—触头压力弹簧；8—绝缘拉杆；9—极柱固定嵌件

9.4 实操题

鉴定点：秦二厂电气厂房中压配电间
试题1：巡检中压电气设备
1. 准备要求
考场准备：
(1) 试题名称：巡检中压电气设备
(2) 本题分值：20
(3) 考核时间：40 min
(4) 考核形式：实操
(5) 设备设施准备：

序号	名称	规格	单位	数量	备注
1	中压断路器	VD4	台	1	运行设备
2	中压接触器	F+C 型	台	1	运行设备

续表

序号	名称	规格	单位	数量	备注
3	中压接触器	F+C 型	台	1	备用设备(模拟简单故障)
4	小神探巡检器		台	1	
5	手电		把	1	
6	巡检钥匙		把	1	
7	工具包		个	1	

考生准备:

(1) 试题名称:巡检中压电气设备

(2) 本题分值:20

(3) 考核时间:40 min

(4) 考核形式:实操

(5) 工具及其他准备:个人防护用具

2. 考核要求

(1) 本题分值:20

(2) 考核时间:40 min

(3) 考核形式:实操

(4) 具体考核要求:检查巡检工器具是否完好,记录中压电气设备参数正确,熟悉其关键点,发现故障设备并正确处理

(5) 否定项说明:无

3. 配分与评分标准

序号	考核内容	考核要点	配分	评分标准	扣分	得分
1	检查和携带巡检工具	检查工器具是否完好	3	1. 未进行检查扣1分。 2. 未携带要求的巡检工具扣2分。		
2	穿戴安全防护用具	绝缘鞋、护目镜、安全帽按照工业安全要求穿好	4	1. 未按要求穿戴防护用具扣2分。 2. 漏穿防护用具扣2分。		
3	对巡检的电气设备详细记录数据、运行情况	记录数据正确和巡检到位	4	1. 记录错误数据扣2分。 2. 找不到巡检设备扣2分。		
4	能分辨进线柜和出线柜,并能知道哪些是断路器,哪些是接触器。盘面上各模块作用	断路器和接触器的区别,中压配电盘盘面上各模块作用描述准确。		1. 不能区分进线柜和出线柜除扣2分。 2. 盘面上各模块功能不清扣2分。		
5	对发现的异常情况详细记录故障情况,并处理	记录异常描述准确、处理得当	4	1. 未发现异常扣2分。 2. 异常记录不准确扣1分。 3. 处理不当扣2分。		

否定项:1. 不能区分断路器和接触器;

2. 不遵守现场安全规定。

评分人: 年 月 日　　　　核分人: 年 月 日

第十一部分　固态充电器、逆变器

第一章　操作准备

1.1　固态充电器简单介绍

1.1.1　工作原理及运行说明

充电器是一种将交流电变成直流电的整流装置。所有直流系统都需使用充电器(图 1-1、图 1-2)。

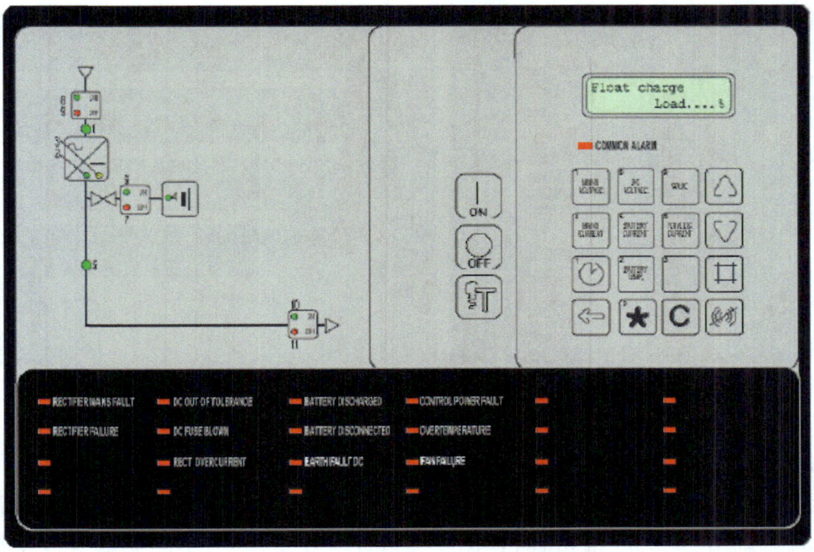

图 1-1　GUTOR 充电器盘面

充电器的交流输入都来自 380 V 电源，输出直流有三种：220 V(LAA/LAB)，110 V(LBA/B，LBJ/P，LBC/D/E/F，8**LBG**)，48 V(LCA/B/C，8**LCD**)。其中 LBC/D/E/F/P 各只有一台充电器，其他直流母线都有备用充电器。

GUTOR典型直流供电装置原理图见图 1-3。一次部分主要由进线开关 Q001，稳压变压器 T001，整流桥 A030，熔丝 F026，电抗器 L001，电容 CB02，二极管 V015，出线开关 Q003 和蓄电池及其进线开关 Q004 组成。另有冷却风扇 8 台和用于控制监视的仪表和板卡。冷却风扇的电源引自进线,控制电源部分来自进线交流电,部分来自二极管下游直流电。

3LAA 充电器单线图见图 1-4。由图可见,蓄电池不属 GUTOR 供货范围,而且柜内只有整流装置进线开关 Q001,没有整流装置出线开关(但在 LAA 配电盘上有电源进线开关)。

充电器盘面介绍如下。

编号	含义	颜色	说明
1	充电器进线正常	绿色	充电器进线电压和频率处于允许范围
2	充电器运行	绿色	充电器在运行
3	均充/初充	黄色	均充或初充状态
4	输出电压正常	绿色	输出电压处于允许范围
5	进线开关闭合	绿色	进线开关 Q001 闭合
6	进线开关断开	红色	进线开关 Q001 断开

操作区域:

编号	含义	中文	功能
S1	SYSTEM ON	启动	系统启动;与 S2 同时按下时停止
S2	SYSTEM OFF	停止	同时按下 S1 和 S2 方可停运充电器
S3	LAMP TEST	灯试	检验 LED,包括所有指示灯和报警灯

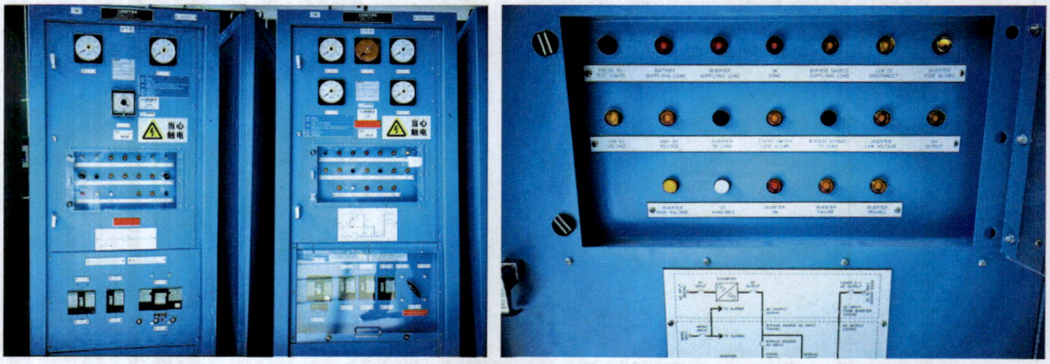

图 1-2 充电器仪器柜

充电器盘面上有 S304 选择开关,可选择“自动”“手动”。S302 为“手动均充”按钮,S301 为“手动浮充/自动均充”选择开关。当 S304 选择在“手动”时,充电电压可通过盘面上一个可调电阻(R303)调节,电流限值可通过 R304 手动调节,其调节不会影响自动情况下的均充与浮充电压值。当 S304 打至“自动”位置时,S302、S301 才有效。其电压值可通过盘面上可调电阻 R301(浮充)与 R302(均充)调节(调试时已确定,正常运行时不需运行人员调整)。

当 S304 处于“自动”时,如 S301 选择于“自动均充”,此为正常运行模式。当充电器失电时间没有超过时间定值时(30 s～15 min 内可调,调试时确定),电源恢复后,充电器运行方式与失电前相同。当充电器失电时间超过时间定值时,恢复电源后,充电器自动转为“均充”。当自动转为“均充”时,盘面上“均充”指示灯 P304 亮(黄色),定时器 K301 启动,其上红灯亮,K301 时间定值从 2～60 h 内可调,由调试时确定。当时间走完,K301 灯灭,充电器又自动转为“浮充”状态。“浮充”指示灯P303亮(红色)。在这种情况下(S304:“自动”;S301:“自动均充”),如果手动按下S302按钮,将使充电器手动转入“均充”状态,K301得电,灯亮,直至定时走完,恢复充电器至“浮充”状态。此按钮主要用于定期对蓄电池组的均衡充电。

“手动浮充”状态可以覆盖“均充”状态。即:当充电器处于“均充”状态(“自动均充”或“手动均充”指示灯亮)时,如S301打至“手动浮充”位置,则充电器立刻转为“浮充”状态,浮充指示灯亮,电压为浮充电压值。而此时,K301 红灯仍亮,定时器回路如时间定值还未走完,将继续工作。再将 S301 切换至“自动均充”位置时,定时器所剩时间内仍将是“均充”方式(如定时器已走完,K301灯灭,此时切换S301至“自动均充”位置时,充电器状态为“浮充”)。

充电器禁止两台并列运行,否则,整流回路工作不稳定,可能损坏固态元件;禁止充电器不与蓄电池组并列使用,以免纹波对负载产生不利影响(充电器的滤波不可能很彻底)。在充电器盘面上有很多报警灯,分别指出诸如熔丝熔断,交流输入电源,直流输出电源,接地等方面的故障。容量较大的充电器,自带有风机,盘面上亦有相应风机故障指示灯。

正常运行时,充电器有两个外部跳闸信号。熔丝熔断或自动(S304)情况下的高电压(定值125 V),这两个信号之一将联跳充电器的进出口断路器(非充电器本身所带)。

充电器投入运行时,依次合上其自身的 48 V DC 控制电源开关(B303),交流输入开关(B301),直流输出开关(B302),这三个开关都在充电器盘面上。

充电器一般有两台,其中一台跳闸时,另一台不会自动投运,此时,蓄电池可将电压保持1 h,这一时间足够操纵员手动投入另一台充电器。对于 LBC～LBF,由于其负荷只有逆变器,而逆变器本身已带有备用电源(变压器),所以只设置一台充电器。为了避免给整流回路中大电容充电而导致电压跌落,投用时先合进口开关后合出口开关。另外,如先合出口开关B302,则当再合 B301 时,会有励磁涌流产生,最大值可达 8～10 倍额定电流,会使充电器内部熔丝熔断,这也要求先合 B301,后合 B302,以躲过励磁涌流。此后再检查母线电压正常。

1.1.2　启动和运行说明

充电器启动和运行信息:

充电器的断路器要求有合适的操作顺序。通常交流断路器最先打开,它会给输出滤波器充电器缓慢地充电,进而阻止输出熔断器或断路器由于大的涌流断开。这时可以校正输出电压表,确保充电器具有正确的输出电压。当输出断路器闭合,如果蓄电池不在充电,安培表应指示充电电流。

充电器在投运时应先合交流进线断路器,这样可对充电器的过滤电容器缓慢充电,以防因电流波动造成熔丝熔断和对断路器的冲击。一旦按下手动均充按钮,充电器输出电流会伴随输出电压的增加而增加。一旦蓄电池深度失电,则充电器的输出电压会较正常的充电电压值小,同时电流会很大。

启动程序:

1) 合上交流输入断路器

2) 合上直流输出断路器

充电器停运:

充电器退出运行只需断开交流输入电源和直流。如果交流失效,或有意的断开,蓄电池不会通过充电器线路放电,因为有电源失效保护。输出直流电压表只测量充电器电压。蓄电池电压被一个整流器二极管阻断。然而，有一些报警电路在这个二极管的蓄电池侧——如果蓄电池充电器长时间停用，应断开直流输出断路器（直流接地探测器板和自动均充中断计时器在输出阻断二极管的蓄电池侧，但是在输出电路断路器之前）。

设备的基本的启动和停运程序如下。

停运程序：

1）断开　直流输出　断路器

2）断开　交流输入　断路器

小心：停运时要有足够的时间让电容器完全放电，超过 30 秒。当设备运行时，千万不要断开任何电源电缆。

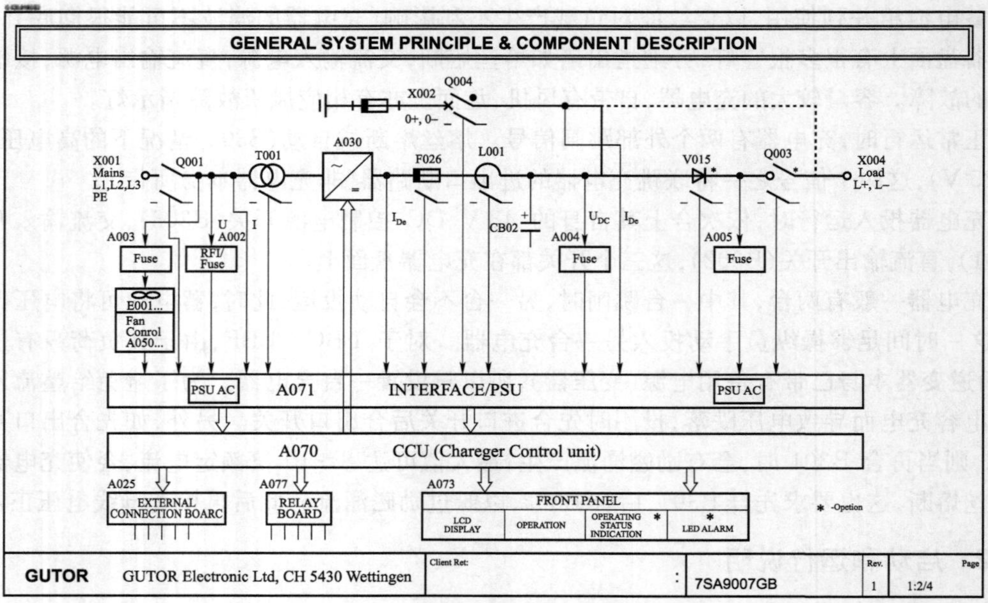

图 1-3　GUTOR 直流供电装置原理图

DESIGNATION	TYPE	QA
3 LAA 001 RD	SDC 220-630	Q3
3 LAA 002 RD	SDC 220-630	Q3
4 LAA 001 RD	SDC 220-630	Q3
4 LAA 002 RD	SDC 220-630	Q3

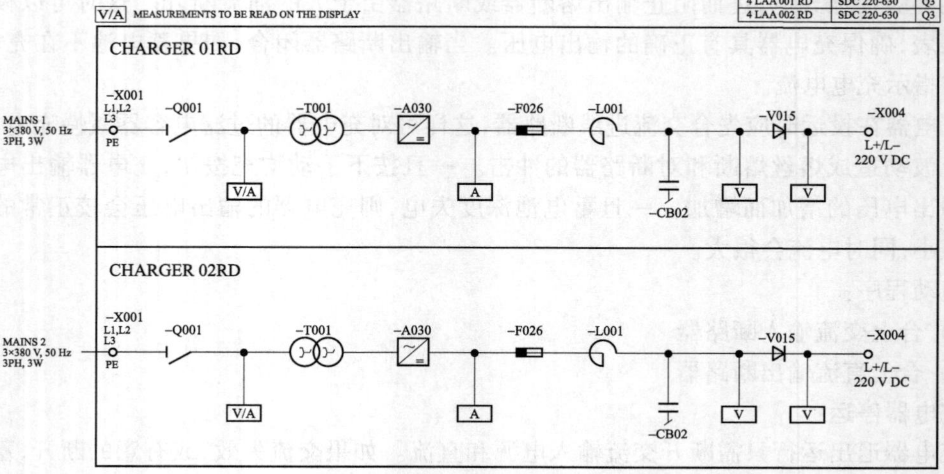

图 1-4　3LAA 充电器单线图

1.1.3　运行模式及电压调节

充电器有手动操作模式和自动模式两种运行方式。

1. 手动模式

在手动模式时，调整输出电压和电流限制不改变自动时浮充和均充电压的设置。

通过把转换开关 S304 转到手动位置选择手动模式。这时输出电压由 R303 调节。通过调节 R303 而调整充电器直流电压不改变浮充和均充设置。在手动模式时，充电器电流限制值是通过 R304 调节的，通常这个值比正常的电流限制值低，正常的电流限制是通过 X302 板上的 R32 调节的。对各种型号的蓄电池充电器，手动电流限制设置要符合要求，见表 1-1。

如果调整手动控制给蓄电池初充电，可能要求充电器在额定值之外。需要做一些特殊的设定，防止损坏充电器，同时在充电器返回到正常设置时保护蓄电池及与其相连的负载。充电过程可能要求单个蓄电池 2.6～2.7 V。在充电器输出端应去掉所有的负载。移去熔断器 F314，以保护充电器报警电路。这会使一些报警触点在报警的模式下。最大电压钳位需要断开。如果充电器低于期望的输出电压，有必要加一电阻与 X302 板上的端子 7 相连，直流电压负反馈回端子 7（电阻在 200 kΩ到 1 MΩ之间需要更多的信息联系厂家）。

最大电压钳位，调节 X302 板上的 R34，比期望的均充电压略高。它为任何可能造成直流电压偏高的故障提供保护。要把充电器电压调高，需旋转 R34。经过一个 15 秒到 30 秒的延迟，之后 R34 钳位输出电压。为了调整，用一个电压表观察直流电压，调高，观察半分钟直到电压钳位降低输出电压。电压这时是通过使用 X302 上的 R34 电位器调节的，输出电压不会高于由手动电压调节电位器 R303 设定的值。

初充电完成后，调节 R34，返回到表 1-1 中的设置值，比期望的均充电压高 2%。与直流负反馈相连的电阻应去除。重新安装熔断器 F314，把 S304 转换到自动模式，充电器现在便可以返回到正常运行状态。

表 1-1　不同型号的蓄电池充电器手动电流限制设置

类型	电压(VDC)	电流(ADC)	自动浮充(VDC)	自动均充(VDC)	自动电流限制(ADC)	最大电压钳位(VDC)	手动电压限制(VDC)	手动电流限制(ADC)
BCS12100	110	100	117	124	125	126.5	124	*10or15

2. 自动模式

充电器正常的运行模式为自动模式。在自动运行模式时，输出电压是浮充电压或均充电压。把转换开关 S304 转换到自动模式。

当充电器在浮充模式时，红色浮充指示灯亮，黄色的均充指示灯灭，通过调节浮充电位器 R301 可以调节充电器输出电压。浮充电压是蓄电池厂家指定的，浮充电是一种保持蓄电池在长期、持续、恒压充电状态的充电方法，以平衡自放电的损失。

在充电器处于均充时可以手动选择浮充，通过按下手动浮充按钮(S301)。S301 开关的触点在每个位置都是保持的。如果均充计时器有时间，计时器上红色的指示灯亮，表示计时器电机通电，尽管手动浮充开关不顾这个。按下手动浮充按钮会使充电器转换到均充状态，在均充计时器剩下的时间内保持在均充状态。红色的浮充和黄色的均充指示灯会准确的显示两种运行模式。

均充可以在自动模式时选择,自动模式可以通过自动/手动转换开关选择。均充可以在自动运行模式,也可以在手动运行模式。按下手动均充瞬时按钮(S302)使计时器的输出触点改变状态,选择均充电位器,发动均充计时器。这时均充计时器离合器动作,把红色的行程指针移动到相应的均充时间上。均充计时器可以从2小时调节到60小时。计时器上的航空灯亮显示计时器电机已通电。黄色的均充指示灯也亮。

均充是恢复所有蓄电池到相同状态的过程。均充是一种长时间的充电过程(一般从16小时到60小时),以确保蓄电池板间活性物质的完全复原。

均充计时器是一个同步电机,电源来源于整流器输入变压器的一个辅助绕组。它控制两个电压调节电位器的选择,通过一个C触点。一个电位器用于浮充电压设定,另一个用于均充电压设定。

在均充过程中任何时刻按下手动浮充按钮,会使输出电压立即转变到浮充电压。均充计时器会继续运行到时间终止,按下手动浮充按钮会使充电器转变到均充状态,在计时器剩余的时间内保持均充。在浮充模式时,红色的浮充指示灯亮。

输入电源中断会使充电器自动运行到均充模式。当充电器输入电源中断一段时间,超过中断时间继电器K321的设置值时,均充计时器离合器动作直到输入电源恢复。中断时间继电器时间可以从0.5分钟调节到15分钟。

1.2 固态逆变器简单介绍

1.2.1 工作原理及运行说明

逆变器的运行

逆变器的作用是将直流逆变为具有更高可靠性的交流,与变压器同时使用,变压器作为其备用,给不间断交流电源系统供电。由于不间断交流电源系统一般用于调节、控制与保护回路,要求有很好的品质,而逆变器输出电压范围:电压波动±2%,频率波动±0.5%。并有蓄电池作为其备用进线电源,较之常规变压器变压所得的220 V交流电压,具有更好的电学品质。

1、2号机组的交流不间断电源系统代号为LN*。其中LNA~LND由LBC~LBF供电,提供四个保护通道(即SIP I~SIP IV)逻辑元件、仪表的控制用电;LNE向所有调节系统元件及直流系统绝缘监测仪供电;9LNF向两机组公用设备的调节回路及直流系统(如9LCD,9LBG)的绝缘监测仪供电;LNP为计算机用UPS(B列);LNQ供常规岛控制与调节用电(DCS,DEH等)。逆变器的典型流程如图1-5所示。

所有开关都在相应盘面上(变压器或逆变器)。

在逆变器的控制中,需要用到一个同期装置。它通过两个电压(旁路电源与逆变器出口)的输入与比较,并去控制门信号,达到逆变器跟踪旁路电源的目的,以使切换时无扰动。当两者频率差别较大(超过定值)时,同期控制将不再使逆变器电压跟踪旁路电源,而由其自身的固有频率去控制逆变器。当旁路电源与逆变器出口两者同期情况良好时,盘面上有一个同期指示灯P301会亮。

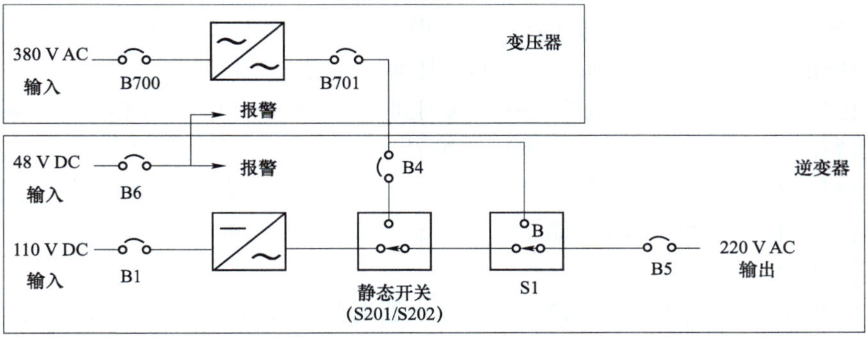

图 1-5　逆变器的典型流程

S1 为手动切换开关，在逆变器必须维修时，旁路逆变器与静态开关，其切换过程先合后断(make-before-break)，从而确保在切换过程中不会失去交流输出。

静态开关可以自动或手动切换(图 1-6)。

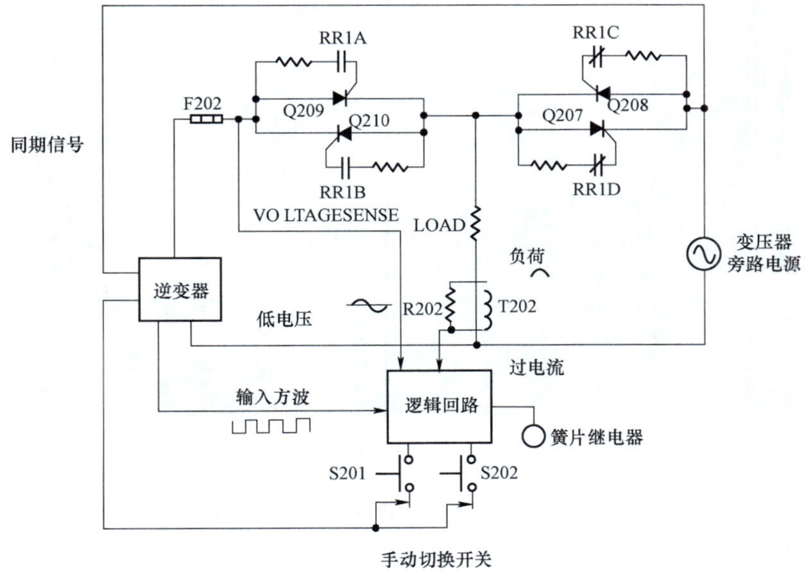

图 1-6　静态开关切换原理简图

1) 手动切换：静态开关(图 1-7)通过安于控制盘面的两个手动按钮 S201(逆变器带负荷)与 S202(旁路电源带负荷)手动控制。正常投运逆变器时，按 S201，以逆变器带负荷方式运行。同期不合格情况将闭锁静态开关的手动切换。如果两路电源同期正常，则切换时对负荷没有影响。

2) 自动切换(可以自动互相切换)：静态开关内有复杂的逻辑控制控制回路。其中，一个簧片继电器(reed relay)最终直接控制静态开关。静态开关有三个自动切换信号：① 输入方波失去；② 过负荷；③ 低电压。

① 失去直流电源或逆变电路故障引起，此时中断至静态开关控制回路的能量提供，从而引起簧片继电器状态(failure safe)改变，静态开关动作。动作过程中，由于逆变器内部电

路中谐振，变压部分的线圈还可提供约 1 个周期的能量输出(这一部分电路称为 CVT：constant voltage transformer)从而实现无间断切换，切换到旁路运行。

② 这由静态开关内负荷侧电流互感器探测到，定值设在 120%正常值。在这种情况下，一种正常运行时的涌流(瞬变)情况下也可能被误认为是过负荷而触发动作。

③ 低电压由控制盘内一个电气回路监测。当至静态开关的交流输入低时，触发切换。考虑到低电压定值设定得太高，可能会感受到正常瞬变，因此将低电压定值设在 50%额定值，并带 4 ms 延迟。

在②、③两种情况下，由逻辑回路控制去硅电路的门信号，在开始的 1/2 周期内，旁路电源与逆变器同时带负荷，在后 1/2 周期内，才完全由旁路电源带负荷。由于低电压带有 4 ms 延迟，所以低电压切换最大可能导致 1/4 周期的失电压。而过负荷切换任何时候都无供电间断。过负荷情况下，当旁路电源故障时，闭锁自动切换。

图 1-7　静态开关控制柜

秦山二厂机组逆变器系统包括 LNA/B/C/D/E/P，8/9LNF。主要由以下元件组成。

1) 逆变器

2) 静态开关 EA&EN

3) 三位手动旁路开关

4) 旁路变压器

正常情况下，由逆变器向负荷供电，旁路变压器备用。逆变器故障或直流失电时，静态开关动作，负荷瞬间切至旁路变压器供电。

逆变器跟踪旁路电源的频率并与旁路电源同步，当旁路电源超出正常范围 50 Hz±6% 时，逆变器放弃跟踪，转为自动调整输出频率为 50 Hz。

1.2.2 固态逆变器启动

逆变器的静态开关除了控制电压从逆变器至旁路电源的切换之外，还有自动再回切功能，即：当故障(引起切换的异常)消失，工况正常持续 30 s，静态开关将自动由旁路电源回切至逆变器，但这种再回切功能受到以下因素制约：

1）当旁路电源与逆变器电源同期情况不合要求时，闭锁自动再回切；

2）手动按下 S202 后，禁止自动再回切。

逆变器的投运程序，参照图 1-8，建议依次为：合 B6，B1，B700，B701，B5，B4，切换 S1 至“N”位置，按下 S201；退出程序可为：按 S202，S1 至“B”位置，断 B1，断 B4，断 B6。若完全甩负荷则断系统出线刀闸 B5。

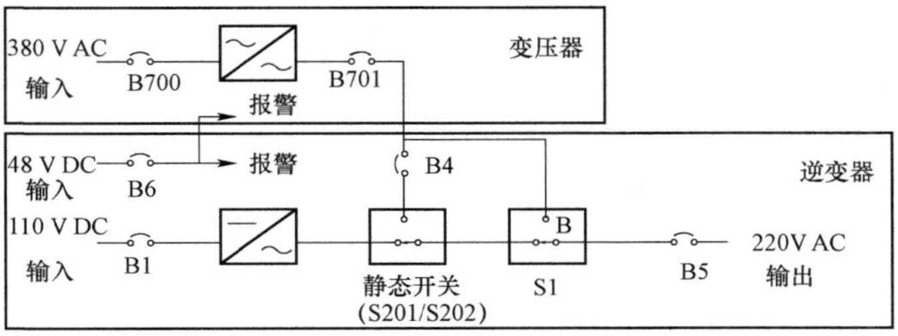

图 1-8 固态逆变器典型流程

所有开关均在相应盘面上，逆变器盘面上 48 V DC 输入开关 B6 也控制至变压器的 48 V DC 输入。在变压器与逆变器盘面上，另有电压、电流表及一些报警灯，报警灯监测电压、熔丝等情况是否常。

1.2.3 逆变器技术数据

特性	
设备编号	OO1DL
制造厂	美国固态控制公司(SCI)
型号	SV12075
在 $\cos\phi=1$ 时的额定输出容量/kVA	7.5
额定直流输入电压/V	=110
交流输出电压/V	～220(1±2%)
频率/Hz	50±0.5%
总谐波失真	≤5%
单个谐波失真	≤5%
满负荷条件的效率/%	78

1.2.4 旁路变压器参数

特性	
设备编号	OO1TR
制造厂	美国固态控制公司(SCI)
型号	IS01007
输出容量/kVA	7.5

续表

特性	
交流输入额定电压(1ϕ)/V	～380
交流输出电压/V	220(1±3%)
单个谐波失真	≤5%
总谐波失真	同电网
额定频率/Hz	50
满负荷条件的效率/%	88

1.2.5 逆变器运行原理示意图

见图 1-9。

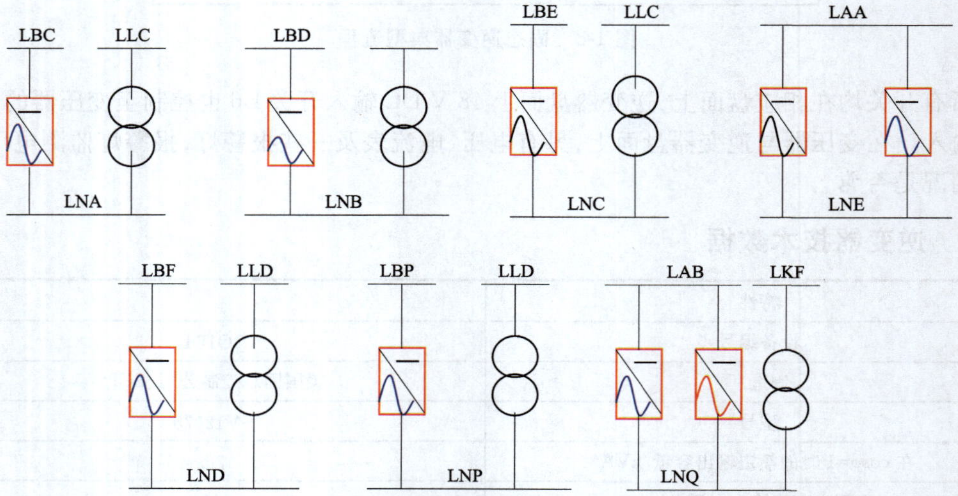

图 1-9 逆变器运行原理示意图

1.3 秦山三厂不间断电源系统介绍

1.3.1 设备描述

UPS 间的 MCC

UPS 由 3 级电源 400 V 交流 5433-MCC17A、18C、19B 供电，而每个电机控制开关站 MCC(Motor Control Center，由成组 400 V 空气开关构成)又可由奇偶两路 400 V 交流三级母线独立供电，可通过 MCC 上的机械切换开关 MTS 进行切换。MTS 实际上是两个带锁的断路器。在正常运行条件下，一个断路器闭合，而另一个断开，而且这两个断路器之间有联锁，以防止误合闸。一旦闭合断路器的上级电源丧失，就需要将这个断路器手动断开锁好后，拔出钥匙将原断开断路器的锁打开，手动闭合。

充电器

充电器通常也称为整流器，将 400 V 三级交流电源通过整流后作为 UPS 的一级直流电源。由于 220 V 直流和 48 V 直流充电器的结构完全相同，在这里以 220 V 直流为例进行重点介绍。每个通道的两个充电器都能独立承担 100%的负荷，但正常运行时由两台充电器共同承担直流负荷，并给蓄电池组进行充电；一旦失去三级电源或两台充电器同时故障，蓄电池组在 60 分钟内可以给直流负荷提供符合质量要求的电源。

从图 1-10 中可以看出，充电器主要包括以下设备：三级交流输入断路器 Q1、二级直流输出断路器 Q2、输入变压器 T11/T12、保护熔丝 F4，F5。

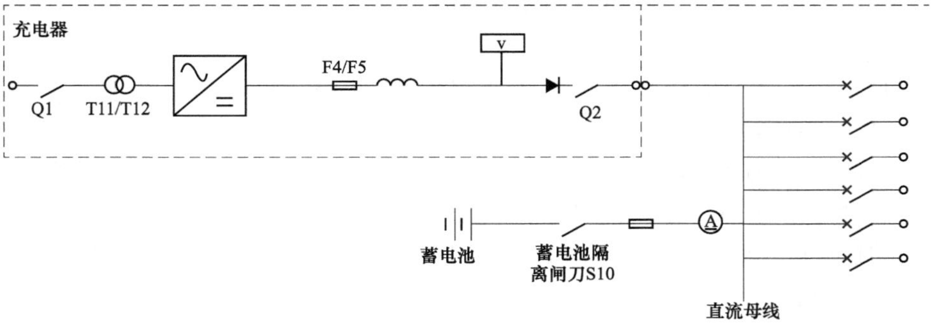

图 1-10　充电器示意图

厂用不间断电源系统包括一级不间断直流电源系统和二级不间断交流电源系统，主要为核电厂中一些不允许突然断电的重要负荷提供电源，包括设备控制回路、断路器操作电源、仪表和测量回路、报警回路、控制计算机以及一些重要的泵和电动阀等。当电厂失去厂用四级电源和厂用三级电源时，直流母线上的蓄电池组可以不中断地向这些负荷供电，并确保60分钟的供电时间，从而确保主控操纵员有足够的时间将电厂置于一种安全状态，以保证电厂的核安全和设备安全。

不间断电源系统主要包括以下子系统。

1. 400 V 不间断电源系统

400 V 不间断电源系统分为二个相互独立的通道(A，C)，每个通道均有一个充电器、一组蓄电池和一个逆变器，设备位于 T/B504 房间。

1）充电器 5551-RF6A/RF6C：向 400 V DC 母线供电和 400 V 蓄电池充电，设备位于 T/B504 房间。

2）逆变器 5532-INV2A/INV2C：经过一台静态切换开关向下游 MCC 供电，在逆变器故障时，经静态转换开关自动或手动切换到旁路，直接由三级电源 400 V AC MCC 供电。

3）MCC21A：MCC21A 上的负荷主要为重要的电机负荷、MCC41(ECC 重要电动阀门等)、变压至 208 V AC 的 MCC23A(停堆棒电机)和 MCC22B(调节棒、机械吸收棒电机)等。其中 MCC41 在失去正常电源后可以手动切换至 EPS 电源供电，MCC22B 可以由 C 通道的 400 V 不间断电源 MCC20C 供电。设备位于 S/B304 房间。

4）MCC20C：MCC20C 上的负荷主要为重要的电机负荷、MCC40(ECC 重要电动阀门等)、变压至 208 V AC 的 MCC24C(停堆棒电机)和 MCC22B(调节棒、机械吸收棒电机)等。

其中 MCC40 在失去正常电源后可以手动切换至 EPS 电源供电，MCC22B 可以由 A 通道的 400 V 不间断电源 MCC21A 供电。设备位于 S/B304 房间。

5）蓄电池组 5551-BAT3A/BAT3C：每个通道各由 192 个蓄电池串联组成电池组，额定容量为 728 AH，正常运行期间充电器保持对蓄电池组浮充电状态，当失去四级电源时，蓄电池组可以在额定电流下不间断地向 400 V DC 母线送电至少 60 分钟。

2. 220 V 不间断直流电源系统

220 V 不间断电源系统分为三个相互独立的通道(A,B,C)，每个通道各有两台 100%容量的充电器、一组蓄电池和 220 V DC 直流母线，设备都位于 T/B504 房间。

1）充电器 5551-RF3A/RF4A、RF3B/RF4B、RF3C/RF4C：向 220 V DC 母线供电和 220 V 蓄电池充电。

2）母线 5551-BUXA、BUXB、BUXC：主要负荷为断路器操作电源、直流马达、继电器，以及经 120 V AC 逆变器向 120 V AC 母线供电。

3）蓄电池组 5551-BAT2A、BAT2B、BAT2C：每个通道各由 106 个蓄电池串联组成电池组，额定容量为 979 AH，正常运行期间充电器保持对蓄电池组浮充电状态，当失去四级电源时，蓄电池组可以在额定电流下不间断地向 220 V AC 母线送电至少 60 分钟。

3. 120 V 不间断交流电源系统

120 V 不间断交流电源系统分为三个相互独立的通道(A,B,C)，三个通道的逆变器及母线均位于 T/B504 房间。

1）包括 120 V AC 单相母线 5542-BUTA/BUTB/BUTC，单相逆变器(5542-INV1A/INV1B/INV1C)、旁路自耦变压器(5542-VR1A/VR1B/VR1C)、静态切换开关组(5542-TSW2A/TSW2B/TSW2C)。

2）120 V AC 交流电源系统在正常情况下由 220 V DC 直流母线经单相逆变器和静态切换开关供电，逆变器故障时，经静态切换开关自动或手动切换至旁路感调供电。

3）120 V AC 母线下直接连接二次配电盘，布置在主控室设备间和二控区，主要负荷为仪控设备和电站控制计算机，其中还经变压整流成 40 V DC 向仪表变送器供电。

4. 48 V 不间断直流电源系统

48 V 直流电源系统(图 1-11)分为三个相互独立的通道(A,B,C)，每个通道各有两台 100%容量的充电器、一组蓄电池和 48 V DC 母线，设备均在 T/B504 房间。

1）充电器 5561-RF1A/RF2A、RF1B/RF2B、RF1C/RF2C：向 48 V DC 直流母线供电和 48 V 蓄电池充电。

2）48 V DC 直流母线下直接连接二次配电盘，布置在主控室设备间和二控区，主要用于逻辑、控制、报警等。

3）蓄电池组 5561-BAT1A/BAT1B/BAT1C：每个通道各由 24 个蓄电池串联组成电池组，额定容量为 728 AH，正常运行期间充电器保持对蓄电池组浮充电状态，当失去四级电源时，蓄电池组可以在额定电流下不间断地向 48 V DC 直流母线送电至少 60 分钟。

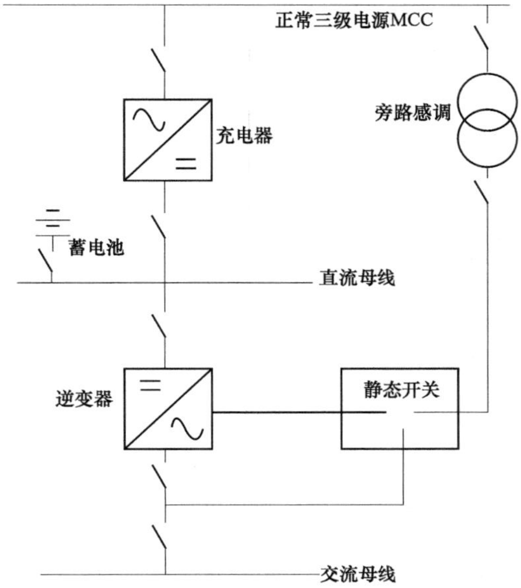

图 1-11　不间断电源示意图

5. 48 V DC 和 220 V DC 整流器有四种运行模式

MODE 1——浮充模式:这是正常运行模式,它是一种常压充电模式。

MODE 2——交流电源丧失模式:当供给充电器的交流电源中断,充电器停止运行。蓄电池将自动向负荷供电。

MODE 3——均充模式:当交流电源恢复时,自动选择均充模式。

MODE 4——快充(BOOST)模式:非常高的常压充电。它用于蓄电池极板的成型。它只能由操作人员手动进行。对于 400 V DC 充电器,则只有前三种运行模式,而没有第 4 种模式。

当蓄电池放电试验结束或厂用电失去三级电源后重新恢复供电时我们需要连续对蓄电池进行均充,直到蓄电池处于满充电状态,这种连续均充状态通常需要持续数天。对于 220 V DC、48 V DC 充电器来说,由于自动均充时间为 15 个小时,为了保持蓄电池均充的连续性,运行人员要在连续均充达到 15 个小时之前人为的将充电器切回到浮充模式后再切回均充模式,直到均充时间满足要求。而对于 400 V DC 充电器来说,我们可通过将"充电器模式选择开关 S1"置于"MANUL"位置,然后再将"均充/浮充"选择开关 S2 置于"均充"位置,此时 400 V DC 充电器即可保持连续均充状态。

6. 就地盘台

不间断电源系统的就地盘台主要以二次配电盘为主,其现场分布也相对较集中,下表为就地布置的主要盘台及现场位置。

序号	设备标牌	设备名称	设备位置
1	5561-PL553A/PL555A/PL559A	48 V DC A 二次配电盘	S/B328
2	5561-PL557B/PL561B	48 V DC B 二次配电盘	S/B328
3	5561-PL554C/PL556C/PL560C	48 V DC C 二次配电盘	S/B328
4	5561-PL1585A/PL1589A	48 V DC A 二次配电盘	S/B014

续表

序号	设备标牌	设备名称	设备位置
5	5561-PL1587B/PL1590B	48 V DC B 二次配电盘	S/B014
6	5561-PL1586C/PL1588C	48 V DC C 二次配电盘	S/B014
7	5542-PL567A/571A	120 V AC A 二次配电盘	S/B328
8	5542-PL569B/PL573B-	120 V AC B 二次配电盘	S/B328
9	5542-PL568C/PL572C/PL576C	120 V AC C 二次配电盘	S/B328
10	5542-PL1581A/PL1579A	120 V AC A 二次配电盘	S/B014
11	5542-PL1583B/PL1584B	120 V AC B 二次配电盘	S/B014
12	5542-PL1582C/PL1580C	120 V AC C 二次配电盘	S/B014
13	5551-PL4003	220 V DC 二次配电盘	T/B504-A
14	5551-PL4004	220 V DC 二次配电盘	T/B504-C
15	5551-PL8001	220 V DC 二次配电盘	T/B504-A
16	5551-PL8002	220 V DC 二次配电盘	T/B504-C

1.4 文件准备

充电器逆变器的实际操作完全模拟现场工作，具有完整的大修工作包，包括工作指令单、质量计划、风险分析、隔离指令、规程(M/ME/X/LXX/XRD/002)、工前会、工后会记录等。

1.5 工器具准备

无。

1.6 模拟体准备

操作所使用的模拟体为美国固态公司的 100 A 的充电器、逆变器，安装在培训中心的培训教室中。

1.7 辐射防护准备

充电器、逆变器的操作无辐射风险，无需进行特殊防护。

1.8 工业安全准备

按照电力安规相关规定执行，所有人员需规范穿戴劳动保护用品，包括安全帽、绝缘鞋、工作服、绝缘手套等。检修场地使用警示带进行围栏，确保工作过程中无非工作人员进入。

1.9 配合人员准备

无。

1.10 场地准备

合理分配场地，确保操作工具、设备的合理分布，方便检修；在场地外围布置警示带。

第二章　操作实施

2.1　操作实施1　充电器、逆变器巡检内容

以秦山二厂和方家山充电器为例。

1) 48 V直流部分(LCA/LCB/LCC)

48 V电源指示灯亮(如果不亮,很可能是灯泡坏),失去48 V直流控制电流,使KSA和KIT输入和由自动装置控制的断路器的跳闸不能进行,以及充电器和直流配电柜上的信号灯不能工作;母线电压(正常值50 V),低电压整定值43 V,高电压整定值57 V,超出发出报警,当下降到41 V或39 V(LCB)应立即手动跳闸,切断直流电源配电柜所有直流电源;为了防止LCA系统电压下降到低于38 V的各种可能性(运行混乱),装设了一个可靠的自动装置(三取二逻辑)在38 V阈值时自动断开LCA配电柜所有的直流电源;检查充电器投运情况(正常运行是002RD投运),投运充电器电流值(LCA:80 A左右)(LCB:55 A左右);控制屏面无故障灯亮;绝缘监测仪上无报警,绝缘监测仪上正对地电压25 V左右,绝缘监测仪上负对地电压−25 V左右,绝缘监测仪上正对电阻(几百个千欧姆),绝缘监测仪上负对地电阻(负几百个千欧姆),绝缘的限值(警告50 kΩ,危险25 kΩ,极限6.25 kΩ)。

2) 110 V直流部分(LBA/LBB/LBJ)

48 V电源指示灯亮(如果不亮,很可能是灯泡坏),失去48 V直流控制电流,使KSA和KIT输入和由自动装置控制的断路器的跳闸不能进行,以及充电器和直流配电柜上的信号灯不能工作;母线电压(正常值118 V);检查充电器投运情况(正常运行是002RD投运),投运充电器电流值(LBA:14 A左右,LBB:8 A左右,LBJ:2 A左右);控制屏面无故障灯亮;绝缘监测仪上无报警,控制屏面无故障灯亮。

3) 220 V直流部分(LAA)

LAA是专供LNE的220 V直流母线,48 V电源指示灯亮(如果不亮,很可能是灯泡坏),失去48 V直流控制电流,使KSA和KIT输入和由自动装置控制的断路器的跳闸不能进行,以及充电器和直流配电柜上的信号灯不能工作;母线电压(正常值236 V);检查充电器投运情况(正常运行是002RD投运),投运充电器电流值140 A左右;控制屏面无故障灯亮;绝缘监测仪上无报警。

4) 220 V交流不间断电源(LNE)

母线电压(正常值:230 V);48 V直流电源指示灯亮;控制屏面无故障报警,哪台逆变器带负荷(正常运行是A列带负荷);绝缘监测仪上无报警。

LBC/LNA,LBD/LNB,LBE/LNC,LBF/LND另有LBP/LNP

其中LBC/LBD/LBE/LBF/LBP是带一个充电器和一组蓄电池的110直流母线,分别通过一个逆变器供给220 V交流不间断电源LNA/LNB/LNC/LND/LNP(其还有一路380 V经变压器过来的电源)。这些配电柜主要监视内容(充电器、逆变器的运行情况,控制盘面上

的一些指示灯检查)。LB*:48 V 电源指示灯(48 V 电源指示灯亮(如果不亮,很可能是灯泡坏),失去 48 V 直流控制电流,使 KSA 和 KIT 输入和由自动装置控制的断路器的跳闸不能进行,以及充电器和直流配电柜上的信号灯不能工作),母线电压(大约 117~120 V,电压偏低表示蓄电池正在放电,低电压整定值 106 V,蓄电池还具有约半小时的运行能力,电压偏高表示充电器电压调节器故障,过电压整定值125 V),充电器电流表(大约 27~32 A,充电器过电流保护整定值是 100 A),绝缘监测仪上无报警,控制屏面无故障灯亮。LN*:直流可用灯亮,逆变器运行灯亮,逆变器带负荷灯亮,屏面无故障灯这,380 V 交流可用灯亮。

5) 充电器盘面报警灯的含意

P301	交流电源有效	白色
P302	直流电压低值	黄色
P303	浮充	红色
P304	均充	黄色
P305	直流电压高值	黄色
P306	充电器故障	黄色
P307	充电器熔丝熔断	黄色
P308	直流负极接地	黄色
P309	直流正极接地	黄色
P310	风扇故障	黄色
P311	无直流输出	黄色
P312	手操模式	黄色

序号	充电器盘面巡检内容	操作要求	工器具	测评标准	备注
1	48 V 电源指示灯	正常:指示灯亮 异常:不亮	目视	及时、准确判断	
2	充电器投运情况	两台充电器:应急段投运,正常段备用	目视	及时、准确判断	
3	母线电压	48 V 电压等级:50 V 左右 110 V 电压等级:120 V 左右 220 V 电压等级:220~230 V	目视	及时、准确判断	
4	充电器电流表	运行充电器有电流、备用充电器无电流	目视	及时、准确判断	
5	充电器运行方式	正常:浮充 试验及其他:均充	目视	及时、准确判断	
6	控制屏面无故障灯亮	正常:无故障灯亮 异常:故障灯亮	目视	及时、准确判断 报警内容	
7	绝缘监测仪指示	正常:指示无穷大 异常:指示偏低	目视	及时、准确判断	

续表

序号	充电器盘面巡检内容	操作要求	工器具	测评标准	备注
8	充电器运行声音、振动、异味	正常:声音平稳、无振动、无异味 异常:有杂音、振动大、有异味	目视	及时、准确判断	
9	蓄电池电压	110 V 电压等级:120 V 左右 220 V 电压等级:220～230 V	目视	及时、准确判断	
10	蓄电池放电电流	正常:0 A 异常:有读数	目视	及时、准确判断	
11	相关蓄电池检查	液位、漏液现象、电极、通风检查	目视	及时、准确判断	

2.2 操作实施 2 充电器运行参数检查

序号	操作步骤	操作要求	工器具	测评标准	备注
1	设备信息核对	检查设备标识与工作票一致,一人核对、一人复核	目视	工作票与模拟体铭牌对应	
2	充电器运行检查	逐一检查充电器盘面的运行参数、报警、开关位置的正确与否	目视	准确说出运行参数、及时判断运行情况	
3	充电器操作按钮的使用	对开关盘面上的操作按钮逐一操作	目视、操作	能够准确、快速说出各按钮的作用	
4	充电器报警信息的内容核对	对盘面上出现的报警内容进行分析和判断	目视	准确说出报警的名称和出现原因	

例 1:方家山直流系统参数

特性参数	LBA	LBB	LBP	LBJ
设备编号	001RD 和 002RD	001RD 和 002RD	001RD 和 002RD	001RD 和 002RD
制造厂	GUTOR	GUTOR	GUTOR	GUTOR
型号	SDC 110-800	SDC 110-400	SDC 110-630	SDC 110-125
额定电流/A	800	400	630	125
平均浮充电压/V	118.2(注)	118.2(注)	118.2(注)	118.2(注)
平均再充/均衡充电电压/V	120.8(注)	120.8(注)	120.8(注)	120.8(注)
在满负荷条件下再充/均衡充电时的交流电源输入功率/kVA	122.4	61.2	107.4	19.1

续表

特性参数	LBA	LBB	LBP	LBJ
在满负荷条件下再充/均衡充电时的效率/%	90	90	90	89
在满负荷条件下再充/均衡充电时的功率因数	0.8	0.8	0.8	0.8
电压调节范围:浮充电再充/均衡充电手动充电/V	至少±5%至少±5% 0～145	至少±5%至少±5% 0～145	至少±5%至少±5% 0～145	至少±5%至少±5% 0～145
手动充电方式下蓄电池过电流整定值/A	0.15 C_{10}	0.15 C_{10}	0.15 C_{10}	0.15 C_{10}
充电器过电流保护整定值/A	800	400	630	125

注:表中平均电压为工厂中的初步整定值,其最终值取决于充电器和蓄电池之间电压降。通过现场调整,使蓄电池端子上得到表中值。但充电器电压不得超过 121 V。

例 2:48 V 直流系统参数

特性	LCA	LCB
设备编号	001RD 和 002RD	001RD 和 002RD
制造厂	GUTOR	GUTOR
型号	SDC 48-800	SDC 48-315
额定电流/A	800	315
平均浮充电压/V	51.3(注)	51.3(注)
平均再充/均衡充电电压/V	52.4(注)	52.4(注)
在满负荷条件下再充/均衡充电时的交流电源输入功率/kVA	60.8	22.6
在满负荷条件下再充/均衡充电时的效率/%	85	84
在满负荷条件下再充/均衡充电时的功率因数	0.8	0.8
电压调节范围:浮充电再充/均衡充电手动充电(初充电)/V	至少±5% 至少±5% 0～62.8	至少±5% 至少±5% 0～62.8
手动充电方式下(初充电)蓄电池过电流整定值/A	0.15C_{10}	0.15C_{10}
充电器过电流保护整定值/A	800	315

注:表中平均电压为工厂中的初步整定值,其最终值取决于充电器和蓄电池之间的电压降。通过现场调整,使蓄电池端子上得到表中值,但充电器电压不得超过 53 V。

2.3 操作实施 3 充电器的启动和停运

序号	操作步骤	操作要求	工器具	测评标准	备注
1	合上交流输入断路器	手动操作交流断路器最先合闸,它会给输出滤波器充电器缓慢的充电,进而阻止输出熔断器或断路器由于大的涌流断开	无	电源开关操作正确	

续表

序号	操作步骤	操作要求	工器具	测评标准	备注
2	合上直流输出断路器	手动操作测量电压表数值并校准	万用表	开关操作正确	
3	充电器启动	验明盘面表计、指示正常;按试灯按钮,检查指示回路正常	无	按钮操作正确	
4	断开直流输出断路器	手动操作	无	按钮操作正确	
5	断开交流输入断路器	手动操作	无	按钮操作正确	
6	充电器停运	目测设备状况良好	无	无	

2.4 操作实施 4 充电器的切换操作(以 LAA 为例)

LAA 电源的切换:LAA002RD 切换为 001RD 带载

序号	操作步骤	操作要求	工器具	测量标准	备注
1	通知主控 1LAA 准备由 002RD 切至 001RD 带负荷	步骤、方法正确	无	步骤、方法正确	
2	检查 1LAA 蓄电池进线开关 1LAA005JA 在合闸状态	目测状况良好	无	操作正确	
3	检查 1LAA001RD 盘面上无异常,输出电压表、电流表读数正常	目测状况良好	无	操作正确	输出电压约 240 V 输出电流 0 A
4	检查 1LAA004JA(1LAA002RD 出线抽屉开关)在合闸状态	目测	无	操作正确	
5	检查 1LAA003JA(1LAA001RD 出线抽屉开关)在断开状态	目测	无	操作正确	
6	断开 1LAA004JA(1LAA002RD 出线抽屉开关),保持抽屉在推入状态	手动操作	无	操作正确	有误操作风险,禁止两台充电器并列运行
7	检查 1LAA002RD 在备用状态,输出电压表、电流表读数正常	目测	无	操作正确	输出电压约 240 V 输出电流 0 A
8	合上 1LAA003JA(1LAA001RD 出线抽屉开关)	手动操作	无	操作正确	
9	检查 1LAA001RD 输出电压表、电流表读数正常	目测	无	操作正确	输出电压约 240 V 输出电流约 150 A

2.5　操作实施 5　逆变器巡检内容

序号	逆变器盘面巡检内容	操作要求	工器具	测评标准	备注
1	直流电源可用灯	正常：指示灯亮 异常：不亮	目视	及时、准确判断	
2	逆变器启动灯	正常：指示灯亮 异常：不亮	目视	及时、准确判断	
3	逆变器带载灯	正常：指示灯亮 异常：不亮	目视	及时、准确判断	
4	380 V 交流可用灯	正常：指示灯亮 异常：不亮	目视	及时、准确判断	
5	控制屏面无故障灯亮	正常：无故障灯亮 异常：故障灯亮	目视	及时、准确判断 报警内容	
6	同期灯	正常：指示灯亮 异常：不亮	目视	及时、准确判断	
7	直流输入电压	正常：110～120 V 异常：超出范围	目视	及时、准确判断	
8	交流输出电压	正常：220～235 V 异常：超出范围	目视	及时、准确判断	
9	频率	正常：50 Hz 异常：偏离正常值	目视	及时、准确判断	
10	逆变器运行声音、振动、异味	正常：声音平稳、无振动、无异味 异常：有杂音、振动大、有异味	目视	及时、准确判断	

2.6　操作实施 6　逆变器运行参数检查

序号	操作步骤	操作要求	工器具	测评标准	备注
1	设备信息核对	检查设备标识与工作票一致一人核对、一人复核	目视	工作票与模拟体铭牌对应	
2	逆变器运行检查	逐一检查逆变器盘面的运行参数、报警、开关位置的正确与否	目视	准确说出运行参数、及时判断运行情况	
3	逆变器操作按钮的使用	对开关盘面上的操作按钮逐一操作	目视、操作	能够准确、快速说出各按钮的作用	
4	逆变器报警信息的内容核对	对盘面上出现的报警内容进行分析和判断	目视	准确说出报警的名称和出现原因	

2.7 操作实施 7 固态逆变器的启动和停运

序号	操作步骤	操作要求	工器具	测评标准	备注
1	确认直流电源正常	目视盘面直流电流表有指示	无	电流表检查正确	
2	合上逆变器、旁路变压器及直流控制电源	手动操作	无	开关操作正确	
3	合上逆变器面板上的 48 V 直流开关	手动操作	无	按钮操作正确	
4	按下试灯按钮，确认指示灯正常	手动操作	无	按钮操作正确	
5	按顺序合上旁路变压器的输入输出开关、启动旁路变压器	手动操作	无	开关操作正确	
6	合上逆变器直流输入开关，启动逆变器	手动操作	无	按钮操作正确	
7	合上旁路交流输入开关、确认逆变器和旁路能够实现同期	手动操作，确认状态正确	无	检查正确	
8	操作手动旁路开关至正常运行位置	手动操作	无	开关操作正确	
9	切换静态开关至逆变器带载	手动操作	无	按钮操作正确	
10	合上系统输出开关	手动操作	无	开关操作正确	
11	逆变器启动	所有灯状态指示正常	无	检查正确	
12	查同步指示灯亮，按旁路带载按钮	手动操作	无	开关操作正确	
13	转换手动旁路开关到旁路带载位置	手动操作	无	开关操作正确	
14	断开逆变器直流输入开关	手动操作	无	开个操作正确	
15	断开旁路交流输入开关	手动操作	无	开关操作正确	
16	按顺序断开旁路变压器交流输入、输出开关	手动操作	无	开关操作正确	
17	断开逆变器上的 48 V 直流开关	手动操作	无	开关操作正确	
18	断开逆变器上的系统输出开关	手动操作	无	开关操作正确	
19	断开逆变器、旁路变压器及直流控制电源	手动操作	无	开关操作正确	
20	逆变器停运	检查所有灯熄灭	无	检查状态正确	

2.8 实施中需要特别注意的几个关键点

1）在进行充电器的切换操作时，特别注意 2 个充电器不能并联运行。

2）注意：系统处于正常运行状态时（逆变器向负载供电），严禁操作手动旁路开关，否则将损坏 UPS 设备！

3）注：蓄电池放电至其电压低于逆变器要求的直流输入电压范围时，则不允许逆变器再继续运行。否则将会损坏逆变器。

4）当三级电源失去，蓄电池供电电压低于相应动作值时，建议断开蓄电池隔离开关，否则蓄电池将永久损坏。（重水堆）

2.9 秦山三厂充电器、逆变器巡检内容

1. 400 V MCC 日常巡检内容

1）是否有报警产生，产生后 MCC 顶灯将亮。

2）是否有负荷投入的间隔报警小灯亮。

3）是否有指示灯损坏。

4）外观检查良好。

如果柜上开关盘面控制电压报警指示灯（白炽）亮，确认报警选择开关放"BYPASS"，柜顶总报警灯灭。

电气巡检一般应掌握以下几点。

望：电气房间有无烟雾、明火，表计读数是否正确，指示灯指示正常，继电器有无掉牌，86 继电器有无动作。

闻：电气房间有无异味。

听：电气房间有无异常噪音，振动。

2. UPS 巡检内容

具体巡检内容：

1）确认 5551-RF6C/5532-INV2C/TSW2C 正常：指示灯"Float Charge Condition"（绿）灯亮；检查无红色报警。

2）检查 5561-RF-2C"浮充"灯亮，无报警。

3）记录 5561-BUYC 母线电压（正常范围：45～58 V DC）：检查 5561-BUYC 无红色报警。

4）检查 5561-RF-1C"浮充"灯亮，无报警。

5）确认 5542-INV1C/TSW2C/VR1C 无报警。

6）记录 INVERTER 1C OUTPUT E2 的读数 正常：49.5～50.5 Hz。

7）确认 5542-INV1B/TSW2B/VR1B 无报警。

8）记录 INVERTER 1B OUTPUT E2 的读数 正常：49.5～50.5 Hz。

9）检查 5561-RF-2B"浮充"灯亮，无报警。

10）记录 5551-BUXB 母线电压（正常范围：45～58 V DC）：检查 5551-BUXB 无红色报警。

11）检查 5561-RF-1B"浮充"灯亮，无报警。

12）确认 5542-INV1A/TSW2A/VR1A 无报警。

13）记录 INVERTER 1A OUTPUT E2 的读数 正常：49.5～50.5 Hz。

14）检查 5561-RF-2A"浮充"灯亮，无报警。

15）记录 5561-BUYA 母线电压（正常：49.5～50.5 Hz）：检查 5561-BUYA 无红色报警。

16）检查 5561-RF-1A"浮充"灯亮，无报警。

17）确认 5551-RF6A/5532-INV2A/TSW2A 正常：指示灯"Float Charge Condition"（绿）灯亮；检查无红色报警。

18）检查 5542-BUTA 柜无红色报警。

19）检查 5551-RF-4A"浮充"灯亮，无报警。

20）记录 5551-BUXA 母线电压 正常：217～259 V DC：检查 5551-BUXA 无红色报警。

21）检查 5551-RF-3A“浮充”灯亮，无报警。
22）检查 5551-PL4003 无红色报警：记录 5551-PL4003 电压（正常：217～259 V DC）。
23）检查 5551-RF-4B“浮充”灯亮，无报警。
24）记录 5551-BUXB 电压（正常：217～259 V DC）：检查 5551-BUXB 无红色报警。
25）检查 5551-RF-3B“浮充”灯亮，无报警。
26）检查 5542-BUTB 柜无红色报警。
27）检查 5542-BUTC 柜无红色报警。
28）检查 5551-PL4004 无红色报警：记录 5551-PL4004 电压（正常：217～259 V DC）。
29）检查 5551-RF-4C“浮充”灯亮，无报警。
30）记录 5551-BUXC 电压（正常：217～259 V DC）。
31）检查 5551-BUXC 无红色报警。
32）检查 5551-RF-3C“浮充”灯亮，无报警。

蓄电池间：

1）检查蓄电池间 A/B/C 通道巡检正常。
2）记录房间温度<32 ℃ 湿度：5%～95%。
3）检查无酸泄漏，地面无积液。
4）确认蓄电池上方 0.5m 氢浓度<100 ppm。
5）检查蓄电池电解液的液位正常（在高—低液位之间）。
6）检查照明，通风和消防设施良好。
7）检查送风机 7322-FM4106 运行是否正常。
8）记录 UPS 间房间温度<30 ℃（正常：25～30 ℃；限值：30 ℃）。
9）检查 MCC 柜顶总报警灯灭。
10）检查 MCC18C 是否正常。
11）检查 MCC19B 是否正常。
12）检查 MCC17A 是否正常。
13）边界门关闭，房间无漏水。

例：重水堆逆变器参数

名称	指示表位置	正常范围	低报值	高报值	动作值及相应动作
220 VA 通道母线电压	5551-BUXA/B/C	233～235 V DC	198 V DC	259 V DC	185 V DC——手动断开 S10
48 VA 通道母线电压	5561-BUYA/B/C	52.8～53.2 V DC	43.2 V DC	59 V DC	42 V DC——手动断开 S10
120 V 逆变器入口电压	5542-INV1A/B/ C	233～235 V DC	195 V DC	259 V DC	185 V DC——逆变器输入 CB1 自动跳闸
120 V 逆变器输出电压	5542-INV1A/B/ C	120±2% V AC	108 V AC		
400 V DC A/C 通道充电器	5551-RF6A/C	400 V DC	351 V DC		336 V DC 逆变器输入开关 CB3 自动断开，需手动断开 DS4001，DS4002

第三章　故障检查和说明

3.1　充电器常见故障现象和判断方法检查和说明

序号	报警名称	中文	延时	原因
1	RECTIFIER MAINS FAULT	进线故障	30 s	电压超限(+10%/−15%)或频率超限(±8%);相序不对
2	RECTIFIER FAILURE	整流器故障	5 s	三个信号相与进线正常: 电流限制未启动;电压与设定值偏差超出±3%
3	DC OUT OF TOLERANCE	直流超限	5 s	直流电压超限(对 LAA,低于 202 V 或高于 250 V)
4	DC FUSE BLOWN	直流熔断器熔断	5 s	直流熔断器 F026 熔断
5	CHARGER CURRENT LIMIT ACTUATION	充电电流限制启动	30 s	整流装置输出电流超过最大电流限值(630 A)
6	CONTROL POWER FAULT	控制电源故障	5 s	5 V/±15 V 电源故障
7	OVERTEMPERATURE	元件过热	5 s	下列元件之一温度高:整流桥 A030(90 ℃报警,110 ℃ 停运)、变压器 T001(150 ℃)、二极管 V015(110 ℃)、电抗器 L001(150 ℃)
8	FAN FAILURE	风扇故障	30 s	冷却风扇转速低(1 200 rpm)

3.2　充电器显示屏报警查看

序号	报警名称	原因	延时	报警或停运
1	Phase order not correct	相序不正确	0	停运
2	Mains voltage out of tolerance	进线电压超限(+15%,−25%)	0	停运
3	Mains frequence error	进线频率超限	0	停运
4	Mains MCB is off	进线断开	0	停运
5	UI characteristic	直流电压超出额定值±3%且电流限制未触发	5 s	报警
6	Charger temperature warning	充电器温度高报警	0	报警
7	Charger temperature shutdown	充电器温度高停运	0	停运
8	High temp transformer	变压器温度高	0	报警,10 分钟后停运

续表

序号	报警名称	原因	延时	报警或停运
9	High temp choke	电抗器温度高	0	报警,10 分钟后停运
10	High DC warning	直流电压高报警	0	报警
11	High DC shutdown	直流电压高停运	0	停运
12	Low DC warning	直流电压低报警	0	报警
13	Charger off warning	整流桥停运报警	0	报警
14	Total DC current limit	总直流电流超限	5	报警
15	Battery current limit	蓄电池电流超限	5	报警
16	DC fuse blown	直流熔断器熔断	0	停运
17	Low DC Vaux warning	Vaux 低报警	0	报警
18	High DC Vaux warning	Vaux 高报警	0	报警
19	Internal PSU error	PSU 故障	0	报警
20	Fan error	风扇故障	0	报警
21	Earth fault on positive pole	正极接地故障	5	报警
22	Earth fault on negative pole	负极接地故障	5	报警
23	Mains phase missing	进线缺相	0	停运
24	Control loop error	控制回路故障	0	停运
25	Temperatue sensor error	温度开关故障	30	报警

3.3 直流系统(秦山二厂、方家山 220 V/110 V/48 V 等)报警后响应

1. 110 V 直流系统报警响应

报警名称	原因	响应
110 V 直流系统蓄电池故障	蓄电池组进线熔丝 F3 或 F4 熔断	1. 检查故障蓄电池组的母线上充电器是否跳开,或是否处于运行状态下的大电流工况。 2. 通知维修检查 F3 或 F4 熔断原因并更换之。
110 V 直流系统母线电压异常	1. 充电器内部故障。 2. 充电器手动调节压过低。 3. 充电器进线开关由于“市电电压高/低”“市电缺相”“晶闸管模块超温”,“过电流”而跳闸。 4. 取样熔丝 F1、F2 未就位或熔断。 5. 市电中压不正常低。	1. 检查充电器处于“自动”位置。 2. 切换至备用充电器运行,如仍不成功,通过合母联开关使一台充电器带两段母线运行。 3. 通知电气科查找原因并检修。
110 V 直流系统绝缘降低	极和地之间绝缘降低。	1. 根据就地显示,判断故障母线。根据 R+或 R−报警指示,判断接地母线极性。 2. 通知电气维修部门查明原因并检修。

续表

报警名称	原因	响应
110 V 直流系统充电器交流失电	1. 入线交流接触器跳闸。 2. 上游电源(0 LKR)失电。	1. 切换至备用充电器供电，如备用充电器交流失电，则合母联开关。 2. 检查上游电源正常。 3. 通知电气维修查明原因。
配电盘故障	1. 48 V 电源故障跳闸。 2. 蓄电池进线开关跳闸。 3. 出线开关跳闸。	1. 复归跳闸的供电开关。 2. 如果故障仍未消除，要求电气科立即检查，并切断运行的充电器，保留蓄电池单独运行。 3. 在现场查出跳闸的开关，并且将其复位；如果故障仍持续，通知电气科。
蓄电池开始放电	1. 运行的充电器发生故障。 2. 380 V 交流电消失。	1. 切换到备用充电器运行。 2. 检查故障充电器的上游是否有 380 V 交流电；检查故障充电器下游开关。 3. 如果充电器内部故障灯亮，通知电气科检查处理。
电气盘故障	1. 充电器内部故障。 2. 充电器柜内小开关断开。	1. 确认运行的充电器自动停运，开关断开。 2. 切至备用充电器运行。 3. 就地合上充电器柜内小开关，通知电气检查。

2. 220 V 直流系统报警响应

报警名称	原因	响应
蓄电池故障	1. 蓄电池开关柜上手动按钮被按下。 2. 蓄电池入线熔丝 F3 或 F4 熔断。	1. 松开按钮即可恢复正常。 2. 通知维修电气人员检查，短路故障消除后，更换新熔丝，停运充电器。
母线电压异常高	1. 充电器置于初充状态，初充电压设定值较高。 2. 充电器处于手动状态，调压过高。 3. 充电器电压调节故障。	1. 改变充电器状态为浮充或均充。 2. 恢复自动状态或手动情况下下调电压。 3. 停运该充电器，投运备用充电器，通知维修电气检查原因。
母线电压低	1. 充电器电压调节故障。 2. 失去绝缘监测仪电源。 3. 外电源电压降低。	1. 停运运行充电器，投运备用充电器，通知维修电气检查原因。 2. 检查熔丝的完好性，通知电气科更换，如熔丝完好，则通知电气科查找原因。 3. 检查 380 V 进线开关及 380 V 电源盘的电压情况，如为进线开关未合，则重新合上，如为充电器运行电压偏低，通知维修电气查找原因。
绝缘降低	电极和地之间，绝缘降低	记录报警信号出现的时间和绝缘值，通知电气科查明故障原因
接地故障	系统有接地	停运充电器与蓄电池，通知维修电气检查原因
交流失电	1. 失去 380 V 交流电源。 2. 入线交流开关因故跳闸。	1. 检查原因并恢复之，如有故障，通知电气科排除。 2. 如为运行充电器，先进行充电器切换，通知电气科查找原因，故障排除后重新合闸。

续表

报警名称	原因	响应
48 V 直流电源消失	48 V 电源开关跳闸或失电	复归已断开的开关,如果故障仍存在,通知电气科查明原因。
配电盘故障	1. 001RD 充电器内部故障。 2. 因上游直流回路短路,充电器进线开关由电磁脱扣器动作跳闸。 3. 充电器盘面小开关 B301、B302、B303 任何一个断开。 4. 任一个出线开关由热脱扣器或电磁脱扣器动作跳闸。	1. 如充电器自动停运,检查进线开关应断开。 2. 在一小时内切换到备用充电器运行。 3. 在所有情况下,都应通知维修处电气科立即修理故障充电器。 4. 合上 B301、B302、B303,合不上。则通知维修处修理。
蓄电池开始放电	运行的充电器发生故障停运,负荷由蓄电池供电	1. 切换至备用充电器运行。 2. 检查故障充电器上游有 380 V 交流电源。 3. 充电器盘面故障灯可能亮。 4. 检查故障充电器下游开关合上。 5. 检查充电器运行状况:如发生内部故障(充电器盘面故障灯亮)通知维修处电气科处理。

3. 48 V 直流系统响应

配电盘故障	来自其他系统的 48 V 直流电源消失(开关跳闸)	复归已跳闸的电源开关:如果故障仍持续,要求电气科立即查明原因并停运运行中的充电器,保留蓄电池单独运行。
	蓄电池进线开关跳闸	1. 在重新合上进线开关之前要求电气部门进行检查。 2. 通过断开充电器入口交流开关和直流出口开关来停运充电器。 3. 设备只能在就地通过试验盒操作(电动阀除外)。
配电盘故障(运行充电器供电时配电盘故障)	1. 运行充电器供直流母线(备用不可用)情况: 1)运行充电器内部故障; 2)由于在直流回路的上游短路,充电器进线开关电磁脱扣器动作而跳闸; 2. 充电器盘面小开关 B301 或 B302 或 B303 断开。	1. 在充电器自动停运情况下,检查上游进线开关已断开。 2. 在所有情况下,要求电气科立即修复故障充电器(若未修复)。重新起动可用的充电器。 3. 就地合上 B301、B302、B303,如不能合上,通知电气科检修。
出线开关跳闸	一个出线开关由于热继电器或电磁脱扣器动作而跳闸。	在现场,查出跳闸的出线开关并复归。 如果故障仍然持续,要求电气科处理。
电压不正常	1. 电压低: 1)充电器内部故障(充电器盘面灯亮); 2)充电器进线开关由于过流或充电故障而跳闸。	1. 切换到备用充电器。 2. 要求电气科查明充电器故障原因。 3. 如果额定电压不能恢复,降低机组负荷至 25%的额定功率。

续表

电压不正常	2. 电压高:充电器电压调节故障。 3. 失去控制和监测电源。 4. 熔丝开关。	4. 如果电压继续降低,手动跳开配电盘上重要负荷,然后应用失电规程。 5. 试重新合上 007JA,如果不可能,要求电气科处理。 6. 检查熔丝开关。
蓄电池开始放电	运行中的充电器故障,蓄电池开始向负荷供电。	1. 切换到备用充电器。 2. 检查故障充电器的上游有 380 V 交流开关合上,充电器入口交流开关合上。 3. 检查故障充电器的下游开关,充电器出口开关合上。 4. 如果是充电器内部故障要求电气科处理。
绝缘警告	1. 极和地之间绝缘降低故障。 2. 绝缘监测仪电源故障(失去 220 V 交流电源)。 3. 绝缘监测仪开关断开,退出运行。	1. 记录警告信号出现时间和绝缘值,然后要求电气队查明原因,使用便携式绝缘监测仪查找接地点。 2. 检查 220 V 交流电源,出线开关应合上。 3. 合上绝缘监测仪开关。
电网低电压	1. 由接地故障探测系统测得的电压低于 24 V。接地故障探测器保险丝熔断。 2. 绝缘监测仪开关断开,退出运行。	1. 要求电气队检查。 2. 合上绝缘监测仪开关。

3.4 逆变器常见故障现象和判断方法检查和说明

序号	故障现象	判断方法	故障原因分析	故障排除方法
1	逆变器无法启动	主熔丝 F2 熔断	直流输入电压过低或高	调节充电器的直流输出电压
			可控硅或二极管被击穿	更换可控硅或二极管
2	充电器均充时,逆变器直流输入电压高报警	对直流输入电压进行测量	逆变器直流输入电压检测板定值飘移	重新调整直流输入电压检测板的定值
3	逆变器无法启动	主熔丝未熔断	晶振板故障	更换晶振板
			主断路器故障	更换主断路器

3.5 逆变器出现报警后响应

报警名称	原因	响应动作
绝缘故障	1. 220 V 交流电源配电盘绝缘故障。 2. 保险熔断。 3. 逆变器部分元器件故障导致失去同期。	1. 通知电气科检查,并尽快消除接地故障,保护人员免遭电击。 2. 检查熔丝。 3. 同期灯灯灭,通知电气检查逆变器变压器电压频率及同步压差。

续表

报警名称	原因	响应动作
逆变器故障或调压变压器故障	1. 001 TR 的调压变压器故障且逆变器正在运行。 2. 01 逆变器故障。	1. 按 F.LN*001 切除故障的逆变器或调压变压器。 2. 检修调压变压器。 3. 检修逆变器。
220 VAC 超容限	220 V 交流输出超出允许值： 1. 逆变器故障。 2. 003JA(BYPASS SOURCE AC INPUT)在错误位置。 3. 110 V 直流输入故障。 4. 380 V 交流电源失电。	通知电气科检查逆变器以及电源侧设备： 1. 110 V 直流合上，电源电压正常。 2. 380 V 交流合上，电源电压正常。 3. 003JA(BYPASS SOURCE AC INPUT)在合上位置。通知维修处电气队处理。
48 V 直流电源失电	48 V 直流供电开关跳闸。	检查开关，恢复供电前通知维修检查。
逆变器故障	逆变器输出电压低，可能由下列原因引起： 1. 交流负载过流。 2. 输入矩形波失去。 3. 逆变器内部故障。	1. 到现场根据逆变器控制屏的各报警灯来辨别故障原因，若不能消除故障原因，则通知电气科检查。 2. 在开始维修之前若需要可按 S1 规程停运逆变器，故障原因消除之后按 S1 规程重新投运逆变器。
静态开关熔丝熔断或入线开关过电流	1. 逆变器入线直流开关过电流。 2. 静态开关熔丝熔断。	1. 确认负荷已自动切换到备用逆变器带负荷，通知电气科检修，消除故障原因后，按S1规程重新将故障逆变器投入运行。 2. 若备用逆变器处于带负荷状态，则进入事故规程 I11.E。 3. 负荷自动切换到由备用逆变器带负荷。通知电气科检修，消除故障原因之后，则按S1规程重新将跳闸逆变器投入运行。
出线开关跳闸	至少有一个出线开关跳闸。	1. 稳定机组状态。 2. 现场检查故障出线开关，通知电气科检查维修并在消除故障原因之后，重新将其投入运行。
电压异常	低电压(198 V)： 1. 逆变器失去 220 V DC 供电。 2. 负载突变引起逆变器不稳定。 3. 220 V 直流电压下降超出逆变器容量补偿能力。 4. 过载或短路。 5. 失去控制监测电压 高电压(244 V)： 1. 甩负荷可能引起的假故障。 2. LAA 001TB 电压过高。 3. 电压表故障。	1. 检查上游 380 V 供电开关，若故障不能消除，通知电气科。此时可能引起逆变器切换。 2. 监视逆变器状态。 3. 检查配电盘，设法恢复配电盘至正常状态，若不能恢复，立即通知电气科检修。 4. 寻找过载原因，若故障无法消除，通知电气科。检查控制监测电压，恢复到合闸状态，若不成功则通知电气科。
网络接地故障	一相绝缘低于整定值	1. 记录报警出现时间和绝缘值。 2. 通知电气人员，用便携信号发生器和探测器找出故障位置。

第四章　操作结束

4.1　操作结束后验证

充电器、逆变器的现场操作结束以后，确认充电器、逆变器上的断路器均在断开状态。

4.2　总结培训过程

充电器作为 UPS 系统的重要组成部分之一，其供电的可靠性直接关系到机组的安全稳定运行，充电器的检修工作一般都是安排在大修期间进行，是一项对工作负责人要求较高需要一定检修经验的电气检修项目。学员要认真听取各环节操作要点，多动手，勤加练习，掌握充电器的基本操作和巡检，并对常见缺陷有一定的认识，对今后的工作有一定的指导。

逆变器的能否正常运行，其供电的可靠性直接关系到机组的安全稳定运行，逆变器的切换及启停工作一般都是安排在机组停运后进行，是一项对运行人员要求较高需要一定运行经验的电气操作项目。学员要认真听取各环节操作要点，多动手，勤加练习，掌握逆变器的基本操作和巡检，并对常见缺陷有一定的认识，对今后的工作有一定的指导。

4.3　评判

学员熟悉充电器、逆变器内部的主要元器件，能够正确启动和停运充电器、逆变器，对充电器、逆变器的切换操作能够熟练操作。教员根据学员的陈述及实际操作，依据评判表，对学员的学习情况作出整体评判。

4.4　工后会

工后会是对整个工作的过程的回顾以及必要的经验反馈。

对操作步骤、过程、防人因工具的使用、操作心得等进行总结，对操作人员的操作进行评价。

第五章 经验反馈

5.1 运行风险与实践

1）电气伤害：当工作人员在 400 V AC、48 V DC、220 V DC、120 V AC、400 V DC、208 V AC 等系统上工作时，有电击、电弧灼伤的伤害。当滤波电容器没有完全放电时，禁止任何人在充电器上工作，防止发生人身伤害和设备损坏的事件。

2）当工作人员在蓄电池设备上工作时，存在硫酸电解液的化学伤害。如果在工作过程中发生硫酸电解液溅到工作人员身上，请及时到附近冲洗器用大量清水进行冲洗，防止由于处理不及时使化学烧伤加重。

图 5-1 蓄电池间

3）蓄电池间可燃气体 H_2 浓度超过限值而可能引起的爆炸风险。蓄电池在充电特别是均充时，将分解出可燃气体 H_2，而 H_2 是一种易燃易爆气体，当空气中的 H_2 浓度达 4.1%～74.2%时，在遇到明火的情况下将有爆炸的危险。

4）房间高温影响设备运行：如果由于设备房间的温度太高(接近或超过 40 ℃)，可能会造成逆变器、静态开关电子电路工作不稳定，严重时可能造成设备故障而停运。正常运行期间，必须关注 7322-ACU4106 运行是否正常，如果 7322-ACU4106 运行异常，应及时将 7322-ACU4106 切换到备用空调 7322-ACU4055 运行，确保 UPS 房间温度低于 30 ℃。

5）在 UPS 房间内布置有各个系统大小不一的盘柜共 21 个，房间小、设备密集、系统重要性程度高，这是 UPS 房间一个最大的特点。在 UPS 房间巡检和工作过程中，有误碰现场设备操作开关而使设备异常停运的风险。一方面可能会使开关误跳闸，从而使设备异常停运；另一方面，由于各UPS不间断电源设备盘内电子元件较多，接线端子也较多，人为的撞击设备可能会使盘柜内的电子元件或接线端子松动，从而产生误报警或引起设备误跳闸。

5.2 网控楼 110 V 直流充电器 0LBM002RD 故障

状态描述：2004 年 10 月 18 日，8 时，巡检发现三楼直流分配电屏 ZP211 上电压表指示 110 V，低于以往运行值 116 V，检查 0LBM002TB 母线上的 2 号硅整流器，显示“均充”“电池限流”；电压表指示 115 V 左右，电流表指针在 10～20 A 间缓慢摆动，立即报告主控，主控通知电气维修人员立即到达现场后发现 0LBM002RD 已没有电流输出，电流表指示 0，电压表指示 110 V 为蓄电池端电压。汇报主控，主控同意退出 2 号硅整流器后投入 0 号硅整流器。0 号硅整流器后投入后带 0LBM002 TB 母线在“均充”状态运行正常，目前，电压是 123 V 左右。

后果：若电压降低到一定值与 0LBM002TB 母线有关的保护、安全自动装置和开关将拒动，操作失灵。若此时 500 kV 系统有故障，后果严重。

立即采取的行动：

1）汇报主控通知维修；

2）切除故障整流器，投入备用 0 号整流器；

3）开紧急工作票，对 0LBM002RD 进行处理。

5.3 1LAB002RD 和 1LBQ0 号充电器无故跳开

状态描述：2003 年 11 月 12 日 12 时 10 分，巡检发现 1LAB002RD 和 1LBQ0 号充电器运行指示灯灭，控制盘上有“欠压”报警，充电器出口电压表指示为 0，母线电压正常（当时 1LAB001RD 运行，1LBQ1 号充电器运行）。于是汇报主控，征得主控同意后，按下两个充电器的“运行”按钮，电压恢复正常，“欠压”报警消失。

后果：1LAB002RD 和 1LBQ0 号充电器不可用。

后续行动：汇报主控，重新投运充电器。

5.4 1LBQ001RD 充电器失电

状态描述：2001 年 3 月 2 日，现场巡检发现，MX 厂房 0 米层直流配电间 1 号充电器失电，屏面无任何指示，1LBQ 母线电压仅为 101 V，1 号蓄电池向 1LBQ 母线放电，反向放电电流达 15 A，1LBQ 配电屏上的绝缘监测仪出现“超欠限”即电压异常报警。

采取措施：由于 1 号蓄电池放电时间较长，1LBQ 母线电压很低，在征得主控同意后，先断开 1 号充电器的进线开关 1LBQ 103JS，再按下 0 号充电器的“运行”按钮，最后合上 0 号充电器的进线开关 1LBQ 101JS，在 0 号充电器向 1LBQ 母线供电后，1LBQ 母线电压很快升高，1 号蓄电池的反向放电电流迅速减少，逐步转为正向充电电流，在 1LBQ 母线电压恢复至

115 V 左右后，绝缘监测仪屏面上的“超欠限”报警自动消失。

事件原因：经过仔细的检查，发现 MX 厂房中低压配电间 1LKF 向 1LBQ1 号充电器的供电开关 1LKF A02E 被断开，此开关属于“TOTO”，其操作命令由隔离办发出，但隔离日志无此开关的操作记录，在确定此开关被他人误断开后，合上此开关，然后到 MX 厂房直流配电间先按下 1 号充电器的“运行”按钮，再断开 0 号充电器进线开关 1LBQ 101JS，后合上 1 号充电器的进线开关 1LBQ 103JS，最后按下 0 号充电器的“停运”按钮。至此，1LBQ 恢复到正常运行状态。

5.5 2LNQ002DL 逆变器 B 烧毁

事件描述：2009 年 8 月 4 日 15 时 30 分主控出现 2LNQ 故障报警，立即通知现操及电气人员检查，发现 2LNQ001TB 逆变器盘柜所在的房间(常规岛 6 kV 配电间)内已浓烟弥漫，整个房间充满刺鼻的糊味。电气人员检查 2LNQ 002DL 逆变器 B 主熔断器熔断、风扇故障等报警，打开 2LNQ002DL 逆变器下方的柜门，发现逆变器 B 的内部电感元件 L804 在燃烧，T803 绝缘层击穿。现场的运行情况：逆变器 A 运行，B 退出，旁路备用(故障发生前的运行工况是：逆变器 A 运行，B 备用，旁路备用)。现场人员紧急启动电气间的排风扇将烟雾排出，将逆变器 B 隔离，保证 2LNQ001TB 母线的运行状态为：2LNQ001DL 逆变器 A 带载，旁路变压器作为逆变器 A 的旁路备用。

采取措施：对运行中的逆变器进行温度测量，加装临时散热风扇；调整常规岛厂房通风系统，改善 LNQ 房间环境温度，在运行通风系统专工的配合下机械人员清理了进风口的过滤器后，厂房的环境温度下降近 10 ℃；

编制重大缺陷处理方案《2LNQ002DL 故障处理方案》和《LNQ 逆变器内部通风改造方案》。107 大修期间已实施技术改造：ENG2009-021，完成对 1LNQ 逆变器内部通风改造工作。提供必要的故障资料给厂家，要求其分析故障产生的根本原因。

事件后果：

2LNQ002DL 逆变器 T803 绝缘层击穿，内部电感元件 L804 烧毁；2LNQ002DL 逆变器 B 主熔断器熔断；

原因分析：事件发生后初步原因判断是夏季高温。

5.6 1LNQ 母线接地报警问题

事件起因：2008 年 08 月 30 日早班，现场巡检时发现常规岛 220 V 不间断交流电源 1LNQ 的两台逆变器综合报警盘上都出现“线路 1 接地”及“线路 2 接地”报警，检查母线电压正常，联系电气人员对母线进行检查。

检查情况：2008 年 08 月 31 日早班，会同电气人员对该故障进行了再次检查，LNQ 母线电压正常，无接地现象；电气测量报警继电器卡件(4 个)的输入电压 110 V 左右，卡件供电正常并且没有达到其继电器动作值(动作值为 180 V)；电气根据现有图纸进行分析认为造成该误报警现象的原因可能为接地报警卡件及继电器的问题，要最终确认故障点需将逆变器停运，风险较大，决定制定处理方案，在 106 大修时进行检查；在此期间，运行巡检时关注母线电压，电气每周测量两条母线电压是否平衡。10 月 17 日，机组已经停运，电气人员到现场检查，发现接地报警已经自动消除，原因不明；为查找故障，电气在 LNQ 停电期间按预先制定的方案对报警卡件进行了检查，具体如下：

逆变器 A	X14	动作值：188.2 V	返回值：187.6 V
逆变器 A	X13	动作值：187.9 V	返回值：187.1 V
逆变器 B	X14	动作值：188.8 V	返回值：187.6 V
逆变器 B	X13	动作值：188.9 V	返回值：188.1 V

在实验室模拟故障现象：当电压监控板在正常电源的情况，带上高频开关负荷，板子工作基本正常。在负荷上增加直流分量，当直流分量达到一定值时，板子能动作，发出报警。

在板子正常工作时，增加高频分量，当增加 200 Hz 的分量时，板子工作基本正常，继续增加高频分量频率时，板子工作不稳定。

试验室内无法完全模拟出逆变器 A 和逆变器 B 同时报警的现象。将板子重新回装到逆变器上，检查接线正确。

检查逆变器的接地线接线可靠，接地点为 380 V 配电间的电缆桥架。

处理情况：

运行配合对下游负荷逐一断开，当断开到 1KCO050AR 电源柜内的负荷开关 1KCO5017JA 时，加载到 1LNQ001TB 的直流分量消失，接地报警消除。重新合适 1KCO5017JA 开关，直流分量再次出现，报警出现，反复四次，现象均如此，可以判定是由于 1KCO5017JA 开关下游的负荷引起。

联系仪控就地进行检查，发现从控制箱到伺服电机的一路电源线存在接地，将该线从控制箱上解开后，接地现象消失。

同时发现控制箱内的 220 V AC/24 V DC 的变压器一熔丝烧毁，进行了更换。

打开伺服电机接线箱，发现该线有破皮烧焦痕迹，多芯电缆接头处有多根断裂，将破皮处进行绝缘包扎，并重新对接头进行了处理后恢复连接，送电正常，LNQ 接地现象消失。

后续措施：

本次故障点已经确认并处理，虽然从现象上看与大修前的现象类似，但不能完全肯定大修前的接地原因由此引发；鉴于主给水泵对机组稳定运行的重要性，以下几点需明确：

此次故障中的“直流分量”的来源问题还没有确认，需仪控与电气共同来确认（APA 液力耦合器的伺服电机的工作电源由 LNQ 送到就地的控制柜后，再送到伺服电机，应该不是直流电源）。

从 8 月 11 日开始到停机，主给水 A 泵一直在运行，停机降负荷期间主给水 A 泵的控制正常，如果以前的 LNQ 接地报警就是由于该泵的伺服电机内部的接地引起，不知是否对泵的转速控制有影响？为何停机后接地报警自动消失？需仪控及电气进行确认并反馈。

从 APA A 泵伺服电机内部接线情况来看已经很不可靠，并且伺服电机极其控制部件没有预防性检修项目；请维修进行分析增加 PM 项目的必要性。

第六章　习　题

6.1　充电器笔试题

一、填空题(每题2分)。

1. 分别填写各系统的电压等级:LAA为________、LAB为________、LB*为________、LC*为________。

答案:220 V;220 V;110 V;48 V

2. 正常运行时,LAA、LAB、LBA、LCA系统由厂用380 V交流配电盘供电的________充电器同时向直流负荷供电,每台充电器负担________的负荷。

答案:两台;50%

3. 正常运行时,蓄电池组仅需应对________。

答案:瞬时尖峰负荷

4. 一旦充电器或其交流电源故障,蓄电池组能够向系统全部直流负荷供电至少______。

答案:1小时

5. 充电器直流测断路器和出线断路器配有________作为短路保护,并装有________作为过载保护。

答案:磁脱扣器;热脱扣器

二、选择题(每题2分)。

1. 晶闸管有三个极:阳极,阴极和(A)。

A. 门级　　B. 正极　　C. 负极

2. 晶闸管导通条件为:加(A)且门极有触发电流。

A. 正向电压　　B. 负向电压　　C. 交流电压

3. 变压器的主要构件是初级线圈、次级线圈和(A)。

A. 铁芯　　B. 磁铁　　C. 电感

4. 正常运行时,充电器向直流负荷供电,同时给蓄电池组(A)。

A. 浮充电　　B. 均充电　　C. 初充电

5. 充电器的整流电路是一个(B)整流电路。

A. 单相半波　　B. 三相桥式全控　　C. 单相桥式

6. 直流电压监测板用于监测直流输出(B)的高低,用于报警或跳闸。

A. 电流　　B. 电压　　C. 功率

7. 充电器在检查与清扫时,要(A)上游电源。

A. 断开　　B. 合上　　C. 断开或合上

8. 电容器,通常称其容纳电荷的本领为(B),用字母C表示。

A. 电感　　B. 电容　　C. 电压

9. 电容的极性在电容上有标注，一般只标“—”，也就是(B)。

A. 正极　　B. 负极　　C. 阳极

10. 充电器功能是将(A)整流成直流。

A. 交流　　B. 直流　　C. 电压

三、判断题(每题2分)。

1. 电容器是电子设备中大量使用的电子元件之一，广泛应用于电路中的隔直通交，耦合，旁路，滤波，调谐回路，能量转换，控制等方面。(√)

2. 继电器是一种电控制器件，是当输入量(激励量)的变化达到规定要求时，在电气输出电路中使被控量发生预定的阶跃变化的一种电器。(√)

3. 充电器的性能只有在与蓄电池并联的情况下才能保证，因此严禁系统不与蓄电池并联情况下运行，蓄电池正常情况下用于提供尖峰瞬时负荷。(√)

4. 充电器的整流电路是一个三相桥式全控整流电路。(√)

5. 直流电压监测板用于监测直流输出电压的高低，用于报警或跳闸。(√)

6. 单相的直流干扰抑制板用在蓄电池充电器/整流器的直流输出电路和逆变器直流输入电路。(√)

7. 充电器检查时要正确佩戴劳保用品，使用的工器具在有效期内。(√)

8. 拉合充电器开关时注意核对开关位号与设备名称，防止误合、误断。(√)

9. 检查充电器内的变压器、晶闸管、熔断器、电感、滤波电容等电气元件应无过热、灼烧、氧化、变色、放电痕迹。(√)

10. 充电器年检时，要用电子清洁剂清洗 X302、X326 电路板、K307、K308、X305、X306、X312、X319 继电器底座。(√)

11. 充电器输出电压波动，造成上游 380 V 电源开关跳闸，一般为充电器控制板故障。(√)

12. 充电器检查与清扫时，首先要合上上游电源。(×)

13. 110 V 直流充电器功能是将交流 380 V 整流成直流 110 V。(√)

14. 工作中没有触电风险。(×)

15. 直流干扰抑制板由两个有熔断器保护的电容器串联组成。(×)

16. 变压器的主要功能有：电压变换、电流变换、阻抗变换、隔离、稳压(磁饱和变压器)等。(√)

17. 电容器，通常称其容纳电荷的本领为电感，用字母 L 表示。(×)

18. 电容的极性在电容上有标注，一般只标“—”，也就是负极。(√)

19. 电容器的极性可以用机械万用表电阻档来测量，用 10 k 档，用两表笔分别测两引脚，其中阻值为无穷大的，黑表笔接的正极。有一定阻值时候，黑表笔接的是负极。这也是判断电容好坏的大概方法。(√)

20. 电抗器的作用有：限流和滤波。(√)

21. 在正常运行条件下，房间内的极限温度：蓄电池室+10 ℃和+40 ℃，直流配电盘和充电器间+4 ℃和+35 ℃。(√)

22. 由于充电器的性能只有在与蓄电池并联时才能保证，因此禁止该系统长时间脱离蓄电池运行。(√)

23. LAA、LAB、LB*、LC*充电器分别由两组 380 V 交流配电盘供电(其中一组由柴油发电机组应急电源供电)。当由柴油发电机组供电时,要切除负荷。 (×)

24. 蓄电池组正常运行为均衡充电方式。 (×)

25. LAA、LAB、LB*、LC*均为核安全相关系统。 (√)

四、简答题(每题 5 分)。

1. 蓄电池浮充电的目的和方法是什么?

答案:充电后的电池,由于电解液及极板中有杂质存在,会在极板上形成局部放电,这种现象叫做电池的自放电,它是随电池的老化程度而加剧。

为使电池能在饱满的容量下处于备用状态,电池常采用与充电器并联,接于直流母线上,充电器除负担正常的直流负荷外,还给电池一适当的充电电流,以补充电池的自放电。这种进行方式叫浮充电。

2. 蓄电池有哪些种类型的充电方式?

答案:蓄电池有:浮充电、均衡充电、定期充放电、个别电池补充电四种充电方式。

3. 直流母线电压为什么不许过高或过低?否则有什么危害?允许范围是多少?

答案:电压过高时,对长期带电的继电器、指示灯等容易过热或损坏。电压过低时,可能造成开关、保护的动作不可靠。允许范围一般为±10%。

4. 直流盘监测项目有哪些?绝缘装置测量指示有哪些?

答:直流盘主要监测母线电压、绝缘值、充电器运行状态、各保护动作监测。直流绝缘:50 kΩ 警告报警、25 kΩ 危险报警、6.25 kΩ 极限报警。

5. 什么是蓄电池的容量?哪些因素会影响蓄电池的容量?

答案:蓄电池的容量即蓄电池的蓄电能力,通常以充足电的蓄电池在放电期间端电压降低约 10%时的电量来表示。常用 25 ℃放电 10 h 放出的电量作为额定容量。影响蓄电池容量的因素有:放电率、电解液的温度、极板的面积、放电前的充电状况。

6. 电气开关上的红、绿灯有什么用途?

答案:对于电动阀门,红灯表示开,绿灯表示关,对于其他的开关,红灯表示合闸,绿灯表示分闸。

7. 直流母线电压为什么不许过高或过低?否则有什么危害?允许范围是多少?

答案:电压过高时,对长期带电的继电器、指示灯等容易过热或损坏。电压过低时,可能造成开关、保护的动作不可靠。允许范围一般为±10%

6.2 逆变器笔试题

一、填空题(每题 2 分)

1. 逆变器的基本功能是将充电器或蓄电池提供的__________转换成稳定的__________。

答案:直流电;交流电

2. 容量大于 20 kVA 的逆变器,在启动时,首先要进行__________。

答案:预充电

3. 逆变器的控制部分主要由__________、__________和__________组成。

答案:晶振板;门极触发板;同步板

4. 逆变器中 T803 的作用是__________,L804 的作用是__________。

答案:减小输出波形中的 3 次谐波;输出波形中的 5 次谐波

5. CVT 回路的作用是将__________转换成__________。

答案:方波;正弦波

6. 静态开关其本质是__________的 IGBT。

答案:可快速导通和关闭

7. 油浸式电容使用时间长了,容量也许满足要求,但其等效阻抗将会增大,从而引起__________的上升,因此需要定期进行更换。

答案:纹波电压

8. 功率半导体器件按驱动信号类型可分为__________和__________。

答案:电流驱动型;电压驱动型

9. 晶振板的作用是为晶闸管提供__________。

答案:导通所需的触发信号

10. 静态开关控制部分由__________、__________和__________组成。

答案:静态开关控制板(X201);接口板(X203);自动回切板(X202)

二、问答题(每题 5 分)

1. 哪些情况会导致静态开关发生切换?

1) 逆变器故障导致输出电压降低 50%;

2) 逆变器过载导致输出电流增加为原来的 120%;

3) 出现尖峰电流,电流值为额定值的 300%;

4) 逆变桥输出的方波消失。

2. 逆变器主回路的逆变器由两对可控硅组成,轮流导通,在进行转换时,是如何进行可控硅的关断?

在 Q1~Q4 转换到 Q2~Q3 瞬间,Q1~Q4 全部被导通,与 C2 并联的电抗器产生一个两倍的反电动势,使 Q1~Q4 有效关断。

3. 逆变器的输出电压低于额定电压,可能的原因有哪些?

1) 逆变器过载;

2) 输出频率过低;

3) CVT 回路中,C805 电容可能存在问题。

4. 秦山 120 V UPS 电源的主要负荷有哪些类型?

答:电站控制计算机(DCC)、控制器、压力开关、温度开关、流量开关等、现场系统控制盘台、机械吸收棒/停堆棒离合器(降压到 95 V),触电扫描仪,报警回路等。

5. 如果要连续进行至少 20 小时的 48 V/220 V 蓄电池的均充,要注意什么?为什么?

答:从将 48 V/220 V 充电器置于均充开始,要在 5 小时后将均充切换到浮充,然后再切换到均充。这样才能保证连续至少 20 小时的均充。因为均充模式内部的 15 小时定时器,在均充连续运行 15 小时后将会自动切换到浮充。

6. 秦山 UPS 共分几个电压等级,分别是交流还是直流?

答:秦山 UPS 电压等级分为如下:

1) 400 V UPS 系统,其一级电源为直流,二级为交流。

2) 220 V UPS 系统,直流电源。

3) 208 V 系统交流电源。

4) 120 V 交流电源。

5) 48 V 系统直流电源。

7. 120 V 逆变器/静态开关 Q050 在操作时应该注意什么?

答:UPS 正常运行时(逆变器向负载供电),严禁操作手动旁路开关 Q050,否则将损坏 UPS 设备。若需要操作手动旁路开关 Q050,必须先将 UPS 切到旁路静态开关 EN 向负载供电。

8. 400 V UPS 启动时,什么时候合上蓄电池隔离闸刀?为什么?

答:为防止在整流器滤波回路产生大电流对设备造成不利的影响,400 V UPS 送电操作时应先合上逆变器直流输入开关 CB3,等充电电流基本稳定后再合蓄电池隔离闸刀。

9. 发现蓄电池房间有漏液,你应该怎样做?

答:1) 汇报主控。

2) 因为可能是蓄电池高浓度液体泄漏,就地不能直接用抹布或水清理,必须在化学、维修人员协助下进行清理。

3) 检查是否有蓄电池发生破损,确认房间氢气浓度在正常范围之内。

6.3 充电器、逆变器实操题

试题 1:充电器的启动/停运

鉴定点:充电器的启动/停运

1. 准备要求

考场准备:

(1) 试题名称:充电器的启动/停运

(2) 本题分值:100

(3) 考核时间:30 min

(4) 考核形式:实操

考生准备:无

2. 考核要求

(1) 本题分值:100

(2) 考核时间:30 min

(3) 考核形式:实操

(4) 具体考核要求:设备操作步骤正确、规范

(5) 否定项说明:无

3. 配分与评分标准

序号	考核内容	考核要点	配分	评分标准	扣分	得分
1	工前会	根据《工前会议记录表》进行考核	10	1. 未明确工作目的、工作对象、工作范围,扣2分;		

续表

序号	考核内容	考核要点	配分	评分标准	扣分	得分
1	工前会	根据《工前会议记录表》进行考核		2. 未对工作组成员进行工作分工，明确工作地点及作业范围，扣2分； 3. 未明确工作风险分析及预防性措施，扣4分； 4. 其他，扣2分。		
2	确认操作对象	有效确认操作对象	10	未进行确认，扣10分。		
3	合上交流输入断路器	交流断路器最先合闸，它会给输出滤波器充电器缓慢的充电，进而阻止输出熔断器或断路器由于大的涌流断开	20	根据防人因工具使用酌情扣分。 操作错误开关，直接判定失败。		
4	合上直流输出断路器	测量电压表数值并校准	10	根据防人因工具使用酌情扣分。 操作错误开关，直接判定失败。		
5	充电器启动	验明盘面表计、指示正常；按试灯按钮，检查指示回路正常	10	根据防人因工具使用酌情扣分。		
6	断开直流输出断路器	手动操作开关	10	根据防人因工具使用酌情扣分。 操作错误开关，直接判定失败。		
7	断开交流输入断路器	手动操作开关	10	根据防人因工具使用酌情扣分。 操作错误开关，直接判定失败。		
8	充电器停运	目测设备状况良好	10	根据防人因工具使用酌情扣分。		
9	确认工作完成，清理工作现场	工完料净	10	未工完料净，扣10分。		
否定项：无						
总分：						

评分人：　　年　月　日　　　　　　　　核分人：　　年　月　日

试题2：充电器的切换（以LAA为列）

鉴定点：充电器的切换（002RD切至001RD带载）

1. 准备要求

考场准备：

(1) 试题名称：充电器的切换

(2) 本题分值：100

(3) 考核时间：30 min

(4) 考核形式：实操

考生准备：无

2. 考核要求

(1) 本题分值：100

(2) 考核时间:30 min

(3) 考核形式:实操

(4) 具体考核要求:设备操作步骤正确、规范

(5) 否定项说明:无

3. 配分与评分标准

序号	考核内容	考核要点	配分	评分标准	扣分	得分
1	工前会	根据《工前会议记录表》进行考核	10	1. 未明确工作目的、工作对象、工作范围,扣2分; 2. 未对工作组成员进行工作分工,明确工作地点及作业范围,扣2分; 3. 未明确工作风险分析及预防性措施,扣4分; 4. 其他,扣2分。		
2	确认操作对象	有效确认操作对象	10	未进行确认,扣10分		
3	检查 1LAA 蓄电池进线开关 1LAA00 5 JA 在合闸状态	检查对象和状态正确	10	酌情扣分		
4	检查 1LAA001RD 盘面上无异常,输出电压表、电流表读数正常	检查进线电压、电流,直流输出电压、电流正常输出电压约 240 V 输出电流 0 A	10	酌情扣分		
5	检查 1LAA004JA(1LAA002RD 出线抽屉开关)在合闸状态	检查对象和状态正确	10	酌情扣分		
6	检查 1LAA003JA(1 LAA001RD 出线抽屉开关)在断开状态	检查对象和状态正确	10	酌情扣分		
7	断开 1LAA004JA(1LAA002RD 出线抽屉开关),保持抽屉在推入状态	有误操作风险,禁止两台充电器并列运行	10	酌情扣分		
8	检查 1LAA002RD 在备用状态,输出电压表、电流表读数正常	检查进线电压、电流,直流输出电压、电流正常输出电压约 240 V 输出电流 0 A	10	酌情扣分		
9	合上 1LAA003JA(1LAA001RD 出线抽屉开关)	在开关柜上检查直流母线电压,蓄电池电流	10	酌情扣分		
10	检查 1LAA001RD 输出电压表、电流表读数正常	检查进线电压、电流,直流输出电压、电流正常输出电压约 240 V 输出电流约 150 A	10	酌情扣分		
否定项:无						
总分:						

评分人:　　年　月　日　　　　核分人:　　年　月　日

试题3:逆变器的启动

鉴定点:逆变器的启动

1. 准备要求

考场准备:

(1) 试题名称:逆变器的启动

(2) 本题分值:100

(3) 考核时间:30 min

(4) 考核形式:实操

考生准备:无

2. 考核要求

(1) 本题分值:100

(2) 考核时间:30 min

(3) 考核形式:实操

(4) 具体考核要求:设备操作步骤正确、规范

(5)否定项说明:无

3. 配分与评分标准

序号	考核内容	考核要点	配分	评分标准	扣分	得分
1	逆变器的启动操作	1. 合上逆变器、旁路变压器及直流控制电源(5分) 2. 合上逆变器面板上的48 V输入开关(3分) 3. 按下试灯按钮(2分) 4. 按顺序合旁路输入、输出开关,启动旁路变压器(5分) 5. 合上逆变器直流输入开关,启动逆变器(5分) 6. 合上旁路交流输入开关、确认逆变器和旁路能够实现同期(5分) 7. 操作手动旁路开关至正常运行位置(5分) 8. 切换静态开关至逆变器带载(5分) 9. 合上系统输出开关(5分)	40	未执行指定操作扣除相应2分		

否定项:1. 未使用防人因工具,直接操作;
2. 操作不当导致设备、仪器损坏

评分人:　　年　月　日　　　　　　　核分人:　　年　月　日

试题4:逆变器的停运

鉴定点:逆变器的停运

1. 准备要求

考场准备:

(1) 试题名称:逆变器的停运

(2) 本题分值:100

(3) 考核时间:30 min

(4) 考核形式:实操

考生准备:

无。

2. 考核要求

(1) 本题分值:100

(2) 考核时间:30 min

(3) 考核形式:实操

(4) 具体考核要求:设备操作步骤正确、规范

(5) 否定项说明:无

3. 配分与评分标准

序号	考核内容	考核要点	配分	评分标准	扣分	得分
1	逆变器的停运操作	1. 查同步指示灯亮,按旁路带载按钮(5分) 2. 转换手动旁路开关到旁路带载位置(5分) 3. 断开逆变器直流输入开关(5分) 4. 断开旁路交流输入开关(5分) 5. 按顺序断开旁路变压器交流输入、输出开关(5分) 6. 断开逆变器上的48 V直流开关(5分) 7. 断开逆变器上的系统输出开关(5分) 8. 断开逆变器、旁路变压器及直流控制电源(5分)	40	未执行指定操作扣除相应2分		

否定项:1. 未使用防人因工具,直接操作;

2. 操作不当导致设备、仪器损坏。

评分人: 年 月 日 核分人: 年 月 日

第十二部分　高处作业安全

第一章　作业准备

1.1　概述

本教材适用于从事现场高处作业的人员学习和使用。

1.2　高处作业定义

凡在离坠落高度基准面 2 m 以上(含 2 m)或没有栏杆的脚手架且高度超过 1.5 m 的作业区域,如:高大设备管道顶部、脚手架、梯台、吊篮、升降机、坑井边和高架线杆等。

1.3　存在风险

高处作业的风险包括:人员从高处坠落、物体坠落打击。

这些风险可能来自:

1）作业人员的习惯性违章;

2）上下交叉作业缺乏协调或防护措施不足;

3）防坠落措施不到位,如:没有使用或不正确使用防坠落设施、缺少围栏、安全网、工具防坠落绳等;

4）登高设施和工具缺陷,如:脚手架、梯子、提升设备缺陷;

5）不熟悉与作业环境相关的风险,如:风力、温度、地面有易滑物或照明不足、能见度差等;

6）其他直接引起坠落的客观危险因素等。

1.4　人员要求

高处作业人员必须经县级以上医疗机构体检合格(体格检查至少每年一次),凡不适宜高空作业的疾病者(患有精神病、癫痫病及经医师鉴定患有高血压、心脏病等不宜从事高处作业病症的人员)不得从事高空作业。

高处作业人员必须身体健康,工作人员因患病服用某些药物、饮酒、精神不振时,禁止登高作业,作业前须保证精神状态良好。

搭拆脚手架必须由具有合格资质的专业架子工进行。

1.5 文件准备

高处作业培训完全模拟现场工作,需具有完整的工作包,工作包内的信息及表格模式均按公司规定最新版执行。此外,对于符合工业安全高风险作业要求的,必须提前办理好高风险许可。

1.6 工器具、仪器仪表、材料准备

序号	工具名称	数量
1	安全带	若干个(按现场实际需要)
2	防坠器	若干个(按现场实际需要)
3	梯子	若干个(按现场实际需要)
4	工具包	若干个(按现场实际需要)
5	手绳	若干个(按现场实际需要)

1.7 模拟体准备

培训教室,模拟体处于可用状态。检查模拟体是否有损坏,确保教学过程顺利实施。

1.8 辐射防护准备

培训楼模拟体无辐射风险,教学过程中如需要模拟实施辐射防护,需要说明在现场实施工作中所要采取的防护措施。依据不同的辐射水平,所采取的防护措施也有所不同,具体依照现场环境而定。防护措施一般有以下内容:

1) 穿戴辐射防护用品,如细纱手套、口罩、纸衣等。

2) 进入工作现场,确定周围有无辐射热点、警告标示。

3) 如有必要对现场进行辐射检查。

4) 涉及零部件运出,需办理许可证。

1.9 工业安全准备

根据工业安全规定执行,所有人员穿戴劳动保护用品。具体的工业安全准备根据现场环境而定,但基本的工业安全需要准备。所有人员必须佩戴安全帽、防砸鞋、工作服等。检

修场地使用警示带进行围栏。

1.10　配合人员准备

无。

1.11　场地准备

现场铺设带有颜色塑料布用于摆放工器具;铺设橡胶板用于放置材料;清理场地,确保检修场地无其他异物;合理分配场地,确保工具、材料的合理分布;在场地外围布置警示带。

第二章 作业实施

2.1 进行高处作业时的安全技能 1

针对需攀爬到脚手架作业平台(8 米及以上)工作人员。

序号	操作步骤	操作要求	工器具	测评标准	备注
1	召开工前会	1. 工作组全体参加; 2. 工作负责人说明:工作内容、工作组成员分工、工作时安全注意事项; 3. 工作组成员对工作内容及分工无异议后,签字。		按照工前会表格内容要求执行	
2	材料、劳保用品和安全工器具确认	1. 检查劳保用品是否佩戴齐全; 2. 检查脚手架是否完好和满足要求(包括脚手架是否有损坏或不牢固,是否已验收挂牌等),确认作业下方已设置安全围栏及警告标志, 3. 检查安全带和防坠器有效期、外观和性能等,是否完好有效。	自检 他检	佩戴齐全 完好 防人因工具使用	
3	现场情况确认	工作现场满足检修工作需要,确认监护人已到位。	目视	无妨碍检修现场的情况 人员到位	
4	穿戴安全带,连接防坠器	1. 穿戴安全带:从肩带处提起安全带,将安全带穿在肩部,并将胸部纽扣扣好;系好左右腿带或扣索;调节腿带和胸扣直到合适; 2. 连接防坠器:将位于防坠器系带一端的安全钩固定在安全带上的"D"型环上,并确认连接牢固。	自检 他检 安全带 防坠器	完好 防人因工具使用	
5	攀爬脚手架至作业平台	1. 集中注意力,手中不得持物(若有随身物品使用工具包); 2. 抓牢爬梯,两手不准同时抓一个梯阶; 3. 攀爬时保持三点接触原则(双手和双脚四点中的三点),且人必须面向竖梯; 4. 同一时间只允许一人攀爬; 5. 攀爬过程中避免防坠器的钢丝绳发生摩擦产生磨损。	自检 他检 工具包	完好 工具系手绳,攀爬时手中不持有物品 完好 防人因工具使用	

续表

序号	操作步骤	操作要求	工器具	测评标准	备注
6	平台上进行作业	1. 解开防坠器，将安全带挂钩挂在牢固物体上，高挂低用； 2. 用吊篮或绳索固定好后运送工器具和材料等物品，禁止采用上下抛掷的方式； 3. 将存放在作业平台上物品固定，做好防坠落措施； 4. 使用工具等系好手绳，防止坠落。	自检 他检 安全带 手绳	完好 防人因工具使用	
7	工作完成，下脚手架离开作业平台	1. 清理现场，做到“工完料净场地清”，用吊篮或绳索固定好后运送工器具和材料等物品，禁止采用上下抛掷的方式； 2. 连接防坠器：将位于防坠器系带一端的安全钩固定在安全带上的“D”型环上，并确认连接牢固； 3. 下脚手架竖梯，集中注意力，手中不得持物； 4. 抓牢爬梯，两手不准同时抓一个梯阶； 5. 攀爬时保持三点接触原则（双手和双脚四点中的三点），且人必须面向竖梯； 6. 同一时间只允许一人攀爬； 7. 攀爬过程中避免防坠器的钢丝绳发生摩擦产生磨损； 8. 到达地面，解开防坠器和安全带。	自检 他检 安全带 防坠器	完好 防人因工具使用	

2.2 使用梯子时的安全技能 2

主要针对使用铝合金梯，梯子仅限于 4 m 以下的登高或短时间内可完成的轻工作，不得挪作他用。

序号	操作步骤	操作要求	工器具	测评标准	备注
1	使用梯子前，劳保用品、安全工器具等确认	1. 检查劳保用品是否佩戴齐全； 2. 检查梯子有效期和外观，是否完好有效（人字梯应有坚固的绞链和限制开度的拉链）。	自检 他检	佩戴齐全 完好 防人因工具使用	
2	使用梯子攀爬	1. 将梯子安置稳固。在光滑坚硬的地面上使用梯子时，使用绳索将梯子下端与固定物拴住；在松软的地面上使用梯子时，做好防陷、防侧倾的措施，梯子与地面的夹角约为 60°；	自检 他检	完好 防人因工具使用	

续表

序号	操作步骤	操作要求	工器具	测评标准	备注
2	使用梯子攀爬	2. 上下梯子时保持三点接触，(双手和双脚四点中的三点)，人必须面向梯子，双手交替握紧梯柱，一阶一阶地上下，手中不得持有物品，下方始终有戴安全帽的人扶着梯子； 3. 用于爬到高处的倚靠式梯子应高出登高临点上方至少 1 m。	自检 他检	完好 防人因工具使用	
3	在梯子上作业	1. 保持一手抓牢，踩踏处高度超过 2 m 时，需佩戴安全带并挂于牢固的结构上； 2. 工作时需登在距梯顶不少于 1 m 的梯蹬上； 3. 作业过程中两脚始终踏在同一踏板/踏棍上。	自检 他检	规范佩戴 完好 防人因工具使用	

第三章　故障检查和处理

无。

第四章　操作结束

4.1　总结培训过程

进行高处作业前首先要检查确认所使用安全工器具等是否完好有效，进行作业过程中确保执行相关安全操作并遵守相关安全规定。

4.2　评判

学员对高处作业定义和存在风险进行阐述，并说明在进行高处作业过程中的安全注意事项及关键点。教员对学员的阐述进行简要记录，根据阐述评判学员掌握的情况。教员指出学员阐述过程中的错误以及需要注意的事项，并且依据评判表，对学员的学习情况做出整体的评判。

4.3　清理现场

工作结束后，做到工完料尽场地清，对检修后的物资设备进行分类。工具整理并与工具清单进行对比确保工具无缺失，并检查工具的可用性，记录损坏情况并汇报。

4.4　工后会

工后会是对整个工作的过程的回顾以及必要的经验反馈。

回顾工作过程：工作票已经归还，场地已经清理，是否达到预期的目的。

工作后的经验反馈是对以后同类型的工作的经验积累，以提高安全技能，能够更好地完成工作，其主要有以下内容：

1）工作是否安排合理；

2）工作班成员是否配备充足；

3）工作文件的合理性；

4）工作人员的安全技能是否满足要求；

5）工作过程中的异常；

6）工作的经验反馈；

7）协调事项。

第五章　经验反馈

事件描述

2011 年 11 月 1 日 13 时 50 分左右，某在建核电项目 2 号常规岛+16.00 米层进行卸料平台脚手架搭设过程中，一名工作人员站在单边绑扎的单跳板上，摘下安全带挂钩，取用钢管时安全带未再钩挂，失稳坠落至-11.00 米处(落差 27 米)后经抢救无效不治身亡。

经验教训

1. 脚手架搭设等高空作业时，必须严格遵守安全规定和操作程序，戴好安全帽、系好安全带并做好工作过程中风险控制；

2. 脚手架作业面跳板铺设要平稳、绑扎要牢固；

3. 脚手架作业时必须使用“双大钩安全带”，任何时候要确保安全带有一钩在挂设状态。

案例：登梯作业跌落事件

事故概述

2014 年 11 月 22 日凌晨 2 点左右某承包商单位 1 名工作人员在国内某电厂 1MX 厂房+20 米层蒸汽转换器平台配合运行人员执行蒸气转换器系统功能试验，该工作人员在运行人员执行基他操作且现场无人员扶住梯子的情况下，独自 1 人登上人字梯拟开展阀门关闭操作，在攀爬过程中因梯子滑倒而跌落受伤。

案例：“3.24”人员高空坠落事故

事件速报

2016 年 3 月 24 日上午，国内某核电厂在建机组，一施工项目部的电气队员工在厂房内一房间核查电缆线路时，从该房间西北侧一处正式盖板的孔洞坠落至下方房间，该正式盖板呈矩形，被踩踏后沿对角线轴进行了翻转，落差约 18 米，后被送至医院救治，经抢救无效，于当日死亡。

经验教训

1. 落实安全生产责任制，加大安全隐患排查力度，对能整改的应立即整改，对不能立即整改的，应采取临时安全措施并限期整改。

2. 坑洞作业区域应当设置安全警戒线或采取其他实体隔离措施，并张挂安全警示牌，防止无关人员意外闯入。

3. 楼板、层面和格栅板平台等处需开口时，应根据具体情况采取装设防护栏杆、设置牢靠的临时盖板、张挂安全网或装栅门等措施。

4. 在开孔边作业的工作人员，如符合高处作业的条件，则必须佩戴安全带；完工后，必须将预制板、盖板盖回。开孔作业完成后，必须将地板恢复原状。

案例：8.31 人员爬梯坠落受伤事件

事件概述

2015 年 8 月 31 日，某核电厂机组大修过程中，维修支持处在反应堆厂房实施燃料运输小车倾翻机液压缸的更换作业。一名维修支持处员工从上往下拟从高跨区攀爬竖梯至低跨区。在接近竖梯底部位置时，人员不慎从竖梯摔落受伤。该受伤员工立即被送至医院进行救护，经初步诊断为左手和左脚掌骨折。

经验教训(安全要求)

1. 攀爬之前应检查梯子是否有腐蚀或断裂，不得攀爬有缺陷的梯子；
2. 上下梯子时一定要保持三点接触原则(双手和双即四点中的三点)；
3. 在攀爬竖直爬梯过程中，手中不得持有工器具，并集中注意力；
4. 人必须面向梯子，双手交替握紧梯柱，一阶一阶地上下；
5. 禁止两人以上(包括两人)同时攀爬同一竖直爬梯；
6. 生病服药、情绪不稳定、思想不集中等足以影响平衡的情形时，不得攀爬梯子；
7. 发现任何安全隐患，应立即指出并及时整改，确保隐患得到的有效的闭环管理；
8. 大修任务繁重，工作计划应合理考虑工作项目内容和人员安排，避免疲劳作业，防止由于人员精神不集中、体力不支等导致发生意外事件。

第六章　习　题

6.1　选择题(每题 5 分)

1. 在距坠落高度基准面(C)有可能坠落的高处进行的作业称为高处作业。在没有栏杆的脚手架上且高度超过(C)时,也应视为高处作业。高处作业必须使用安全带,并采取可靠的安全措施。

A. 5 米及以上;3 米　　B. 3 米及以上;2 米

C. 2 米及以上;1.5 米　　D. 4 米及以上;2 米

2. 安全带的正确挂扣方法是(B)

A. 低挂高用　　B. 高挂低用　　C. 平挂平用　　D. 都可以

3. 在攀爬(B)米以上的脚手架爬梯时,必须使用防坠器。

A. 3　　B. 5　　C. 6　　D. 8

4. 以下关于梯子使用错误的是(C)。

A. 上下梯子时一定要保持三点接触原则

B. 工作人员必须登在距梯顶不少于 1 m 的梯蹬上工作

C. 使用梯子时下方可不用人扶

D. 人要面向梯子

6.2　判断题(每题 4 分)

1. 脚手架的搭建人员只需培训即可,不需取得相应资质。(×)

2. 凡是高处作业必须佩戴安全带,安全带在使用之前应当仔细检查,不得使用有变形、破损等缺陷的安全带。(√)

3. 攀爬脚手架时为使工作方便,手中可携物进行攀爬。(×)

4. 高处作业下方应设立隔离区,不得在高处作业地点下面通行或逗留。(√)

5. 用梯子登高作业时,梯子必须检定合格,并要有人扶持保护。(√)

6.3　简答题(每题 15 分)

1. 高处作业定义和所存在风险?

答:凡在离坠落高度基准面 2 m 以上(含 2 m)或没有栏杆的脚手架且高度超过 1.5 m的作业区域作业称为高处作业。高处作业的风险包括:人员从高处坠落、物体坠落打击。

2. 高处作业人员有哪些要求?

答:高处作业人员必须经县级以上医疗机构体检合格(体格检查至少每年一次),凡不适宜高空作业的疾病者不得从事高空作业。

高处作业人员必须身体健康,工作人员因患病服用某些药物、饮酒、精神不振时,禁止登高作业,作业前须保证精神状态良好。

搭拆脚手架必须由具有合格资质的专业架子工进行。

3. 高处作业风险发生的主要原因有哪些?

答:1) 作业人员的习惯性违章;

2) 上下交叉作业缺乏协调或防护措施不足;

3) 防坠落措施不到位,如:没有使用或不正确使用防坠落设施、缺少围栏、安全网、工具防坠落绳等;

4) 登高设施和工具缺陷,如:脚手架、梯子、提升设备缺陷;

5) 不熟悉与作业环境相关的风险,如:风力、温度、地面有易滑物或照明不足、能见度差等;

6) 其他直接引起坠落的客观危险因素等。

4. 佩戴安全带需注意哪些问题?

答:使用前确认安全带合格有效,佩戴方式正确,高挂低用,挂钩挂在牢固的物体上。

6.4 实操题

实操试题 1:攀爬脚手架竖梯(高度超过 8 米)

鉴定点:攀爬脚手架竖梯

试题 1:攀爬脚手架竖梯

1. 准备要求

考场准备:

(1) 试题名称:攀爬脚手架竖梯

(2) 本题分值:10

(3) 考核时间:10 min

(4) 考核形式:实操

(5) 设备设施准备:

序号	名称	规格	单位	数量	备注
1	脚手架模拟体		台	1	教学用脚手架竖梯
2	安全带		套	1	安全工器具
3	防坠器		个	1	安全工器具

考生准备:

(1) 试题名称:攀爬脚手架竖梯

(2) 本题分值:10

(3) 考核时间:20 min

(4) 考核形式:实操
(5) 工具及其他准备:无
2. 考核要求
(1) 本题分值:80
(2) 考核时间:20 min
(3) 考核形式:实操
(4) 具体考核要求:攀爬脚手架竖梯过程中进行正确的安全操作
(5) 否定项说明:未正确使用安全带和防坠器
3. 配分与评分标准

序号	考核内容	考核要求	评分标准	配分	扣分	得分
1	工作准备	劳保用品穿戴齐全	穿戴不齐不得分	10		
		安全工器具齐全,符合考题要求	漏一件扣10分; 选错一件扣5分,扣完为止;	20		
2	穿戴安全带,连接防坠器	正确穿戴和挂接	未正确操作,否定项			
3	攀爬过程	始终面向竖梯	未做到,扣10分	10		
		做到"三点接触"	未做到,扣10分	10		
		手中未持物	未做到,扣10分	10		
		双手不同时抓同一梯阶	未做到,扣10分	10		
4	攀爬结束	解开防坠器,安全带挂在合适位置	未做到,扣10分;	10		
备注						

评分人:　　年　月　日　　　　　　　　　　　　核分人:　　年　月　日

实操试题2:使用铝合金梯子到达指定位置(高度约3米)

鉴定点:使用铝合金梯子到达指定位置

试题1:使用铝合金梯子到达指定位置

1. 准备要求
考场准备:
(1) 试题名称:使用铝合金梯子到达指定位置
(2) 本题分值:10
(3) 考核时间:20 min
(4) 考核形式:实操
(5) 设备设施准备:

序号	名称	规格	单位	数量	备注
1	铝合金梯子		付	1	教学用铝合金梯子一台
2	安全带		套	1	安全工器具

考生准备：

(1) 试题名称：使用铝合金梯子到达指定位置

(2) 本题分值：10

(3) 考核时间：20 min

(4) 考核形式：实操

(5) 工具及其他准备：无

2. 考核要求

(1) 本题分值：80

(2) 考核时间：20 min

(3) 考核形式：实操

(4) 具体考核要求：使用铝合金梯子到达指定位置过程中进行正确的安全操作

(5) 否定项说明：到达指定位置未正确佩戴使用安全带

3. 配分与评分标准

序号	考核内容	考核要求	评分标准	配分	扣分	得分
1	工作准备	劳保用品穿戴齐全	穿戴不齐不得分	10		
		安全工器具齐全，符合考题要求	漏一件扣10分； 选错一件扣5分，扣完为止	20		
2	放置梯子	安置合理、稳固	放置错误，扣10分	10		
3	攀爬梯子	安排人员扶持	未做到，扣10分	10		
		做到“三点接触”	未做到，扣10分	10		
		手中未持物	未做到，扣10分	10		
4	攀爬结束	脚部登在距梯顶不少于1 m的梯蹬上	未做到，扣10分	10		
		一手抓牢，安全带挂在合理位置	未正确操作，否定项			
备注						

评分人： 年 月 日 核分人： 年 月 日